第一章 绪论

害虫生物防治技术因具有对环境安全、不产生污染和可持续有效控制害虫等特点，在农林害虫绿色防控技术体系中已成为优先考虑的核心技术之一，也是保证实施我国“预防为主，综合防治”植物保护方针的一项重要内容。开展生物防治与其他防治措施相协调的害虫科学治理，可减少化学农药的使用，保障人畜健康，保证农林作物的产量与质量，有利于形成绿色的生产生活方式，促进生态环境良性发展。

第一节 害虫生物防治的定义和内容

“生物防治”（biological control）一词最早由 Smith 在 1919 年提出，他认为在生物防治物（biological control agent，即捕食者、拟寄生物和致病微生物）的作用下，可降低害虫的种群密度。DeBach（1974）认为，生物防治是利用活生物体（天敌）来抑制特定有害生物的种群密度或影响，使其数量减少或破坏性降低。虽然这是用生态方法来定义生物防治，但在实际应用中，生物防治包括通过控制生物防治物的种群来减少害虫。因此，生物防治是一门研究利用天敌控制植物病害、虫害、螨害和农田杂草的理论和实践学科。

害虫生物防治（biological control of insect pests）是一门研究生物活体及其代谢产物控制害虫的学科。通俗地讲，害虫生物防治包括以虫治虫及以菌治虫，但随着昆虫激素、信息素、植物抗性、转基因植物及昆虫不育技术的不断推广应用，害虫生物防治的方法不断拓展，其内涵也不断地丰富。

害虫生物防治的内容包括：害虫生物防治的基本理论，天敌的主要类群，天敌资源调查和效能评价方法，寄生性、捕食性天敌和病原微生物的输出和引进，保护利用的原理和方法。

害虫生物防治涉及的科学基础很广，它的发展与科学技术的进步紧密相连。可以说，害虫生物防治是人们在长期与害虫斗争的实践中，在物种多样性、生存竞争、种间关系、物种进化和种群变动认识深化的基础上形成的一个专门学科，它需要以许多科学理论和技术为基础，特别是分类学、生物学、生态学和昆虫病理学等。

第二节 害虫生物防治的意义

农林作物在生长过程中，不可避免地会遭受害虫的危害。每年害虫导致的经济损失不可小觑，害虫防治是保障农林作物正常生长的重要环节。化学农药问世以来，其在控制农林害虫的危害和保证农林作物的高产丰收中起到了积极的作用。随着社会经济的发展和人类生活水平的提高，环境保护已成为当今世界普遍关注的问题。在农业生产上，长期大量使用化学农药会引起环境污染和生态平衡破坏，害虫会产生抗药性（insecticide resistance）、再猖獗（resurgence）和农药残留（residue），即“3R”问题。人们已逐渐认识到化学农药对环境和人类产生的危害，从而先后提出了有害生物综合治理（IPM）、害虫生态管理及害虫生态调控等害虫管理策略（戈峰，2020）。这些策略都是以农田生态系统中“作物-害虫-天敌”三者之间及其与周围环境之间相互作用的关系为核心，都主张以生物防治为重要措施之一，充分发挥天敌的自然控制力量，有效控制害虫的种群数量，实现农业生态系统的良性循环和可持续发展。

一、滥施农药带来的问题

过去，人们对自然界生物之间相互依存、相互制约的规律认识不足，对化学农药的负面作用缺乏了解，过分依赖化学农药，或者在害虫防治的原则方面缺乏农业生态系统的整体概念，加上一些片面的舆论宣传，把农药说成是万能的，致使一些地区盲目滥施农药，特别是一些剧毒、残效期长的农药，引发了一系列令人忧虑的问题，突出表现在以下几个方面。

第一，引起害虫抗药性。随着化学农药的广泛使用，害虫的抗药性问题日趋严重。自从1946年在瑞士发现家蝇对有机氯杀虫剂DDT产生抗药性以来，害虫抗药性研究已有约80年的历史。1948年已知产生抗药性的害虫种类为14种，1969年增至224种，1976年增至364种，1984年增至447种，至2002年至少有600种昆虫及螨类已产生了抗药性（张国洲，2002）。2023年3月，全国农业技术推广服务中心发布的数据显示，2022年监测点的褐飞虱种群对新烟碱类药剂吡虫啉、噻虫嗪及昆虫生长调节剂类药剂噻嗪酮的抗性倍数分别为2000倍、500倍及1000倍，显现为高水平抗性。害虫抗药性的产生使得化学农药的杀虫效力下降，为达到防效又不得不提高单位面积的施药量和施用次数，继而带来农药污染加重和农业生产成本上升等一系列问题。

第二，杀伤天敌、破坏生态平衡、引起害虫再猖獗或次要害虫暴发成灾。农药对害虫天敌和有益昆虫资源的影响是不可忽视的。在不同农药品种中，杀虫剂对害虫天敌的影响较大。农田施用杀虫剂后，几乎所有的节肢动物种群密度都会下降，但经过一段时间后，有些害虫种群反而因失去天敌的控制而迅速恢复，导致害虫再猖獗或次要害虫暴发成灾，给防治工作带来更大的困难。据报道，珠江三角洲蔗田施用广谱性杀虫剂防治甘蔗螟虫后，因为大量杀伤蔗田天敌（如赤眼蜂等），反而引起甘蔗螟虫危害更加严重。我国南方稻区由于施药防治主要稻虫，也常引发稻蓟马、稻苞虫、稻螟蛉等次要害虫的大发生。此外，化学农药对蜜蜂等多种传粉昆虫，以及家蚕等其他益虫资源的影响也很大。大田施药若不注意，就会引起传粉昆虫及其他益虫大量死亡，不仅直接造成经济损失，也间接影响农作物的产量。

第三，污染环境、产生残毒问题。化学农药的问世，一方面造福于人类，另一方面也给人类及其赖以生存的环境带来危害。农药对于环境的污染是当今世界各国最为关心的严重问题之一。据报道，农田使用的化学农药仅有0.1%左右作用于目标害虫，直接利用率一般仅为10%，约有90%农药散失在环境中，它们可直接污染环境，或通过沟渠、河流、湖海而散播，或经食物链关系逐步富集浓缩，对生态系统造成影响。1962年美国海洋生物学家Rachel Carson在《寂静的春天》一书中对使用DDT能破坏从浮游生物到鱼类、鸟类直至人类的生物链提出警告，引起人们对农药污染的高度关注。但是，随着化学工业的发展，化学肥料和化学农药的使用量越来越大，对环境造成的污染有增无减，形势不容乐观。

第四，农业成本增加。长期反复施用化学农药，引起害虫产生抗药性，致使主要害虫再猖獗和次要害虫暴发成灾，之后不得不采取增大药量和反复多次用药的方法，从而形成恶性循环。例如，20世纪90年代以来，吡虫啉是我国和很多东南亚国家与地区防治褐飞虱的主要药剂，大量使用该药剂加速了褐飞虱抗药性的发展。王彦华和王鸣华（2007）通过对近年我国稻褐飞虱暴发原因研究，认为长期大面积不合理使用单一农药是导致褐飞虱危害加重的重要原因。2022年监测数据显示，褐飞虱对吡虫啉的抗性倍数已增至2000倍。杀虫剂大量杀伤褐飞虱的天敌，削弱它们的自然控制作用，并且杀虫剂的亚致死剂量可刺激褐飞虱的生殖力，促进了褐飞虱再猖獗，加大了水稻生长后期控制褐飞虱的难度。在这种情况下，农药用量越来越大，人工费用越来越高，引起农业生产成本增加等不良后果。

民以食为天，食以安为先。在全社会崇尚环保、健康和绿色食品的今天，农药残留已成为当今食品安全的一个重要问题。为此，世界上大多数国家都非常重视制定农药最大残留限量（MRL）标准。据不完全统计，至2008年底，欧盟制定的MRL标准多达28 689项，美国7400项，国际食品法典委员会（CAC）2522项。我国《食品安全国家标准食品中农药最大残留限量》（GB 2763—2021）规定了564种农药在376种（类）食品中的10 092项残留限量标准。这些MRL标准已经基本覆盖了现有的所有化学农药，极大地限制了它们的使用。因此，发展害虫生物防治，减少乃至避免使用化学农药，促进无公害、绿色及有机食品生产，已成必然趋势。

二、害虫生物防治的优势和局限性

害虫生物防治是解决上述问题的重要途径，是害虫综合防治或害虫科学管理的重要组成部分。从耕作制度、栽培技术、抗虫品种、化学防治和物理防治各方面，协调利用各项措施的特点和优势，最大限度地保护和利用天敌的自然控制作用，在必要和可能时，输引、增殖和人工释放害虫天敌。同时考虑各项防治措施的生态效益、经济效益和社会效益，既保证农作物的优质、丰产、丰收，又保证环境不受污染，农业得以持续发展。

在2022年10月召开的中国共产党第二十次全国代表大会上，习近平总书记在报告中提到：中国式现代化是人与自然和谐共生的现代化。人与自然是生命共同体，无止境地向自然索取甚至破坏自然必然会遭到大自然的报复。我们坚持可持续发展，坚持节约优先、保护优先、自然恢复为主的方针，像保护眼睛一样保护自然和生态环境，坚定不移走生产发展、生活富裕、生态良好的文明发展道路，实现中华民族永续发展。到2035年我国发展的总体目标包括：广泛形成绿色生产生活方式，碳排放达峰后稳中有降，生态环境根本好转，美丽中国目标基本实现。在农林业生产中大力推广害虫生物防治理念和技术，就是要充分发挥天敌在农林生态系统中对害虫的自然控制作用，在害虫防治中应用绿色生产方式，减少碳排放，保护自然和生态环境。害虫生物防治有许多优点，现介绍如下。

第一，能有效地控害保产。通过合理间作套种作物和蜜源植物，优化生态环境，可增加天敌食料和天敌庇护场所，保护利用天敌持续控制害虫。例如，南方稻田保护蜘蛛、赤眼蜂、缨小蜂及稻纵卷叶螟绒茧蜂等天敌，对于控制水稻飞虱、叶蝉和稻纵卷叶螟等具有显著效果。新疆、河北、河南、山东和长江中下游的棉区与麦田保护瓢虫、蜘蛛、草蛉、食蚜蝇、食虫蝽象及蚜茧蜂等天敌，也都取得了很好的效果。北京、山东等地建立绿色苹果生产基地，使天敌得到有效保护，大大减少了化学农药的用量，取得了良好的经济效益、生态效益和社会效益。

在人工大量繁殖释放天敌控制害虫方面，如大量繁殖释放赤眼蜂、平腹小蜂、丽蚜小蜂、捕食螨、瓢虫、草蛉、食虫蝽象等优势天敌，可使玉米螟、甘蔗螟虫、稻纵卷叶螟、苹果卷叶蛾、荔枝蝽象、烟粉虱、茶果螨类、蚜虫等害虫得到有效控制。

在杀虫微生物农药的应用方面，如利用苏云金杆菌（*Bt*）、白僵菌等防治棉铃虫、小菜蛾、松毛虫、大豆食心虫、玉米螟、水稻螟虫、棉铃虫、桃小食心虫等已取得突破性进展。应用绿僵菌、拟青霉菌、蜡蚧轮枝菌和虫霉等对蝗虫、蛴螬、白粉虱等的防治实验，以及病毒杀虫剂用于棉铃虫、甜菜夜蛾、斜纹夜蛾、茶尺蠖、松毛虫等多种重要害虫防治，都已取得可喜成果。特别是病毒-微生物复合杀虫剂由小菜蛾病毒和*Bt*复合而成，已取得我国国家专利，防治小菜蛾的效果可达 76.0%～92.5%，是一类很有发展潜力的复合杀虫剂。此外，还有昆虫病原线虫制剂，如斯氏线虫和异小杆线虫对防治钻蛀性和土栖性地下害虫有高效，蝗虫微孢子虫能有效控制蝗虫的种群数量等。

第二，能减少环境的污染，降低农产品的农药残留。茶园、果园推行以保护利用天敌为主要措施的害虫综合治理策略以后，通过在园内合理间作套种四季不同绿肥，提高茶果园的生物多样性，使自然天敌得到有效的保护和利用，减少了化学农药使用量，使茶叶和水果的农药污染和残毒问题逐步变少。

第三，生态效益、经济效益和社会效益显著。害虫生物防治是无公害的治理害虫策略，是保障农产品安全生产、减少农药残留和环境污染的重要途径，是实现食品质量安全、保护民众身体健康、维护农业生态平衡不可或缺的技术支撑。随着社会经济的发展和人民生活水平的提高，人们对健康、绿色食品的需求日益增加，绿色农产品备受青睐，市场销售价格普遍较高，因此其生态效益、经济效益和社会效益十分显著。

但是，害虫生物防治也有其局限性。例如，天敌与害虫之间存在相互依存关系，有些天敌对害虫的控制作用专一，没有化学农药那样见效迅速，一旦多种害虫暴发，还需要适当辅以化学农药；生物药剂不像化学农药那样易于成批生产，成批生产的质量也不及化学农药那样较易控制；生物药剂的使用和效果不及化学农药简便和稳定。因此，在提倡采用生物防治措施的同时，也应当看到它的局限性。在发展以保护利用天敌为主要措施的害虫综合治理中，化学防治对于迅速压低害虫为害程度和保证农作物丰产丰收，不但过去起过积极的作用，今后仍将继续承担比较重要的任务和作用。应尽量协调应用各种农业技术措施，最大限度地发挥生物防治的优点。

第三节　害虫生物防治的历史和发展

一、害虫生物防治的历史

害虫生物防治经历了萌芽期、成长期和完善期 3 个历史阶段。

（一）萌芽期

害虫生物防治的萌芽期为公元 200～1887 年，其间虽然有少数害虫生物防治的尝试，一些天敌被移殖释放，但是缺乏科学的研究基础，也没有成功的资料报道。

公元 200～1200 年，害虫生物防治经历了 1000 年缓慢的发展过程，主要集中在少量的捕食性天敌应用上。中国是最早使用自然天敌防治害虫的国家。公元 200 年，广东出售黄猄蚁［*Oecophylla smaragdina*（Fab.）］蚁巢防治柑橘害虫。1200 年，国外开始用蚂蚁防治枣椰树害虫，用瓢虫防治介壳虫和蚜虫。

1201～1799 年，寄生性天敌及昆虫病原微生物逐渐被发现。1602 年，Aldrovandi 报道了菜粉蝶绒茧蜂（*Apanteles glomeratus* L.）幼虫在菜粉蝶体外结茧的现象。1662 年，Goedaert 在 *Metamorphosis Naturalis* 一书中描绘了寄生蜂从蝴蝶蛹中羽化的情景。1664 年，Evelyn 用感病毛虫的洗涤液来防治其他毛虫。1701 年，Leeuwenhoek 发现了可造成叶蜂死亡的寄生虫，记录了寄主与寄生虫之间的关系。1726～1750 年，Reaumur 发现了夜蛾科的虫生真菌，他建议收集草蛉的卵防治蚜虫，并对许多寄生虫和捕食性昆虫进行绘图。1758 年，Linnaeus 系统描述了许多捕食性昆虫。Ratzeburg 发现了许多姬蜂科寄生蜂，并提出其为森林害虫的重要天敌。1762 年，家八哥（*Acridotheres tristis*）被成功从印度引进毛里求斯以防治红翅蝗［*Nomadacris septemfasciata*（Serv.）］。1776 年，Linnaeus 在欧洲通过释放捕食性天敌双刺益蝽（*Picromerus bidens* L.）成功地控制了臭虫（*Cimex lectularius* L.）。

1800～1849 年，欧洲害虫生物防治基础研究和应用有了较大进展。1800 年，Erasmus Darwin 建议使用天敌控制害虫，认为姬蜂是卷心菜毛虫的自然控制因素。1815 年，Kirby 和 Spence 在《昆虫学导论》中强调天敌的寄生和捕食作用，也提及了昆虫疾病。1827 年，Hartig 建议大规模饲养和释放寄生蜂防治害虫。1840 年，Boisgiraud 在法国开展了释放疆星步甲（*Calosoma sycophanta*）防治一种蛾类幼虫的田间试验。1844 年，Antonio Villa 在花园中释放步甲和隐翅虫控制害虫获得成功，并获得了意大利昆虫学会金奖。

1850～1887 年，害虫生物防治的中心转向美国。1850～1870 年，美国大量种植各种农作物，后来发现作物被大量的外来有害生物取食。Asa Fitch 描述了许多食虫昆虫新种，建议从原产地引进小麦吸浆虫的天敌昆虫。1873 年，Riley 把捕食螨（*Tyroglyphus phylloxerae* Riley）从美国运到法国以防治葡萄根瘤蚜。1874 年，十一星瓢虫（*Coccinella undecimpunctata* L.）被引入新西兰。1882 年，赤眼蜂从美国运往加拿大以防治鳞翅目害虫。1883 年，Riley 从英国将菜粉蝶绒茧蜂（*Apanteles glomeratus* L.）引入美国控制菜粉蝶［*Pieris rapae*（L.）］。1870 年，Riley 从美国密苏里州的柯克伍德采集大量象鼻虫［*Conotrachelus nenuphar*（Herbst）］的寄生蜂，运到州内其他地方防治象鼻虫。

（二）成长期

害虫生物防治的成长期为 1888～1955 年，其间害虫生物防治意识较明确，一些成功的应用开始出现，天敌的控害作用受到关注。

1888～1889 年，美国从澳大利亚引进澳洲瓢虫［*Rodolia cardinalis*（Mulsant）］防治柑橘吹绵蚧（*Icerya purchasi* Mask.）获得成功。吹绵蚧 1868 年进入加利福尼亚州，1880 年蔓延到南加利福尼亚州并威胁初期的柑橘产业。1888 年，Koebele 被派往澳大利亚收集介壳虫天敌，他送回 12 000 头寄生蝇［*Cryptochetum iceryae*（Williston）］和 129 头澳洲瓢虫释放于柑橘园，随后的一年，吹绵蚧被有效控制，从此就不再是重要害虫了。之后，其他一些国家也相继引进澳洲瓢虫，同样获得成功。

1900～1930 年，害虫生物防治项目不断增加。1903 年，美国加利福尼亚州园艺协会在旧金山建立了第一个养虫室，收集和繁殖天敌。1905 年，Howard 建立了以生物防治为重点的吉普赛蛾实验室，他制定了天敌引进制度。1911 年，Howard 和 Fiske 详细调查并发表了美国东北部吉普赛蛾天敌名录。1905～1911 年，实施新英格兰舞毒蛾项目，Howard 把欧洲的寄生性天敌输入美国。1911 年，Berliner 描述了苏云金杆菌可作为地中海粉螟细菌性疾病的病原体。1920 年，Muir 在澳大利亚昆士兰州发现盲蝽［*Tytthus mundulus*（Breddin）］是一种高效的捕食者。

1931～1955 年，害虫生物防治从繁盛到萧条。1935～1939 年，Balduf 综述了所有食虫昆虫的文献，包括鞘翅目、脉翅目、鳞翅目和其他目。1937 年，Flanders 研究了寄生性昆虫的寄生习性。1940 年，Clausen 综述了寄生性和捕食性昆虫的生物学文献，发表了《食虫昆虫》。1943 年，Thompson 描述了一系列寄生虫和天敌昆虫目录，包括它们的寄主和猎物及参考文献。1930～1940 年是世界生物防治活动高峰期，各地有 57 种天敌被应用。但是，自 1944 年化学农药 DDT 开始广泛使用后，一系列的化学杀虫剂相继出现。人们转而依赖杀虫剂来控制害虫，从而抑制了生物防治的应用和开展。第二次世界大战使得生物防治活动急剧减少，之后由于便宜的有机合成农药的普及，生物防治受到冷落，害虫防治研究偏向农药研究。

（三）完善期

害虫生物防治的完善期为 1956 年至今，这一阶段的害虫生物防治有更周密的规划和更精确的天敌作用评价。

Vern Stern 等于 1959 年提出了经济损害水平和经济阈值理论，使种植者通过调查资料可以作出决定——什么作物什么时候需要防治，因而减少了不必要的农药防治。

1962 年，《寂静的春天》出版后，关于杀虫剂的“富集”现象对环境造成破坏的报道，使人们认识到杀虫剂的问题所在，生态和环境问题受到广泛重视。《寂静的春天》一书有助于促进 60 年代末有害生物综合治理（IPM）概念的产生，生物防治是有害生物综合治理的核心组成部分，天敌保护比天敌引进更受重视。

1958 年，Sweetman 的 *The Principles of Biological Control* 问世。20 世纪 50～70 年代，生物防治的支持者与农药的倡导者之间有着激烈辩论，60～90 年代许多生物防治计划取得进展。1964 年，在国际生物防治实践的基础上，DeBach 等编辑出版了 *Biological Control of Insect Pest and Weeds*，成为生物防治的重要参考资料。

20 世纪 70 年代，美国许多地区病虫害综合防治活动进行商业化运作，依靠天敌有效控制了棉花、苜蓿、柑橘、大豆和其他作物病虫害。1971 年，Huffaker 出版了《生物防治》专著。1972 年，Sailer 综述了自 1888 年以来美国农业部的害虫生物防治历程。1976 年，Huffaker 和 Messenger 出版了《生物防治理论与实践》。1977 年，Ridgway 等出版了《扩大天敌种群的生物防治法》。1978 年，美国农业部编写了《农业手册（第 480 卷）》，介绍了有害节肢动物和杂草的寄生者和捕食者。1983 年，Frank 发表了具有里程碑意义的论文《生物防治：是万灵药还是潘多拉盒》，显著影响了以天敌引进为主的生物防治活动，这使人们重新思考立法的准则，包括天敌引进的方法。在夏威夷，生物防治活动显著减少，至今没有达到 1985 年之前的水平。

20 世纪 90 年代以来，大量的生物防治书籍出版，如 Driesche（1996）的 *Biocontrol*，Boucias（1998）的 *Principles of Insect Pathology*，Heinz（2004）的 *Biocontrol in Protected Culture*，Grewal 等（2005）的 *Nematoldes as Biocontrol Agents*，Vurro 等（2005）的 *Novel Biotechnologies for Biocontrol Agent Enhancement and Management*，Jervis（2005）的 *Insects as Natural Enemies*，Drirsche（2005）的 *Control of Pests and Weeds by Natural Enemies*，Gerson（2007）的 *Acardine Biocontrol Agents*，Omkar（2016）的 *Ecofriendly Pest Management for Food Security* 和 Lacey（2017）的 *Microbial Control of Insect and Mite Pests From Theory to Practice* 等。

目前，国际关于生物防治的期刊有：*Entomophaga*、*BioControl* 和 *Biological Control* 等；我国有关生物防治的专门刊物有《中国生物防治学报》（原刊名为《生物防治通报》，1985 年由我国害虫生物防治先驱——邱式邦院士创办）和《环境昆虫学报》（原刊名为《昆虫天敌》，1979 年由我国著名昆虫学家蒲蛰龙院士创办），这些期刊为害虫生物防治的研究成果交流提供了平台。

进入 21 世纪，全球害虫生物防治技术体系不断完善。天敌昆虫的规模化繁育与释放技术取得突破，通过人工饲料、环境调控等手段，实现了多种天敌昆虫的规模化繁育。同时，无人机释放、精准投放等技术的应用，提高了天敌昆虫的释放效率和防治效果。微生物农药的研发与应用取得重要进展，微生物农药的研发和应用技术不断成熟，其杀虫谱广、对环境友好、不易产生抗药性等优点得到充分发挥。基因工程技术也被应用于微生物农药的改良，提高了其杀虫活性和环境适应性。信息技术与生物防治深度融合，遥感技术、地理信息系统（GIS）、大数据分析等信息技术被广泛应用于害虫监测预警、天敌昆虫释放、防治效果评估。

自 1888 年开始，研究者已对数百种害虫作了输引天敌进行生物防治的试验，其中有 100 余种害虫取得了一定的防效。全世界生产天敌昆虫的公司已逾百家，主要集中在一些发达国家。赤眼蜂、草蛉、瓢虫、捕食螨、多角体病毒和苏云金杆菌等都可工厂化生产，防控对象包括玉米螟、棉铃虫、松毛虫、蚜虫、粉虱和介壳虫等。

二、害虫生物防治理论的发展简史

生物防治的理论是建立在种群动态理论基础上的。中国人在 2000 年前就知道“食物网”的概念，这种自然观是建立在各种有机体理论基础上的。1700 年，Reamur 意识到环境影响昆虫，昆虫也影响环境。18 世纪 60 年代，林奈发现每个生物体都有天敌。1800 年，达尔文报道了卷心菜毛虫有许多破坏性天敌。1803 年，马尔萨斯发表论著阐述生存竞争，并提出种群指数增长模式。1837 年，Kollar 出版了《自然史》，指出森林中的昆虫能够在自然界中保持平衡，是因为一种昆虫会取食另一种昆虫，要控制害虫，人们必须懂得害虫及其天敌的生物学。1859 年，达尔文在《物种起源》中提出了“食物链”和“生命网”的概念。

1900 年，Forbes 把植物和动物群落作为生态系统。1908 年，Woodworth 提出了“密度有关因子”的概念。1911 年，Howard 等指出昆虫自然种群的平衡是在几代天敌的作用下形成的，当害虫大量发生时，天敌可以消灭相当数量的害虫个体。1933 年，Nicholson 提出了寄生虫和寄主密度依赖关系的数学模型。1935 年，Smith 提出了“密度有关死亡因素”和“密度无关死亡因素”的术语，这些因素对种群起到负反馈作用，种群死亡率与种群密度无关。

1941 年，Smith 和 DeBach 建立了害虫与寄生者系统实验室。1944 年，DeBach 应用杀虫剂排除法作为对照，评估天敌的作用。20 世纪 50 年代，Huffaker 建立了节肢动物-捕食者种群实验室。1959 年，Holling 提出了昆虫天敌功能反应的实验方法。20 世纪 50～60 年代，Morris 等用生命表的方法来评估室内和田间天敌的作用。

20 世纪 60～70 年代，应用计算机模拟作物和病虫害的种间关系，病虫害综合防治成为时代的潮流。90 年代低投入可持续农业（LISA）成为全球目标。当今，人工智能系统时代成为新的计算机工程时代，出现了 3 个新的种群调节理论：再生产理论（reproduction theory）、突变论（catastrophe theory）和混沌理论（chaos theory）。

三、中国生物防治的发展简史

早在 3000 年前，《诗经》中就曾记载过“螟蛉有子，蜾蠃负之”，记述了胡蜂类捕捉蛾类幼虫的现象，我国也是世界上最早发现害虫天敌的国家。公元 304 年前后，我国已有生物防治的记载。在晋代嵇含的《南方草木状》中有“交趾人以席囊贮蚁鬻于市者，其窠如薄絮，囊皆连枝叶，蚁在其中，并窠而卖。蚁，赤黄色，大于常蚁。南方柑树若无此蚁，则其实皆为群蠹所伤，无复一完者矣”的记载，其中的“蚁”可能就是广州等地劳动人民沿用至今的黄猄蚁。此蚁连巢移放于柑橘树上，可以捕食多种害虫。明代李时珍在《本草纲目》中记述蜘蛛捕食，写道：“此虫设网一面，物触而后诛之，知乎诛其不义者，取曰‘蜘蛛’”。在 2400 年前，我国劳动人民就已发现家蚕僵病，其后又有近乎微粒子病的记载。太湖沿岸桑蟥盛发区，群众早已应用死蚕、死茧浸汁喷杀桑蟥。此外古代早有“保护田禾，禁捕青蛙”的禁令，有招引家燕在室内筑巢的习俗，有的地方还有养鸭治虫的传统。

中华人民共和国成立后，广东省于1951年开始利用赤眼蜂防治甘蔗螟虫。1951～1954年发现蓖麻蚕［*Philosamia cynthia ricini*（Donovan）］卵可作为大量繁殖赤眼蜂的中间寄主后，推动了赤眼蜂应用工作的开展。1958年广东各地已建立10多个赤眼蜂繁蜂站，开展了群众性繁蜂活动，还为湖南、广西、福建、四川等省培养了大量的繁蜂技术人员。随后，南方各省也应用赤眼蜂防治水稻螟虫和马尾松毛虫（*Dendrolimus punctatus* Walker）等。20世纪50年代，东北地区开始研究利用白僵菌防治大豆食心虫；华中地区和华东地区开始人工繁殖金小蜂防治越冬代棉红铃虫；湖北、湖南、四川先后从浙江引进大红瓢虫防治柑橘吹绵蚧；山东引进日光蜂防治苹果绵蚜；福建利用红蚂蚁防治甘蔗螟虫；广东利用澳洲瓢虫防治木麻黄及柑橘上的吹绵蚧。20世纪70年代以来，广东省研究利用赤眼蜂防治稻纵卷叶螟之后，南方稻区各省几乎普遍进行了试验。东北各省结合当地资源，选择了柞蚕（*Antheraea pernyi* Guer）卵作为大量繁殖赤眼蜂的寄主，并不断改进大量繁蜂技术，用于大面积防治亚洲玉米螟（*Ostrinia furnacalis* Guenée）、棉铃虫［*Helicoverpa armigera*（Hübner）］、苹褐卷蛾［*Pandemis heparana*（Denis & Schiff.）］、大豆食心虫［*Leguminivora glycinivorella*（Matsumura）］、赤松毛虫（*Dendrolimus spectabilis* Butler）、马尾松毛虫（*Dendrolimus punctatus* Walker）等害虫。我国繁殖利用赤眼蜂，在防治面积、防治效果、人工繁殖技术、日繁蜂量和人造寄主卵等方面都居世界先进水平。

我国在采用天敌防控一些外来入侵害虫方面也有大量的研究，取得了不少的成果，并在生产中推广应用。花角蚜小蜂（*Coccobius azumai* Tachikawa）、椰甲截脉姬小蜂（*Asecodes hispinarum* Boucek）、大唼蜡甲（*Rhizophagus grandis* Gyll.）等被引进防治松突圆蚧（*Hemiberlesia pitysophila* Takagi）、椰心叶甲［*Brontispa longissima*（Gestro）］、红脂大小蠹（*Dendroctonus valens* LeConte）等重要林业害虫（杨忠岐，2004；冯莹等，2014；He et al.，2014）。松毛虫赤眼蜂（*Trichogramma dendrolimi* Matsumura）、花绒寄甲［*Dastarcus helophoroides*（Fairmaire）］、肿腿蜂（*Sclerodermus* spp.）、白蛾周氏啮小蜂（*Chouioia cunea* Yang）等天敌昆虫的室内繁殖和释放技术已比较成熟，并在各地相关害虫的防治工作中大量推广应用（杨远亮等，2013；韩冰等，2014；Xin et al.，2017）。近年来针对新入侵害虫草地贪夜蛾［*Spodoptera frugiperda*（J.E.Smith）］的生物防治，植物保护工作者开展了天敌资源调查和利用工作，已报道的草地贪夜蛾的寄生性昆虫有28种，捕食性昆虫有44种，昆虫病原微生物的种类也十分丰富（陈秀琴等，2021）。

自1980开始，我国输引各类生物防治物超过800种次，包括天敌昆虫、螨类、线虫、微孢子虫、真菌、细菌和病毒等，引种目标国约40个。从英国引进丽蚜小蜂防治温室白粉虱，从美国、捷克斯洛伐克和澳大利亚引进病原线虫防治多种鳞翅目幼虫，从英国引进菜粉蝶颗粒体病毒防治菜粉蝶，从瑞典引进植绥螨防治植物害螨等，都已获得较好的防治效果。我国输出天敌生物近500种次。

除天敌昆虫的引进外，我国还引进了昆虫病原细菌［如苏云金杆菌（*Bacillus thuringiensis*，*Bt*）］、昆虫病原真菌［如绿僵菌（*Metarhizium anisopliae*）、白僵菌（*Beauveria bassiana*）］，以及昆虫病原线虫和微孢子虫等，其研究与应用也不断取得进展。我国苏云金杆菌的研究始于20世纪50年代中期，80年代中期才开始逐步形成正常发展势态。目前通过药检部门正式注册登记的苏云金杆菌工厂近百家，分布在10多个省（自治区、直辖市），年产量超过2万t。

利用真菌治虫的研究始于20世纪50年代后期，主要是应用球孢白僵菌（*Beauveria bassiana*）大规模防治大豆食心虫、玉米螟和松毛虫。卵孢白僵菌（*B. tenella*）防治地下害虫，对花生和大豆田间蛴螬的防效达70%～80%。

斯氏线虫属（*Steinernema*）与异小杆线虫属（*Heterorabditis*）是目前国际上研究较多的昆

虫病原线虫。20 世纪 80 年代中期，我国从澳大利亚引入了多种斯氏线虫及其培养技术，并结合国情改进了生产线虫工艺（包括共生细菌培养技术），实现了批量生产斯氏线虫和异小杆线虫的要求，并用于大面积防治多种害虫，取得了良好防效。

在草地可采用蝗虫微孢子虫饵剂防治东亚飞蝗、亚洲小车蝗、宽须蚁蝗、白边痂蝗、皱膝蝗等优势种蝗虫。以蝗虫微孢子虫（*Nosema locustae*）为主体的草原蝗虫综合治理策略，已在内蒙古、新疆、青海等地草原上大面积应用，蝗虫虫口减退率可达55%以上，总死亡率达 70%以上，而存活蝗虫中感染率可为 30%～40%，引发了蝗虫微孢子虫病的流行，以长期控制蝗虫种群密度处在低水平。

目前，大规模生产天敌昆虫的单位主要在我国北方地区。由于大面积成片种植玉米，形成了应用赤眼蜂防治玉米螟的巨大市场，平均每年可生产赤眼蜂超过 200 亿头。另外，北京市农林科学院对于赤眼蜂及其他多种寄生性和捕食性天敌昆虫的繁殖及应用进行了研究；北京市西山林场生防站（现北京市西山试验林场）也致力于天敌昆虫的产业化，白蛾周氏啮小蜂、哈氏肿腿蜂等林业害虫的天敌昆虫已经进入了批量生产；河北省农林科学院旱作农业研究所衡水田益生防有限公司，从 2001 年开始进行 4 种天敌昆虫和授粉雄蜂的繁殖利用，实现了多种天敌的工厂化生产。

第四节 害虫生物防治的原则、途径和方法

一、害虫生物防治的原则

害虫生物防治作为害虫科学管理体系的重要组成部分，需要以农田生态系统的理论为基础。害虫与其天敌是自然生态系统中普遍存在的组成成分，它们相互制约，在一定地域内形成不同的食物链、食物网和生物群落。人们在防治害虫时如果忽视物种之间的生态关系，常会破坏生物的自然平衡，反而引起害虫再猖獗，甚至引起次要害虫为害升级。如果在采取防治措施时注意保护天敌，充分利用天敌对害虫的自然控制作用，则可收到事半功倍的效果。因此，害虫生物防治的基本原则是在生态安全的前提下，创造有利于天敌生存的环境条件，使天敌有较大的数量并能最大限度地发挥对害虫种群调节和控制的作用，达到持续和有效控制害虫的目的。天敌可以是各类的生物防治物，包括捕食性天敌、寄生性天敌及害虫病原微生物等。

二、害虫生物防治的途径和方法

害虫生物防治主要有 3 个途径：保护和利用本地天敌、输引外地天敌及人工大量繁殖并释放天敌。不同途径有不同操作方法，其共同目标都是增加农田天敌的种群数量，有效控制害虫的发生。

（一）保护和利用本地天敌

保护和利用本地天敌是害虫生物防治的一个重要途径，以增强天敌对害虫的自然控制作用，将害虫的危害控制在允许的经济损失水平以下。它可以通过在田间创造有利于天敌生存繁殖的条件来实现。

1. 直接保护天敌 自然界中的害虫天敌，可能由于气候恶劣、食料不足、栖息场所不

良或与农事操作不协调等原因，种群密度下降。可以在适当的时期采用适当的措施对天敌加以保护，使其免受不良因素的影响，从而顺利获得较高的天敌种群数量。这种方法虽然比较简单易行，但必须有天敌的生物学、生态学作为基础，才能有的放矢。

四川、广东及长江流域稻区，群众在人工摘除卵块防治三化螟时，采用瓦缸或水盆作为卵寄生蜂保护器，使寄生在螟卵内的赤眼蜂、黑卵蜂能够安全羽化并飞回稻田，这样可以有效提高螟卵的寄生率。在江浙种桑养蚕地区，桑农曾在冬季采集大量桑蟥的卵块，放在室内保护越冬，翌年春季寄生蜂羽化时再把桑蟥卵块散放到桑园，使得田间的桑蟥卵寄生率大大提高。

在不良的环境条件下，捕食性天敌也需要保护。我国东北地区冬季有许多捕食蚜虫的异色瓢虫在房前屋后的墙缝、树缝、土块、石块下，或山上石洞、石缝中越冬，当气温降到 10ºC 以下时瓢虫就会群集成团，有时石洞里越冬的瓢虫甚至可堆积到 10～20cm 高，数量很多。吉林省公主岭市在 10～11 月曾大量收集附近村庄和石洞缝中的越冬瓢虫，在室内进行人工保护，次年春暖后放回田间捕食蚜虫，取得了良好的防治效果。

我国东北、华北地区实行保护益鸟和在果园、林区人工悬挂益鸟巢箱的措施，招引某些益鸟定居，可有效地减少林果害虫密度。此外，大力宣传青蛙捕虫、养鸭治虫的好处，禁止捕捉青蛙，提倡稻田养鸭等，都能达到保护害虫天敌、控制害虫的效果。

2．增加天敌数量 南方稻区的绿肥田在春耕灌水溶田时，先在田间散放草把，让蜘蛛等捕食性天敌聚集于草把上，然后将草把移放在田埂上，使天敌不致因灌水和犁耙而人为地降低种群密度。稻飞虱的重要天敌如线虫、狼蛛等，田间过分干燥不利于它们栖息和生存，在稻田灌水时注意保持潮湿状态，对这类天敌都是有利的。

甘蔗田内套种绿肥，既可增加肥料，又可改变田间小气候，使蔗田降温增湿，适于赤眼蜂等生存，并可提高它们对蔗螟卵的寄生率。茶果园周围种植防护生态林带，由于降低了风速，有利于小型天敌的栖息活动，并可为益鸟等提供有利的栖息环境。茶果园中合理种植绿肥或适当保留杂草，既可改变田间小气候，又可为天敌提供栖息、繁殖的场所，对螨类、蚧类等害虫都有控制作用。

总之，各项农事活动和农业技术措施与天敌的栖境、生存和食料都息息相关。随着人们对害虫发生规律的深入了解和对生物多样性作用认识的提高，有必要进一步对各项农事活动和农业技术措施与天敌的关系加以研究和评价，以明确某些措施对保护利用天敌的重要性，同时对于那些不利于天敌生存或栖息的农业措施，提出改进或补充的办法，这样才能达到提高农田生物多样性、利用天敌持续控制害虫的目的。

3．增加天敌食料 许多天敌在成虫期需要补充营养，田间开花植物可为寄生蜂或寄生蝇提供花蜜，使其寿命延长、性器官成熟、繁殖力提高。在棉区适当种植蜜源植物，可提高寄生鳞翅目害虫的多种姬蜂、茧蜂和寄蝇的种群密度。在某些金龟子多发的农田分期播种蜜源植物，可以吸引捕食金龟子的土蜂前来采蜜并捕食，对防治金龟子有良好的效果。

有些天敌在冬后恢复活动时，常常因田间害虫数量稀少而缺乏食料，导致冬后天敌的种群进一步凋落，此时若能人为提供补充寄主，则可以促进天敌种群增殖。例如，早期在松树林内补充释放一批松毛虫卵作为卵寄生蜂的补充寄主，松毛虫黑卵蜂的种群数量即可增加 20～50 倍；如能第 2 次提供补充寄主，则可使松毛虫黑卵蜂的种群数量增加 500～600 倍。

在防治害虫时，有意识地保留“次要害虫”作为补充天敌的过渡转换寄主，对促进天敌种群数量的繁衍具有很大好处。例如，南方稻田常见的稻螟蛉、条纹螟蛉和稻苞虫等，都是稻田的“次要害虫”，它们一般不会对水稻造成经济损失，可是它们的卵、幼虫和蛹却可以作为稻螟赤眼蜂、螟黄赤眼蜂、螟蛉绒茧蜂、螟蛉悬茧姬蜂、菲岛抱缘姬蜂、日本黑瘤姬蜂、广黑点瘤姬蜂、螟蛉瘤姬蜂、横带驼姬蜂、广大腿小蜂等多种重要寄生蜂的过渡转换寄主，由它们繁殖的这些重要寄生蜂，可以转而控制稻纵卷叶螟、三化螟、二化螟等主要害虫。此外，南方稻田还有一类不为害水稻的“中性昆虫”，如沼蝇和沼刺水蝇等，除已知沼蝇能寄生钉螺外，对沼刺水蝇等大量“中性昆虫”的生活习性仍然一无所知，可是它们的卵都是稻螟赤眼蜂重要的过渡转换寄主，如果在使用化学农药时也把这些“中性害虫”一并消灭，将影响稻田赤眼蜂的种群密度，反而招致鳞翅类害虫为害。

4．减少对天敌的伤害　化学防治具有见效快、使用方便、受地区和季节影响较小等优点，当前仍不失为一种防治害虫的重要手段。在害虫大发生且不得不使用化学农药时，应优先选用高效、低毒、低残留且对天敌伤害小的生态友好型农药。

合理施药，首先要建立在准确掌握虫情的基础上，对于每种主要害虫要有比较科学的经济允许损害水平；其次要做到逐田（或类型田）了解虫情，以便只在局部田块施药或进行挑治，避免同期全面施药；再次是对于农药品种、剂型、用量和施用次数等，都应考虑其对天敌的影响程度，选用对害虫高效而对天敌低毒的品种和剂型，控制农药用量、次数和使用范围，尽量采取对天敌杀伤作用小的施药方法。农田施用残效期短的农药，施药 3d 后释放赤眼蜂，也会大大减轻对赤眼蜂的毒杀作用。

杀虫剂用于种子处理、土壤灌注、植株涂扎等，可以减轻或避免对天敌昆虫的不利影响。一般而言，以毒饵形式施用农药，对寄生性天敌比较安全；而泼浇或喷雾等施药方法，对天敌昆虫杀伤力则较大。

避免在大量释放天敌期间或天敌成虫大量活动时期施用农药，尽量选择在天敌昆虫抗药（耐药）能力较强的虫态（如蛹期或卵期）和害虫对药剂敏感的时期（如低龄幼虫期）施用农药，采用高效、低毒、低残留的选择性农药，适当降低用药浓度，使其既有治虫作用又能保护天敌，在一定面积内施药挑治，尽量减少大面积不必要的任意施药，尽可能发挥化学防治与生物防治相互配合、相互协调的作用。

（二）输引外地天敌

不同地区的气候和土壤条件，会导致出现植物区系的地域性及昆虫群落的地域性。有时人为因素带进了某种新害虫，而它的有效天敌却没有随之而来，害虫的新栖息地如果生态环境适宜，它就有可能迅速繁殖并暴发成灾。对于此类情形，常从害虫的原产地输引天敌来控制害虫，已有许多成功的事例，这种方法又称为经典生物防治（classical biological control）。对于某些虽是本地的但在当地缺乏有效天敌控制的害虫，采用从外地引进近缘种害虫的天敌或不同地区同种天敌的地理宗，也有不少成功的例子。这种从国外输引或从国内不同地区迁移害虫天敌的办法，目的在于改变当地昆虫群落的结构，使某种害虫与天敌种群密度不平衡的现象，在外来天敌种群的影响下达到新的平衡。

自 19 世纪中后期美国从澳大利亚引进澳洲瓢虫防治柑橘吹绵介壳虫取得成功以来，从国外引进天敌已成为国际上害虫生物防治工作的重点。就美国先后引进的 390 种天敌昆虫而言，能建立种群的有 95 种，成功率为 24.36%。夏威夷引进天敌约 300 种，能建立群落的有 80 种，成功率约为 26.67%。斐济引进的天敌有 50%能建立群落。加拿大引进的天敌成功率为 21.15%。

上述天敌昆虫引进的成功率总体上还不高，主要原因可能与早期天敌引进工作存在盲目性有关。早期对天敌昆虫的生态习性了解不够，对天敌所在地和引进地两者之间的生态环境差异性考虑不足，一旦将天敌引进新的地区，有较多种类因不适应新的环境而死亡。此外，在理论上人们对于从外地引进天敌昆虫还存在一些不同观点，有必要从实践中加以检验，提高引进天敌的理论水平，进一步改进天敌输引工作。

天敌引进也有一些值得注意的问题：①找出一种值得引进的天敌，往往需要花费较多的人力和经费；②引进天敌控制害虫的成功率不太高；③引进的天敌由于自然竞争，可能引起本地天敌的数量降低；④可能同时引进有害的重寄生天敌，转而寄生本地天敌昆虫近缘种；⑤引进的天敌可能成为某种放养益虫的天敌，有碍资源益虫的生产和利用。

（三）人工大量繁殖并释放天敌

当田间本地天敌的数量较少而不足以控制害虫的种群数量且害虫可能大发生时，或从国外及外地输引少量天敌时，都有必要通过人工的方法，在室内大量繁殖天敌，以供田间释放之用。

某种害虫天敌是否值得人工大量繁殖：第一要明确该天敌在当地的适应能力，即对目标害虫有无控制其为害的能力、能否适应当地的生态环境等；第二要明确该天敌的生物学特性，包括它的寄主范围、生活历期、对温湿度条件的要求、繁殖能力等；第三要明确该天敌人工繁殖需要的条件，特别是对寄主的选择或人工饲料的配制和效能等。

在人工繁殖天敌时，应注意使所繁殖的天敌子代能保持较高的生命力，并能适应田间的生态环境，以便发挥天敌的控害效能。

人工大量繁殖天敌还要适应现代化、产业化的需求，在大量繁殖的工效和技术水平上，尽可能实现机械化、工厂化生产，提高繁殖效率，以确保及时按质按量提供害虫防治所需的天敌。同时，要尽量克服不同批次间天敌质量差异的缺点。在不同作物中释放天敌后，还应当跟踪调查研究该天敌在田间的种群消长动态和对害虫的控制效应。

第五节　害虫生物防治的生态学基础

一、害虫种群数量的动态变化

要了解农田生态系统中害虫的数量变化，首先要明白什么样的昆虫叫作害虫。在人类出现之前，地球上昆虫的种类已经很多，但并无害虫和益虫之分。在那个时候，地球上的生态环境没有受到人类活动的干扰，生物与环境之间的关系，在进化过程中最终都达到动态平衡状态，这种现象的调节机制一般被统称为“自我调节机制”（林昌善和吴聿明，1986）。到了 300 万年前，人类在地球上出现以后，在某一地区大面积种植同一种农作物，就为某种植食性昆虫提供了取之不尽的营养物质，使得一些植食性昆虫数量激增，与人类争夺食物，这时其才成为害虫。

农田生态系统中害虫种群数量动态一般呈急速暴发态势，促使害虫种群数量暴发的原因明显。第一，农作物的抵抗性低于它们的祖先或近缘的野生种。人们为了获得作物高产，普遍采用高产品种或基因改良的品种等，丢弃原有抗虫的品种，造成作物抵御虫害能力降低。第二，农田生态系统与自然生态系统相比，物种结构“简单化”，这种“简单化”包含植物和动物种类急剧下降、作物遗传均一性的增加、轮作制的被放弃和景观多样性的减少等，单一种植某一作物为某些植食性昆虫提供了有利的生境，使这些昆虫能够得到丰富的食物资源。第三，滥用化学农药是造成农田生态系统中害虫暴发的关键因素之一。寄生蜂等生物天敌一般对化学农药比较敏感，很容易被农药杀伤或致死。大量、频繁地使用高杀伤力的化学农药，杀伤了大量害虫天敌，降低了系统中的生物多样性，加上化学药剂的选择压力，致使害虫的抗药性不断上升，更容易造成害虫种群数量的急剧增加，从而引起害虫成灾（赵修复，1994）。

二、影响害虫种群数量变化的因素

影响害虫种群数量变化的因素有内因和外因两个方面。内因是害虫本身的生物学特性，包含生殖潜能和生存潜能。生殖潜能是指在最适生态条件下可能产生的下一代最大的虫数，与实际生殖力有差别，它与世代数、雌雄性比、交配率、产卵量等有密切关系，是害虫虫口数量变动的基础。然而，下一代害虫大部分在其生长发育过程中死亡，只有一部分可以存活。在特定的条件下下一代害虫能存活多少，是它的生存潜能决定的。一种害虫的生存潜能与生物学特性密切相关，如对环境的适应性、对极端温度或湿度的耐性、对天敌或疾病的抗性及在虫口拥挤条件下虫口内部数量调节的能力等。外因有 3 个方面，即物理因素、营养因素和生物因素。物理因素包含气候因素和土壤因素，它除直接作用于害虫外，还会通过作用于营养因素和天敌因素而间接地影响害虫。内因和外因都受耕作制度和农业栽培技术措施的影响。

van den Bosch 等（1973）采用图解的方式对害虫种群自然调节因素作了很好的概括（图 1-1）。

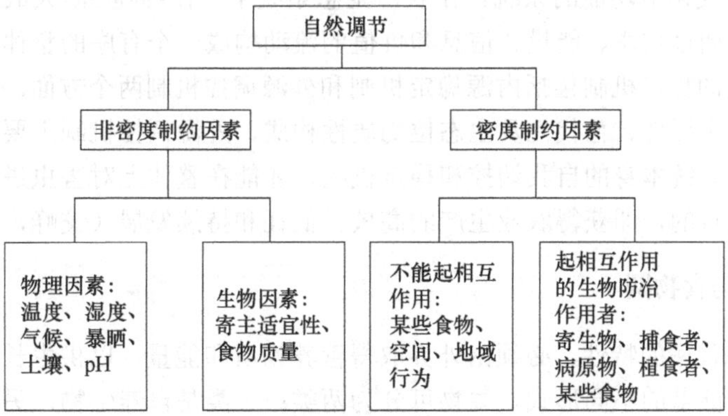

图 1-1 害虫种群自然调节因素图解（van den Bosch et al.，1973）

图 1-1 中能起相互作用的密度制约因素是指反馈作用机制及对某种生物虫口密度起作用的因素，非密度制约因素是指不受害虫种群数量水平影响的因素。

赵修复（1978）对影响害虫种群数量变动的内因和外因作了概括，用图解方式提出害虫发生规律模式（图 1-2）。

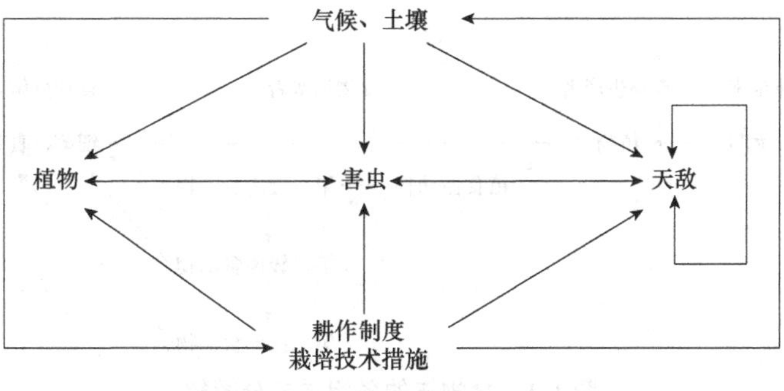

图 1-2 害虫发生规律图解（赵修复，1978）

图 1-2 中的单向箭头表示影响，双向箭头表示起相互作用或反馈作用。横向的关系是一条食物链。在天敌处的两端箭头表示天敌种间（即天敌的天敌）的相互作用关系，如天敌还有重

寄生天敌。害虫与天敌之间的相互作用关系是农业昆虫学区别于其他学科的特殊性。就像正与负是数学这门学科、作用与反作用是力学这门学科、化合与分解是化学这门学科区别于其他学科的特殊性一样，害虫与天敌之间互相制约，它们的数量在一定条件下互相转化。

在生物界，物种之间的利益斗争是一个普遍现象。害虫与天敌是共居于一个统一体中的一对矛盾，它们互相制约，并在一定条件下互相转化（赵修复，1980）。

三、生态系统的自我调控和稳定机制

生态系统的平衡是指自然生态系统中植物、动物、微生物等生物的数量总是处在一个相对稳定的动态平衡之中，这是种群演变的自然趋势，是生态系统中的一种自然调节作用。生态系统的平衡使生物种群数量既不会减少到灭绝程度，也不会无限制地增长。

同时，生态系统是一个与外界有物质交换、能量流动的开放系统，也是一个处于非平衡态的自我组织系统，生态系统中的各级结构具有自行协调、自我组织、自我维持的稳定机制，因此形成一个具有自我调节功能的系统。在农田生态系统中，作物-害虫-天敌及其周围环境相互作用，相互制约，通过物质、能量、信息和价值的流动构成一个有序的整体。

农田生态系统的稳定机制包括内源稳定机制和外源调控机制两个方面。其中内源稳定机制由系统的整合性、多样性、替代性及生态位均质性构成，外源调控机制主要指平衡调控机制。只有重视农田生态系统本身的自我调控和稳定机制，才能在整体上对害虫进行生态调控，以达到害虫治理的真正目的，即获得农业生产的高效、低耗和持续发展（戈峰，1998）。

（一）食物链与食物网

生物具有新陈代谢的特性，必须由外界取得营养物质和能量，以供生长和生活的需要。根据取得营养物质和能量的不同形式，生物可分为两类：一类是自养生物，另一类是异养生物。自养生物如绿色植物，能够利用太阳能把外界简单无机物变成本身需要的物质，是食物生产者。一切动物，包含害虫和天敌都是异养生物，它们没有自己制造食物的本领，必须从自养生物或其他异养生物中取得营养物质和能量，它们是食物消费者。食物生产者、食物消费者和食物分解者通过取得营养物质和能量产生联系，这种联系是链锁式的关系，叫作食物链（food chain），图 1-3 表示一个食物链的各组成成分。植物是第一营养级，取食植物的害虫是第二营养级，它的天敌是第三营养级。植物、害虫和天敌形成的食物链是三步链。天敌还会有其他的天敌，这样就形成四步链。

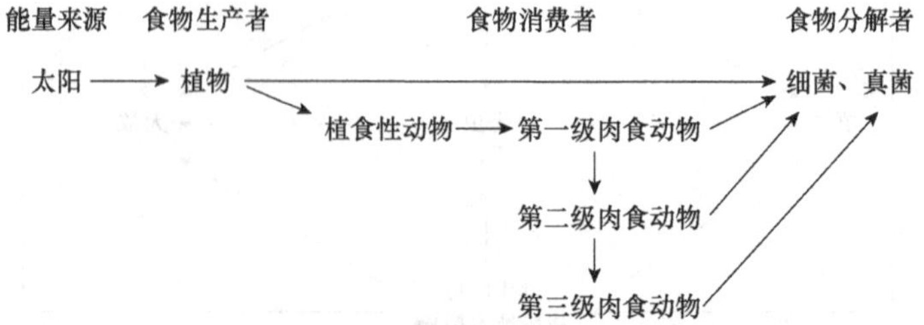

图 1-3　食物链的各组成成分图解

一种植物会被许多植食性昆虫取食，各种植食性昆虫又有其各自的天敌，这样就形成许多条食物链。不同食物链通过共同的取食植物而联系起来，也可以通过共同的天敌而联系起来，这样就形成一种网状的关系，称为食物网（food web）。

赵修复（1980）根据水稻昆虫的分类特点、生物学和生态学属性及天敌共性，将水稻田节肢动物群落分为几个食物网，即水稻田鳞翅目昆虫食物网、同翅目昆虫食物网、双翅目昆虫食物网和鞘翅目昆虫食物网。这几个食物网以植食性种类为中心，把水稻田节肢动物群落分为几个具有相同生态功能的亚系统。取食水稻的鳞翅目昆虫约有50种，分属13科，其中主要害虫有蛀茎螟虫（以二化螟和三化螟为主）和稻纵卷叶螟，次要害虫有稻苞虫、稻螟蛉、条纹螟蛉和稻眼蝶等。大多数种类的卵都被稻螟赤眼蜂和螟黄赤眼蜂寄生。此外，螟蛉绒茧蜂的寄主范围也非常广泛，可以寄生于上述几种鳞翅目昆虫的幼虫。同时，以上几种鳞翅目幼虫都还有许多其他寄生蜂和重寄生蜂。因此，可以分别以稻纵卷叶螟、稻苞虫和稻螟蛉为中心构成3条食物链，通过共同的食料植物水稻和共同的天敌连成一个十分复杂的食物网。水稻田鳞翅目昆虫食物网的一部分图解方式如图1-4所示。

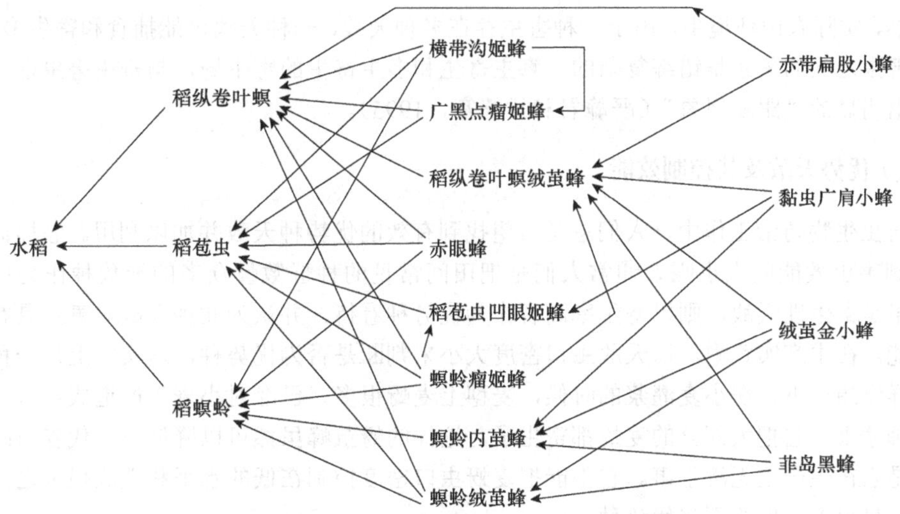

图1-4 水稻田鳞翅目昆虫食物网的一部分图解（赵修复，1980）

（二）天敌的跟随现象

就单个的生态体系来说，由于天敌是以害虫作为自己的食物营养来源，如果天敌的寄主害虫单一，只有一种或两种寄主的话，那么该天敌种群的消长，总体上"滞后"于寄主害虫，这种现象叫作天敌的"跟随现象"。它包含两方面含义：一是从发生时间上，天敌进入农田的时间在害虫建立种群之后；二是从发生的种群数量上，在害虫发生的初期，天敌的种群数量很少，随着害虫种群数量的增加，天敌的种群数量增长速度加快，随着天敌数量的增加，害虫的种群数量下降，随后天敌的种群数量也下降，在天敌的种群数量减少之后，害虫的种群数量又有机会上升。"跟随现象"是害虫与天敌在长期协同进化过程中的一种适应现象，它不但对寄主种的延续有利，而且为下一代天敌提供寄主虫源。那些"跟随"紧密的天敌，能够把害虫的种群数量控制在很低水平。如果这样的低水平出现在害虫造成经济损失之前，这种天敌就很有效。那些"跟随"较松的天敌，控制害虫的效果一般就较差。当然，在自然界中害虫种群数量的消长，并不完全取决于天敌因素，气候、食物、世代周期等都有作用（赵修复，1980）。

图1-5表示在一条食物链中两个相邻营养级种群数量变化的对立统一关系，这样的关系在生态学上是常见的。

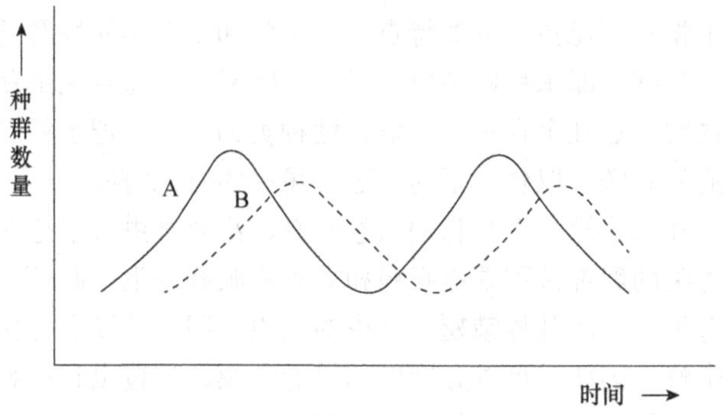

图 1-5 两个相邻营养级种群数量变化的对立统一图解（赵修复，1980）

A．第二营养级的植食性昆虫；B．第三营养级的肉食性昆虫

当然，实际农田环境中，由于一种害虫存在多种天敌，一种天敌可能捕食和寄生多种害虫，天敌与害虫之间的关系是错综复杂的。寡主寄生和多主寄生的寄生蜂，与寄主害虫密度之间不会表现出明显的“跟随现象”（严静君和姚德富，1995）。

（三）优势天敌及其控制效能

在害虫生物防治工作中，人们总是希望找到有效的优势种天敌并加以利用。怎样评价一种天敌抑制害虫效能的大小呢？通常人们是把田间常见的种群数量众多的天敌种作为优势种看待；如果是寄生性天敌，则以寄生率高者作为优势种看待，并认为此种天敌对害虫具有较强的控制效能。在生产实践中，以天敌虫口密度大小来判断是否为优势种，这实际上是一种误解。可以这样设想一下：在小麦灌浆的时候，麦穗上麦蚜很多，已经对小麦生产造成损害，这个时候蚜茧蜂才来，它把大部分的麦蚜都寄生了，这样的蚜茧蜂虽然可以降低下一代麦蚜的虫口密度，但是它在生产上无济于事。它不能把麦蚜虫口密度控制在低的水平和造成损害之前，虽然该天敌数量很多，但绝不是优势种。

同样，在水稻田里，人们也常常把蜘蛛虫口密度很大的种类叫作优势种。我们知道，在水稻田里，蜘蛛主要以稻飞虱为食。蜘蛛很多，反映稻飞虱必然也很多，关键的问题在于两者的数量都很多的时候，稻飞虱是否对水稻已经造成了损害。如果稻飞虱已经对水稻造成损害，那么即使蜘蛛很多也没有什么用处。如果蜘蛛能在稻飞虱数量不多尚未对生产造成损害的时候就把它压制下来，而它自己的数量也不多，这样的天敌才是真正的优势种。因此，在判断天敌的效能时，要以害虫与天敌之间竞争斗争的结果即经济损失减少的程度作为依据。当一种天敌种群数量众多时，如是出现在害虫造成经济损失之后，则这种天敌显然是没有真正起到控害作用的（赵修复，1980）。

影响天敌优良特性发挥的因素大致有气候因素、生活史异步性、成虫食物、寄主适合性、交替寄主、天敌间竞争、重寄生现象、栽培措施、农药的杀伤等。所以，生物防治必须将这些内容纳入综合防治之中，天敌的优良特性与控制效能才能得到充分的发挥。在生产实践中，可以通过改变大田周围有利于天敌种群持续发生的非作物生境植被组成和其他特征，来改变农田生态系统中害虫与天敌的相互关系，提高天敌对害虫的控制效能（俞晓平等，1996；尤民生等，2004）。例如，创建一些非靶标作物的生境，为天敌提供越冬和避难场所，增加周围栖境的潜能等（Wratten，1987）。

思考题

1．害虫生物防治是如何定义的？它有哪些研究内容？

2．化学防治有哪些不足？化学农药造成的“3R”问题是指什么？

3．害虫生物防治有哪些优点？

4．如何理解推广害虫生物防治技术与形成绿色生产生活方式、减少碳排放、促进生态环境好转、实现美丽中国目标密切相关？

5．害虫生物防治经历过哪些历史阶段？

6．中国古代都有哪些害虫生物防治的事例？

7．害虫生物防治的基本原则是什么？有哪些途径？

8．请列举典型的害虫生物防治成功案例。

9．影响害虫种群动态的因素有哪些？如何从食物网的角度分析天敌在其中的作用？

10．如何从生态学角度理解天敌的“跟随现象”？如何评估优势天敌？

主要参考文献

包建中，古德祥．1998．中国生物防治［M］．太原：山西科学技术出版社．

陈秀琴，刘其全，田新湖，等．2021．草地贪夜蛾生物防治研究进展［J］．福建农业学报，36（8）：981-988．

党英侨，王小艺，杨忠岐．2018．天敌昆虫在我国林业害虫生物防治上的研究进展［J］．环境昆虫学报，40（2）：242-255．

冯莹，谢伟忠，许少嫦，等．2014．应用本土寄生蜂防治松突圆蚧效果［J］．林业科技开发，28（3）：72-74．

戈峰．1998．害虫生态调控的原理与方法［J］．生态学杂志，17（2）：38-42．

戈峰．2020．论害虫生态调控策略与技术［J］．应用昆虫学报，57（1）：10-19．

韩冰，卢洪斌，葛迎春，等．2014．松毛虫赤眼蜂在落叶松毛虫防治中的应用［J］．防护林科技，（2）：118-119．

雷仲仁，吴圣勇，王海鸿．2016．我国蔬菜害虫生物防治研究进展［J］．植物保护，42（1）：1-6，25．

林昌善，吴聿明．1986．环境生物学［M］．北京：中国环境科学出版社．

林乃铨．2010．害虫生物防治［M］．4 版．北京：科学出版社．

潘明真，张毅，曹贺贺，等．2022．我国主要农作物蚜虫生物防治的研究进展、应用与展望［J］．植物保护学报，49（1）：146-172．

蒲蛰龙．1984．害虫生物防治的原理和方法［M］．2 版．北京：科学出版社．

时敏，唐璞，王知知，等．2020．中国寄生蜂研究及其在害虫生物防治中的应用［J］．应用昆虫学报，57（3）：491-548．

王彦华，王鸣华．2007．近年来我国水稻褐飞虱暴发原因及治理对策［J］．农药科学与治理，29（2）：49-54．

严静君，姚德富．1995．关于“天敌的跟随现象”的讨论［J］．昆虫知识，32（6）：370-371．

杨远亮，杨忠岐，王小艺，等．2013．应用花绒寄甲防治松褐天牛［J］．林业科学，49（3）：103-109．

杨忠岐．2004．利用天敌昆虫控制我国重大林木害虫研究进展［J］．中国生物防治，20（4）：221-227．

尤民生，侯有明，刘雨芳，等．2004．农田非作物生境调控与害虫综合治理［J］．昆虫学报，47（2）：260-268．

俞晓平，胡萃，Heong K L．1996．非作物生境对农业害虫及其天敌的影响［J］．中国生物防治，12（3）：130-133．

张国洲．2002．害虫抗药性及其治理［J］．安徽农业科学，30（4）：512-514．

赵修复．1978．怎样正确理解害虫的发生规律［J］．福建农业科技，（3）：36-41．

赵修复．1980．我对害虫发生规律的理解：兼谈天敌调查的若干问题［J］．昆虫知识，（3）：142-144．

赵修复．1981．害虫防治展望的我见［J］．福建农学院学报，（1）：1-6．

赵修复．1994．寄生蜂：我们的朋友［J］．大自然，（5）：19-20．

赵修复．1999．害虫生物防治［M］．3 版．北京：中国农业出版社．

赵修复，陈常铭，张履鸿，等．1981．害虫生物防治［M］．北京：中国农业出版社．

Aguilar-Fenollosa E, Pascual-Ruiz S, Hurtado M A, et al. 2011. Efficacy and economics of ground cover management as a conservation biological control strategy against *Tetranychus urticae* in clementine mandarin orchards [J]. Crop Protection, 30 (10): 1328-1333.

Bale J S, van Lenteren J C, Bigler F. 2008. Biological control and sustainable food production [J]. Philosophical Transactions of the Royal Society of London Series B, Biological Sciences, 363 (1492): 761-776.

DeBach P. 1974. Biological Control by Natural Enemies [M]. London: Cambridge University Press.

Hassell M P, Comins H N, Mayt R M. 1991. Spatial structure and chaos in insect population dynamics [J]. Nature, 353（6341）: 255-258.

He L S, Mohama D Z, Mei L Y. 2014. A review of the status of the larval parasitoid, *Asecodes hispinarum* boucek, and of the pupal parasitoid, *Tetrastichus brontispae* Ferrière (Hymenoptera: Eulophidae), as biological control agents of the coconut leaf beetle, *Brontispa longissima* (Gestro) (Coleoptera: Chrysomelidae: cassidinae), in the Asia-Pacific Region [J]. Life: the Excitement of Biology, 2 (1): 42-63.

Joshi S, Rabindra R J, Rajendran T P. 2010. Biological control of aphids [J]. Journal of Biological Control, 24 (3): 185-202.

Martin E A, Reineking B, Seo B, et al. 2013. Natural enemy interactions constrain pest control in complex agricultural landscapes [J]. Proceedings of the National Academy of Sciences of the United States of America, 110 (14): 5534-5539.

Mills N. 2006. Interspecific competition among natural enemies and single versus multiple introductions in biological control [J]. Trophic and Guild in Biological Interactions Control, 3: 191-220.

Muniappan R, Meyerdirk E, Sengebau F M, et al. 2006. Classical biological control of the *Papaya mealybug, Paracoccus marginatus* (Hemiptera: Pseudococcidae) in the republic of Palau [J]. The Florida Entomologist, 89 (2): 212-217.

Omkar O. 2016. Ecofriendly Pest Management for Food Security [M]. London, UK: Academic Press.

Powell W, Pell J K. 2017. Biological Control[M]//van Emden H F, Harrington R. Aphids as Crop Pests. Wallingford: CABI.

Rusch A, Bommarco R, Jansson M, et al. 2013. Flow and stability of natural pest control services depend on complexity and crop rotation at the landscape scale [J]. Journal of Applied Ecology, 50: 345-354.

Simberloff D. 2012. Risks of biological control for conservation purposes [J]. BioControl, 57 (2): 263-276.

Stehr F W. 1982. Parasitoids and predators in pest management[M]//Metcalf R , Luckmann W H. Introduction to Insect Pest Management. New York: Wiley & Sons.

van den Bosch R, Messenger P S, Gutierrez A P, et al. 1982. An Introduction to Biological Control [M]. Berlin: Springer.

Wratten S D. 1987. The effectiveness of native natural enemies[M]//Burn A J, Coaker T H, Jepson P C. Integrated Pest Management. London: Academic Press.

Xin B, Liu P X, Zhang S, et al. 2017. Research and application of *Chouioia cunea* Yang (Hymenoptera: Eulophidae) in China [J]. Biocontrol Science and Technology, 27 (3): 301-310.

第二章

寄生性天敌

害虫的寄生性天敌中，主要为寄生性天敌昆虫，也有少数寄生性螨类，在昆虫体内外营寄生生活。寄生性天敌昆虫处于食物链的高级阶层，在害虫自然控制中起着重要作用。本章介绍了寄生性天敌昆虫的概念、寄生性昆虫与捕食性昆虫的区别、寄生性昆虫的类型、寄生现象及寄生性天敌昆虫的主要类群，为这类天敌的保护和利用提供了参考。

第一节 概 述

一、寄生性天敌昆虫的概念

在昆虫中有一些种类，一个时期或一生都附着在其他昆虫或动物的体内或体表，并以摄取寄主的营养物质来维持生活。这种具有寄生习性的昆虫，称为寄生性昆虫。但是，寄生于其他昆虫或动物的寄生性昆虫，与寄生于脊椎动物体上的寄生虫（parasite）又有所不同，其主要表现在 4 个方面：①寄生结果导致寄主死亡；②通常仅在幼期营寄生生活，成虫期营自由生活；③个体大小与寄主接近；④不是异主寄生。所以，为了与寄生虫区别，将寄生性昆虫称为拟寄生物（parasitoid），对应的寄生现象称为拟寄生（parasitoidism）。由于寄生性昆虫能将寄主杀死，是寄主自然界的敌虫，因此人们常将这类寄生性昆虫称为寄生性天敌昆虫。

二、寄生性昆虫与捕食性昆虫的区别

寄生性昆虫是指寄生于其他昆虫或动物体表或体内的昆虫。寄生性昆虫与捕食性昆虫一般易于区别，但对于体表寄生的种类，有时会与捕食的种类混淆。寄生与捕食的鉴别依据是寄生性昆虫在发育过程中仅吃掉 1 头寄主，而捕食性昆虫则需吃掉多头猎物才能完成发育。此外，两者的形态、行为与习性也常有不同之处，见表 2-1。

表 2-1 寄生性昆虫与捕食性昆虫的区别

项目	寄生性昆虫	捕食性昆虫
形态	1. 体型一般较寄主小	1. 体型一般较猎物大
	2. 幼虫的足和复眼常有不同程度的退化	2. 成虫和幼虫（或若虫、稚虫）的足和复眼发达，前足常有捕捉功能
习性与行为	1. 在 1 头寄主上能完成发育	1. 需捕食多头猎物才能完成发育
	2. 成虫和幼虫食性不同，通常只是幼虫为肉食性	2. 成虫和幼虫常同为肉食性，甚至捕食同种猎物
	3. 杀死寄主速度慢	3. 杀死猎物速度快

续表

项目	寄生性昆虫	捕食性昆虫
习性与行为	4. 成虫自由生活，但幼虫营寄生生活，不能离开寄主独立生活	4. 成虫和幼虫都是自由生活，与猎物关系不很密切，都在猎物体外活动
	5. 有一定的寄主范围，对寄主的依赖程度高	5. 通常为多食性，对某种猎物的依赖程度低
	6. 成虫搜索寄主，主要为了产卵或补充营养，一般不杀死寄主	6. 成虫和幼虫搜索猎物就是为了取食

但是，也有一些中间类型。例如，蓝色长盾金小蜂（*Scutellista caerulea* Fonscolombe）幼虫靠捕食软介壳虫或黑介壳虫的卵来维持生活，若无猎物卵时即在介壳虫体表营寄生生活，这说明同一虫态会兼营捕食和寄生生活；螟卵啮小蜂（*Tetrastichus schoenobii* Ferrière）产卵寄生于三化螟的卵内，等啮小蜂幼虫从寄主卵中爬出后，还需捕食 2～3 粒卵才能完成发育，这说明同一虫态既会寄生又会捕食。至于幼虫期寄生、成虫期捕食两种习性兼有的寄生蜂则相当普遍。

膜翅目细腰亚目针尾部的蜾蠃蜂、蛛蜂及泥蜂，其幼虫蜗居于亲代为它们准备的巢室内并取食亲代为它们抓捕而储藏于巢内的猎物，有些仅取食 1 头，符合寄生标准，但多数种类均取食多头，又属捕食现象。由于取食习性颇似外寄生，所以一般放在寄生性天敌内介绍。

三、寄生性昆虫的类型

寄生性昆虫根据寄生寄主虫态的情况，可分为单期寄生和跨期寄生两类。

（一）单期寄生

单期寄生指寄生性昆虫只寄生在寄主的某一虫态并能完成发育。

根据寄主的虫态，单期寄生可分为卵寄生（egg parasitism）、幼虫寄生（larval parasitism）、蛹寄生（pupal parasitism）和成虫寄生（adult parasitism）。

1. 卵寄生 寄生性昆虫寄生于寄主的卵内。例如，松毛虫赤眼蜂（*Trichogramma dendrolimi* Matsumura）产卵于松毛虫卵内，赤眼蜂的幼虫和蛹也生活在寄主卵内，一直到成蜂羽化后才咬开卵壳造成小孔爬出。

2. 幼虫寄生 寄生性昆虫寄生于寄主的幼虫体内或体表，以寄主幼虫营养为生。例如，椰甲截脉姬小蜂（*Asecodes hispinarum* Boucek）和椰心叶甲啮小蜂（*Tetrastichus brontispae* Ferrière）寄生于椰心叶甲幼虫体内；白足扁股小蜂（*Elasmus corbetti* Ferrière）寄生在稻纵卷叶螟幼虫体表，化蛹在稻叶上寄主残体附近。

3. 蛹寄生 寄生性昆虫寄生于寄主的蛹内。例如，蝶蛹金小蜂（*Pteromalus puparum* L.）寄生于玉带凤蝶或菜粉蝶的蛹内，成虫羽化后才从寄主蛹内咬开蛹壳的 1 个小孔爬出。

4. 成虫寄生 寄生性昆虫寄生于寄主的成虫体内或体表，以寄主成虫营养为生。例如，暗绿截尾金小蜂［*Tomicobia seitneri*（Ruschka）］产卵在云杉重齿小蠹体内，羽化后从寄主体背咬小孔爬出。

（二）跨期寄生

寄生性昆虫需经过寄主的 2～3 个虫态才能完成发育，包括卵—幼虫寄生、卵—幼虫—蛹寄生和幼虫—蛹寄生。

1. 卵—幼虫寄生 寄生性昆虫产卵于寄主卵内，寄主卵孵化为幼虫后，寄生昆虫的卵才孵化，在寄主幼虫体内完成发育。姬蜂科（Ichneumonidae）、茧蜂科（Braconidae）、小蜂科（Chalcididae）、广腹细蜂科（Platygasteridae）和环腹瘿蜂科（Figitidae）昆虫中的一些种类均有此习性。例如，台湾甲腹茧蜂（*Chelonus formosanus* Sonan）产卵于甜菜夜蛾或斜纹夜蛾的卵内，幼虫发育成熟后，钻出寄主幼虫体外结茧化蛹；稻瘿蚊黄柄黑蜂（*Platygaster oryzae* Camerson）产卵于稻瘿蚊卵内，成熟幼虫即在寄主幼虫体内化蛹，直至蜂羽化时才离开寄主。

2. 卵—幼虫—蛹寄生（卵—蛹寄生）　寄生性昆虫产卵于寄主卵内，但是直至寄主的蛹期才孵化出幼虫并取食寄主而完成发育。例如，潜蝇甲腹离颚茧蜂（*Trachionus agromyzae* Delvare）寄生于潜蝇（*Agromyza* spp.）的卵直至潜蝇发育到蛹后期才从蛹中爬出。

3. 幼虫—蛹寄生　寄生性昆虫产卵于寄主幼虫的体内，但寄主可以继续发育到蛹期，寄生性昆虫在寄主蛹期完成发育。通常所见从蛹内羽化出来的寄生性昆虫，实际上多数是幼虫—蛹寄生。例如，广黑点瘤姬蜂［*Xanthopimpla punctata*（Fabricius）］产卵于稻苞虫等老熟幼虫体内，直至寄主化蛹后，蜂幼虫才完成发育，并在寄主蛹内化蛹，羽化后从寄主蛹前端咬小孔爬出。

有些寄生昆虫，对寄主虫期要求并不很严格。例如，花胫蚜蝇姬蜂［*Diplazon laetatorius*（Fabricius）］可产卵在食蚜蝇卵内或低龄幼虫体内，直至寄主蛹期，成蜂才羽化爬出。因此，可作为卵—幼虫—蛹寄生，也可作为幼虫—蛹寄生。稻苞虫腹柄姬小蜂［*Pediobius mitsukurii*（Ashmead）］是从稻苞虫蛹内羽化出来，但产卵时期可在寄主老熟幼虫期，也可在预蛹期或初蛹期，因此既可当作幼虫—蛹寄生的跨期寄生，也可当作蛹寄生的单期寄生。

四、寄生现象分类

寄生现象是指寄生性昆虫生活于寄主体内或体表，并从后者获取营养的情况。寄生现象复杂多样，根据寄生性昆虫在寄主体上的取食部位、寄主体上寄生性昆虫的种类、寄主体上育出同种寄生性昆虫的个体数、寄生性昆虫在寄主体内完成发育的情况、寄生性昆虫寄生关系的次序和寄主范围等分为不同的类型。

（一）根据寄生性昆虫在寄主体上的取食部位分类

可分为内寄生（endoparasitism）和外寄生（ectoparasitism）两种类型。其中，内寄生为主，约占寄生性昆虫种类的 80%。

1. 内寄生　寄生性昆虫的幼虫生活于寄主体内。内寄生区别于外寄生的关键是寄生性昆虫幼虫的生长发育是在寄主体内完成的，至于卵是否产在寄主体内、老熟幼虫是否仍在寄主体内化蛹都不是标准。例如，淡足侧沟茧蜂（*Microplitis pallidipes* Szepligeti）寄生于甜菜夜蛾和斜纹夜蛾幼虫体内，属于内寄生。

2. 外寄生　寄生性昆虫生活于寄主体表。外寄生昆虫常以生活在与外界隔开的茧、孔道、巢房等处的幼虫为寄主，一般产卵在寄主体表。寄生性昆虫在产卵之前往往先将寄主麻痹，使其不食不动，也不腐烂，任由取食。例如，螟黑纹茧蜂（*Bracon onukii* Watanabe）寄生于水稻螟虫的幼虫体表，麦蛾柔茧蜂［*Habrobracon hebetor*（Say）］寄生于印度谷螟、麦蛾、地中海粉螟等仓储害虫的体表。

在螯蜂科中，其幼虫头部和腹部末端钻入寄主体内，而其他部分暴露于寄主体外，似为内寄生和外寄生的一种过渡类型。

（二）根据寄主体上寄生性昆虫的种类分类

可分为独寄生（eremoparasitism）和共寄生（synparasitism 或 multiparasitism）两种类型。

1. 独寄生 1 个寄主体上只有 1 种寄生性昆虫寄生的现象，不管育出的寄生性昆虫的个体数有多少。大部分寄生性昆虫属于这种情况。

2. 共寄生 1 个寄主体上有两种或两种以上寄生性昆虫同时寄生的现象。这种情况较为少见。这些不同种的幼虫在同一寄主上取食，其发育结果有 4 种情况：①全部存活；②仅有 1 种存活；③部分存活，部分死亡；④都不能存活。实际上，在未经认真解剖、仔细观察的情况下，往往只注意到第①和第③两种共寄生现象，第②和第④两种情况常被视为独寄生或没有寄生。

值得注意的是，寄生蜂中的雌雄二型现象普遍且明显，少数雄蜂在形态上具有明显的雄性二型现象（male dimorphism），并且在行为和习性上也有很大差异，不要误认为共寄生。

（三）根据寄主体上育出同种寄生性昆虫的个体数分类

可分为单寄生（monoparasitism）和聚寄生（gregarious parasitism）两种类型。

1. 单寄生 也称孤寄生（solitary parasitism），1 个寄主上只育出 1 头寄生性昆虫。例如，在 1 头甜菜夜蛾或斜纹夜蛾幼虫体内，只能育出 1 头马尼拉侧沟茧蜂（*Microplitis manila* Ashmead）；在 1 粒三化螟卵内，只育出 1 头长腹黑卵蜂（*Telenomus rowani* Gahan）。

2. 聚寄生 过去常称为多寄生（polyparasitism）。1 个寄主上可育出 2 头或 2 头以上的同种寄生性昆虫。例如，1 粒松毛虫卵内，可育出多头松毛虫赤眼蜂（*Trichogramma dendrolimi* Matsumura）；1 头松褐天牛幼虫可育出多头哈氏肿腿蜂［*Sclerodermus harmandi*（Buysson）］。

（四）根据寄生性昆虫在寄主体内完成发育的情况分类

可分为完寄生（hicanoparasitism）和过寄生（superparasitism）两类。

1. 完寄生 寄生性昆虫在寄主上能完成发育。

2. 过寄生 寄生性昆虫在同一寄主上子代个体数过多，寄主体内营养不能满足需要，导致一部分或全部寄生性昆虫不能完成发育而死亡，或发育不良，失去繁衍后代的能力。1 个寄主被单一寄生性昆虫多次寄生的，称自过寄生（self superparasitism），如寄生性昆虫一次产卵过多属于这种类型。1 个寄主被同一种的多个寄生者所寄生的，称同种过寄生（conspecific superparasitism），这种情况更常见。在赤眼蜂人工繁殖中，管理不善常会出现过寄生现象。

（五）根据寄生性昆虫寄生关系的次序分类

可分为原寄生（protoparasitism）和重寄生（epiparasitism 或 hyperparasitism）两类。

1. 原寄生 也称初寄生（primary parasitism），是直接寄生寄主昆虫。上述各种寄生现象均属此类。例如，寄生在草蛉或食蚜蝇等捕食性昆虫的寄生蜂，乃原寄生蜂。

2. 重寄生 以寄生性昆虫为寄主，即一种寄生性昆虫寄生在另一种寄生性昆虫体上。重寄生分为二重寄生、三重寄生、四重寄生，甚至五重寄生。例如，广黑点瘤姬蜂寄生稻苞虫，这是原寄生；稻苞虫体内的广黑点瘤姬蜂又可被横带驼姬蜂（*Goryphus basilaris* Holmgren）寄生，此为二重寄生；寄生在广黑点瘤姬蜂体上的横带驼姬蜂又可再被稻苞虫兔唇姬小蜂（*Dimmockia secunda* Crawford）寄生，此为三重寄生。有些昆虫还有四重寄生，甚至五重寄生的情况，但极为少见。在寄生昆虫中，虽然有些类群几乎完全是重寄生，如菱室姬蜂亚科（Mesochorinae）中的绝大部分种类。但是，多数种类并非固定营重寄生生活，如上述横带驼姬蜂和稻苞虫兔唇姬小蜂均可直接寄生于稻苞虫上。

有些寄生蜂的雄蜂，寄生于本种雌蜂或他种雌蜂。例如，寄生于梨圆蚧若虫的梨圆蚧恩蚜小蜂［*Encarsia perniciosi*（Tower）］，其雄蜂育自本种雌蜂。当梨圆蚧体内只有 1 头蚜小蜂幼虫寄生时，发育羽化出的是雌蜂；当 1 头梨圆蚧体内有 2 头蚜小蜂幼虫，并且其中之一就在同种幼虫上寄生时，如此发育羽化出的 1 头则是雄蜂。这种寄生性昆虫在寄主体内又被同种寄生性昆虫寄生的现象，叫作自复寄生（autoparasitism）。寄生柑橘粉蚧的食蚧蚜小蜂［*Coccophagus caridei*（Brethes）］的雄蜂育自柑橘粉蚧上的粉蚧长索跳小蜂［*Anagyrus pseudococci*（Gir.）］，这是雄蜂育自他种的例子。

有些寄生性昆虫，本身没有直接产卵于寄主体内的能力，必须利用其他寄生性昆虫寄生时打开的通道才能接触到寄主而产卵，并在第一龄幼虫时先杀死原来寄生性昆虫的卵或幼虫，然后才在寄主上营寄生生活，这种寄生现象称为盗食寄生（cleptoparasitism）。例如，刺蛾广肩小蜂（*Eurytoma monemae* Rusch）寄生时，必须利用上海青蜂（*Praestochrysis shanghaiensis* Smith）寄生黄刺蛾时在刺蛾幼虫化蛹前体外的硬壳上产生的小孔，而且当上海青蜂产卵时，刺蛾广肩小蜂往往已等候在旁，旋即产卵入内，卵孵化出的幼虫直接杀死上海青蜂的卵或幼虫进而取食刺蛾，以完成发育。

（六）根据寄主范围分类

可分为单主寄生（monophagous parasitism）、寡主寄生（oligophagous parasitism）和多主寄生（polyphagous parasitism）3 种类型。

1. 单主寄生　也称单食性寄生或单择性寄生，是寄生性昆虫限定在一种寄主上寄生的现象。例如，苹果绵蚜蚜小蜂［*Aphelinus mali*（Haldeman）］只寄生于苹果绵蚜。单主寄生的昆虫，在寄主持续发生的环境中容易提高寄生率，但对发生期容易间断的寄主种类，种群很易凋落，寄生率难以维持高水平。

2. 寡主寄生　也称寡食性寄生或寡择性寄生，是寄生性昆虫只能在少数近缘种类上寄生的现象。一般认为这种寄生既不必考虑寄主缺乏，又比较容易提高寄生率。

3. 多主寄生　也称多食性寄生或多择性寄生，是寄生性昆虫可在多种寄主上寄生的现象。例如，广大腿小蜂（*Brachymeria lasus* Walker）已知寄主有鳞翅目、双翅目、膜翅目 3 个目共 26 科约 120 种。这类寄生蜂的寄主范围广，在自然界容易维持其种群，但因分散寄生力量，寄生率不易提高。

五、寄生性天敌昆虫的主要类群

已知寄生于昆虫及近缘节肢动物的天敌昆虫种类有很多，其中，以膜翅目有最多的寄生性类群，其次是双翅目中的寄生性类群。捻翅目是 1 个小目，但是所有种类都是寄生性的，鞘翅目和鳞翅目的一些科也有寄生性种类。

第二节　寄生性膜翅目

寄生性膜翅目昆虫统称寄生蜂。该目昆虫种类多，全世界已知有 15 万余种，中国已知约 8600 种，但未知种类仍然很多。膜翅目昆虫中，绝大多数为食虫昆虫，是一类十分重要的天敌昆虫，不论在害虫生物防治利用的天敌种类方面，还是在害虫自然控制上所起的作用方面，都是首屈一指，占成功利用的害虫天敌种类的2/3以上。

膜翅目分为广腰亚目（Symphyta）和细腰亚目（Apocrita）。在广腰亚目中，只有尾蜂总科（Orussoidea）的尾蜂科（Orussidae）是寄生性的。在细腰亚目中，除蜜蜂总科（Apoidea）主要为植食性外，其他总科完全或基本上为肉食性。其中，姬蜂总科（Ichneumonoidea）、旗腹蜂总科（Evanioidea）、钩腹蜂总科（Trigonalyoidea）、巨蜂总科（Megalyroidea）、冠蜂总科（Stephanioidea）、细蜂总科（Proctotrupoidea）、锤角细蜂总科（Diaprioidea）、广腹细蜂总科（Platygastroidea）、分盾细蜂总科（Ceraphronoidea）、柄翅柄腹小蜂总科（Mymarommatoidea）、青蜂总科（Chrysidoidea）完全或大部分是寄生性的；小蜂总科（Chalcidoidea）除广肩小蜂科（Eurytomidae）、长尾小蜂科（Torymidae）、姬小蜂科（Eulophidae）和金小蜂科（Pteromalidae）等科的部分种类外，基本上也都是寄生性的；瘿蜂总科（Cynipoidea）有过半种类为寄生性；胡蜂总科（Vespoidea）中的钩土蜂科（Tiphiidae）、寡毛土蜂科（Sapygidae）、土蜂科（Scoliidae）和蚁蜂科（Mutillidae）多数种类是寄生性，而胡蜂科（Vespidae）、蛛蜂科（Pompilidae）和蜜蜂总科（Apoidea）中的泥蜂科（Sphecidae）的种类全为狩猎寄生性。

一、寄生蜂的基本习性

对寄生蜂习性的了解，特别是对寄生习性的了解十分重要，这与它们的利用和效能评价都有十分密切的关系。但是，寄生蜂的习性复杂多样，目前我们对这方面的知识仍然掌握不够，现仅介绍一些基本知识。

（一）寻找寄主

刚羽化的寄生蜂可能远离它们的寄主，因此它们必须找到寄主，才能繁殖后代。从实际应用方面来看，寄生蜂怎样找到寄主、其寻找寄主能力的强弱和能否辨别已被寄生过的寄主而不再去产卵等，与它控制害虫效能的大小有密切联系。所以，如何寻找寄主是寄生蜂研究中应该注意的一个重要问题。

在自然界中，寄生蜂对寄主有明显的选择性和专一性，每种寄生蜂都有一定的寄主范围，即使是多主寄生的种类，对其寄主也是有所选择的；而且，寄生蜂找到寄主的能力是异常惊人的，有时寄生率又相当高。那么，它们是凭借什么信息找到寄主的呢？

寄生蜂寻找寄主的过程一般分为寄主生境定位（host habitat location）、寄主定位（host location）、寄主识别（host discrimination）和寄主接受（host acceptance）4个阶段。每一阶段均包含着一系列复杂的行为反应。这些行为反应受周围环境化学信号和物理信号等的调节和控制。其中，来自寄主昆虫或植物的化学信号是必不可少的，它们在寄生蜂搜索寄主的过程中起着决定性的作用。

1. 寄主生境定位 寄生蜂准备产卵时，往往一开始并不立即寻找寄主，而是先找寄主的生境，甚至不管这个环境中当时是否存在着所需要的寄主。一些寄生蜂，特别是一些在羽化时卵尚未成熟的种类，常飞离原处所到别处寻找食物，然后再寻找寄主产卵，还有一些寄生蜂，上一代寄主栖息地与下一代不同，需重新寻找寄主生境。寄生蜂必须借助各种通信方式对周围环境进行综合判断，以寻找寄主的生境。通常以寄主取食的植物或食物产生的挥发性物质作为信息来寻找寄主生境。来自植物或食物的挥发性次生物质，由于其释放量大，在远距离仍易被检测到，不足之处是其暗示适合寄主存在的可信性差。虫害诱导植物产生的挥发性次生物质是植物与植食性昆虫相互作用的结果，从而将植物挥发性次生物质的高检测性和暗示寄主存在的高可信性结合起来，在对寄生蜂的招引作用中起着关键作用。寄生蜂就是以这些挥发性物质作为信息来寻找寄主生境，然后才在其上寻找自己所适合的寄主的。例如，仓蛾姬蜂（*Venturia canescens* Gravenhorst）被燕麦粉的气味所引诱，即使在燕麦粉中并没有它的寄主粉斑螟的幼虫；大径反颚茧蜂（*Alysia manducator* Beukeboom）被尸体的臭气所吸引，寻找在尸体内取食的寄主蝇蛆。由于不同寄主植物或寄主食物的挥发性物质对寄生蜂的招引力有差异，因此在其上生活的同种寄主被寄生的情况往往有很大差别。例如，茎姬蜂（*Collyria catoptron* Wahl.）对小麦田中麦茎蜂的寄生率高于大麦田，因此用它来防治小麦田的麦茎蜂更有效。

有些寄生蜂在卵巢发育成熟前，对寄主食料植物的气味并不喜欢，只是当卵巢成熟时才被诱来。例如，寄生于松梢卷叶蛾的红颈爱姬蜂（*Exeristes ruficollis* Gravenhorst）羽化后飞向伞形科的花，而对寄主食料植物松树的气味有反感；1 周之后，卵巢发育成熟，却讨厌伞形科植物的气味而被松树的气味所招引。植物的发育阶段不同，对某些寄生蜂的活动也会有影响。当然，植物或食物对寄生蜂是否有招引作用，主要取决于它们是否能产生某些引诱物质或驱避物质。

此外，温度、湿度、光照、植株高度等因素对寄生蜂的生境定位也有影响。例如，岛甲腹茧蜂（*Chelonus insularis* Cresson）只在特定的高度活动，无论人们把它放得多高，它们总是马上降到灌木丛的高度后才开始搜索寄主网螟（*Loxostege frustralis* Zell.）。据报道，不同的赤眼蜂对生境的要求常有差异。例如，广赤眼蜂（*Trichogramma evanescens* Westwood）常见于大田，松毛虫赤眼蜂（*Trichogramma dendrolimi* Matsumura）常见于森林，稻螟赤眼蜂（*Trichogramma japonicum* Ashmead）常见于稻田和沼泽地。

2. 寄主定位　寄生蜂找到寄主生境后，借助嗅觉、视觉或触觉等搜索和定位寄主。寄主食料植物的受伤组织产生的挥发性物质，以及寄主的气味或粪便、丝、鳞片等都可能是寄主定位的短距离信号。这里面有物理信息，也有化学信息。直接来自寄主昆虫的气味，由于能为寄生蜂提供识别寄主的特异性信息，通常是最可信的。例如，双色异脉茧蜂（*Toxoneuron bicolor* Szépligeti）雌蜂到达适当的生境后，即在离植物 1～2mm 高处飞行，并常停歇在植物上，以触角触察植物的受伤组织。如果伤痕不是烟芽夜蛾［*Heliothis virescens*（F.）］所造成，它就另行寻找；如果像由寄主昆虫造成的，它就在植物上激动地行走，并以触角敲击叶面，搜索寄主。这些改变双色异脉茧蜂行为的物质，包括寄主取食时分泌的唾液和寄主的粪便，其中含有 11-甲基三十一烷、16-甲基三十二烷和 13-甲基三十三烷等化学物质，这些对接受者有利、对释放者有害的种间信息化学物质称为"益它素"（kairomone）。广赤眼蜂被寄主雌蛾产卵时留下的鳞片气味所刺激，其中含有二十二烷、二十三烷、二十四烷、二十五烷 4 种直链碳氢化合物，以二十三烷的作用最强，而对 2～3mm 处的寄主气味并无反应，是靠视觉来发现寄主的。据报道，广赤眼蜂对球形物体甚感兴趣，可在树脂滴、玻璃珠、水银滴及球面的种子上有产卵动作，也易在蜡包的悬滴上产卵。寄生三化螟的螟卵啮小蜂对有鳞毛的卵块有兴趣，而对许多裸露的卵块，则从不问津。例如，尽管水稻叶夜蛾（*Spodoptera mauritia* Boisd.）不是该蜂的寄主，但由于其卵块上有一层稀疏的鳞毛覆盖，该蜂很喜欢用产卵器进行试探，但从未见其真正把卵产到夜蛾卵内。

寄生卷叶内害虫的寄生蜂，往往首先寻找植物卷叶，而后再寄生里面的害虫。例如，稻纵卷叶螟的赤带扁股小蜂（*Elasmus cnaphalocrocis* Liao）只寄生卷叶苞内的稻纵卷叶螟幼虫，不寄生人为裸露的稻纵卷叶螟幼虫。

寄生松树钻蛀性害虫大树蜂幼虫的黑背皱背姬蜂（*Rhyssa persuasoria* L.）则是依靠寄主粪便的气味寻找寄主。有人在蜜蜂巢中放入大树蜂幼虫粪便，然后把蜂巢用纸封上，黑背皱背姬蜂可被诱来，并用产卵器刺破封纸，在放入的蜜蜂幼虫体上产卵。

寄生玉米螟的腰带长体茧蜂（*Macrocentrus cingulum* Brischke）可被玉米螟幼虫堆积在蛀道入口的粪便及所吐的丝强烈吸引。当茧蜂发现这些东西时，便将产卵器插入蛀道试探，如碰到寄主则产卵，即使蛀道内无寄主，有时也会探测很久。

温哥华刻鞭茧蜂（*Coeloides vancouverensis* Dalla）根据黄杉大小蠹（*Dendroctonus pseudotsugae* Hopkins）幼虫代谢热发出的红外线，定位并找到木材内的寄主蠹虫。米象娜金小蜂（*Lariophagus distinguendus* Foerster）借助米象或谷象幼虫啮食谷粒时发出的碾轧声来找到麦粒内的寄主。

一些寄生蜂寻找寄主的方式比较特殊，它们依附于寄主成虫体上，随其携播（phoresy），待寄主产卵时立即爬下产卵。这种现象在缘腹细蜂科（Scelionidae）、赤眼蜂科（Trichogrammatidae）和蚁小蜂科（Eucharitidae）中较常见。例如，缘腹细蜂［*Mantibaria seefelderiana*（DeStefani）］的雌蜂附着于雌螳螂的胸部和腹部，当螳螂产卵时，缘腹细蜂随即离开寄主爬到泡沫状的螳螂卵块上产卵，否则螳螂卵囊变硬后蜂卵则无法产入。一些赤眼蜂也依附于鳞翅目成虫腹部或翅下，当寄主产卵时，即产卵寄生于寄主的卵内。此外，蚁小蜂以 1 龄幼虫（闯蚴）附着于工蚁体上而被带进蚁巢，然后寄生于蚁的幼虫或蛹。

3．寄主识别　寄生蜂找到寄主后，还要对寄主进行识别，如果所需的条件不符合，仍然不会接受这个寄主。所需的条件可能是寄主的气味、大小、形状或运动等。许多寄生蜂有识别已被寄生过的和未被寄生过的寄主的能力，从而避免过寄生。寄生蜂的这种识别能力主要是根据寄主表面上或寄主周围物体表面上的标记信息素及寄主体内的生理变化等。例如，淡足蝇茧蜂［*Xynobius caelatus*（Haliday）］寄生瓜斑潜蝇［*Liriomyza bryoniae*（Kaltenbach）］幼虫后，它会在寄主及寄主为害的叶片上留下标记，以提醒其他接近的雌蜂。可是，这样的记号持续时间不长，也易被雨水冲刷，这种卵一旦被水洗过，对其他蜂就无忌避作用。

稻蝽沟卵蜂［*Trissolcus mitsukurii*（Ashmead）］和稻蝽小黑卵蜂（*Telenomus chloropus* Thomson）雌成虫产卵寄生稻绿蝽后，都会用产卵器在寄主卵的上缘擦动 2～3 次作“记号”，后来的寄生蜂用触角探索该卵时，就会发觉这个已产过卵的“记号”，而另找其他寄主。

美丽怒茧蜂（*Orgilus lepidus* Muesebeck）在马铃薯麦蛾（*Phthorimaea operculella* Zell.）幼虫体上产卵后，就在寄主体上标记一种对同种雌蜂有强烈拒避作用的化学物质，称为搜索制止物（search deterrent substance，SDS），其他雌蜂能通过识别搜索制止物而避开寄主，因此在某一生境内的搜索制止物的浓度可成为影响寄生率的一个因子。例如，一种反颚茧蜂（*Alysia* sp.）雌蜂在高浓度搜索制止物下，会出现不安和产卵行为的改变及生殖力下降。

在选择寄主行为上，还有一类化学标志，称为作用物识别标志（substrate recognition marker），以便识别产卵位置和迁移。例如，杂色茧蜂（*Bracon variegator* Spinola）先将所有可利用的寄主幼虫麻痹，然后再回来产卵。

食甲茧蜂（*Microctonus brevipetiolatus* Pucci）主要是受黄条跳甲运动的刺激而产卵。对于静止的黄条跳甲，茧蜂在产卵前就用触角触碰它而使它活动起来，然后产卵寄生。

以上各例都是从寄主外部来识别的，也有从寄主内部的变化来识别的例子，如长尾窄茧蜂［*Stenobracon deesae*（Cameron）］就是通过产卵器上的感觉器来辨别寄主草螟是否已被寄生。

4．寄主接受　寄生蜂能将寄主的生理调节到利于其发育的状态。寄主的最终接受问题，也是限制各种寄生蜂只适应特定寄主种类的“关卡”。所以说，1 头寄生蜂即使已在某个寄主体上产了卵，也并不一定意味着寄主的最后接受。从寄生蜂的寄主接受来说，有以下 3 种不接受的情况。①物理方面的不适合：有寄主个体大小和寄主体壁厚薄等问题。寄主太大，体液过多；

寄主太小，营养不足，均不利于寄生蜂的发育。例如，黑瘤姬蜂（*Pimpla examinator* Ratz）的雄蜂不能从大的寄主体内育出；寄生于天蛾卵的赤眼蜂，则由于天蛾的卵壳太厚而不能羽化。②营养的不适合：例如，食蚧蚜小蜂（*Coccophagus gurneyi* Compere）的幼虫不能从柑橘刺粉蚧体内育出，是由于寄主体内的营养不适。③生物的不适合：寄主假使死亡，寄生蜂的幼虫也随之死亡，如金小蜂（*Pteromalus egregius*）产卵时若杀死寄主绒茧蜂，此金小蜂幼虫也不能成活。此外，寄生蜂的卵或幼虫，必须能抵御寄主的免疫反应才能存活，否则不能存活或不能发育成熟。因此雌蜂在产卵时给寄主体内注入毒液，导致寄主永久性麻痹，阻止寄主的胚胎发育和幼虫变态等。在姬蜂和茧蜂的产卵过程中，注入寄主体内的不仅有卵，还有附腺分泌物、多分 DNA 病毒（polydanvirus，PV）和病毒样颗粒（virus-like particle，VLP），这些物质可以帮助寄生蜂抵御寄主的免疫反应。

（二）成虫的取食

一些寄生蜂在羽化时体内的卵已经发育成熟，羽化不久就可产卵，无须补充营养，只需吸点露水。当然，如有食料，寿命会明显延长，甚至还可增加产卵量。但是，大多数寄生蜂刚羽化时体内的卵尚未发育成熟，必须补充营养才能完成卵子发育，加上产卵期长，需要不断吸水和取食，以维持生命和产卵的需要。如不能获得食料的补给，卵巢就停止发育，并影响性器官的成熟和性行为，有的即使刺入寄主也不产卵。一些寄生蜂的地理分布，以及它在某地区寄生作用的大小，有时与它能否获得所需的水和营养物质有密切的关系。

水的来源主要有露水和雨水。露水更重要，经常可以得到，成虫一般在早晨舐吸叶片上的露水。食料主要是植物的花蜜、花粉和寄主的体液。蚜虫的蜜露、介壳虫的分泌物或植物流出的汁液，也常有寄生蜂去取食。植物的花蜜和花粉，对多种寄生蜂均极为重要。例如，土蜂必须吸食花蜜和花粉，为了寻找蜜源植物，有时可飞得很远。所以在生物防治上，在金龟子发生的地方，分期播种或移植土蜂喜欢的蜜源植物并使花期延长，便于土蜂取食，那么就可以把土蜂吸引过来，提高防治效果。

寄主体液是许多寄生蜂营养的重要来源。据报道，在 26.7℃下，如果将黄阔柄跳小蜂［*Metaphycus helvolus*（Compere）］与它的寄主盔蚧（*Saissetia* sp.）隔离 3 周，由于缺乏蛋白质补充，黄阔柄跳小蜂就不再产卵了；但是，如果把它再次与寄主放在一起，它立即从寄主身上取食体液，获得营养，经过 3d 又会开始产卵。另外，螯蜂雌成虫通过捕食而从寄主稻飞虱体中补充营养，由于捕食而杀死的寄主，有时比寄生而致死的还多。

寄生蜂吸食寄主体液的方式有 3 种。①产卵后，顺便取食从寄主伤口处流出的体液，多数寄生蜂有此习性。②特意用产卵器刺伤寄主，取食流出的体液，但吸食方式会因寄主是裸露还是包裹在茧内或生活在隐蔽场所而有不同。例如，对裸露的寄主粉斑螟幼虫，麦蛾柔茧蜂用产卵器刺破寄主体壁后，即行舐食流出的体液，有时再刺再食，边产卵边刺食。对生活在茧内等隐蔽场所的寄主红铃虫幼虫，黑青小蜂［*Dibrachys cavus*（Walker）］在用产卵器插入寄主的同时，在产卵器周围分泌一种透明胶质，这种胶质在产卵器拔出后则凝结成一条透明的空心管，寄生蜂就利用这样的空心管吮吸寄主的体液。③用口器咬伤寄主，吸食体液。例如，土蜂和臀钩土蜂成虫常用上颚咬破寄主蛴螬的体壁，甚至把足咬断，然后从伤口处吸食。小蜂科、蚁蜂科也有此习性，常会因此而杀死寄主体内的其他寄生蜂幼虫或自己的子代。

有一些需要补充营养的寄生蜂，如果得不到足够的含有蛋白质的食物，或者找不到寄主产卵，它卵巢内成熟的卵就会被吸收掉。这种卵子吸收现象，对保存营养物质是有利的。

（三）交配、生殖和性比

1. 交配 一般地说，寄生蜂成虫中雌性比雄性多，所以雄蜂通常都交配多次。膜翅目昆虫中有许多种类为雄性先熟（protandry），即雄蜂先于雌蜂羽化，早先羽化的雄蜂以不同的方式寻找雌蜂，或者在羽化孔守候，或者在巢区巡逻，或者在雌蜂喜去的地方搜寻，或者在飞行中寻找，找到雌蜂即行交配，然后离去。对雌性寄生蜂来说，一般一生只交配 1 次。有的种类由于雄蜂追逐，一生可交配多次。也有少数种类，如蝇蛹小蜂则需交配多次，卵才能够更多受精。寄生蜂的交配多在白天进行，交配持续时间一般很短。寄生蜂交配后，雄蜂的精液储藏在雌蜂的受精囊内，能存活很久，在雌蜂排卵时排出来，使卵子受精。

一些雄蜂具有保卫领域的习性，如许多聚寄生的寄生蜂雄蜂相互拼杀，以争夺含有未羽化雌蜂的寄主残体，或先羽化出的雄蜂毁掉其他尚未羽化的雄蛹，与随后羽化出的雌蜂交配。

2. 生殖 昆虫的生殖方法多样，从不同角度可以分为不同的类型。根据受精的机制，可分为两性生殖（bisexual reproduction）和孤雌生殖（parthenogenesis）；如按每粒卵产生的子代个体数，可分为单胚生殖（monoembryony）和多胚生殖（polyembryony）。下面从上述两个角度来分别讲述寄生蜂的生殖方法。

（1）两性生殖和孤雌生殖 两性生殖又称有性生殖（gamogenesis），是最常见的生殖方法，其特点是要经过两性交配，雌虫的卵子与雄虫的精子结合之后才能发育成新个体。孤雌生殖也称单性生殖（unisexual reproduction），其特点是卵不经受精也能发育成新个体。在寄生蜂中，孤雌生殖现象较常见，可分为 3 类。①产雄孤雌生殖（arrhenotoky）：子代全部是雄虫，多数膜翅目昆虫有此习性。这类蜂有雌有雄，可行两性生殖，但是，当雌蜂的卵不受精时，未受精卵可继续发育为雄蜂。这一特性是很有意义的，能自行调节种群适当的性比。②产雌孤雌生殖（thelyotoky）：子代全部是雌虫。例如，仓蛾姬蜂［*Venturia canescens*（Gravenhorst）］是真正的孤雌生殖，世世代代都行孤雌生殖，所生后代全为雌性，没有发现过雄性。在寄生蜂中，产雌孤雌生殖种类虽少，但除细蜂总科以外，许多科寄生蜂都有发现。③产雌雄孤雌生殖（amphitoky）：子代既有雌虫，又有雄虫。这类寄生蜂极少，如圆蚧华丽跳小蜂（*Habrolepis rouxi* Compere）通常行产雌孤雌生殖，但也产出少数雄蜂。

有个别寄生蜂，因地理分布不同，在南北两极附近或高海拔地区营孤雌生殖，而在其他地区营两性生殖，称地理性孤雌生殖（geographical parthenogenesis）。例如，桃瘤蚜茧蜂（*Ephedrus persicae* Froggatt）在我国及西伯利亚东部、朝鲜、日本和北美都是孤雌生殖，但在欧洲和中亚通常是两性生殖。

（2）单胚生殖和多胚生殖 单胚生殖是指一粒卵产生一个个体，这是绝大多数寄生蜂的生殖方法。多胚生殖是指一粒卵产生 2 个或 2 个以上的胚胎，每个胚胎发育成一个新个体的生殖方法。多胚生殖仅见于膜翅目的茧蜂科、跳小蜂科、缘腹细蜂科和螯蜂科及捻翅目等寄生性昆虫的少数种类中。

营多胚生殖的寄生蜂，每粒卵产生的子代个体数与寄生性昆虫的种类和寄主个体的大小有关，从几个到几千个。例如，一些缘腹细蜂的一粒卵可产出 18 头幼虫，一些螯蜂的 1 粒卵可孵出 60 头幼虫，而多胚跳小蜂（*Copidosoma* sp.）的 1 粒卵可产出 3000 个子代个体。这类昆虫的卵在成熟分裂时极体并不消失，而是集中于卵的一端并继续分裂，逐渐形成包围胚胎的滋养羊膜（trophamnion）。胚胎通过滋养羊膜从寄主血液中获取营养，至寄主幼虫老熟时，卵孵化出幼虫，取食寄主组织，直至将寄主组织耗尽才化蛹。营多胚生殖的寄生蜂，有的会由于子蜂过多而全部或部分死亡，有的种也会由于相互残杀只有一胎完成发育，有些长体茧蜂属（*Macrocentrus*）就是如此。

3．性比 是指种群内雌雄个体数量的比例，寄生蜂中通常是雌蜂多于雄蜂。例如，在自然寄生的情况下，螟卵啮小蜂雌性比常在70%以上。

寄生蜂如何控制卵的受精和后代的性比，这是一个复杂的问题：主要是由染色体倍数和等位基因决定，同时也受一些细胞质内沃尔巴克氏菌（*Wolbachia*）等共生菌调节，另外还受寄主和环境条件的影响。例如，雌蜂在适宜的寄主上产卵，后代多为雌蜂；反之，在不适宜的寄主上产卵，后代多为雄蜂。在赤眼蜂的繁殖中常可看到，当寄主卵质量不高时，后代雄性有明显增加的趋势。广黑点瘤姬蜂在稻苞虫蛹等大型寄主中育出的多是雌蜂，而在稻纵卷叶螟蛹等小型寄主中育出的多为雄蜂，这也可说明稻苞虫是它的适宜寄主，有利于它繁衍后代。光照、温度对某些蜂的性比也有影响。例如，寄生荔蝽的平腹小蜂（*Anastatus japonicus* Ashmead），在广东果园中的雌雄比例约为10∶1，但在室内繁殖时，性比常有很大变动。试验证明，此蜂在交配和产卵期间，光照度大和寄主蓖麻蚕卵大时，雌性比高。反之，光线暗和寄主卵粒小时，子代雄性会多出好几倍；高温会导致孤雌生殖，子代全为雄性。

（四）寄主的麻痹现象

有些营体表寄生的寄生蜂，产卵之前要用产卵器刺蜇寄主，注入毒液，破坏其肌肉神经联结点，使寄主麻痹，以利于产卵活动或蜂幼虫生活。寄主被注入毒液后有的立即被麻痹，有的慢慢被麻痹。寄主麻痹后有的只是暂时被麻痹，能恢复活动；有的则永久被麻痹，不再取食和活动。暂时麻痹的，蜂卵多带有柄，植于寄主皮下，即使用昆虫针轻轻拨动也不脱落。例如，螟蛉裹尸姬小蜂（*Euplectrus* sp.）寄生稻螟蛉和黏虫幼虫属于这种类型。永久麻痹的，蜂卵没有柄或胶质附着于寄主体壁，很易脱落。例如，麦蛾柔茧蜂寄生粉斑螟幼虫属于这种类型。粉斑螟幼虫被寄生后，变得软绵绵，但不活动也不腐烂，确保卵不脱落，这是一种适应。据报道，麦蛾柔茧蜂的毒液在寄主血液中只要占其总质量的0.02%就足以使其永久被麻痹。

二、寄生蜂的主要类群

（一）姬蜂总科

姬蜂总科（Ichneumonoidea）体长2～35mm。触角线状，16节或以上；前胸背板突伸达翅基片；具有翅型和无翅型；有翅型的前翅无前缘室，具翅痣；足转节2节；腹部末端几节腹板纵裂；产卵器鞘管状，自腹末前伸出。它是最大的寄生性天敌类群，寄主包括多种昆虫和蜘蛛。姬蜂总科包括姬蜂科和茧蜂科两个科，介绍如下。

1．姬蜂科 前翅常有第2回脉和1个小翅室，第1肘室（亚缘室）和第1盘室无脉分开而成一盘肘室；腹部细长，圆形或侧扁，第2节与第3节不愈合，柔软可动。

绝大多数是单寄生，主要是原寄生，产卵于寄主体内外，幼虫内寄生或外寄生，主要寄生于鳞翅目、膜翅目、鞘翅目、双翅目、脉翅目和广翅目等完全变态昆虫的幼虫或蛹。潜水姬蜂亚科（Agriotypidinae）寄生毛翅目预蛹或蛹，还有一些姬蜂寄生蜘蛛或其卵囊，是一类重要的天敌；少数为重寄生，寄生寄蝇、茧蜂和其他姬蜂。一些种类有趋光性。

在国外，引进姬蜂防治害虫有不少成功例子。例如，美国在1911～1913年从意大利引进象甲姬蜂［*Bathyplectes curculionis*（Thomson）］防治苜蓿叶象甲［*Hypera postica*（Gyllenhal）］取得了成功，加拿大于1910～1911年从英国引进落叶松叶蜂姬蜂（*Mesoleius tenthredinis* Mor.）防治落叶松叶蜂［*Pristiphora erichsonii*（Htg.）］也取得了成功。

2．茧蜂科 前翅只有1条回脉，无小翅室；腹部长卵圆形或平扁，第2节与第3节愈合，虽有横凹痕，但无膜质的缝，不能自由活动。

多数种类为原寄生，极少数重寄生，有单寄生和聚寄生，有单期寄生和跨期寄生。寄主包括鳞翅目、半翅目、鞘翅目、啮虫目、广翅目和双翅目的卵、幼虫、蛹或成虫。卵产于寄主体内或体表，幼虫内寄生或外寄生，老熟幼虫在寄主体内外或附近结茧化蛹。其是一类重要的天敌昆虫，有许多非常成功的应用实例。我国稻田已知茧蜂就有76种，占20科寄生蜂总数（345种）的22%。从世界各国引进天敌以防治该国害虫而获得成功的199例案例来看，茧蜂有45例，占22.6%。

（二）小蜂总科

小蜂总科（Chalcidoidea）目前已知有22 000种。大多数种类的体长都短于3mm，有的仅为0.11mm［如缨小蜂科（Mymaridae）*Dicopomorpha echmepterygis* Mockford的雄蜂］。小蜂细小的虫体不易引起人们的注意，也不利于采集和观察。其因为是许多害虫的重要寄生蜂，才受到昆虫学家的关注。

小蜂总科目前分为19个科。最大的科为姬小蜂科（Eulophidae），有近4500种，其次为跳小蜂科（Encyrtidae）和金小蜂科（Pteromalidae）。长痣小蜂科（Tanaostigmatidae）和多节小蜂科（Rotoitidae）在中国尚未发现。柄腹柄翅缨小蜂科（Mymarommatidae）原先归在小蜂总科的缨小蜂科内，但近20年来，被认为是小蜂总科的姐妹群。

小蜂总科大多数都为寄生性，少数为植食性。榕小蜂科（Agaonidae）仅生活在无花果中。其他一些植食性种类分布在广肩小蜂科（Eurytomidae）、姬小蜂科（Eulophidae）、金小蜂科（Pteromalidae）、长痣小蜂科（Tanaostigmatidae）和长尾小蜂科（Torymidae）中。一些小蜂的幼虫具捕食性，如一些跳小蜂的幼虫以取食介壳虫卵为生，一些广肩小蜂捕食瘿蜂幼虫。小蜂总科的寄生生物学呈多样性，有独居和群居，有内寄生和外寄生，有初寄生、重寄生和多重寄生，还有多胚生殖等。有些具杂食性，有些则具较强的寄主专一性。

目前，已有超过800种小蜂以各种方式应用于害虫生物防治实践中，成为害虫生物防治应用最多、最重要的类群。其中以赤眼蜂、蚜小蜂和跳小蜂的应用最为成功。

赤眼蜂科赤眼蜂属是世界上应用范围最广、防治对象最多的一类卵寄生蜂。目前，全世界已有20多种赤眼蜂可以人工大量繁殖，用于农林作物和牧草的近百种害虫的生物防治。在我国的吉林、辽宁、黑龙江、北京、广东和新疆等地已建立了以柞蚕卵大量繁殖松毛虫赤眼蜂（*Trichogramma dendrolimi* Matsumura）和螟黄赤眼蜂（*T. chilonis* Ishii）的基地，每年可生产大约1000亿头赤眼蜂。这些赤眼蜂主要用于防治亚洲玉米螟（*Ostrinia furnacalis* Guenée）、棉铃虫［*Helicoverpa armigera*（Hübner）］、苹褐卷蛾［*Pandemis heparana*（Denis & Schiff.）］、大豆食心虫［*Leguminivora glycinivorella*（Matsumura）］、赤松毛虫（*Dendrolimus spectabilis* Butler）和马尾松毛虫（*Dendrolimus punctatus* Walker）等害虫。

蚜小蜂科的恩蚜小蜂属（*Encarsia* spp.）是生物防治中最重要的类群之一。温室粉虱恩蚜小蜂（丽蚜小蜂）（*Encarsia formosa* Gahan）用于防治温室白粉虱［*Trialeurodes vaporariorum*（Westwood）］已有80多年的历史，取得了良好的效果。目前世界上许多国家都在利用该蜂防治温室白粉虱，不少国家还进行了繁蜂商品化生产。1979年，中国农业科学院生物防治研究所自英国引进该蜂，对其进行了饲养繁殖和释放技术研究，1986年开始进行繁蜂商品化生产技术研究。1986～1988年，开始推广示范，取得了明显的防治效果。另有应用恩蚜小蜂属 *Encarsia perplexa* Huang et Polaszek 在美国南部及加勒比海防治柑橘黑刺粉虱

（*Aleurocanthus woglumi* Ashby），在美国加利福尼亚州以黄盾恩蚜小蜂［*Encarsia smithi*（Silvestri）］防治茶园柑橘刺粉虱［*Aleurocanthus spiniferus*（Quaintance）］。

跳小蜂科的一些种类被广泛地应用于世界各地的害虫生物防治，但在气候较温暖地区最为成功。最为著名的一个例子是用来自南美的劳氏长索跳小蜂［*Anagyrus lopezi*（De Santis）］防治次撒哈拉非洲的木薯绵粉蚧（*Phenacoccus manihoti* Matile-Ferrero）。该粉蚧在1973年首次在刚果被发现，至20世纪80年代中期已扩散至整个次撒哈拉非洲，对当地2亿人口的粮食供应造成威胁。研究人员在南美的巴拉圭找到了劳氏长索跳小蜂，该蜂在20世纪80年代初期在尼日利亚释放，到1990年，非洲的木薯绵粉蚧已完全被控制了。截至1988年，估计用于该项目的费用为1500万美元，而每年可因此而减少2.5亿美元的损失。另一个成功的例子为在美国南部用东竹粉蚧跳小蜂［*Neodusmetia sangwani*（Subba Rao）］防治九龙安粉蚧［*Antonina graminis*（Maskell）］，其每年可为得克萨斯州的畜牧业挽回2亿美元的损失，而项目投入仅为20万美元。从1993年开始，木虱跳小蜂（*Psyllaephagus pilosus* Noyes）已经在意大利、英国、法国及美国的加利福尼亚州等地释放，并成功地控制了桉树木虱为害。

旋小蜂科的荔蝽卵平腹小蜂（*Anastatus* sp.）在广东、福建等省曾以柞蚕卵为寄主进行大量繁殖，并释放到荔枝园防治荔枝蝽象，防治效果极为显著。

小蜂总科植食性种类仅占很少的部分，目前已知有80多种小蜂为农业害虫。在中国较为常见的有广肩小蜂科的一些种类，如主要分布于古北区的刺槐种子小蜂（*Bruchophagus philorobiniae* Liao）、黄连木广肩小蜂（*Eurytoma plotnikovi* Nikolskaya）、落叶松种子小蜂（*Eurytoma laricis* Yano）、杏仁蜂（*Eurytoma samsonovi* Wassiliew）和桃仁蜂（*Eurytoma maslovskii* Nikolskaya）等，它们大都在果实或种子中取食为害，造成品质下降和减产。长尾小蜂科中分布于南方的柳杉大痣小蜂（*Megastigmus cryptomeriae* Yano）和分布于北方的欧洲落叶松大痣小蜂［*Megastigmus pictus*（Förster）］都是为害林木种实的重要害虫。姬小蜂科中主要有新入侵我国南方的刺桐姬小蜂（*Quadrastichus erythrinae* Kim）和桉树枝瘿姬小蜂（*Leptocybe invasa* Fisher & LaSalle），在局部地区已造成较严重的危害。

小蜂总科中还有一些植食性小蜂被用于防治有害植物。最著名的要数一种能产生虫瘿的金小蜂［*Trichilogaster acaciaelongifoliae*（Froggatt）］，该蜂于1982年从澳大利亚引至南美洲以防治迅速传播的长叶相思树［*Acacia longifolia*（Andrews）］并获得成功。

（三）胡蜂总科

现在的胡蜂总科（Scolioidea）包括了传统划分的胡蜂总科（Vespoidea）、土蜂总科（Scolioidea）、蚁总科（Formicoidea）和蛛蜂总科（Pompiloidea）。其中8个科在我国有分布，它们是钩土蜂科（Tiphiidae）、蚁蜂科（Mutillidae）、寡毛土蜂科（Sapygidae）、土蜂科（Scoliidae）、蚁科（Formicidae）、蛛蜂科（Pompilidae）、蜾蠃蜂科（Eumenidae）和胡蜂科（Vespidae）。瘤蜂科（Sierolomorphidae）、笨蜂科（Bradynobaenidae）、蛐蜂科（Rhopalosomatidae）和棒角蜂科（Masaridae）在我国尚未发现。胡蜂总科中，具寄生性的种类主要集中在蜾蠃蜂科、钩土蜂科、蚁蜂科、土蜂科和蛛蜂科。

1. 蜾蠃蜂科 该科的种类均为单栖性。雌雄蜂均外出活动，营狩猎性寄生生活。猎物多为鳞翅目幼虫，也有鞘翅目幼虫和膜翅目叶蜂幼虫。有些种类仅限于猎捕一个科，但有些种类猎捕的范围较广，包括1～2目及以上，只要猎物的个体大小适合都可以猎捕。蜾蠃蜂科全世界已知有3000种左右，我国约有30属90种。

我国人民对蜾蠃蜂的狩猎寄生习性早有观察，在《诗经》中已记载“螟蛉有子，蜾蠃负之”，即指蜾蠃蜂或其他一些蜂把鳞翅目幼虫捕回巢内饲育后代的现象。例如，南方常见的黄喙蜾蠃［*Rhynchium quinquecinctum*（Fabricius）］常在竹筒或泥墙洞中做巢。它在巢壁上先产一卵，再去寻找猎物。猎物范围很广，许多鳞翅目幼虫都可以被捕捉。雌蜂发现猎物后，便急速飞扑上前咬住猎物颈部，以足抱牢寄主虫体，再将腹部弯到猎物的腹部后下方，伸出针刺进猎物体内，注入毒液，猎物渐失活动能力，进入不死不烂的麻痹状态；雌蜂随即将其拖进竹筒或巢内蜂卵的下方；数分钟后再去捕捉，每室1卵，蜂卵下方一般要放6～25头幼虫，平均15头；然后衔来潮湿泥团封闭蜂室。第一室做好后，再做第二室。每天能产6～12粒卵。幼虫孵化后就取食这些贮藏的猎物。幼虫老熟后贴巢室内壁作茧化蛹，羽化时，从最外一室开始，逐个爬出。

2．钩土蜂科 该科种类是单栖性寄生蜂，常只寄生老龄幼虫。分为6个亚科：钩土蜂亚科（Tiphiinae）寄生金龟子；迈齐土蜂亚科（Myzininae）寄生金龟子和虎甲；刺臀土蜂亚科（Methochinae）寄生虎甲；悬角土蜂亚科（Anthoboscinae）寄生金龟子，分布于美洲和大洋洲；笨蜂亚科（Brachycistidinae）寄主不明；膨腹土蜂亚科（Thynninae）寄生金龟子和蟋蟀，分布于美洲和大洋洲。我国已知有90种左右。

成虫取食花蜜、昆虫蜜露等。在洞穴内产卵时，会将寄主的足或身体的其他部位咬掉，以取食其体液。不从刺的或产卵的伤口取食。某些种的雌蜂无翅，借婚飞时传播。它们会在土中掘洞，以寻找蛴螬。寄主可被针蛰麻痹，但麻痹是暂时的，20～40min即消失。钩土蜂在寄主体上产卵的位置甚严格，有助于蜂种鉴定。钩土蜂产卵常平放在寄主体节间的沟内。钩土蜂幼虫孵化后在寄主体外取食，蜕皮一次换一个地方取食。可将寄主内含物吸干，只剩表皮。弧丽钩土蜂（*Tiphia popilliavora* Rohwer）分布于中国、日本及朝鲜，曾被引至美国以防治从日本传入的日本弧丽金龟（*Popillia japonica* Newman）。

3．蚁蜂科 体小型至大型，体长3～30mm，体色鲜艳。雄蜂通常有翅，偶无翅；雌蜂完全无翅，形极似蚁，故名蚁蜂。两性体躯皆暗色，有短的或长而密的毛。毛白色、黄色、金黄色、橙黄色或红色常杂有黑毛，很少无毛。蚁蜂的绝大部分种寄生于蜜蜂、胡蜂、泥蜂的幼虫和蛹内，少数种寄生于鞘翅目和双翅目。一些种为捕食性，它们袭击寄主的目的仅仅是取食，此蜂多数种在日中最热的时候活动，但也有少数种在傍晚或夜间活动，沙地为多。雄蜂寻找雌蜂显然是依靠气味更胜于依靠视觉，它们用触角接触地面随着雌蜂的痕迹寻找，找到后立即与其交配。蚁蜂寻找在土中或巢中的寄主，因为大多数寄主是不活动的，所以也不需要刺蛰和麻痹。雌蜂用力刺蛰常常是用来应对寄主成虫驱赶蚁蜂离开的情况。产卵于寄主体外。一些种用口器把寄主的围蛹、茧或土室打开个小洞口，产卵器即经此洞口插入。幼虫在寄主体外取食，但由于寄主通常是包在围蛹、茧或土室内的，因此它们也很好地得到保护，其蜂茧也结在内。由于蚁蜂所攻击的对象是寄生或捕食其他昆虫的昆虫，因此一般认为是有害的。蚁蜂科分布于全世界，但多产于热带和亚热带地区。我国南方也常见，山地常见种类为欧蚁蜂［*Mutillia europaea*（Linnaeus）］。

4．土蜂科 全世界已知约300种，在热带地区尤其多。土蜂科为寄生性种类，寄生于金龟子幼虫及象鼻虫幼虫等。雌蜂产卵在寄主上，幼虫在寄主体外取食，通常不造巢。土蜂飞行具有特色，是在地面几厘米之上平飞，以寻找寄主。雌雄蜂通常都是在早晨和下午1～2点飞行。雌蜂会掘洞进入土中以搜寻寄主蛴螬，其洞也可能是沿着蛴螬的隧道，寄主一般是在土表几厘米之内，但也有在土表40cm以下的，它几乎都是直线到达。一些种袭击寄主是在清早，当蛴螬在土表上面时，其发现蛴螬之后，则用毒针刺若干次使其永久麻痹，但也有一种土蜂刺过麻痹之后蛴螬仍复原并重新活动。土蜂把寄主掩藏在土深25cm～1m处的一个土室内，产卵在寄主上。大多数土蜂产卵的位置是在沿腹节中间数节的腹面中央附近。幼虫孵化后，即在寄主上取食，头部深埋于寄主体内，营外寄生生活，寄主的内含物会被吃得精光。成长幼虫在寄主土室内结一个茧，在温带典型的是1年1代，但在热带可连续发育。卵孵化期1～3d，幼虫发育至结茧4～10d，前蛹和蛹期3～6周。通常以成长幼虫在茧内越冬。成虫食物为花蜜，大部分采自伞形科植物，但是许多植物的花蜜或分泌物也行。

5. 蛛蜂科 该科种类寄生于蜘蛛，单寄生，是典型的狩猎性寄生蜂。在捕获蜘蛛时，先设法逮住猎物，用上颚咬住其身体一侧足的基部。随后将腹末弯向前方刺蜇并麻痹猎物，旋即在猎物腹基部背面产卵。也有的蛛蜂将猎物拖到合适的地方隐藏后再产卵。成虫常在地下、石块缝隙或朽木中筑巢。一些蛛蜂为了移动寄主和拖进巢穴方便，会除去寄主的部分或全部足。

（四）细蜂总科

细蜂总科隶属膜翅目（Hymenoptera）细腰亚目（Apocrita）寄生部（Parasitica）。细蜂总科（Proctotrupoidea）是一个很古老的类群，可追溯到侏罗纪，甚至到白垩纪，在膜翅目动物中明显占据优势，在形态特征和生活习性方面比其他寄生性膜翅目变化更多。细蜂总科多为初寄生蜂，也有重寄生蜂。该总科现有11科：锤角细蜂科（Diapriidae）、柄腹细蜂科（Heloridae）、修复细蜂科（Hsiufuroproniidae）、细蜂科（Proctotrupidae）、窄腹细蜂科（Roproniidae）、离颚细蜂科（Vanhorniidae）、澳细蜂科（Austroniidae）、莫明细蜂科（Maamingidae）、纤腹细蜂科（Monomachidae）、长腹细蜂科（Pelecinidae）和优细蜂科（Peradeniidae）。目前我国仅分布记录前6科。其中常见的是锤角细蜂科和细蜂科，不仅数量多，而且研究历史较久。

1. 锤角细蜂科 体微小至小型，体长1～6mm，黑色或褐色。头部近球形，3个单眼靠近，正三角形排列。触角平伸；雌蜂触角9～15节，棒槌状；雄蜂触角12～14节，丝状或念珠状。小盾片常隆起，基部有凹沟。前翅翅脉退化，有时亚前缘脉加粗，无明显翅痣，至多有3个闭室；后翅具1个闭室或无；部分种类无翅。腹部卵圆形或锥卵形，具柄，少数种类腹柄延长明显，具合背板，较大型。产卵器缩入腹部内，不伸出体外。该科外形多样，存在性二型现象。

世界性分布。多生活于潮湿林地，寄生于双翅目、膜翅目或鞘翅目的幼虫或蛹，也是螯蜂[如寄螯锤角细蜂亚科（Ismarinae）寄生螯蜂]、茧蜂或啮小蜂幼虫的重寄生蜂，单寄生或聚寄生。很多种类已应用于实蝇的生物防治，如果蝇锤角细蜂（*Trichopria drosophilae* Perkins）是斑翅果蝇蛹期的主要寄生蜂之一，具有非常好的生物防治应用潜力。

2. 细蜂科 体微小至小型，体长1.4～7.4mm，头部和体躯多黑色，偶尔部分铁锈色；翅透明至黑色，除少数种类外无色斑。触角丝状，13节；上颚端齿1～2个或偶有若干小齿；颚须4节；唇须3节。前翅前缘脉、亚前缘脉和径脉均发达；其余翅脉有时发达，但通常仅有弱沟显现；翅痣明显；亚缘室细窄；后翅无闭室。腹部末端几节腹板不纵裂；腹柄亚圆柱形，具明显刻纹；柄后腹有3节组成的愈合背板（第2～4节背板愈合而成）和4节组成的愈合腹板（第1～4节腹板愈合而成）。产卵器鞘坚硬，伸出腹端；末端几乎总是下弯。产卵器可伸到鞘的端部之外，但不与鞘分开。

细蜂科多生活于潮湿环境，一般寄生鞘翅目（如象甲科、瓢虫科、步甲科、叩甲科、隐翅虫科等）和双翅目幼虫（如蕈蚊科等），产卵于幼虫体内，寄主幼虫被寄生后发育停滞，成熟幼虫从寄主腹面节间膜处钻出化蛹。蜂蛹无茧，单寄生或聚寄生。

（五）广腹细蜂总科

广腹细蜂总科（Platygastroidea）为卵寄生蜂，只有缘腹细蜂科（Scelionidae）和广腹细蜂科（Platygastridae）2个科。

1. 缘腹细蜂科 又称黑卵蜂科。体微小至小型，体长 0.5～6.0mm，多为黑色，具金属光泽。触角膝状，着生在唇基基部；柄节最长，长为宽的 2.5 倍以上，末端几节呈棒状；雌蜂触角 10～12 节，雄蜂触角 10 节或 12 节。前翅具缘脉和痣脉；后翅无闭室；腹部长卵形或卵圆形，两侧具尖锐边缘，无柄或近于无柄；腹部末端几节腹板不纵裂。

一般单主寄生，偶尔寡主寄生。寄生螳螂目、直翅目、半翅目、纺足目、脉翅目、鳞翅目、鞘翅目、双翅目和膜翅目蚁科的卵及蜘蛛的卵，是一类重要的天敌昆虫。常见种类如长腹黑卵蜂（*Tenlenomus rowani* Gahan）、等腹黑卵蜂［*T. dignus*（Gahan）］（寄生三化螟卵）及松毛虫黑卵蜂（*T. dendrolimusi* Chu）（寄生松毛虫卵）、黏虫黑卵蜂（*T. cirphivorus* Liu）（寄生黏虫卵）等，尤其是夜蛾黑卵蜂（*T. remus* Nixon），目前在重要入侵害虫草地贪夜蛾的生物防控中发挥着重要作用（图 2-1）。

彩图

图 2-1 夜蛾黑卵蜂在草地贪夜蛾卵块上产卵

2. 广腹细蜂科 体微小至小型，体长 0.5～2.5mm，黑色或褐色，具金属光泽。本科的体型特征与缘腹细蜂科相似，但前翅无缘脉或痣脉，有的种类仅具不完全的亚缘脉。触角着生于颜面下部接近唇基处；触角 10 节，少数 9 节。

一般为单主寄生，偶尔寡主寄生。一些种类有多胚生殖现象。主要寄生双翅目瘿蚊科幼虫，也有部分寄生半翅目胸喙亚目的粉虱和介壳虫。例如，黄柄黑蜂（*Platygaster oryzae* Camerson）是稻瘿蚊的重要天敌；黑刺粉虱细蜂（*Amitus hesperidum* Silvestri）是粉虱的重要寄生蜂；刺槐叶瘿蚊广腹细蜂（*Platygaster robiniae* Buhl and Duso）是我国外来有害生物刺槐叶瘿蚊［*Obolodiplosis robiniae*（Haldemann）］十分重要的寄生性天敌，为卵—幼虫跨期寄生，专化性强，在自然抑制害虫虫口密度中起着非常重要的作用。

（六）旗腹蜂总科

旗腹蜂总科（Evanioidea）最显著的特征是腹柄着生于并胸腹节上方，远离后足基节。体长 3～28mm。触角丝状，13～14 节；前翅翅脉近乎完整，前缘室明显；足转节 2 节。该总科一般分为旗腹蜂科（Evaniidae）、举腹蜂科（Aulacidae）和褶翅蜂科（Gasteruptiidae）共 3 科，都是小科，种类很少。

1. 旗腹蜂科 体长 5～25mm。体常黑色或带红色。触角丝状，13 节；前翅翅脉发达，有缘室；后翅除 C 脉、M+Cu 脉外，其他翅脉退化或消失，具轭叶；腹柄圆柱形而稍弯；腹部高度侧扁，小椭圆形或三角形，高高举起如小旗；腹部末端腹板纵裂，产卵器短。

寄生于蜚蠊的卵鞘，单寄生。例如，广旗腹蜂［*Evania appendigaster*（L.）］在我国分布广，寄生于美洲大蠊［*Periplaneta americana*（L.）］等的卵囊内。

2. 举腹蜂科 头胸部常黑色，腹部红色。触角丝状，雌蜂 14 节，雄蜂 13 节；前胸侧板前伸，颈部明显；前翅翅脉发达，有 2 条回脉和 2 个关闭亚缘室，第 1 盘室正常；后翅翅脉退化或消失，无轭叶；后足胫节正常；腹部棍棒形；产卵器长，远伸出腹端。

寄生于蛀茎干为害的树蜂、吉丁虫及天牛等幼虫体内。在产卵时，产卵器被夹于后足基节内侧的刻槽内，以增加产卵器插入树干时的稳定性。

3. 褶翅蜂科 外形与举腹蜂科相似，但触角明显短。触角丝状，雌蜂 14 节，雄蜂 13

节；前胸侧板前伸，颈部明显；前翅纵褶，至多有 1 条回脉和 1 个关闭亚缘室，第 1 盘室很小；后翅翅脉退化或消失，无轭叶；后足胫节棍棒状；腹部棍棒形；产卵器长或很长，伸出腹末很长。

寄生于木材中、枯木中、泥巢内及其他地方营巢的蜜蜂、胡蜂和泥蜂等独栖性蜂的幼虫中。

（七）青蜂总科

青蜂总科（Chrysidoidea）体长 1～20mm。有翅、无翅或短翅。体褐色、黑色或青铜色，有或无金属光泽。前胸背板突伸达或几乎伸达翅基片；前翅通常有 3 个翅室或更少（偶有 8 个）；后翅 1 个闭室或无（偶有 3 个），无轭叶。青蜂总科分为 7 个科，常见科有螯蜂科（Dryinidae）、肿腿蜂科（Bethylidae）和青蜂科（Chrysididae），简介如下。

1. 螯蜂科　体长 1～12mm。头部宽，下口式；触角丝状，10 节；雌虫常无翅，似蚂蚁；雄虫有翅；前胸背板突伸达或几乎伸达翅基片；雌蜂前足第 5 跗节与 1 只爪特化成螯，用以捕捉猎物或抱握寄主，故名螯蜂；后翅有轭叶；腹部具柄，可见腹板 6～8 节，不能向胸部腹面弯贴。

雌蜂用螯捕捉寄主，产卵于寄主胸部或腹部的节间。幼虫寄生于半翅目蜡蝉亚目或蝉亚目昆虫的若虫和成虫。稻虱红单节螯蜂［*Haplogonatopus apicalis*（Perkins）］、黑腹单节螯蜂［*Haplogonatopus oratorius*（Westwood）］和黄腿双距螯蜂［*Gonatopus flavifemur*（Esaki & Hashimoto）］常出现于水稻田中。螯蜂的成虫常捕食叶蝉和飞虱，有时由此而杀死的虫口数甚至比寄生的还多。美国曾分别从斐济和中国引进单节螯蜂（*Haplogonatopus vitiensis* Perkins）和侨双距螯蜂（*Pseudogonatopus hospes* Perk.）来控制甘蔗扁角飞虱（*Perkinsiella saccharicida* Kirkaldy），并取得了一定效果。

2. 肿腿蜂科　体黑色或褐色，无金属光泽。体长 1～10mm。头长而扁，前口式；触角丝状，12～13 节；部分种类唇基上有 1 个中纵脊；有长翅型、短翅型或无翅型。长翅种类的前胸背板突伸达翅基片，前翅翅脉减少，后翅无闭室，有轭叶；足的腿节膨大，尤其是前足腿节，故名肿腿蜂；腹部具柄，可见腹板 6～8 节。

寄主通常是生活在隐蔽场所的鳞翅目或鞘翅目幼虫，外寄生，多为聚寄生。一些种类在害虫生物防治中取得了较大成功。例如，哈氏肿腿蜂［*Sclerodermus harmandi*（Buysson）］和管氏肿腿蜂（*S. guani* Xiao et Wu）在我国用于控制天牛取得了较好效果，白蜡吉丁肿腿蜂（*S. pupariae* Yang et Yao）可用于控制白蜡窄吉丁虫（*Agrilus planipennis* Fairmaire）等。

3. 青蜂科　体壁高度骨化，常有粗刻点，具青色、蓝色、紫色或红色的金属光泽。体长 2～20mm。触角丝状，12～13 节；头与胸等宽；前胸背板突接近翅基片；并胸腹节侧缘常有锐利的隆脊或刺；前翅翅脉稍退化；后翅小，有轭叶，无闭室；爪 2 分裂；腹部可见腹板 2～5 节，腹板内凹，能向胸部腹面弯贴。

全部寄生性，寄主包括竹节虫的卵、膜翅目的幼虫和鳞翅目的预蛹等，有盗食寄生现象。例如，上海青蜂［*Praestochrysis shanghaiensis*（F. Smith）］寄生黄刺蛾［*Cnidocampa flavescens*（Walker）］茧内预蛹。

第三节　寄生性双翅目

寄生性双翅目昆虫泛称寄生蝇。在双翅目昆虫中，有相当部分为肉食性，捕食或寄生害虫，可作为益虫加以保护和利用。从防治和控制农林害虫角度来看，寄生性双翅目昆虫所起的作用，不论在种类或效果方面，都仅次于膜翅目昆虫。对某些害虫来讲，寄生蝇甚至起主要控制作用。

一、基本习性

寄生性双翅目幼虫与成虫的食性和生活环境相差较大。幼虫营寄生性生活，寄生于多种害虫体内。成虫自由生活，常白天活动，主要吸食植物的汁液和花蜜，少数取食腐烂的有机物或动物排泄物。

成虫羽化后，一般都需要补充营养，特别是一些体型较大的种类，如不能获得食料的补给，卵巢就停止发育，甚至不产卵，寿命缩短。

绝大多数是两性繁殖，少数孤雌生殖；一般卵生，部分胎生。寄生蝇的发育快，繁殖力强，但由于寄生方式的不同而变化幅度很大。例如，雌虫将卵直接产于寄主体内或体表的种类，其单雌产卵量通常在几十至数百粒，如寄蝇科（Tachinidae）的一些种类；而将卵产于寄主活动场所的种类，种种自然障碍会造成大量死亡，能得以成功寄生的只是很少部分。因此，这些种类为了维持较高的繁殖能力以繁衍后代，其单雌产卵量在 1000～6000 粒，如头蝇科（Pipunculidae）的一些种类；有的甚至可达 1 万多粒，如寄蝇族（Tachinini）的一些种类。卵和幼虫历期一般较短，但是，有些种类幼虫在寄主体内较长时期不活动，以等待寄主发育达到某一阶段；也有些是进入滞育而致幼虫期延长。成虫寿命从几小时到几个月。常一年多代，少数几年一代。

二、主要类群

寄生性双翅目有 20 多科，重要的有头蝇科（Pipunculidae）、麻蝇科（Sarcophagidae）、寄蝇科（Tachinidae）和网翅虻科（Nemestrinidae）等。

（一）头蝇科

体长 1～5mm。体黑色，头红色。头大，呈球形或半球形；无额囊缝；复眼为接眼，几乎占据整个头部；前翅 R 脉与 M 脉间无游离的伪脉，臀室在近翅缘处关闭；第 2 基室与中室几乎等长。幼虫小，分节不明显。

成虫常活动于花草间，飞翔力强。幼虫寄生于叶蝉、飞虱和沫蝉等半翅目若虫体内，单寄生。例如，黑尾叶蝉头蝇（*Tomosvaryella oryzaetora* Koizumi）是常见种，寄生于黑尾叶蝉［*Nephotettix cincticeps*（Uhler）］体内，有时田间寄生率高达 85%。

（二）麻蝇科

又称肉蝇。体一般灰色，多毛，无金属光泽，胸部背板常具黑色的纵条纹。体长 3.5～20mm。头部有额囊缝；触角芒光裸或仅基半部羽毛状；背侧片上有背侧鬃 4 根；前翅有下腋瓣；M1+2 脉呈直角状向前弯折。幼虫体 12 节，体上有许多肉质突起；后气门椭圆形，陷入很深，上有 3 个气门孔口。

多数卵胎生。多数种类的幼虫取食腐烂的动植物尸体或粪便，或从伤口侵入体内，引起人畜蝇蛆病，少数种类寄生于直翅目、脉翅目、半翅目、鞘翅目、鳞翅目、双翅目和膜翅目等昆虫及蜗牛和蚯蚓。

在直翅目中，蝗科（Acrididae）常被麻蝇寄生。麻蝇既能侵袭成虫也能侵袭若虫，如蝗麻蝇［*Blaesoxipha*（*Kellymyia*）*kellyi*（Aldrich）］和线纹折麻蝇［*Blaesoxipha lapidosa*（Fall.）］

等。线纹折麻蝇除寄生飞蝗外，还寄生于花尖翅蝗（*Aiolopus*）、黑背蝗（*Eyprepocnemis*）、小车蝗（*Oedaleus*）和尖头蚱蜢（*Acrida*）等。麻蝇作为飞蝗的天敌，是影响其密度的生物因子之一。

少数几种麻蝇寄生膜翅目，特别是蜜蜂和胡蜂，也有的寄生于地蜂科地蜂属（*Andrena*）和栖居在泥蜂科大头泥蜂属（*Philanthus*）的土室内。

在鳞翅目昆虫中，也有一些可被麻蝇寄生。例如，上海细麻蝇[*Sarcophage*（*Asiopierretia*）*ugamskii*（Rohdendorf）] 寄生于稻苞虫幼虫，鸡尾细麻蝇 [*Pierretia caudagalli*（Boettcher）] 寄生于稻苞虫和二化螟幼虫。

（三）寄蝇科

体多鬃毛。体长 2～20mm。头部有额囊缝；触角芒光裸或具微毛；中胸后小盾片发达，呈椭圆形凸出，从侧面看明显；中胸下侧片及翅侧片具鬃；前翅有下腋瓣；M1＋2 脉呈直角状向前弯折；腹部有许多粗大的鬃，各节腹板被背板两侧缘盖住。幼虫分节明显，前气门小，后气门大。

寄蝇科除个别种类外，几乎所有种类都营内寄生生活。成虫活泼，白天活动，产卵于寄主体内外或寄主取食的植物上。幼虫肉食性，寄生于鳞翅目、鞘翅目、直翅目、半翅目、膜翅目、蜻目和革翅目等昆虫。绝大部分种类在寄主幼虫期寄生，到寄主的老熟幼虫期、蛹期完成发育，偶尔到成虫期才完成发育；一些种类攻击寄主蛹或寄主成虫，寄主专一性强，是一类重要的天敌，也是双翅目中最大最重要的寄生性类群，一些种类已应用于害虫生物防治并取得成功。

（四）网翅虻科

体中至大型，有许多细毛而无明显的鬃，有时外观类似蜜蜂。头部比胸部窄或稍比胸部宽。复眼有毛或光裸。触角鞭节端刺多 3 节。胸部长宽高几乎相等。有亚小盾片。亚前缘脉（Sc）和第一径脉（R_1）很长，大部分纵脉深达翅顶角以前前缘处，有一支从第一基室端部斜向翅后缘的脉，翅端部翅室多。

幼虫寄生于鞘翅目幼虫和直翅目蝗虫，有 4 个龄期。1 龄幼虫闯蚴型，分 11 节，2～3 龄幼虫为两头尖的棒形，4 龄幼虫较粗短，体壁革质，各体节有规则瘤突。成虫有访花习性，产卵于树枝干的缝隙中，卵量较大，单雌产卵 4000～5000 粒。

寄蝇绝大部分是卵生，少数胎生。寄蝇的寄生方式根据侵入寄主体腔内的特点，大致可分为以下 4 个类型。

1）将刚刚开始胚胎发育的卵产于寄主体表，经数天后幼虫孵化，即钻入寄主体腔。此类寄蝇的卵很大，称为大卵型寄蝇。

2）将已经完成胚胎发育的卵产于寄主的食料植物上，卵壳坚硬，自身不能孵化，必须随食物被寄主吞食后，借助消化液的作用，才能从卵壳中孵化出来，然后穿过消化道至寄主体腔，再钻进寄主的特定组织中。此类寄蝇所产的卵很小，为 0.2～0.31mm，称微卵型寄蝇。

3）将已经完成胚胎发育的卵产于寄主的食料植物上或活动场所中。卵产出后立即孵化出幼虫，当寄主取食或活动与其发生接触时，寄蝇的幼虫便附着在寄主的体壁上，然后钻入体腔。

4）将卵直接产入寄主体腔内，如康刺腹寄蝇［*Compsilura concinnata*（Mg.）］即属此种类型。

第四节 其他寄生性昆虫

一、捻翅目

捻翅目（Strepsiptera）昆虫通称捻翅虫，简称蝙。雄虫体长1～7mm，雌虫体长2～30mm。雌雄二型。雄虫头大，复眼突出，无单眼，触角有旁支向侧面伸出，有足，前翅为棒翅，后翅扇状，自由生活。雌虫幼虫型，常无复眼或单眼，无触角，无翅，无足，终生不离开寄主，营内寄生生活。该目昆虫寄主均为昆虫，包括石蛃目、蜚蠊目、螳螂目、直翅目、半翅目和膜翅目，主要是蜂、蚁、叶蝉和飞虱等膜翅目和半翅目昆虫。

雄成虫羽化后即飞行觅偶，与寄主体内的雌虫交配；交尾时用阳茎端弄破雌虫育幼腔口的薄膜，将精子射入。卵在母体内发育，血腔胎生。1龄幼虫从育幼腔口爬出母体，蛃型，行动活泼。1龄幼虫寻觅寄主的方式通常有两种：一是四处爬行，寻找螳螂、叶蝉、蝽或蝗虫等寄主后，侵入体腔，进行寄生；二是爬到植物花上，等待传粉蜂类出现，然后跳到蜂的体上，或随蜂类飞行带到新的蜂巢或新的寄主体上，然后寄生。但是，1龄幼虫能找到寄主寄生的机会通常极少。1龄幼虫进入寄主体内后，蜕皮变成无足型幼虫，生活于体腔内；当发育成熟时，幼虫的头胸部从寄主腹部节间膜处伸出寄主体外，化蛹于寄主体内。蛹本身是无颚裸蛹，但被末龄幼虫的蜕包裹，属围蛹。蛹壳顶端有盖，羽化时向上顶开盖而外出。雄虫有趋光性，寿命很短，交尾后即死去。雌虫终生寄居于寄主体内，以扁形的头胸从寄主腹部的节间膜露出，体外包有蛹衣、末龄幼虫的皮和自身体壁共3层。被捻翅虫寄生的寄主昆虫虽然寿命无明显影响，但由于捻翅虫幼虫不断吸取寄主体内的营养物质，并逐步占据其体腔内空间，会使寄主发育异常而出现畸形，丧失生殖能力，也即通常所说的“寄生阉”或“寄阉”现象。目前，捻翅目昆虫尚未有在害虫防治中应用的实例。

二、寄生性鞘翅目

鞘翅目昆虫为动物界中种类最多的类群。其食性极为复杂，多为植食性，也有腐食性、粪食性、尸食性，还有部分为肉食性，少数寄生性。

在鞘翅目天敌昆虫中，因为具有捕食习性的种类、数量和作用远远超过寄生习性的，所以该目通常被认为是捕食性天敌的一个重要类群，目前已知有12科具有寄生习性。其中，大花蚤科（Ripiphoridae）和羽角甲科（Rhipiceridae）的全部种类都为寄生性。大花蚤科主要寄生蜚蠊目、胡蜂科、地蜂科和土蜂科等；羽角甲科主要寄生蝉科。芫菁科（Meloidae）多数种类是寄生性的，主要寄生切叶蜂科或地蜂科。郭公虫科（Cleridae）、坚甲科（Colydiidae）和隐颚扁甲科（Passandridae）部分种类是寄生性的。隐翅虫科（Staphylinidae）、薪甲科（Lathridiidae）、寄居甲科（Leptinidae）、步甲科（Carabidae）和瓢虫科（Coccinellidae）等仅知少数几种是真正营寄生或兼性寄生。

寄甲科（Bothrideridae）的花绒寄甲［*Dastarcus helophoroides*（Fairmaire）］可寄生多种天牛，但其初孵幼虫一般只寄生3龄以上的天牛中、老龄幼虫和蛹。寄生不同种天牛的花绒寄甲经鉴定虽为同一物种，但已分化为不同的寄主生物型，表现出对寄主的偏好性。目前已有人工繁育和释放花绒寄甲用于防治松墨天牛（*Monochamus alternatus* Hope）和光肩星天牛［*Anoplophora glabripennis*（Motsch.）］等林业害虫。

三、寄生性鳞翅目

鳞翅目幼虫是典型的植食性昆虫，但是也有一些捕食性种类及个别寄生性种类。寄蛾科（Epipyropidae）是典型的寄生性昆虫，种类少，无单眼，口器退化，触角短。寄蛾科幼虫是半翅目蜡蝉亚目和蝉亚目昆虫的外寄生性天敌。例如，龙眼鸡寄蛾（*Fulgoraecia bowringii* Newman）和名和蝉寄蛾［*Epipomponia nawai*（Dyar）］分别寄生龙眼鸡［*Pyrops candelaria*（Linnaeus）］和蝉科。

思考题

1. 什么是寄生性天敌？
2. 简述寄生性天敌与捕食性天敌的区别。
3. 寄生蜂是如何寻找寄主的？
4. 了解或掌握寄生蜂的基本习性对寄生蜂的保护和利用有什么意义？
5. 寄生性鞘翅目有哪些主要类群？请分别举例说明。
6. 寄生性双翅目有哪些主要类群？请分别举例说明。
7. 寄生性鳞翅目有哪些主要类群？请分别举例说明。
8. 寄生性膜翅目有哪些主要类群？在害虫生物防治中有哪些成功应用的例子？

主要参考文献

葛斯琴，杨星科，崔俊芝，等. 2003. 捻翅目系统演化关系研究评述［J］. 动物分类学报，28（2）：185-191.

何俊华. 1984. 细蜂科简介［J］. 昆虫天敌，6（3）：150-152.

何俊华，许再福. 2015. 中国动物志昆虫纲第 56 卷膜翅目细蜂总科（一）［M］. 北京：科学出版社.

何俊华，陈学新，樊晋江，等. 2004. 浙江蜂类志［M］. 北京：科学出版社.

黄建. 1994. 中国蚜小蜂科分类：膜翅目・小蜂总科［M］. 重庆：重庆出版社.

林乃铨. 2010. 害虫生物防治［M］. 4 版. 北京：科学出版社.

徐志宏，黄建. 2004. 中国介壳虫寄生蜂志［M］. 上海：上海科学技术出版社.

许再福. 2009. 普通昆虫学［M］. 北京：科学出版社.

赵修复，1981. 害虫生物防治［M］. 北京：农业出版社.

赵修复. 1987. 寄生蜂分类纲要［M］. 北京：科学出版社.

郑乐怡，归鸿. 1999. 昆虫分类［M］. 南京：南京师范大学出版社.

Goulet H, Huber J F. 1993. Hymenoptera of the World: an Identification Guide to Families [M]. Ottawa: Canada Communication Group-Publishing.

Hajek A E. 2004. Natural Enemies: an Introduction to Biological Control [M]. 2nd ed. Cambridge, UK: Cambridge University Press.

Resh V H, Cardé R T. 2009. Encyclopedia of Insects [M]. 2nd ed. New York: Academic Press.

Triplehorn C A, Johnson N F. 2020. Borror and Delong's Introduction to the Study of Insects [M]. 7nd ed. Boston: Cengage Learning.

van Driesche R, Hoddle M, Center T D. 2008. Control of Pests and Weeds by Natural Enemies: an Introduction to Biological Control [M]. New Jersey: Wiley-Blackwell.

第三章
捕食性天敌

捕食性天敌昆虫种类繁多。本章介绍捕食性天敌昆虫的基本情况，并介绍蜻蜓目、半翅目、脉翅目、鞘翅目、膜翅目、双翅目和鳞翅目等主要捕食性天敌昆虫类群的形态特征、生物学和生态学特性，为这类天敌的保护和利用提供基础理论依据和科学参考。

第一节 概　述

捕食性昆虫是捕食其他昆虫或动物作为食物的昆虫。捕食性昆虫按其捕食对象的广泛程度可以分为多食性、寡食性和单食性类群。多食性（polyphagy）类群的捕食范围广，捕食对象往往包括不同目的昆虫，甚至其他动物。蜻蜓和螳螂多属于这个类群。寡食性（oligophagy）类群的捕食范围较窄，往往选择一些生活习性相似的或近缘的类群。例如，盔唇瓢虫亚科（Chilocorinae）的种类以盾蚧和蜡蚧为主要食料；食螨瓢虫属（*Stethorus*）主要捕食叶螨等，属于寡食性类群。单食性（monophagy）类群往往只捕食一种昆虫，或仅取食同属中的几个近缘种，但取食其他种时往往发育不良。例如，澳洲瓢虫一般只捕食吹绵蚧，当饲以同属的其他种（*Icerya* spp.）时发育不良，属于单食性类群。对于具体的种归属于哪个食性类群有时往往难以决定，这 3 个类群的界线并不明显，仅能认为是一般性的划分。

在天敌引进工作中，常常重视单食性或寡食性的类群。食性较窄的种类与其捕食对象的关系比较密切，容易观察其控制的效果。对天敌的自然控制作用来说，单食性或寡食性种类的数量，往往随着捕食对象的密度大小而增减，成为害虫数量控制的关键因素。但有时其“跟随现象”中时滞较长，不能控制害虫早期的数量增长。食性较广的类群，当捕食对象密度较低时，可以取食其他昆虫或其他生物而赖以繁衍，在生境内可保持相当的数量，控制害虫于早期数量增长的阶段，与食性较狭的天敌类群互相补充，这方面的作用值得重视。

捕食性昆虫的取食方式是多种多样的，大多数以捕食对象的体液为食。捕食性半翅目是典型的吸食体液的类型。脉翅目幼虫和龙虱幼虫以双刺吸式口器捕食，也是吸食体液的类型。步甲、瓢虫的口器为典型的咀嚼式，但也以捕食对象（猎物）的体液为主要食料，猎物其余大部分常在食后弃去。一些捕食性昆虫不但取食猎物体液，猎物的其余部分也被磨碎吞入消化道中，如一些捕食性的蠡斯、螳螂、蜻蜓成虫等。

捕食性昆虫在捕食猎物的同时，往往吐出唾液或消化液，进行肠外消化或与取食的物质混合后再摄入口腔之内。一些种类的唾液或消化液对猎物具有毒性，因而在捕获的同时即可将猎物麻醉或杀死。

第二节 蜻 蜓 目

蜻蜓的稚虫与成虫虽然生活的环境不同，但均为捕食性。稚虫在水中捕食孑孓（蚊虫幼虫）、蜉蝣幼虫、纤毛虫、轮虫、线虫等，大型的幼虫还可捕食蝌蚪、小鱼等。据统计，1 头蜻蜓稚虫一生可捕食 3000 多只孑孓。成虫可捕食各种善飞的蚊、蝇、虻、飞虱、叶蝉、小型蜂类和小型蛾蝶类。有同类相食、自相残杀的习性。例如，长痣绿蜓（*Aeschnophlebia aniseptera* Selys）捕食白尾灰蜻（*Orthetrum albistylum* Selys）；异色多纹蜻（*Deielia phaon* Selys）捕食蟌科（Coenagrionidae）和扇蟌科（Platycnemididae）的种类；薄翅黄蜻［*Pantala flavescens*（Fabricius）］的同种个体间可相互捕食。蜻蜓的捕食对象以害虫为主，偶尔也捕食蜜蜂、寄蝇、茧蜂、姬蜂等有益昆虫种类。总体而言，蜻蜓还是益多害少。

大多数蜻蜓成虫为日出性，在阳光照射时才活动，以午后最为活跃。有的种类为弱光性，黄昏以后才能活动，此类完全以蚊虫为食。蜻蜓成虫的足几乎丧失了行走能力，已衍变为在空中捕捉猎物的利器。稚虫在水中生活，但一般不游泳。均翅亚目（豆娘）（Zygoptera）主要爬行出没于水生植物叶丛或茎秆上，暗中探测并跟踪猎物，靠近后即伸出面罩将其捕获。大多数差翅亚目（Anisoptera）的蜻蜓稚虫较迟钝，隐蔽于水底碎屑或淤泥中，等猎物靠近时才捕食，不主动追踪猎物。

蜻蜓目昆虫由于在其生活史中与水体有密切的联系，可作为水质检测的指示生物之一。韩凤英等（2001）对水体中铅、镉、汞在长叶异痣蟌［*Ischnura elegans*（Odonata）］体内的积累与水体关系进行了观察，指出蜻蜓对铅、镉、汞具有富集性，雌雄成虫都可作为水体污染的定性指示物。

第三节 半 翅 目

半翅目（Hemiptera）是昆虫纲中不完全变态类昆虫中最大的类群，目前普遍接受的是其由 4 个亚目组成，包括头喙亚目（Auchenorrhyncha）、胸喙亚目（Sternorrhyncha）、鞘喙亚目（Coleorrhyncha）和异翅亚目（Heteroptera）。据统计，目前世界已知的半翅目昆虫约为 103 590 种，其中中国记录的物种数约为 11 973 种，隶属于 127 科 2803 属。捕食性半翅目指异翅亚目下以捕食多种昆虫或小动物为生的蝽类。按照其生活场所或生活方式，大致可分为陆生、半水生和水生 3 种。

一、陆生类群

常见陆生类群有猎蝽科（Reduviidae）、盲蝽科（Miridae）、姬蝽科（Nabidae）、花蝽科（Anthocoridae）、跷蝽科（Berytidae）、长蝽科（Lygaeidae）和蝽科（Pentatomidae）中的益蝽亚科（Asopinae）等。

1．猎蝽科 几乎全部都是捕食性的，主要捕食蚜虫、叶蝉和各种鳞翅目幼虫。例如，环斑猛猎蝽［*Sphedanolestes impressicollis*（Stal）］可捕食烟蚜；红彩真猎蝽［*Harpactor fuscipes*（Fabrieius）］可用来控制烟蚜、褐飞虱、斜纹夜蛾等害虫的发生。

2．盲蝽科 许多盲蝽是捕食性的。例如，黑肩绿盲蝽（*Cyrtorhinus lividipennis* Reuter）和中华淡翅盲蝽（*Tytthus chinensis* Stal）主要以飞虱、叶蝉等害虫的卵为食，是水稻生态系统中重要的捕食性天敌。

3. 姬蝽科 泛希姬蝽[*Himacerus apterus*(Fabricius)]是中国梨喀木虱成虫的捕食性天敌之一。华姬蝽(*Habi sinoferus* Hsiao)对控制麦蚜和棉蚜为害有一定作用。

4. 花蝽科 该科均为捕食性，分布范围广，能取食蚜虫、粉虱、叶螨等多种害虫，常见种类有东亚小花蝽(*Orius sauteri* Poppius)、南方小花蝽[*Orius strigicollis*(Poppius)]和微小花蝽[*Orius minutus*(Linnaeus)]等。

5. 跷蝽科 一个较小的科，已知百余种。其中，锤肋跷蝽(*Yemma signatus* Hsiao)主要取食柿零叶蝉(*Limassolla diospyri* Chou et Ma)，也可取食其他小虫。

6. 长蝽科 该科中的大眼长蝽[*Geocoris pollidipenni*(Costa)]在田间可经常见到，可捕食蚜虫、棉叶蝉若虫、棉铃虫卵等。

7. 益蝽亚科(蝽科) 蝽科益蝽亚科的所有种类全为捕食性，可以捕食多种鳞翅目的害虫。例如，蠋蝽(*Arma chinensis* Fallou)、益蝽(*Picromerus lewisi* Scott)和叉角厉蝽[*Eocanthecona furcellata*(Wolff)]等对抑制害虫种群数量具有重要意义。

二、半水生类群

半水生类群的潜蝽科(Naucoridae)、蜍蝽科(Ochteridae)和蟾蝽科(Gelastocoridae)可在水中或水生植物上活动，捕食范围较广。黾蝽科(Gerridae)、水蝽科(Mesoveliidae)、尺蝽科(Hydrometridae)和宽黾蝽科(Veliidae)栖于水面，可捕食落于水面上的昆虫。其中，白条尺蝽[*Hydrometra albolineata*(Scott)]和尖钩宽黾蝽(*Microvelia horvathi* Lundblad)是稻田水面常见的捕食性天敌，对稻飞虱、叶蝉种群起着一定的控制作用。

三、水生类群

水生类群包括划蝽科(Corixidae)、仰蝽科(Notonectidae)、蝎蝽科(Nepidae)和负子蝽科(Belostomatidae)等，主要捕食水生昆虫及其他小动物。

第四节 脉 翅 目

脉翅目昆虫统称为蛉，全世界已知18科6000余种，分别为泽蛉科(Nevrorthidae)、水蛉科(Sisyridae)、溪蛉科(Osmylidae)、粉蛉科(Coniopterygidae)、栉角蛉科(Dilaridae)、鳞蛉科(Berothidae)、刺鳞蛉科(Rhachiberothidae)、螳蛉科(Mantispidae)、褐蛉科(Hemerobiidae)、草蛉科(Chrysopidae)、蛾蛉科(Ithonidae)、山蛉科(Rapsimatidae)、美蛉科(Polystoechotidae)、蝶蛉科(Psychopsidae)、旌蛉科(Nemopteridae)、细蛉科(Nymphidae)、蝶角蛉科(Ascalaphidae)和蚁蛉科(Myrmeleontidae)。其中刺鳞蛉科仅分布于非洲中南部，细蛉科仅分布于澳大利亚。脉翅目除水蛉科和泽蛉科的幼虫为水栖、溪蛉科的幼虫半水栖外，绝大多数种类的幼虫和成虫均为陆栖。除蛾蛉科和美蛉科为植食性外，其余多数为肉食性，捕食其他小型昆虫或动物。

目前中国记录的有14科700余种，其中蚁蛉科、粉蛉科、褐蛉科和草蛉科种类较多，且多数种类以害虫为食，属于重要的害虫天敌类群。

1. 蚁蛉科 成虫中型至大型，黄色或黑色，翅狭长，大多数种类在地面或埋伏于沙土中等待猎物，或在地面追逐猎物。有些种类通过陷阱捕获猎物，幼虫隐藏在漏斗状的陷阱的底部，取食掉进陷阱中的蚂蚁和其他昆虫，幼虫又称蚁狮。

2．粉蛉科　为脉翅目中个体最小的类群，成虫身体及翅上覆盖有一层白色的蜡质粉，形状似半翅目粉虱，生活于园林果木上，捕食蚜虫、红蜘蛛、介壳虫、粉虱等害虫。

3．褐蛉科　成虫小型至中型，体色淡黄色至黄褐色，少数为绿色，有震落假死特性。多在园林果木上捕食蚜虫、介壳虫、木虱、叶蝉和红蜘蛛等害虫。

4．草蛉科　成虫中型至大型，大多数为绿色，日本通草蛉［*Chrysoperla nipponensis*（Okamoto）］越冬期间成虫变成土黄色，生活于草地、树木或灌木上。除通草蛉属的部分种类成虫期间取食花粉花蜜补充营养外，多数种类成虫、幼虫均为捕食性。幼虫主要捕食蚜虫，故称蚜狮。除捕食蚜虫外，还喜食介壳虫、粉虱、红蜘蛛、蛾蝶类的卵及其低龄幼虫等。

脉翅目昆虫大多捕食害虫和害螨，是多种农林害虫的重要天敌。目前，国内外已经成功繁殖了草蛉科中的草蛉属（*Chrysopa*）和通草蛉属（*Chrysoperla*）的多个种类，其中一些种类在害虫生物防治中已取得了成功。例如，我国释放大草蛉［*Chrysopa pallens*（Rambur）］、丽草蛉（*Chrysopa formosa* Brauer）和日本通草蛉（又名中华草蛉或中华通草蛉）等来防治果树、棉花、烟草、大豆、小麦、蔬菜蚜虫和害螨，均取得了一定的成效。

第五节　鞘　翅　目

鞘翅目昆虫统称甲虫，是昆虫纲中已知种类最多的一个目，已知有 35 万种以上。我国分布记录约 7000 种。其生活习性多种多样：有水生、陆生；有植食性、粪食性、腐食性；有捕食性和寄生性。鞘翅目分为原鞘亚目（Archostemata）、肉食亚目（Adephaga）、多食亚目（Polyphaga）和菌食亚目（Myxophaga）4 个亚目，其中作为害虫天敌的种类多隶属肉食亚目和多食亚目，其捕食性种类是天敌昆虫中最重要的类群之一，约占已知捕食性天敌昆虫种类的一半。常见的捕食性鞘翅目类群如下。

1．虎甲科（Cicindelidae）　体中型，长圆柱形，常具金属光泽和鲜艳色斑。头下口式，常宽于前胸；触角 11 节，触角间距小于上唇宽度；鞘翅光滑，后翅发达，善于飞翔；幼虫第 5 腹节背面的突起上着生倒钩。成虫白天活动，喜在田坎、河边觅食小昆虫，也经常在路上觅食，当人走近时，常向前作短距离飞翔后停下，故有“拦路虎”的称号。幼虫居于穴中，守于穴口，当猎物经过时用上颚咬住，拖入穴内取食。背上的倒钩有助于固定于穴壁，避免在捕食大型猎物时被拖出穴外。常见的有中华虎甲（*Cicindela chinensis* De Geer）和杂色虎甲（*C. hybrida* L.）等。

2．步甲科（Carabidae）　步甲科的种类甚多，广泛分布于世界各地。体小至大型，体黑色或褐色，具光泽。头前口式，常窄于前胸；触角 11 节，触角间距大于上唇宽度；鞘翅上常有刻点或条纹，有的种类左右前翅愈合；后翅常退化，不能飞翔；少数种类有较强的飞翔能力。足细长，适于步行。幼虫前口式，上颚有齿。温带地区以地栖性的种类最多，常见于树皮下、苔藓下、腐木中、水边湿地等场所。热带和亚热带地区则有不少种类生活于植物上，这些种类后翅发达，且夜间有趋光习性。成虫及幼虫均为捕食性，捕食各种昆虫、蚯蚓、蜗牛等小动物，捕食量甚大；少数种类营寄生生活；有一些种类也咬食植物果实及幼芽。步甲属（*Carabus*）中很多种类被不同国家列为重点保护对象，在我国，拉步甲（*C. lafossei* Feisthamel）和硕步甲（*C. davidis* Deyrolle et Fairmaire）是国家Ⅱ级重点保护野生动物。

3．瓢虫科（Coccinellidae）　体小至中型。体半球形，常具鲜艳色斑。头小，后部嵌于前胸。触角一般 11 节，锤状；鞘翅有翅缘折；跗节隐 4 节。该科是鞘翅目中最重要的天敌类群，在害虫生物防治中发挥着重要作用。自 1888 年美国加利福尼亚州从澳大利亚引进澳洲瓢虫防治柑橘吹绵蚧取得成功以后，瓢虫的引种移殖成为害虫生物防治的一个重要内容，已有20多种瓢虫引种移殖后取得显著防治效果。

在瓢虫科中，约80%种类为肉食性，主要捕食蚜虫、介壳虫、粉虱、叶螨等害虫；少部分为植食性，取食各种植物，其中一些种类是农作物的重要害虫；还有少数种类以真菌为食。捕食性类群对捕食对象有一定选择性，其中不少为寡食性种类。

瓢虫亚科（Coccinellinae）除食菌瓢虫族（Psylloborini）外，其余种类主要捕食蚜虫，兼食其他节肢动物，有时取食植物花粉或植物的其他幼嫩部分。常见的七星瓢虫（*Coccinella septempunctata* L.）、异色瓢虫［*Harmonia axyridis*（Pallas）］和龟纹瓢虫［*Propylaea japonica*（Thunberg）］等是益虫。

盔唇瓢虫亚科（Chilocorinae）主要捕食盾蚧、链蚧等介壳虫。常见的有红点唇瓢虫（*Chilocorus kuwanae* Silvestri）、黑缘红瓢虫（*Chilocorus rubidus* Hope）和细缘唇瓢虫［*Chilocorus circumdatus*（Gyllenhal）］等。

红瓢虫亚科（Coccidulinae）主要捕食吹绵蚧、绵蚧，也捕食盾蚧等其他介壳虫。常见的有澳洲瓢虫、红环瓢虫［*Rodolia limbata*（Mostchulsky）］、小红瓢虫（*Rodolia pumila* Weise）和大红瓢虫（*Rodolia rufopilosa* Mulsant）等。

小毛瓢虫亚科（Scymninae）捕食蚜虫、介壳虫、叶螨等，其中食螨瓢虫属（*Stethorus*）全部种类均以叶螨为食，如腹管食螨瓢虫（*Stethorus siphonulus* Kapur）和深点食螨瓢虫（*Stethorus punctillum* Weise）。弯叶毛瓢虫属（*Nephus*）、方突毛瓢虫属（*Pseudoscymnus*）和孟氏隐唇瓢虫（*Cryptolaemus montrouzieri* Mulsant）以粉蚧为食，其幼虫体上覆有蜡质分泌物，状似粉蚧；刻眼瓢虫属（*Ortalia*）和毛瓢虫亚属［*Scymnus*（*Neopullus*）spp.］等主要捕食蚜虫，如黑背毛瓢虫［*Scymnus*（*Neopullus*）*babai* Sasaji］和黑襟毛瓢虫［*Scymnus*（*Neopullus*）*hoffmanni* Weise］等。

小艳瓢虫亚科（Sticholotinae）捕食蚜虫、粉虱、介壳虫、叶螨等，各个不同类群均有其专一性，如刀角瓢虫（*Serangium japonicum* Chapin）以粉虱、蜡蚧为食，小黑瓢虫［*Delphastus catalinae*（Horn）］以粉虱卵、若虫和成虫为食，台毛艳瓢虫（*Pharoscymnus taoi* Sasaji）则以蚜虫为食。

4. 隐翅虫科（Staphylinidae） 是鞘翅目第三大科。体小至大型，细长，两侧近于平行；黑色或褐色；头前口式，触角9～11节，丝状或棍棒状；鞘翅极短，末端平截；后翅发达或退化，折叠于鞘翅之下。隐翅虫的食性甚杂，大部分为腐食性，但也有一些属和种捕食其他昆虫，如蚁形隐翅虫属（*Paederus*）是捕食性隐翅虫的代表。黑足蚁形隐翅虫（*Paederus tamulus* Erichson）和青翅蚁形隐翅虫（*Paederus fuscipes* Curtis）在稻田内甚为常见，以鳞翅目幼虫及其他昆虫为食，可捕食三化螟、稻纵卷叶螟等鳞翅目幼虫，还可捕食飞虱、叶蝉等害虫。

5. 方头甲科（Cybocephalidae） 体微小型，成虫和幼虫均捕食盾蚧。食性和行为近似于小型瓢虫。常见的有日本方头甲［*Cybocephalus nipponicus*（Endrody-Younga）］，捕食矢尖蚧、桑盾蚧、白轮盾蚧等，尤其嗜食雄蚧。

第六节 双 翅 目

双翅目昆虫的生活习性相当复杂，属于捕食性的种类甚多，其中不少类群在成虫期或幼虫期捕食多种昆虫，主要包括蚊科巨蚊亚科（Toxorhynchitinae）、食蚜蝇科（Syrphidae）、斑腹蝇科（Chamaemyiidae）、食虫虻科（Asilidae）、舞虻科（Empididae）、蜂虻科（Bombyliidae）和瘿蚊科（Cecidomyiidae）等。

1. 蚊科巨蚊亚科　该亚科昆虫均为大型蚊虫，成虫喙在中部向下和后方弯曲，小盾片弧形。幼虫口为刷耙状，孳生于积水中，捕食其中共栖的其他昆虫。由于其成虫不吸血，有些种类被用于伊蚊的生物防治。该亚科主要分布于亚洲、非洲和美洲，少数分布于澳大利亚。

2. 食蚜蝇科　体形似蜜蜂或胡蜂，腹部常有黄、黑相间的斑纹。体长 8～36mm。头部无额囊缝；R 脉与 M 脉间有 1 条两端游离的伪脉，如 R4＋5 室为闭室，则端横脉通常与翅缘平行。幼虫体平滑或具皱褶突起、刺或毛，肉食性种类幼虫的体前端尖凸，后端平截；粪食性种类的腹末有鼠尾状的呼吸管。

成虫通常在阳光下取食花蜜和花粉或植物汁液，飞翔时能在空中静止而后又忽然向前突进。腐食性和粪食性幼虫生活在朽木、粪便和腐败动植物体中；肉食性种类捕食蚜虫、介壳虫、粉虱、叶蝉和蓟马等。

3. 斑腹蝇科　体多为灰色，腹部有黑色斑点；体长 2～4mm；头部有额囊缝；后顶鬃相向或缺；无口鬃；单眼 3 个；中胸盾间横沟不明显；前翅无下腋瓣；C 脉无缘脉折；Sc 脉完整，与 R1 脉明显分开；R 脉 3 分支；M 脉 2 分支；臀室末端无尖突；胫节无端前背鬃。

多数种类的幼虫为肉食性，捕食蚜虫、介壳虫和粉虱，是重要的天敌昆虫。在北美，食蚜斑腹蝇（*Leucopis puncticornis* Meigen）已成功应用于害虫生物防治中。

4. 食虫虻科　体长 8～40mm。体多毛鬃，无金属光泽；头顶复眼间凹陷，复眼明显突出；触角鞭节延长，端部 1～3 个亚节形成端刺；雌雄虫的复眼均为离眼；前翅 R5 脉多伸达翅的外缘；足细长，爪间突刚毛状或缺。幼虫体圆柱形，分节明显；胸部每节各有 1 对侧腹鬃；前气门式。

成虫和幼虫均为肉食性。成虫喜阳光，捕食能力强，常停在地面或植物上，伺机攻击多种昆虫。幼虫生活在土壤、朽木、垃圾或腐殖质中，捕食软体动物或小昆虫，或寄生于直翅目、鞘翅目、双翅目和膜翅目的幼虫。

5. 舞虻科　体长 1.5～12mm。体细长，褐色至黑色或黄色，有黑斑，一般有明显的鬃；头部小而圆，雌雄复眼均分开，或在颜区（或额区）相接；触角鞭节基部 1 节较粗，末端生有 1～2 节的端刺或芒；喙一般较长，较坚硬；胸部背面隆起；前缘脉有时环绕整个翅缘；Sc 脉端部多游离，R4＋5 多分叉，一般终止于翅端；足细长，前足有时为捕捉足，中足或后足腿节有时明显加粗，腹面有齿。幼虫长筒状，12 节。水生幼虫腹部有 7～8 对伪足。

成虫多发生在潮湿环境的植物上，为捕食性，主要捕食双翅目的蚊类和蝇类及半翅目的介壳虫类、木虱类和蚜虫类。

6. 蜂虻科　体长 1～30mm。体粗壮，常多毛，形似蜜蜂、熊蜂或姬蜂；头部半球形或近球形；喙特别长；触角鞭节分 1～4 亚节，有端刺或无；雄虫复眼多为接眼，雌虫为离眼；翅上有斑纹，腋瓣发达；足细长，爪间突刚毛状或无。老龄幼虫体白色，较肥胖，呈“C”形。

成虫喜光，飞翔能力强，有访花习性。幼虫肉食性，捕食或寄生直翅目蝗虫的卵块及鳞翅目、膜翅目、鞘翅目、双翅目和脉翅目的幼虫或蛹。

7. 瘿蚊科　体长通常为 1～5mm。触角细长，念珠状或结状，雄虫触角节上具环状毛；无单眼；翅较短宽，纵脉 3～5 条，Sc 脉退化，C 脉伸达翅的顶角，无横脉；足细长，被毛和鳞片，胫节无端距。幼虫周气门式，红色、橙色、粉色或黄色，纺锤形或后端稍粗，3 龄幼虫前胸腹板上有一个“Y”形或“T”形胸骨片。

成虫喜早晚活动，不取食或仅吸食花蜜等液体食物。部分种类幼虫为肉食性，捕食或寄生于蚜虫、介壳虫或其他小型昆虫和叶螨，也是常见的天敌类群，如食蚜瘿蚊（*Aphidoletes aphidimyza* Rondani）。

第七节 膜 翅 目

膜翅目昆虫中有许多捕食性种类。其中胡蜂总科中的胡蜂科为典型的捕食性，可捕食鳞翅目幼虫及蝇类等，并喂饲其幼虫。其他的如蜾蠃蜂科、土蜂科、钩土蜂科、蛛蜂科和蚁蜂科等为广义的寄生性。蚁科中的一部分种类为捕食性。

胡蜂科（Vespidae）种类均为具捕食性和社会性的昆虫类群，生活习性较为复杂，亲代个体间不但共同生活在一起，还有合作关系。胡蜂的一切活动均以蜂巢为核心。蜂群中有明显的分工，蜂王专司产卵和指挥整个家族的活动，雄蜂专司交配。工蜂中也有不同的分工，分别有筑巢、搬运材料、取食者，以及材料加工、搬运泥土、清洁、守卫者等。在生物防治上，可利用胡蜂防治许多农作物、森林、果树害虫。已知胡蜂可捕食的农林害虫有棉铃虫、大造桥虫、棉卷野螟、二化螟、三化螟、玉米螟、稻纵卷叶螟、豆荚螟、黏虫、白薯天蛾、豆天蛾、菜粉蝶和稻苞虫等多种鳞翅目幼虫。但胡蜂有时会蜇伤人畜，对人畜造成伤害，严重者会引起死亡。胡蜂也是蜜蜂的天敌，一些个体较大的胡蜂常常在养蜂场内捕捉蜜蜂饲喂其幼虫。

蚁科（Formicidae）的种类甚多，为典型的社会性昆虫，有明显的多型现象，包括雌蚁、雄蚁与工蚁 3 种不同的型，有时尚有由工蚁变型的兵蚁。食性复杂，较低等的种类为肉食性或多食性，较高等的为植食性。中国古代已利用黄猄蚁防治柑橘害虫。福建和台湾则利用红蚂蚁（*Tetramorium guineense* F.）防治甘蔗害虫，防治的主要对象有二点螟（*Chilo infuscatellus* Snellen）、甘蔗黄螟（*Argyroploce schistaceana* Snellen）、甘蔗条螟（*Proceras venosatum* Walker）和大螟（*Sesamia inferens* Walker）等。

蜾蠃蜂科（Eumenidae）、泥蜂科（Sphecidae）、钩土蜂科（Tiphiidae）、蛛蜂科（Pompilidae）、螯蜂科（Dryinidae）和肿腿蜂科（Bethylidae）的种类主要营寄生生活。但成虫常将捕捉到的寄主昆虫用口器咬破其肢体，或用产卵器刺蜇造成伤口，然后吸取其体液，也能造成对寄主的伤害，有兼性捕食作用。目前用于防治松褐天牛等林业害虫的松褐天牛肿腿蜂（*Sclerodermus alternatusi* Yang），产卵前会刺蜇天牛幼虫，然后吸食天牛体液进行补充营养。稻虱红单节螯蜂（*Haplogonatopus apicalis* Perkins）成虫羽化后即开始捕食飞虱若虫补充营养，后才行交配，随后寻找寄主产卵寄生。

小蜂总科主要为营寄生生活的类群，也有一些种类的成虫取食寄主体液。例如，黑青小蜂等金小蜂常以寄主体液作为补充营养。黑青小蜂以产卵器刺透虫茧插入寄主体内，逐渐形成一条自体壁至茧壳的小管，寄主体液通过毛细管的作用而达茧壳上的管口，成虫则在管口取食，因而在成虫补充营养阶段致死的棉红铃虫幼虫的数量有时比寄生的还多。松毛虫赤眼蜂（*Trichogramma dendrolimi* Matsumura）和螟黄赤眼蜂（*Trichogramma chilonis* Ishii）在产卵时也有通过产卵器刺伤寄主卵壳而吸食流出的卵浆的习性。螟卵啮小蜂寄生于三化螟卵内，在将所寄生的该粒卵内的营养取食完后，还需再捕食附近 2～4 粒寄主卵才能顺利完成世代发育。稻虱食卵金小蜂（*Panstenon* sp.）从飞虱卵块中育出，但并非寄生于该卵，而是在叶鞘组织内的卵块外捕食，应属于捕食性的种类。寄生蜂成虫取食寄主体液作为补充营养，乃至杀死寄主的现象，在自然界相当普遍。

第八节 鳞 翅 目

在鳞翅目灰蝶科（Lycaenidae）、举肢蛾科（Heliodinidae）、尖翅蛾科（Momphidae）、夜蛾

科（Noctuidae）、遮颜蛾科（Blastobasidae）、小卷蛾科（Olethreutidae）和螟蛾科（Pyralidae）等昆虫中，一些种类的幼虫为捕食性。例如，食蚜小灰蝶（*Taraka hamada* Druce）幼虫捕食甘蔗绵蚜；北京举肢蛾（*Beijinga utila* Yang）幼虫捕食槐花球虾［*Eulecanium kuwanai*（Kanda）］和枣球蜡蚧［*Eulecanium gigantea*（Shinji）］雌蚧介壳下的卵；猎夜蛾属（*Eublemma*）的幼虫捕食蚧科的网目球蚧属（*Saissetia*）、蜡蚧属（*Ceroplastes*）、球坚蚧属（*Eulecanium*）、绵蜡蚧属（*Pulvinaria*）、毡蚧科的毡属（*Eriococcus*）、粉蚧科的粉蚧属（*Pseudococcus*）和珠蚧科的珠蚧属（*Margarodes*）等，介壳虫的各个虫态都可成为猎夜蛾的猎物；紫胶白虫（*Eublemma amabilis* Moore）和紫胶黑虫（*Holcocera pulverea* Meyr）捕食紫胶虫；狄夜蛾（*Diomea rotundata* Walker）幼虫捕食卷叶蛾的幼虫。

第九节　捕　食　螨

一、类群

Gerson 等（2003）提到作为生物防治的螨类，按照 Krantz 等（2009）的蜱螨亚纲分类系统，有中气门目（Mesostigmata）中的囊螨科（Ascidae）、厉螨科（Laelapidae）、巨螯螨科（Macrochelidae）、双革螨科（Digamasellidae）、蛾螨科（Otopheidomenidae）、寄螨科（Parasitidae）、派盾螨科（Parholaspidae）、植绥螨科（Phytoseiidae）、尾足螨科（Uropodidae）和虫穴螨科（Zerconidae）。前气门目（Prostigmata）中的吸螨科（Bdellidae）、巨须螨科（Cunaxidae）、镰螯螨科（Tydeidae）、蝓螨科（Ereynetidae）、蒲螨科（Pyemotidae）、小首螨科（Acarophenacidae）、跗线螨科（Tarsonemidae）、蚴螨科（Podapolipidae）、长须螨科（Stigmaeidae）、小真古螨科（Eupalopsellidae）、拱顶新叶螨科（Camerobiidae）、盲蛛螨科（Caeculidae）、无爪螨科（Alicorhagiidae）、肉食螨科（Cheyletidae）、叶螨科（Tetranychidae）、瘿螨科（Eriophyidae）、大赤螨科（Anystidae）、蜴螨科（Pterygosomidae）、赤螨科（Erythraeidae）、绒螨科（Trombidiidae）、盾水螨科（Hydryphantidae）、沼螨科（Limnesiidae）、软滑水螨科（Pionidae）和雄尾螨科（Arrenuridae）。甲螨目（Oribatida）中的尖棱甲螨科（Ceratozetidae）、大翼甲螨科（Galumnidae）、菌甲螨科（Scheloribatidae），以及无气门目（Astigmatia）中的粉螨科（Acaridae）和半疥螨科（Hemisarcoptidae）。

二、捕食或寄生的对象

中气门目的捕食螨被认为是有益的，它们能取食节肢动物和其他无脊椎动物，如巨螯螨科中家蝇巨螯螨［*Macrocheles muscaedomesticae*（Scopoli）］取食家蝇卵；光滑巨螯螨［*M. Glaber*（Müller）］和奇异巨螯螨（*M. peregrius* Krantz）捕食胡枝子蝇（*Musca vetustissima* Walker）的卵；尾足螨科中的有缘尾卵螨［*Uroobovella marginata*（Koch）］常常是家蝇低龄幼虫的捕食者。厉螨科中的尖狭下钝螨［*Gaeolaelaps aculeifer*（Canestrini）］是百合根茎罗宾根螨和不定垫刃鼻线虫的重要捕食者。囊螨科中的梭形毛绥螨（*Lasioseius scapulatus* Kennett）是植物根结线虫的捕食螨。寄螨科中的使君子偏革螨（*Pergamasus quisquiliarum* Canestrini）捕食庭园么蚰［*Scutigerella immaculata*（Newport）］；长角偏革螨（*Pergamasus longicornis* Berlese）捕食弹尾目跳虫。植绥螨科中的智利小植绥螨（*Phytoseiulus persimilis* Athias-Henriot）是叶螨的专一性捕食螨；胡瓜新小绥螨［*Neoseiulus cucumeris*（Oudemans）］和巴氏新小绥螨［*Neoseiulus barkeri*（Hughes）］用于控制温室蓟马；斯氏小盲绥螨［*Typhlodromips swirskii*（Athias-Henriot）］广泛用于防治粉虱；西方盲走螨（*Typhlodromus occidentalis* Nesbitt）和梨盲走螨（*T. pyri* Scheuten）防治各种果树害螨。张艳璇等（2003）在新疆释放胡瓜新小绥螨以控制啤酒花、苹果、库尔勒香梨、棉田中的土耳其斯坦叶螨；利用该螨在北京平谷区桃树、板栗控制叶螨为害；在山东、陕西释放该螨控制苹果上的苹果全爪螨；在四川、湖南、湖北、广东、广西、浙江、福建、江西应用该螨控制柑橘全爪螨，并将该螨出口荷兰，释放到玫瑰园控制蓟马为害；江西赣州和广东潮州先后利用巴氏新小绥螨控制柑橘上柑橘全爪螨为害。尾足螨科中的动褐足螨捕食线虫和家蝇的初孵幼虫。

绒螨目中盲蛛螨科和无爪螨科中一些种类已知是线虫的捕食者。在土壤浅表层看到前气门捕食螨是真足螨科、莓螨科、吸螨科、携卵螨科、长须螨科和肉食螨科。在土壤中10cm深处的前气门捕食螨是吸螨科和莓螨科。大赤螨科中的灵敏大赤螨［*Anystis agilis*（Banks）］捕食葡萄斑叶蝉（*Erythroneura elegantula* Osborn）的若虫，取食桔食蓟马［*Scirtothrips citri*（Moulton）］和美松针钝喙大蚜的卵。柳大赤螨［*Anystis salicinus*（L.）］控制澳大利亚红足海镰螨［*Halotydeus destructor*（Tucker）］和绿圆跳虫［*Sminthurus viridis*（L.）］为害。雄尾螨科中丹比雄尾螨（*Arrenurus danbyensis* Mullen）寄生刺穿柯蚊［*Coquillettidia perturbans*（Walker）］，导致其初羽化的个体死亡。马氏雄尾螨（*A. madaraszi* Daday）寄生伊蚊和库蚊造成雌蚊死亡。软滑水螨科中的多节软滑水螨［*Piona nodata*（Müller）］捕食摇蚊。吸螨科中的石拟吸螨（*Bdellodes lapidaria* Kramer）在澳大利亚控制绿圆跳虫［*Sminthurus viridis*（Collembola）］，在南非控制耕地圆跳虫（*Bourletiella arvalis* Fitch）。在美国发现分吸螨［*Bdella distincta*（Balock & Balock）］捕食蚧卵和若虫。拱顶螨科中的隐新似叶螨（*Neohyllobius ambulans* Meyer）在南非柑橘园捕食红圆蚧［*Aonidiella aurantii*（Maskell）］。肉食螨科中的马六甲肉食螨［*Cheyletus malaccensis*（Oude-mans）］捕食仓储腐食酪螨［*Tyrophagus putrescentiae*（Schrank）］和椭圆食粉螨（*Aleuroglyphus ovatus* Troupeau），华丽螯颊螨［*Cheletogenes ornatus*（Canestrini & Fanzago）］捕食盾蚧。巨须螨科中的卷须巨须螨［*Cunaxa capreola*（Berlese）］捕食书虱（*Liposcelisbostry chophila* Badonnel），小似巨须螨［*Cunaxoides parvus*（Ewing）］捕食榆牡蛎蚧［*Lepidosaphes ulmi*（Linnaeus）］。约氏毛赤螨（*Lasioerythraeus johnstoni* Welbourn）捕食牧草盲蝽［*Lygus pratensis*（Linnaeus）］，普氏多室赤螨（*Balaustium putmani* Smiley）捕食蛾类和蚧虫的卵。小真古螨科中的裸神祇螨（*Saniosulus nudus* Summers）在柠檬上捕食茶褐圆蚧［*Chrysomphalus aonidum*（L.）］和甘蔗球圆蚧［*Melanaspis glomerata*（Green）］若虫。半疥螨科中的半蚧螨（*Hemisarcoptes malus* Shimer）在加拿大苹果园捕食榆蛎盾蚧［*Lepidosaphes ulmi*（L.）］，成为以螨治螨的第一个成功范例。水见螨科中的须狂水螨（*Thyas barbigera* Viets）寄生双翅目昆虫蚋、蠓和虻；狂水螨属的后若螨可捕食蚊卵。沼螨科中的圆替莱水螨（*Tyrrellia circularia* Koenike）袭击蠓类，导致其寿命缩短；贾穆里沼螨（*Limnesia jamurensis* Oudemans）能捕食发氏按蚊（*Anopheles farauti* Laveran）或暗色库蚊（*Culex pullus* Theobalad）的卵。蚴螨科中的钳叶甲蚴螨（*Chrysomelobia labidomerae* Eickwort）寄生叶甲［*Labidomera clivicollis*（Kirby）］和马铃薯甲虫［*Leptinotarsa decemlineata*（Say）］；少毛瓢蚴螨（*Coccipolipus epilachnae* Smiley）攻击植食性瓢虫和豆瓢虫（*Epilachna varivestis* Mulsant）。蜴螨科中的羽蟑螂螨（*Pimeliaphiluus plumifer* Newell & Ryckman）寄生蟑螂，数量多时导致蟑螂死亡、产下的卵囊不能孵化。蒲螨科中的赫氏蒲螨［*Pyemotes herfsi*（Oudemans）］寄生棉红铃虫［*Pectinophora gossypiella*（Saunders）］越冬幼虫。长须螨科中的长毛神蕊螨（*Agistemus longisetus* Gonzalez）捕食番

茄刺瘿螨［*Aculops lycopersici*（Massee）］；苹果寻螨［*Zetzellia mali*（Ewing）］专食女贞刺瘿螨［*Aculus schlechtendali*（Nalepa）］。跗线螨科中坏食螨（*Acaronemus destructor* Smiley & Landwehr）取食叶螨科和细须螨科的卵；捕食跗线螨（*Tarsonemus predatories* Lin, Nakao & Saito）取食裂爪螨的卵。绒螨科中的蝗真绒螨［*Eutrombidium locustarum*（Walsh）］捕食蝗虫和螽斯；欧洲异绒螨（*Allothrombium monspessulanum* Robaux & Aeschlimann）和小枕异绒螨（*Allothrombium pulvinum* Ewing）捕食蚜虫。镰螯螨科中的肘同前线螨［*Homeo- pronematus anconai*（Baker）］取食番茄刺瘿螨。甲螨亚目美背甲螨科中水背甲螨（*Aquanothrus* sp.）取食活的轮虫。无气门目中粉螨科的腐食酪螨在美国北卡罗来纳州玉米和花生田捕食南方玉米食根昆虫的卵，也能捕食葡萄根瘤蚜［*Daktulosphaira viticola*（Fitch）］的成虫和卵。刺足根螨［*Rhizoglyphus echinopus*（Fumouze et Robin）］捕食植物寄生线虫。

三、捕食行为

Walter 和 Proctor（1999）对捕食螨的捕食行为进行了回顾，总结为以下 6 种。

1）巡游或追逐捕食者（cruise or pursuit predator）：中气门目捕食螨的特性是能够迅速搜索和追逐猎物。类似行为也发生在捕食性的绒螨目螨类上，如大赤螨科（Anystidae）个体较大，体色通常为鲜红色，能够敏捷地在地面、岩石和植被上疾行以狩猎小型昆虫和其他螨类。一些巨须螨作为捕食螨行动敏捷。简单鞘瘤螨［*Coleoscirus simplex*（Ewing，1917）］在 25℃时每分钟能爬行 20～23cm，迅速圈住猎物，然后用螯肢迅速地戳破猎物，最终用须肢和螯肢抓住猎物，举起并吸干猎物体液，最后猛摔其残体而后抛弃。

2）伏击或静伏的捕食者（ambush or sit and wait predator）：巨须螨科（Cunaxidae）除非蜕皮、交配，其他时段很少停止运动，取食或产卵活动较少。巨须螨亚科中的种类大多数时间用它大的、多刺而反弯的须肢在一处静静等待，当跳虫或螨经过时，它们猛冲向前，用须肢抽打，并用鼻状的螯肢刺穿猎物。前气门螨类的伏击捕食很常见。例如，盲蛛螨科的螨类伏击跳虫和小型昆虫如皮虱时，具有不同的策略。圆螨体上有板状刚毛和瘤状刚毛覆盖，它的第 1 对足粗短，足内面具长的粗刺，它在一个地点静伏，抬起的足呈 45°，能停留数天（天数完全取决于它遇到的猎物的运动）。当跳虫在其举起的前足下经过时，前足会突然落下，用钩状的螯肢抓住猎物。水螨大多数也具有类似的行为。绒螨的若螨也具有该特殊的伏击行为方式，其猎物跳虫常常被这些螨类的行为所吸引，它们轻拍绒螨的触角，此时绒螨抬起它的后部，分泌产生一滴液体，跳虫随即吸取液体后，出现麻醉和抽搐，绒螨用此麻醉方式可致死不少的跳虫，并取食。

3）突进搜索（saltatory search）：这种方式是捕食螨把大量时间和能量花在搜索猎物上。这类捕食螨喜欢快速搜索猎物，如大多数中气门目捕食螨、大赤螨（*Anystis* spp.）和巨须螨科中的鞘硬瘤螨（*Coleoscirus* spp.）。休息时静伏等待，伏击猎物。然而，大多数前气门的捕食螨和一些中气门的捕食螨介于持续运动和长时间静伏两个极端之间，显示一系列的跑跑和停停的行为，称作突进搜索。许多吸螨或巨须螨从一点爬行到另一点搜索区域，用它触角状的须肢和拉长的螯肢探查猎物，使用这个策略，大鼻管吸螨能捕食盔甲状的甲螨，当遇到甲螨时，大鼻管吸螨喷射出一股黏丝纠缠猎物，然后用它粗短钩状的螯肢在盔甲上探索打开一个洞。其他的吸螨取食软体螨类或跳虫，用一股丝迅速围住猎物，纠缠猎物的足和躯体。

4）束缚和变化（constraints and variation）：慢游捕食螨更喜欢静止或爬行缓慢的猎物。与伏击捕食螨相比，它能捕食相对幼小的猎物，如倾向于高密度发生的较小线虫。线虫不被伏击的巨须螨（*Cunaxa* spp.）捕食，而被慢游鞘硬瘤螨（*Coleoscirus* spp.）和新硬瘤螨（*Neoscirula* spp.）捕食。红色绒螨［赤螨总科（Erythraeoidea）和绒螨总科（Trombidioidea）］是慢游大个体螨，能迅速爬行。一些种类能捕食跳虫和昆虫。巨螯螨（*Macrochelid mites*）迅速搜索和捕食粪肥中成堆的蝇卵。

5）相互捕食（intraguild predation）：捕食螨属于小型节肢动物，可捕食其他小型节肢动物，两者之间可相互捕食，落入食物链的两个等级：捕食者和猎物。然而，受害者可能自己也是捕食者，如果两者竞争猎物，相互捕食不仅从受害者体上获得能量和营养，而且减少对其他猎物的竞争，并淘汰潜在的捕食者。

6）自相残杀（cannibalism）：已发现中气门目的捕食螨能捕食自己的同类。在植绥螨科一个种内，发现有自相残杀行为。前气门的捕食螨比中气门的捕食螨更喜欢取食自己的同类，包括它们自己的后代。

四、生活史

粉螨科和吸螨科的种类，个体发育经过卵（egg）、幼螨（larva）、第一若螨（protonymph）、第二若螨（deutonymph）、第三若螨（tritonymph）和成螨（adult）几个时期。有的绒螨和大赤螨在卵和幼螨之间具前幼螨（prelarva）。跗线螨的发育经过卵、幼螨和成螨，无若螨期，在幼成螨之间有 1 个静息期（quiescent stage）。中气门目大多数科，如囊螨科、植绥螨科，以及绒螨目中的叶螨科的个体发育经过卵、幼螨、第一若螨、第二若螨和成螨。

囊螨科的昌德里棘螨（*Gnorimus chaudhrii* Wu & Wang）一生经历卵、幼螨、第一若螨、第二若螨和成螨 5 个时期，在 23～31℃下，卵期 0.5～2.5d，幼螨期 1.0～2.0d，第一若螨期 0.7～2.0d，第二若螨期 0.3～1.8d，成螨期 2.5～8.3d。28℃时，1 头雌螨能产卵 21～43 粒，平均 32 粒，产卵量多时，每天可产 6～7 粒，平均日产卵 3 粒，刚产下的卵无色透明，孵化前乳白色，在卵的一端出现乳白色，孵化时，末体先出，接着第 3 对足用力，卵壳中央慢慢裂开，幼螨从卵壳中出来。刚孵化的幼螨圆形，无色透明，足特别长，末体能明显见到 1 对刚毛，孵化后的幼螨用螯肢紧握跗线螨或花粉，吸食内含物或体液。雄螨寻找雌第二若螨，并驮起在背面，待其蜕皮变为成螨后与其交配，1 头雌成螨在 1h 内可连续捕食 11 头跗线螨。在缺乏猎物情况下，昌德里棘螨自相残杀，也能取食一些真菌的菌丝。

植绥螨科中的长刺新小绥螨［*Neoseiulus longispinosus*（Evans，1952）］一生经历卵、幼螨、第一若螨、第二若螨和成螨 5 个时期。卵无色透明，散产，幼螨白色透明，3 对足，从幼螨至成螨经历 3 次蜕皮，若螨与成螨 4 对足，进入若螨时期后开始捕食。用足 I 探寻猎物，用须肢捕抓猎物，用螯肢动齿和定齿撕裂猎物的表皮，用喙吸食猎物体液，如果捕食红色的叶螨，长毛钝绥螨的体色会由乳白色变成橘红色。未经交配的雌螨不能产卵，用丝瓜花粉饲养长毛钝绥螨，可以发育到成螨，但不能产卵。雄螨寻找雌若螨，待其蜕皮后立即交配。产卵量 44～56 粒。在 12～28℃下，卵期 0.5～11.0d，幼螨期 0.5～9.0d，第一若螨期 0.5～6.0d，第二若螨期 0.7～5.5d，产卵前期 1.0～9.0d，产卵期 8～18d，全代 4.5～34.5d。

五、生活习性

捕食螨常见活动在土壤表层的有寄螨科（Parasitidae）、绥螨科（Sejidae）、巨螯螨科（Macrochelidae）、囊螨科（Ascidae）、莓螨科（Rhagidiidae）、携卵螨科（Labidostommatidae）和肉

食螨科（Cheyletidae）；常见活动在植物上的有大赤螨科（Anystidae）、吸螨科（Bdellidae）、巨须螨科（Cunaxidae）、长须螨科（Stigmaeidae）和植绥螨科（Phytoseiidae）。根据取食习性，吴伟南等（2008）综述 4 种类型的捕食螨：专食性捕食者（specialized predator）（智利小植绥螨只捕食叶螨属的种类）、选择性捕食者（selective predator）（斯氏小盲绥螨只捕食烟粉虱、粉螨等几种猎物）、多食性捕食者（generalist predator）（胡瓜新小绥螨可捕食 10 种以上叶螨、蓟马低龄若虫）和嗜食花粉的捕食者（specialized pollen feeder）（取食植物花粉时生殖力最高）。利用叶螨或瘿螨对一种杂草的专一性（只取食 1 种植物），这些螨可用于杂草生物防治。

六、生殖方式

捕食螨生殖方式有两性生殖和单性生殖两类。两性生殖中，叶螨科具阳具的种类，通过雌雄交配繁殖，吸螨科或瘿螨总科无阳具的种类，雄螨产精包，雌螨拾起精包，放入生殖腔内，生殖瓣收缩，精包压碎，精子进入受精囊，与卵子结合产生合子。植绥螨科的种类，雄螨产精包，用螯肢上的导精趾将精包压入雌性的受精囊，完成交配。单性生殖分产雄孤雌生殖（未授精的雌螨只产生雄性后代）和产雌孤雌生殖（未授精的雌螨只产生雌性后代）。卵胎生或伪胎生，蒲螨和有的瘿螨的卵在雌螨体内孵化发育成幼若螨后，产出或母体破裂排出。

七、性比

节肢动物的性比是生物防治中一直关注的问题。天敌数量的增加，取决于雌性的数量和雄性数量配比，两者均衡时，雌性得到充分的受精，妊雌数量增加，意味着怀卵量增加，带来天敌数量的增加。在田间或室内大量繁殖，性比影响引进天敌适应新环境的可能性。在两性繁殖螨类中，确定性比有以下 3 个系统。

1）双二倍体（amphidiploid）：亲代交配形成的受精卵发育为雄螨和雌螨，所有个体来自双亲，性比通常在 50%左右。

2）产雄孤雌生殖（arrhenotoky）：雄螨是单倍体，由未受精卵产生，而受精卵发育为雌螨，性比变化经常在 0.7 左右。

3）类单倍体（parahaploidy）：也称拟产雄孤雌生殖（pseudo-arrhenotoky），受精卵发育为雌螨和雄螨，但雄螨失去它的表现基因组，成为单倍体和仅传递母体的基因组，性比也在 0.7 左右。

双二倍体发生在甲螨目和前气门目一些种类中，而产雄孤雌生殖通常出现在前气门目，也发现于甲螨目和中气门目中。类单倍体到目前仅发生在中气门目囊螨总科里。最初的性比取决于种群结构和环境因子，然后也针对生活史的方式而发生改变；另外，发育到成螨的存活率也影响性比。

八、捕食螨携菌多靶标控制害虫和害螨

（一）原理

我国因长期使用化学农药，农田、果园生态环境已遭受严重破坏，病、虫、螨害发生种类多，发生量大。因此在实施“以螨治螨”过程中也常遇到与其他虫害防治相互协调的问题。以

柑橘为例，柑橘红蜘蛛、锈壁虱往往也与蚜虫、介壳虫、粉虱、潜叶蛾、吸果夜蛾、蝽象、柑橘木虱等同时发生。在蔬菜园释放捕食螨防治红蜘蛛时也要考虑蚜虫、蓟马、烟粉虱的防治，在茶园释放捕食螨防治茶树害螨和小绿叶蝉、黑刺粉虱也是重要的环节。在长期的生防实践中，张艳璇团队根据生产实际的需要，发明了利用捕食螨携带虫生真菌控制多种害虫的方法，其核心是利用天敌——捕食螨活动性强、释放到田间后能自行搜索捕食等特点，选择一些对捕食螨没有毒害作用的虫生真菌，以捕食螨为载体通过捕食螨爬动将其体上所黏着的致病菌传播到田间和果园中的蚜虫、介壳虫、粉虱、蓟马、小绿叶蝉、潜叶蛾、吸果夜蛾、蝽象、柑橘木虱等害虫上，以解决捕食螨只能控制害螨而不能控制其他害虫的问题。

（二）遵循原则

遵循的原则如下：①所选择的虫生真菌对目标害虫、害螨高致病，侵染率90%以上，致死率80%以上；②所选择的虫生真菌常用浓度对捕食螨致死率在12%以下；③所选择的虫生真菌易于生产；④对环境无毒、无公害。

（三）研究进展

通过常规接菌（生测法）、扫描电镜和PCR等研究方法证明，捕食螨分别携带球孢白僵菌CQBb111、蜡蚧轮枝菌V3450、玫烟色拟青霉菌PF-Y-1对害虫（柑橘木虱、蚜虫、西花蓟马、榕管蓟马、粉蚧、烟粉虱）具有侵染致死作用。比较球孢白僵菌CQBb111、玫烟色拟青霉菌PF-Y-1、蜡蚧轮枝菌V3450对柑橘木虱、蚜虫、蓟马、粉虱和捕食螨（胡瓜新小绥螨、斯氏钝绥螨）的侵染过程，发现捕食螨携带的球孢白僵菌CQBb111、玫烟色拟青霉菌PF-Y-1、蜡蚧轮枝菌V3450在接触柑橘木虱、蚜虫、蓟马、粉虱50h后，可完成体表附着、萌发、穿透体壁和成功入侵的整个过程。球孢白僵菌CQBb111、玫烟色拟青霉菌PF-Y-1、蜡蚧轮枝菌V3450可在捕食螨（胡瓜新小绥螨、斯氏钝绥螨）体壁附着和少量萌发，但不能穿透捕食螨体壁，表明捕食螨体躯构造（体毛结构）能够携带虫生真菌孢子，体表结构能有效抵御虫生真菌孢子的萌发与侵入，证明胡瓜新小绥螨、斯氏钝绥螨携带虫生真菌多靶标控制害虫的思路切实可行（图3-1）。

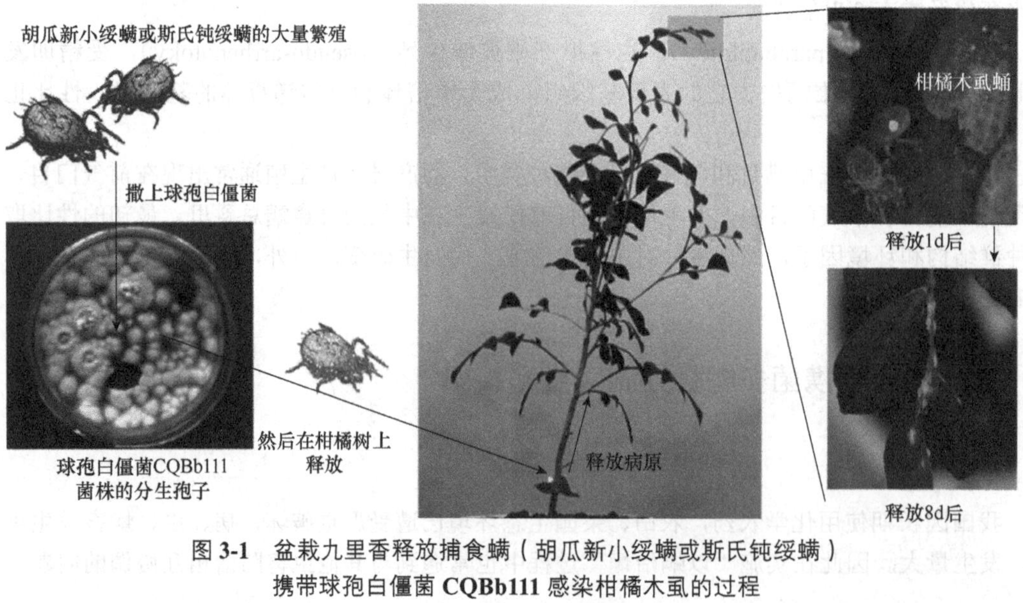

彩图

图 3-1　盆栽九里香释放捕食螨（胡瓜新小绥螨或斯氏钝绥螨）携带球孢白僵菌 **CQBb111** 感染柑橘木虱的过程

在农业生产中，蚜虫常与叶螨等其他害虫同时发生。胡瓜新小绥螨生物防治方法已在我国多种农林作物上成功应用于防治害螨、烟粉虱、西花蓟马等。鉴于以往蚜虫、红蜘蛛的防治都是采用单一的化学或生物防治，"胡瓜新小绥螨携带玫烟色拟青霉菌"带菌体同时防治叶螨及蚜虫，可实现一次释放，两虫兼防的效果，而且胡瓜新小绥螨喜阴喜爬动，可以将玫烟色拟青霉菌的分生孢子传播到卷叶等农药不易喷洒到的死角，拓宽了防治范围，具有既可以减少化学农药的使用、降低成本、降低劳动强度和劳动成本，又可以充分发挥生物防治的多种优势。通过室内盆栽试验也证实了胡瓜新小绥螨携带玫烟色拟青霉菌分生孢子粉防治蚜虫的可行性，但由于该菌对温度、湿度等条件的要求较高，所以，目前认为捕食螨带菌比较适合于在蔬菜大棚中使用。在蚜虫和叶螨同时发生时，释放捕食螨带菌体，捕食螨一边取食叶螨，一边将分生孢子粉携带传播至蚜虫虫体，起到一次释放两种防效的作用。经研究，该菌株对烟粉虱的控制作用也很强，并且在适宜的环境条件下可形成流行病，达到长效控害的目标。

思考题

1. 捕食行为有几种类型？
2. 专食性捕食者与多食性捕食者有何区别？
3. 在两性繁殖螨类中，确定性比的 3 个系统是什么？
4. 为什么要研究捕食螨携菌多靶标控制害虫和害螨？
5. 捕食螨的捕食行为有哪些类型？

主要参考文献

彩万志，李虎．2015．中国昆虫图鉴［M］．太原：山西科学技术出版社．
曹天文，王瑞，李长安．2007．山西省半翅目天敌昆虫的调查［J］．山西农业科学，（8）：22-25．
傅建炜，黄建，刘冰妍．2002．小黑瓢虫的引种繁殖及温度对其发育的影响［J］．武夷科学，18（1）：138-142．
韩凤英，席玉英．2001．长叶异痣蟌对水体镉污染的指示作用的研究［J］．农业环境保护，20（4）：229-230．
黄建，傅建炜，刘冰妍．2002．小黑瓢虫对高氏瘤粉虱捕食作用的研究［J］．华东昆虫学报，11（1）：59-62．
黄建，徐离永，傅建炜．1998．国外害虫天敌产品的商品化及小黑瓢虫的引种利用［J］．华东昆虫学报，7（1）：101-104．
荆英，黄建，黄蓬英．2002．湿度对小黑瓢虫生长发育及存活的影响［J］．华东昆虫学报，11（2）：88-91．
李俊洁，刘欢欢，吴杨雪，等．2021．中国半翅目昆虫多样性和地理分布数据集［J］．生物多样性，29（9）：1154-1158．
罗宏伟，黄建，王竹红．2003．烟粉虱在温室内甘薯寄主上生物学特性的研究［J］．华东昆虫学报，12（2）：21-26．
孙莉，张艳璇，赵玲玲，等．2015．利用胡瓜新小绥螨携带玫烟色拟青霉菌兼防茄子蚜虫和叶螨［J］．中国农学通报，31（20）：91-96．
吴伟南，欧剑峰，黄静玲．2016．中国动物志无脊椎动物第四十七卷蛛形纲蜱螨亚纲：植绥螨科［M］．北京：科学出版社．
杨明旭．1983．南昌地区五种水生半水生蝽类研究初报［J］．江西农业大学学报，（Z1）：49-53，114．
余德亿，黄鹏，姚锦爱，等．2015．蜡蚧轮枝菌 V3450 菌株对榕管蓟马及斯氏钝绥螨的毒力比较［J］．西北农林科技大学学报（自然科学版），43（8）：133-139.
张艳璇，林坚贞，季洁. 2002. 工厂化生产胡瓜钝绥螨防治柑橘全爪螨的应用效果［J］. 植保技术与推广，22（10）：25-28.
张艳璇，林坚贞，季洁，等. 2003. 利用胡瓜钝绥螨控制脐橙上的柑桔全爪螨研究［J］. 中国南方果树，32（1）：12-13.
张艳璇，孙莉，林坚贞，等. 2011. 利用捕食螨搭载白僵菌控制柑橘木虱的研究［J］. 福建农业科技，（6）：72-75.
张艳璇，孙莉，林坚贞，等. 2013a. 柑橘木虱及分泌物对胡瓜新小绥螨的吸引作用研究［J］. 应用昆虫学报，50（2）：447-453.
张艳璇，孙莉，林坚贞，等. 2013b. 白僵菌 CQBb111 菌株对柑橘木虱和胡瓜新小绥螨的毒力差异［J］. 中国生物防治学报，29（1）：56-60.
赵修复. 1999. 害虫生物防治［M］. 3版. 北京：中国农业出版社.
Gersn U. 2003. Mites (Acari) for Pest Control [M]. New Jersey: Wiley- Blackwell.
Ji J, Zhang Y X, Wang J S, et al. 2015. Can the predatory mites *Amblyseius swirskii* and *Amblyseius eharai* reproduce by feeding solely upon conspecific or heterospecific eggs (Acari: Phytoseiidae)? [J]. Applied Entomology and Zoology, 50 (2): 149-154.
Krantz G W. 2009. A Manual of Acarology [M]. Array Lubbock, Tex. : Texas Tech University Press.
Sun L, Zhang Y X, Zhao L L, et al. 2015. Effect of *Neoseiulus cucumeri* carry *Paecilomycesn fumosoroseus* on the prevention of aphids and spider mites in eggplant [J]. Chinese Agricultural Science Bulletin, 31 (20): 91-96.
Walter D E, Proctor H C. 1999. Mites: Ecology, Evolution and Behaviour [M]. Sydney: UNSW Press.
Zhang Y X, Sun L, Lin G Y, et al. 2015. A novel use of predatory mites for dissemination of fungal pathogen for insect biocontrol: the case of *Amblyseius swirskii* and *Neoseiulus cucumeris* (Phytoseiidae) as vectors of *Beauveria bassiana* against *Diaphorina citri* (Psyllidae) [J]. Systematic and Applied Acarology, 20 (2): 177-187.

第四章

害虫天敌的应用与效能评价

随着社会经济的发展，害虫生物防治的地位和作用越来越重要，特别是外来入侵害虫的不断增多，商品化生产和保护利用天敌技术的不断提高，使进一步开发利用有效天敌资源和正确评价天敌的效能也越显重要。通过害虫天敌的引进、大量繁殖、助迁和保护，增加天敌种类及种群数量，可把害虫控制在经济危害水平以下，以保障农作物丰产和环境安全。本章介绍害虫天敌的引进、大量繁殖、助迁和保护，以及天敌的应用效能评价，为进一步开展害虫生物防治提供参考。

第一节　害虫天敌的引进

害虫天敌的引进一般是指针对国外或外地传入的害虫，从害虫的原产地引进害虫的天敌，并通过繁殖释放，使天敌在害虫入侵地立足定居并持续地控制这些害虫。外来入侵有害生物，在其原产地由于有当地天敌控制，一般不造成大的灾害。但传入并在新区定殖后往往为害严重。通过从其原产地引进有效的天敌控制这类外来有害生物，有望达到新的生态平衡。大量的防控实践证明，原产地天敌引种对于控制外来入侵生物的种群数量和危害程度具有显著功效，特别是其持续控制作用是其他防控方法不能替代的。引进天敌防治害虫，一度成为害虫生物防治的核心内容。这项策略和技术的迅速发展，是从引进澳洲瓢虫防治吹绵蚧的成功实践开始的。

引进天敌的目的在于改变当地昆虫群落的结构，促进害虫与天敌种群密度达到新的平衡。若目标害虫是外来入侵物种，可将本地的气候资料、植物区系、昆虫种类等与原产地进行比较，评估从害虫原产地引进天敌的可行性。因为在其原产地，生物群落经历了长期进化，在生态系统中会有一个平衡稳定的天敌复合体。在原产地调查、搜寻有效天敌时，应在害虫虫口密度低的地区或群落中搜集，因为该区域内的天敌才是压制害虫种群的有效抑制因子。输引天敌时，应尽可能多地输引不同地域的天敌。引进天敌需进行检疫，以避免将天敌的天敌，如寄生性天敌的寄生昆虫、捕食性天敌的致病微生物等引进。在释放前还需在室内对引进天敌进行严格的观察实验，确保其有益无害时，才能释放。若引进的天敌数量较少时，还需进行人工扩繁，以确保释放后的种群数量能满足定殖需要，保障输引天敌可有效地防控目标害虫。

一、成功案例

Luck（1981）统计了 1881～1977 年全世界输引外地（包括国内移殖）寄生性天敌昆虫的试验总共 2593 例。其中，1881～1940 年，全球输引天敌昆虫 1030 例，成功了 192 例，占输引总数的 18.6%；1941～1962 年，全球输引天敌昆虫 925 例，成功了 136 例，占输引总数的 14.7%；1963～1977 年，全球输引天敌昆虫 510 例，成功了 53 例，占输引总数的 10.4%。此外，尚有 128 例输引情况年代不详，其中，成功了 10 例，占输引总数的 7.8%。防治对象包括粮食、油料、糖料、果树、蔬菜、林木、牧草等作物上的有害生物共315种，隶属于10目66科。输入的国家遍及亚洲、非洲、欧洲、大洋洲、北美洲和南美洲，共67个国家。其中取得成功或大体上成功的事件共391例，占试验总例数的15.1%。在引入试验的2593例中，寄生性天敌昆虫能够在新区定殖的有778例，占30.0%，这些定殖的外来天敌的效能，有一半尚未深入研究和确定。分析上述情况可见，100多年来，从外国或外地输引外地天敌昆虫的工作没有间断，即使处于化学农药高峰期的近期历史阶段中，平均每年也有42例输引天敌昆虫的实例。

生物防治历史充分证明，引进天敌是丰富本地天敌资源、改善本地昆虫的群落结构，从而经济、安全、持续有效地控制入侵害虫的最佳策略。天敌的引进工作取得了举世瞩目的成就，在害虫尤其是外来害虫的生物防治中起到了显著作用，这一传统的防治策略和方法受到重视。例如，从防治的对象害虫看，美国引进天敌在防治上有效果的达62种，其中持续控制消除危害的有13种，能显著减轻危害的有6种。加拿大引进天敌在防治上有效果的达19种，其中基本清除危害的有6种。在防治的对象害虫中，以半翅目昆虫最多，占66种（其中介壳虫类51种），随后依次为鳞翅目（33种）、鞘翅目（20种）、双翅目（11种）、直翅目（5种）等。从引进的天敌类群看，引进后起着控制作用的天敌有199种，其中引进后能消除危害的有50种，接近消除危害的有9种，有显著控制作用的有57种。这些天敌中，有瓢虫21种、寄蝇19种、姬蜂16种、茧蜂45种、跳小蜂27种、姬小蜂11种，此外还有赤眼蜂、缨小蜂等。

19世纪初期，美国从国外引进了大量植物。不少害虫也随着苗木、接穗和苗木的护根土被引入，其中一些害虫适应了引入地的条件而定殖下来，甚至暴发成灾，比在原产地的为害程度更为严重。19世纪中叶，一些昆虫学家认为，传入害虫大量发生的原因主要是缺乏原产地的天敌，并提出到原产地去寻找并引进天敌进行防治的设想。吹绵蚧于1868年在加利福尼亚州门罗公园的金合欢苗圃中首次被发现，随后很快蔓延到附近的树木和柑橘上，1880年就已遍及整个加利福尼亚州，成为柑橘的重要害虫。当研究证实了这一害虫原产于澳大利亚后，1888～1889年美国的昆虫学家先后自澳大利亚引进5批共524头澳洲瓢虫并释放到橘园，这些瓢虫迅速定居并大量增殖，在2年内就将吹绵蚧种群压低到了不引起经济损失的水平，此后一直持续有效地控制该害虫的危害。随后的几十年内，澳洲瓢虫被输引到亚洲、非洲、欧洲、南美洲的许多国家和地区，在热带、亚热带地区定殖，对引入地吹绵蚧种群数量起到不同程度的持续控制作用。引进澳洲瓢虫防治吹绵蚧的成就引起了全世界对天敌昆虫引进工作的重视。美国于1903年开始建立专门引进天敌的养虫室，随后还在国外建立搜集天敌的专门机构。英国、加拿大也分别于1927年、1928年建立了同样性质的生物防治机构。1955年，欧洲、地中海沿岸和近东的国家及地区成立了国际作物有害生物的生物防治委员会，总部设在瑞士的苏黎世，1962年改称为“有害动植物生物防治国际组织”，成为一个包括多个区域性组织的联系机构。这些机构的相互协作和与其他国家及地区的密切联系，促进了天敌引进工作的开展。

庞雄飞（1991）对世界各国瓢虫引进事件做了统计分析。美国和加拿大共记录引进瓢虫179种，26种定居于北美，起着控制害虫的重要作用，其中16种是偶然引进的。从世界范围来看，瓢虫引入定居的种已达42种，其中一些种引进到不少国家和地区，解决或部分解决了对象害虫防治的问题。1976年以后发现定居的瓢虫，有一些种是我们比较熟悉的。例如，七星瓢虫［*Coccinella septempunctata*（L.）］分布于古北区，向南扩展至我国广东北部、广西北部、云南，以及印度北部的山区，属于瓢虫中的常见种。然而，在北美原来未见分布。1956～1971年曾引入美国东北部散放。1964年发现定殖，在新的分布区内分布范围继续扩展。1985年已发现分布于美国的康涅狄格州、特拉华州、佐治亚州、缅因州、纽约州、俄克拉何马州和宾夕法尼亚州，分布的范围还在继续扩展。

在中国，引进天敌防治害虫也取得了显著的成绩。20 世纪初，我国开始天敌引进的试验尝试。1909 年，从美国加利福尼亚州和夏威夷引入两批澳洲瓢虫到我国台湾，先后饲放 53 次，累计 22 727 头，控制吹绵蚧效果显著，并在当地建立了种群。此后已无须再施化学农药防治吹绵蚧，这是我国最早的国外天敌引种成功的记录。1929 年又将澳洲瓢虫从台湾移殖至上海以防治海桐上的吹绵蚧，1932 年再从台湾移殖到浙江黄岩，防治柑橘上的吹绵蚧，取得成功后，陆续移殖至广东、广西、福建，并在云南、四川、湖北、江苏、江西也见分布，对控制柑橘、木麻黄和台湾相思上的吹绵蚧取得了持久而良好的防治效果。20 世纪 50～70 年代中期，我国天敌昆虫引种工作仍做得比较少。50 年代，引进澳洲瓢虫在广东等地防治吹绵蚧，引进日光蜂［*Aphelinus mali*（Hausmann）］防治苹果绵蚜［*Eriosoma lanigerum*（Hausmann）]，引进孟氏隐唇瓢虫（*Cryptolaemus montrouzieri* Mulsant）防治粉蚧（*Pseudococcus* spp.），都取得了较好的效果。例如，古巴蝇［*Lixophaga diatraeae*（Townsend）］是寄蝇科昆虫，分布于古巴及西印度群岛的一些岛屿，专性寄生于甘蔗螟虫体内。该蝇的雌虫直接将幼虫（蛆）产于甘蔗螟虫蛀孔的孔口处，幼虫爬入螟虫蛀道内，找寻螟虫幼虫寄生，对甘蔗螟虫种群增长的抑制能力较强，许多种植甘蔗的国家都曾尝试引进古巴蝇防治甘蔗螟虫。我国于 1964 年第 3 次由古巴引进一批古巴蝇成虫，室内试验发现其可寄生于甘蔗的黄螟、二点螟、条螟、大螟幼虫及为害蜂巢的大蜡螟幼虫。但散放后在田间未发现被寄生的下一代蔗螟，说明古巴蝇在珠江三角洲蔗田未能建立其种群。20 世纪 60 年代，我国台湾引进天敌防治甘蔗螟虫，分别于 1956 年、1961 年、1962 年、1963 年和 1966 年由美国、西印度群岛、印度和马来西亚等地引进 5 种寄生蝇、3 种茧蜂、2 种卵寄生蜂、1 种姬蜂和 1 种蚁蜂，以防治多种甘蔗螟虫（黄螟、二点螟、条螟、白螟及大螟），均未成功。

1980 年，我国农业部门专门颁发了《关于引进和交换农作物病、虫、杂草天敌资源的几点意见》的文件，从制度上保障了我国天敌引进工作。1984 年，我国第一个天敌引种检疫实验室在中国农业科学院生物防治研究所建成，为进一步深入开展国外天敌引种工作创造了条件，这是我国的国外天敌引种工作开始纳入法治与规范管理的重要标志。张礼生（2016）统计了 1986～2016 年我国天敌昆虫的引进情况：累计引进境外天敌昆虫至少 69 种 212 批次，包括瓢虫、草蛉、茧蜂、蚜茧蜂、绒茧蜂、蚜小蜂、跳小蜂、姬小蜂、赤眼蜂、捕食蝽、捕食螨、防杂草象甲和防杂草实蝇等。具体种类包括螟利索寄蝇（*Lixophaga diatraeae*）、斑腹刺益蝽［*Podisus maculiventris*（Say）]、黄色仓花蝽［*Xylocoris flavipes*（Reuter）]、苹果绵蚜蚜小蜂［*Aphelinus mali*（Haldeman）]、斯氏寡节蚜小蜂（*Prospaltella smithi* Silvestri）、印巴黄蚜小蜂（*Aphytis melinus* Debach）、三色匀鞭蚜小蜂（*Encarsia tricolor* Forster）、红蜡蚧扁角跳小蜂（*Anicetus beneficus* Ishii）、榆角尺蠖卵跳小蜂（*Ooencyrtus ennomophagus* Yoshimoto）、茶足柄瘤蚜茧蜂［*Lysiphlebus testaceipes*（Cresson）]、微红绒茧蜂（*Apanteles rubecula* Marshall）、广赤眼蜂（*Trichogramma evanescens* Westwood）、孤雌赤眼蜂（*Trichogramma cacoeciae* Marchal）、短管赤眼蜂（*Trichogramma pretiosum* Riley）、微小赤眼蜂（*Trichogramma minutum* Riley）和欧洲赤眼蜂（*Trichogramma nubilale* Ertle & Davis）等。这些引进的天敌部分种类成功进行了规模扩繁，如丽蚜小蜂、海氏桨角蚜小蜂（*Eretmocerus hayati* Zolnerowich and Rose）、半闭弯尾姬蜂（*Diadegma semiclausum* Hellen）、椰甲截脉姬小蜂［*Asecodes hispinarum* Boucek］和智利小植绥螨等天敌，在农田、果园、保护地蔬菜害虫防控中得到了大面积应用，有效控制了农林害虫的发生与危害。

丽蚜小蜂属膜翅目（Hymenoptera）蚜小蜂科（Aphelinidae），是粉虱若虫的重要寄生性天敌。20 世纪 20 年代，英国从温室白粉虱的黑蛹中发现丽蚜小蜂，随即开展了相关研究和应用，在防治温室白粉虱方面取得了显著效果。随后加拿大、澳大利亚、新西兰等国家先后引进丽蚜小蜂，都取得了显著的防治效果。我国 1978 年从英国引进丽蚜小蜂，后续又进行了多批次的引进，在北京、河北、山东等地应用丽蚜小蜂防治粉虱，对粉虱若虫的寄生率可达 80%以上。目前，多家科研机构和天敌企业都可大规模工厂化生产丽蚜小蜂产品，在设施蔬菜、水果、烟草等作物生产过程中用于粉虱防控。

美洲斑潜蝇（*Liriomyza sativae* Blanchard）原分布在巴西、加拿大等 30 多个国家和地区，20 世纪末传入我国海南，随即在广东、广西、云南、四川、山东、河北、北京、天津等 20 多个地区发现该入侵害虫。其雌成虫利用产卵器刺破植物叶片，吸食汁液并产卵，幼虫孵化后潜入叶片和叶柄中为害，产生不规则虫道，叶片组织被破坏，影响光合作用。受害重的叶片干枯脱落，造成花芽、果实被灼伤，严重的造成毁苗。该害虫寄主有 100 多种植物，包括葫芦科、豆科等主要蔬菜和经济作物。我国引进豌豆潜蝇姬小蜂［*Diglyphus isaea*（Walker）］、西伯利亚离颚茧蜂（*Dacnusa sibirica* Telenga）和潜蝇茧蜂（*Opius* spp.）防治美洲斑潜蝇。经过生态学评估后，对豌豆潜蝇姬小蜂进行了重点释放防治。目前该寄生蜂已在我国大部分地区定殖，显著抑制了美洲斑潜蝇等潜叶蝇类害虫。

半闭弯尾姬蜂（*Diadegma semiclausum* Hellen）是蔬菜害虫小菜蛾［*Plutella xylostella*（Linnaeus）］幼虫的寄生性天敌。20 世纪 80 年代，小菜蛾在全国各地严重发生。我国从欧洲引进该种寄生蜂，并围绕其繁殖生物学、搜索机制等开展研究，总结摸索出了室内扩繁技术、田间释放应用技术和应用示范经验，探索出室内扩繁和田间释放两套轻简化实用技术，在云南等地区开展防治释放利用。云南通海等地对小菜蛾幼虫的田间寄生率达 74%。经过持续多年释放，半闭弯尾姬蜂已稳定定殖在我国云南、广东、广西等地，显著遏制了小菜蛾的发生和危害。

在林业害虫的天敌昆虫引种方面，20 世纪 90 年代，我国引进松突圆蚧角蚜小蜂（*Coccobius azumai* Tachikawa）防治松突圆蚧（*Hemiberlesia pitysophila* Takagi）取得了显著的效果，寄生蜂已在林区建立了永久种群。椰心叶甲［*Brontispa longissima*（Gestro）］是我国棕榈科植物的重要检疫性害虫，原产于印度尼西亚和巴布亚新几内亚，分布于全球 20 多个国家或地区，2002 年在海南省海口市发现该害虫，严重为害椰树。我国从越南引进椰甲截脉姬小蜂［*Asecodes hispinarum* Boucek］，其可寄生椰心叶甲的幼虫。随后又从我国台湾引进椰心叶甲啮小蜂（*Tetrastichus brontispae* Fer.），其寄生椰心叶甲蛹。随后开展了这两种寄生蜂的扩繁工艺研究与优化，突破了大规模繁育技术的难题，研发出直接释放寄生蜂成虫、悬挂释放被寄生的椰心叶甲幼虫或蛹两种有效的释放方式，释放后持续多年稳定地建立起田间自然种群，控制了椰心叶甲的严重危害。

二、注意事项

引进境外天敌昆虫，一般应考虑天敌昆虫分布、控制害虫能力、能否大规模扩繁、能否在引进地区定殖等因素。在引进程序上，要按照国际植物保护公约和相关国家植物检疫法规的要求，办理引进审批和入境检疫。

昆虫天敌的地理分布受到气候条件和食料条件的制约：气候条件影响天敌昆虫的化性、越冬越夏特点、栖息和行为特征等；食料条件影响天敌种群繁衍速度和竞争能力等。在选择境外天敌时，一般要优先考虑与引进国地理、气候相似的原产地，特别是温度、湿度、光照时长等，从这些条件相似的地区引进天敌，往往定殖和成功的可能性较大。

由于害虫被天敌持续有效控制时，二者的种群数量都会维持在相对稳定的较低密度水平。

因此可优先考虑从害虫和天敌数量都较低的境外地区寻找引进的目标天敌，而不是从那些害虫发生量大的地区引进发生量较大的天敌种类。在选择天敌的采集地点时，应优先考虑在害虫原产地的分布区内，气候条件和食料条件有利于害虫的发生，但害虫发生数量却较少、危害却较轻的地方，其原因正是目标天敌有良好的抑制害虫作用，控制了害虫的种群数量。

早期引进天敌的工作常常带有盲目性。例如，为了防治介壳虫而引进瓢虫，不但引进了食蚧的瓢虫种类，同时也引进了食蚜的瓢虫种类。随着引进天敌工作的经验积累，趋向于研究各地天敌的组成，比较其异同，制订计划，引进当地所缺乏的种，或者研究与目标害虫为害习性相似的害虫的近缘种的天敌组成，提出当地所缺乏的天敌种的引进计划。因此，对害虫原产地天敌的调查采集，包括引进地及采集地害虫天敌的调查，是引进天敌的基础。

对于境外目标天敌昆虫的选择，一般采用优先从害虫原产地寻找天敌的做法，对害虫非原产地以外的地区，也应加以考虑。由于天敌的生存及繁殖的条件复杂，除气候条件外，还受到过渡寄主、越冬寄主、补充营养、日照条件等影响，综合分析这些条件、广泛地考察候选引进的天敌，有利于达到较理想的输引应用效果。

优良的天敌一般是原产地调查采集区内对害虫控制作用较大的种（优势种），这是优先选择引进的对象。这样的天敌最有可能用于防治害虫。然而，对于一些对害虫作用较小的种，也要进行研究。因为天敌在一个地区内如果不表现优势，除与其和寄主的相互关系外，还与其他多种因素有关，特别是重寄生天敌等。这些因素可能在原产地起着限制该种天敌的作用，引进新区后，这些限制因素得到排除从而使该种天敌能够发挥更大的作用。

引进澳洲瓢虫防治吹绵蚧，就是一个从害虫原产地引进天敌昆虫的成功案例。吹绵蚧原产于澳大利亚，由于澳洲瓢虫及其他天敌的控制作用，其为害并不严重。搜集吹绵蚧天敌的地点选择在原产地澳大利亚的南温带和南亚热带地区，气候条件与发生吹绵蚧的新区相似，这是引进成功的重要因素之一。在对害虫原产地天敌组成的调查已有一定基础的情况下，优先选择引进一些分布区与害虫为害区相吻合的天敌，成功的可能性更大。

三、隔离检疫

根据国际植物保护公约和我国有关法律条例，引进境外活体天敌昆虫需要开展隔离检疫。主要开展种质资源鉴定、引进天敌是否携带有害生物检测、引进天敌是否对我国同类天敌具有生态威胁评估、引进天敌能否大规模扩繁评价等。

引进天敌的同时，有可能引入重寄生天敌和其他有害生物。重寄生天敌引入后，将会抑制所引进天敌的作用发挥，还可能会危及引进地的近似天敌的数量增长。引进害虫和病原微生物也可能会产生长远的影响。因此，引进时要避免在引进材料中带入有害的重寄生物或其他有害生物。在寄送时应用密封的包裹，贴上寄送天敌的检疫证明，包裹应在专门的天敌检疫实验室内启封，然后取出天敌进行检疫培养，包裹的包装要在检疫实验室内销毁。

天敌检疫实验室要求保证具备防止寄生物及其他有害生物向外扩散的条件，而且在发现有害生物时可以在室内进行处理。各国设立的天敌引进中心，都具备天敌检疫实验室来进行检疫培养工作。针对引进天敌昆虫等植物生物安全科研和工作需求，我国建立并发布了《植物生物安全实验室通用要求》（GB/T 27428—2022）。该标准除规范天敌检疫实验室活动之外，还适用于开展外来物种入侵防控、高风险植物病虫害研究、转基因植物生物安全评价和植物检验检疫业务等活动。根据这项国家标准，天敌检疫实验室应具备密闭要求，对人流、物流、水流、气流等有特殊规定，检疫区包括开箱区、缓冲间、生物学观测室、生态学评价室等实验室。空气调节的出风口和入风口设在黑暗的缓冲间内，并装配密度合适的滤网以防天敌逃逸。

四、当地已有天敌昆虫时的外地资源引进

如当地已有控制农林害虫的天敌昆虫时，一般不再考虑引进境外或外地的天敌。但基于研究目的，或者为了提高种群遗传活力等，也会引进当地已有天敌的不同品系。例如，苹果绵蚜蚜小蜂（日光蜂）（*Aphelinus mali* Haldeman）是苹果绵蚜（*Eriosoma lanigerum* Haldeman）的寄生性天敌，该蜂在我国辽东半岛、山东半岛一带自然分布。为促进不同品系间的优良性状交流，提升种群控制能力，有意识地引进了日光蜂的地中海品系，用这批引进的品系与本地的品系开展杂交，杂交后代的产卵量比原来的高55%～131%。说明即使本地已有天敌种，引进同种天敌的不同品系，有时可增强天敌的控害效果。

第二节　天敌昆虫的大量繁殖

利用天敌昆虫防控害虫，必须保证足够的天敌群体数量，对害虫构成数量优势。怎样才能实现天敌昆虫的数量优势？除必要的庇护保育、补充营养、协调农事操作、科学合理用药之外，根本性保障还是天敌昆虫要实现大规模扩繁，在此基础上进行科学释放和保护应用。实现天敌昆虫的大量扩繁涉及的因素较多，关键因素包括良好性状的天敌昆虫种质资源、合理营养供给与繁育的环境、高效运行的扩繁设备和产品货架期延长技术等。

优良的天敌应具备的属性包括：具有良好的繁殖力，产卵量大、雌性比大、世代生活史短或世代数多、交配率高，能在较短的时间内有效地增加种群数量。寻找寄主的能力即搜索力要强，能在较远距离内发现寄主，能在寄主低密度时快速搜索到寄主。只有搜索力强，才能把寄主控制在一个低密度的阶段。天敌的发育进程与寄主的生活史、世代数及寄主数量相吻合或紧密配合：在发生期上，当害虫的某一虫期出现时，其天敌即出现；在发生数量上，害虫的数量增加，天敌的数量也随之增加，反之亦然。天敌昆虫还要与寄主的生态学要求一致，天敌昆虫能很快适应寄主的生态环境，迅速建立群落，在空间上与寄主保持一致。此外，还要求天敌昆虫扩散能力强，比较强的扩散力既能避免天敌密度太高时自身的竞争，又能在更大的范围内控制害虫。对环境的适应力强，对寄主的选择性强，专食性的天敌由于食性比较专一，比非专食性的天敌对寄主数量变动能作出更直接和更迅速的反应，在短时间内能更有效地控制寄主害虫的数量等。从产品应用的角度看，要根据防控害虫对象来选择天敌昆虫，如针对稻纵卷叶螟，就要选择稻螟赤眼蜂，而不能选购松毛虫赤眼蜂等；针对玉米螟、向日葵螟，就要选择松毛虫赤眼蜂等，而不能选择稻螟赤眼蜂。另外，要选择生产日期近、包装良好、天敌品相一致的产品，以确保天敌产品投放后，在预计时间内发挥效能。

在大规模扩繁和发育调控核心技术方面，主要通过扩繁寄主/猎物到扩繁天敌和直接扩繁天敌昆虫两个途径解决大规模扩繁瓶颈问题。通过不断研发和优化天敌昆虫人工饲料和替代寄主/猎物技术，研制可满足捕食性天敌全世代、部分世代发育需求的人工饲料，简化扩繁环节；通过分析不同天敌虫龄对营养的需求，创新“人工饲料＋替代猎物”饲养方式，显著提高扩繁效率，实现捕食蝽、瓢虫、草蛉、蚜茧蜂、捕食螨等规模扩繁，集成蠋蝽、小花蝽、赤眼蜂、黑卵蜂、蚜小蜂的扩繁技术。通过解析瓢虫、草蛉、寄生蜂、捕食螨等天敌昆虫滞育的生态和分子生理机制，目前已研发出10多种天敌的滞育调控技术，产品有效贮藏时间达180～300d，显著延长了货架期，保障了天敌昆虫周年扩繁和稳定供应。

在天敌昆虫规模化生产工艺与设备方面，我国已试制出米蛾卵自动收集器、人工卵卡机、人工饲料制备器、赤眼蜂繁蜂箱等多种自动收集及配套的专用器具，改造生产车间及环境参数控制系统，建立了20多条规模化扩繁生产线；研制出了能自动投料、光照和温湿度可自动监测调节、自动消毒杀菌、粪污过滤自动清除一机多能的捕食性天敌昆虫智能生产系统。目前已可工厂化生产松毛虫赤眼蜂、玉米螟赤眼蜂、稻螟赤眼蜂、夜蛾黑卵蜂、丽蚜小蜂、平腹小蜂、烟蚜茧蜂、食蚜瘿蚊、七星瓢虫、大草蛉、中华通草蛉、蠋蝽、益蝽、东亚小花蝽、黄瓜新小绥螨和智利小植绥螨等30余种天敌产品，基本可对我国重要农业害虫类群防控实现全覆盖。我国还建立了天敌昆虫工厂化生产规程和天敌产品质量、应用技术标准。

天敌昆虫大量繁殖的方法多种多样，归纳起来主要有3类：利用自然寄主或猎物繁殖天敌、利用替代寄主或猎物繁殖天敌、利用人工饲料繁殖寄主或天敌。21世纪以来，我国从事天敌昆虫研究的科研单位和企业开展协作攻关，优化了扩繁天敌昆虫的技术参数，解决了替代寄主问题，扩繁效率显著提升。总结出“利用柞蚕卵、米蛾卵、麦蛾卵、蓖麻蚕卵扩繁赤眼蜂”“利用豌豆彩潜蝇替代美洲斑潜蝇扩繁豌豆潜蝇姬小蜂”“利用麦二叉蚜替代烟蚜扩繁烟蚜茧蜂”“利用米蛾卵替代蚜虫粉虱扩繁捕食性蝽”“利用人工一半人工饲料扩繁草蛉、瓢虫”“利用黏虫替代草地螟扩繁阿格姬蜂”等核心技术，攻克了出蜂率低、青卵率高、残次品多、自动收集难等技术瓶颈，有效降低了生产成本，扩繁能力得到了快速提升。

一、利用自然寄主或猎物繁殖天敌

利用天敌的自然寄主或猎物繁殖天敌，特别是对寄主范围窄、寄生习性专一的天敌，利用其自然寄主大量繁殖，生产足够散放数量的天敌，是普遍应用的方法。例如，用于防治温室白粉虱的丽蚜小蜂，就是以原寄主温室白粉虱为寄主进行大规模培养的。再如，烟蚜茧蜂在我国西南地区主要是利用原寄主桃蚜进行大量繁殖。

二、利用替代寄主或猎物繁殖天敌

转换寄主又称为中间寄主，用作大规模扩繁天敌昆虫。其饲养方法主要包括两大类：一是利用人工饲料饲养寄主再繁殖天敌，二是利用替代寄主扩繁天敌。利用人工饲料饲养寄主再扩繁天敌，如用人工饲料饲养蓖麻蚕（*Philosamia cynthia ricini* D.），再利用蓖麻蚕的卵繁殖松毛虫赤眼蜂（*Trichogramma dendrolimi* Matsumura）、拟澳洲赤眼蜂（*Trichogramma confusum* Viggiani）和荔蝽平腹小蜂（*Anastatus japonicus* Ashmead）。人工饲料饲养出大量的蓖麻蚕，收集蓖麻蚕卵并扩繁赤眼蜂，用其繁殖螟黄赤眼蜂（*Trichogramma chilonis* Ishii），室内接种寄生率为86.72%，平均每卵出蜂27.5头。利用替代寄主扩繁天敌昆虫的技术来繁殖赤眼蜂时，除可直接利用蓖麻蚕外，还可利用柞蚕（*Antheraea pernyi* G.）、米蛾（*Corcyra cephalonica* Stainton）、地中海粉螟［*Ephestia kuehniella*（Zeller）］、粉斑螟蛾［*Cadra cautella*（Walker）］和麦蛾（*Sitotroga cerealella* Olivier）等的卵。蓖麻蚕卵还可用于繁殖荔蝽平腹小蜂，米蛾、麦蛾可繁殖草蛉以防治棉花害虫。

再如，利用豌豆彩潜蝇（*Chromatomyia horticola* Goureau）替代美洲斑潜蝇（*Liriomyza sativae* Blanch），大量繁殖豌豆潜蝇姬小蜂（*Diglyphus isaea* Walker）获得了成功。在24℃恒温、相对湿度65%～70%和充足光照条件下，美洲斑潜蝇和豌豆彩潜蝇卵、幼虫和蛹的平均发育历期无显著性差异，但豌豆彩潜蝇的雌、雄虫平均寿命均比美洲斑潜蝇长。在美洲斑潜蝇和豌豆彩潜蝇同时存在时，豌豆潜蝇姬小蜂对 2 种寄主均有较强的选择性。该蜂在 2 种寄主上的致死率、羽化率和子代蜂的雌性比率不存在显著差异；但在子代蜂的发育历期上差异显著。总体上来说，豌豆潜蝇姬小蜂在豌豆彩潜蝇上的羽化率和子代蜂的雌性比率要比美洲斑潜蝇上的高些，而且子代蜂在豌豆彩潜蝇寄主上的发育历期也显著短于其在美洲斑潜蝇寄主上的发育历期。将豌豆潜蝇姬小蜂以豌豆彩潜蝇为寄主连续饲养 5 代后回接到原始寄主美洲斑潜蝇上，与一直以美洲斑潜蝇为寄主饲养的该蜂相比，其平均致死率、羽化率和子代蜂雌性比率等不降反增，各项指标均有较明显提高。此外，从豌豆彩潜蝇寄主上获得的该蜂的发育历期要明显短于其在美洲斑潜蝇上的发育历期。豌豆彩潜蝇发育周期短、世代多且繁殖量大；易获得、花费少、易于饲养管理；同时该寄主也是豌豆潜蝇姬小蜂的嗜食寄主，通过寄生该寄主能够使子代蜂顺利完成生长发育。这充分验证了豌豆彩潜蝇作为替代寄主的适合性。

烟蚜茧蜂（*Aphidius gifuensis* Ashmead）是蚜类害虫的优势寄生性天敌，经过对其潜在寄主桃蚜［*Myzus persicae*（Sulzer）］、萝卜蚜［*Lipaphis erysimi*（Kaltenbach）］、大豆蚜［*Aphis glycines*（Matsumura）］、麦二叉蚜［*Schizaphis graminum*（Rondani）］、禾谷缢管蚜（*Rhopalosiphum padi* L.）、棉蚜（*Aphis gossypii* Glover）和甘蓝蚜［*Brevicoryne brassicae*（Linnaeus）］等多种寄主的寄生适应性与子代发育特征研究，比较不同蚜虫寄主扩繁的烟蚜茧蜂在个体大小、回接寄生率、羽化率和性比等关键生防指标上的差异，证实烟蚜茧蜂对烟蚜和麦二叉蚜的寄生率较高，分别为 53.13%和 51.83%，显著高于其他处理。利用麦二叉蚜繁育的烟蚜茧蜂除个体大小与烟蚜繁育者有差异外，在寄生率、羽化率、发育历期、雌性比率等指标方面均无显著差异，利用麦二叉蚜扩繁的寄生蜂后代对烟蚜也有较高的寄生率。结合扩繁周期、成本、时空利用率等综合因素，利用麦二叉蚜作为扩繁烟蚜茧蜂的繁蜂寄主具有一定优势，可进一步优化扩繁工艺，促进烟蚜茧蜂天敌产品的开发与应用。

夜蛾黑卵蜂（*Telenomus remus* Nixon）是一种优良的卵寄生蜂，多国已规模化饲养并用于生物防治鳞翅目害虫。研究发现夜蛾黑卵蜂对米蛾卵的寄生能力随饲养世代数的增加而增加，在第 7 代时基本趋于稳定，在米蛾卵上继代饲养第 7 代到第 19 代的夜蛾黑卵蜂，其对米蛾卵的寄生能力基本相似，寄生卵量为 55.5～66.15 粒；继代饲养 35 代、40 代和 45 代后的夜蛾黑卵蜂在翅长、翅宽、体长方面近似，分别为 0.47～0.51mm、0.14～0.15mm 和 0.49～0.53mm；雌蜂寿命也不存在显著差异，均大于 5.6d，单雌寄生卵量为 59.6～77.6 粒，可见米蛾卵可以作为繁育夜蛾黑卵蜂的替代寄主。考虑到综合成本等因素，进一步开展的米蛾卵、麦蛾卵、黏虫卵、斜纹夜蛾卵和柞蚕卵繁育夜蛾黑卵蜂的试验表明，20～32℃夜蛾黑卵蜂可寄生斜纹夜蛾卵并完成发育，发育历期、有效积温、寄生表现和子代适合度与其在草地贪夜蛾卵中相当，某些温度条件下甚至略优，证实斜纹夜蛾卵也是良好的替代寄主，可用于夜蛾黑卵蜂扩繁。

三、利用人工饲料繁殖寄主或天敌

天敌昆虫的扩繁工艺，常规都是采取“三级营养”模式的技术路线，即生产植物、饲养猎物、扩繁天敌。这往往耗费时间，占用空间，还需要人力和物力等，成本较高。对于捕食性天敌昆虫，如果能利用人工饲料进行直接扩繁，无疑将大幅度降低生产成本。人工饲料是与天然食料或天然饲料相对的一种统称，凡是经过加工配制的任何饲料都可称为人工饲料。人工饲料包括合成饲料、半合成饲料和用动物或昆虫器官及组织加工而成的天然饲料，主要成分包括动物源蛋白、植物源蛋白、糖类、氨基酸、无机盐、赋形剂、防腐剂、诱食剂等。自 1908 年 Bogdanow 首次以牛肉汁、淀粉等配制黑颊丽蝇［*Vomitoria calliphora*（Linnaeus）］的人工饲料之后，昆虫人工饲料的研究逐步发展。到目前为止，利用人工饲料饲养的昆虫已经超过1400种，涉及直翅目、等翅目、半翅目、同翅目、鞘翅目、鳞翅目、膜翅目、双翅目、脉翅目等。昆虫人工饲料的开发与利用已经成为昆虫领域的热点研究内容之一。

不含昆虫成分的人工饲料主要为半合成饲料，主要采用动物肉类和肝类、啤酒酵母等作为主要成分，并添加一些取食刺激物和其他生长发育所必需的因子。糖类、脂类等刺激物加入人工饲料后能诱发捕食性天敌昆虫的取食。

在天敌昆虫人工饲料剂型方面，剂型应在充分考虑昆虫口器及取食方式的基础上，结合食品加工学，尽可能做到既保留饲料的营养成分又有利于昆虫取食，保障目标昆虫的营养供应，且易于存储。当前剂型主要包括粉状、凝胶状及流体状等。饲料质地，如黏度、细度、均匀度等，也会影响昆虫的取食、消化、生长发育和生殖。捕食性天敌昆虫草蛉幼虫为刺吸式口器，其人工饲料剂型有泡沫塑料颗粒吸附液体饲料、人工蜡卵、固体饲料及微胶囊，其成虫为咀嚼式口器，对应的人工饲料涵盖了液体、凝胶及粉状等多种理化性质琼脂或卡拉胶，通常是高含水量人工饲料需要加入的饲料成型剂。

对天敌昆虫人工饲料配方优化，国内外研究均证实人工饲料成分之间的比例协调是营养成分可有效利用的主导因素，对决定饲料价值起关键作用。在大规模扩繁蠋蝽等天敌昆虫的过程中，营养平衡失调和昆虫取食量减少等是人工饲料中的常见问题，常导致昆虫发育滞缓、存活率低、体重减轻、体型变小、产卵量下降和性比失调等现象。人工饲料剂型选择和物理性状如黏度、均匀度及细度等均会影响昆虫的取食和消化。在进行天敌昆虫人工饲料研究时，应将昆虫生物学、昆虫生理学、昆虫营养学、生态学及遗传学相结合，明确蛋白质、碳水化合物和脂肪在人工饲料中的种类、比例及含量，评价天敌昆虫对营养成分的消化吸收效率，并针对性地优化人工饲料配方，促进天敌昆虫人工饲料的发展。

在捕食性天敌昆虫中，如七星瓢虫（*Coccinella septempunctata* L.）、十一星瓢虫（*Coccinella undecimpunctata* L.）、双带盘瓢虫［*Lemnia biplagiata*（Swartz）］、大突肩瓢虫（*Synonycha grandis* Thunberg）、稻红瓢虫［*Micraspis discolor*（Fabricius）］、异色瓢虫（*Harmonia axyridis* Pallas）和黑缘红瓢虫（*Chilocorus rubidus* Hope）等都可以用人工饲料繁殖，亚非玛草蛉（*Mallada desjardinsi* Navas）、普通草蛉［*Chrysoperla carnea*（Stephens）］和日本通草蛉［*Chrysoperla nipponesis*（Okamoto）］也已饲养成功。目前，天敌昆虫蠋蝽、大眼蝉长蝽、烟盲蝽、多异瓢虫、异色瓢虫、小黑瓢虫、大草蛉、中华通草蛉可基于人工饲料实现扩繁，成本显著降低，扩繁周期显著缩短。

在寄生性天敌昆虫中，如稻虫彩寄蝇（*Zenillia roseanae* B.）、螟利索寄蝇（*Lixophaga diatraeae* Tns.）、伞裙追寄蝇［*Exorista civilis*（Rondani）］、邻野蝇［*Agria affinis*（Fallén）］、贪食亚麻蝇（*Parasarcophaga harpax* Pand.）、埃氏麻蝇（*Sarcophaga aldrichi* Parker）、奇氏麻蝇［*Kellymyia kellyi*（Aldrich）］、卷蛾黑瘤姬蜂［*Coccygomimus turionellae*（L.）］、康氏黑茧姬蜂（*Ezeristes comstockii* Cresson）、具瘤爱姬蜂［*Exeristes roborator*（F.）］、广埃姬蜂［*Itoplectis conquisitor*（Say）］、蝶蛹金小蜂［*Pteromalus puparum*（L.）］、黑青小蜂（*Dibrachys cavus* Walker）、短管赤眼蜂（*Trichogramma pretiosum* Riley）、加州赤眼蜂（*Trichogramma californicum* Nagaraja & Nagarkatti）、松毛虫赤眼蜂（*Trichogramma dendrolimi* Matsumura）和稻螟赤眼蜂（*Trichogramma japonicum* Ashmead）进行了人工体外培育。

孟氏隐唇瓢虫［*Cryptolaemus montrouzieri*（Mulsant）］是多种粉蚧类害虫的捕食性天敌，其因食量大、发育快、成虫生命周期长和繁殖力高等诸多优良性状，被广泛引到世界各地用于多种粉蚧类害虫的生物防治，成为现今世界上最广泛使用的天敌昆虫之一。然而该瓢虫食性较专一，以天然猎物饲养的成本相当高。早期的孟氏隐唇瓢虫替代饲料仅能用于其成虫的保种，之后有报道使用麦蛾［*Sitotroga cerealella*（Olivier）］和地中海粉螟（*Ephestia kuehniella* Zeller）卵作为其替代猎物，但成本依然相当高，近年开发出了一种新的替代饲料，以花粉为基础，包含蜂蜜、地中海粉螟卵、酵母提取物、蔗糖和丰年虾卵囊，可以有效地维持孟氏隐唇瓢虫至少两个世代的生长和繁殖，可作为天然食物的补充食物以降低饲养成本。

草蛉人工饲料配方的优化始于 20 世纪 80 年代，研究者探索出了以啤酒酵母、蔗糖等为基本成分的液体饲料，以水解蛋白、啤酒酵母、蔗糖为基本成分的糊状饲料，并多次筛选确定以干粉饲料饲养中华草蛉成虫，干粉饲料的基本配方是啤酒酵母 10g、蔗糖 8g，研细过 60～80 目筛，混合蜂蜜涂层后饲喂中华草蛉，试验显示干粉饲料获得了良好的结果，单雌产卵量最高达到 455 粒/20d。

用人工饲料饲养斑腹刺益蝽［*Podisus maculiventris*（Say）］和二斑佩蝽（*Perillus bioculatus* Fab.），用蚜虫、螨类、蓟马、植物花粉、人工饲料饲养东亚小花蝽［*Orius sauteri*（Poppius）］，用液体人工饲料和替代寄主腐食酪螨［*Tyrophagus putrescentiae*（Schrank）］饲喂南方小花蝽［*Orius strigicollis*（Poppius）］，用桃蚜［*Myzus persicae*（Sulzer）］和人工饲料饲喂大眼长蝽［*Geocoris pallidipennis*（Costa）］等，尤以柞蚕（*Antheraea pernyi* G.）蛹和人工半合成饲料替代猎物饲养蠋蝽最为成功。

蠋蝽属半翅目蝽科，嗜食黏虫、棉铃虫、烟青虫、草地贪夜蛾、榆紫叶甲（*Ambrostoma quadriimpressum* Motsch.）等鞘翅目和鳞翅目害虫，也捕食三点盲蝽（*Adelphocoris fasciaticollis* Reuter）和绿盲蝽（*Apolygus lucorum* Meyer-Dür），还可以取食马铃薯甲虫［*Leptinotarsa decemlineata*（Say）］和美国白蛾［*Hyphantria cunea*（Drury）］等，除以害虫为食外它也会刺吸植物的汁液。近年来研发出了蠋蝽人工饲料，一是利用人工饲料扩繁斜纹夜蛾、黏虫再用于繁育蠋蝽，优点是成本低廉，简便易行，对环境条件要求低，易于大规模推广应用；二是利用人工饲料直接扩繁蠋蝽，通过对柞蚕、黄粉虫等昆虫源蛋白质进行脱脂等加工处理，辅助以糖类、小麦胚芽油、动物源蛋白等必要营养成分，并适量添加维生素、防腐剂、诱食剂等，实现了连续世代的饲养繁殖，可以满足蠋蝽大规模扩繁的营养需求。

第三节 天敌昆虫的助迁和保护

一、天敌昆虫的助迁

天敌昆虫本身都有适宜繁衍的生态要求，对温度、湿度、海拔、生物多样性等都有不同的需求。在移殖和助迁天敌昆虫时，选择有利于天敌昆虫生存的时期迁移释放，避免极端天气的干扰和影响。注意在田间害虫始发期释放，确保天敌有食料供给，并发挥对害虫“治小治早”的控制效果，还应考虑当地生态条件，可人为改善小生境，营造有利于天敌昆虫越冬、补充营养的环境。

把天敌昆虫迁移到新地区，要充分考虑天敌昆虫本身的生物学习性。例如，公元 304 年我国晋代嵇含编著的《南方草木状》记载我国广东一带的劳动人民采用助迁蚂蚁的方法防治柑橘害虫，把采集到的黄猄蚁贮藏在简易的囊袋中在集市上售卖，其他人购回后连同蚁巢释放到柑橘园内，以此来防治柑橘介壳虫等害虫。这种天敌昆虫的助迁技术，就是考虑到黄猄蚁的生物学习性和营养需求，连同蚁巢释放在有害虫发生的柑橘园中，以最大限度地发挥防控作用。

把天敌昆虫迁移到新地区，要充分考虑助迁移殖的天敌昆虫的种群数量。在经济成本可接受的范围内，尽可能多地迁移引入天敌，以迅速抑制害虫数量。近年来，各地采用释放赤眼蜂防控多种作物上的鳞翅目害虫的方法，在害虫产卵高峰前释放足量赤眼蜂，每公顷释放数量达数十万头成蜂，在田间达到近乎饱和的状态，也被称为淹没式助迁释放。实践证明，这样的大规模释放可以获得很好的防治效果。例如，在我国东北地区，通过监测预报，在玉米螟产卵初期开始放蜂，每公顷分两次共释放赤眼蜂 30 万头，间隔 1 周，每次按 15 万头/hm^2 的数量再进行释放，对玉米螟卵块的寄生率，高的田块能达到 80%以上。又如，在我国华南地区，可在稻纵卷叶螟、二化螟产卵初期释放赤眼蜂，间隔 3～5d 后再释放 2～3 次，每次按 7.5 万～15 万头/hm^2 的标准释放稻螟赤眼蜂或螟黄赤眼蜂，对害虫卵块寄生率高的田块可达 75%以上。

把天敌昆虫转移到新地区，依据具体情况可考虑连续助迁释放。天敌昆虫适应全新的生态环境，在迁移地区建立稳定的种群，繁育后代并融入当地生态系统需要较长的时间。助迁天敌到新地区，有时需要持续多年释放，才能保障天敌昆虫有一定的数量，适应新地区生态环境，能及时搜索到配偶交配，及时获得营养来源，使种群数量不断增加最终成功定殖。例如，在我国云南昆明、通海等地，持续 5 年释放半闭弯尾姬蜂，建立起稳定的天敌种群，实现了对小菜蛾的自然寄生，显著遏抑了害虫数量，达到了助迁天敌控制害虫的目的。

助迁释放天敌昆虫需要特定的载体，以往多根据天敌昆虫习性进行迁移和释放。随着包装技术、储运技术的发展，以及无人机等释放机械的升级，助迁释放天敌昆虫的形式越来越多样。可以直接进行迁移释放，也可以先在模拟气候箱内进行环境适应再行释放。针对不同虫态的天敌昆虫，可以卵卡、茧卡的形式释放到田间，幼虫孵化或成虫羽化后能自行扩散寻找猎物或寄主，还可以用纸袋包装天敌的形式，悬挂在田间适宜位置，撕破袋口使里面的天敌自行爬出而扩散。无人机助迁释放天敌是近年研发的新技术。例如，研发的赤眼蜂球状投放器，球体上有可供成蜂爬出的微小孔隙，球体内部装有赤眼蜂卵卡，在晴朗无风的天气条件下，按照事先确定的投放量，设定好无人机的飞行高度、速度等参数，间隔一定时间释放赤眼蜂球状投放器，极大地提高了天敌昆虫助迁的效率。目前这一技术已大范围应用在水稻、玉米、甘蔗等农作物及果树、森林等生态系统中，以防治水稻螟虫、玉米螟、桃蛀螟、食心虫、草地贪夜蛾等害虫，被很多专业化统防统治服务组织采用。

助迁释放天敌昆虫时，可根据多种天敌昆虫的生物学特性、其寄主或猎物的出现时期等，在开放的大田、果园、森林等环境下，考虑助迁处于幼虫阶段的天敌。幼虫阶段的天敌昆虫尚不能飞翔，会长时间驻留在助迁的最初场地，相对延长了天敌昆虫控制害虫的时间，提升了天敌昆虫的定殖性能，达到长期控制害虫的功效。例如，在温室和大棚中，可以释放瓢虫、草蛉的幼虫，其活动范围有限，几乎不会飞翔逃逸离开大棚，它们可在助迁释放点附近搜索猎物，提高生物防治效果。

助迁释放天敌昆虫，还可采用混合接续的方式进行，发挥组合增长的功效，一方面，可以考虑将寄生害虫卵的天敌与捕食害虫幼虫的天敌接续投放，如针对国际传播的迁飞性害虫草地贪夜蛾，可在成虫产卵初期助迁释放夜蛾黑卵蜂（*Telenomus remus* Nixon）和短管赤眼蜂（*Trichogramma pretiosum* Riley），寄生蜂在田间搜索并在害虫卵上产卵，田间自然寄生率可达 50%，在残余害虫孵化为幼虫的低龄阶段，释放蠋蝽［*Arma chinensis*（Fabricius）］和益蝽（*Picromerus lewisi* Scott）等捕食性天敌，针对幼虫进行捕食，且食量很大，又可杀死大量幼虫阶段的草地贪夜蛾，在我国华北地区小面积田间试验中取得了超过 90%的防控效果。另一方面，可以考虑将捕食不同猎物或捕食相同猎物的不同虫态的多种天敌进行接续助迁，如在我国京津冀地区设施大棚蔬菜的生产中，研究总结出天敌昆虫“接种式助迁”技术，即在大棚内害虫未发生时，就提前助迁释放少量天敌昆虫，如捕食盲蝽、益蝽等，利用天敌昆虫自身生存与繁殖的本能，助迁释放的天敌可主动搜寻并攻击大棚内初始发生或点状发生的害虫。通过捕食或寄生的方式，建立起稳定的天敌种群，持续控制害虫数量使其保持在不足以构成危害的低水平。在大棚内害虫种类和数量逐渐增多时，进行天敌昆虫“接力式助迁”，即随着蔬菜生长、害虫数量增多，根据大棚内害虫种群及数量情况，选择接力型天敌昆虫，如草蛉、瓢虫、蚜茧蜂类天敌昆虫，这些天敌捕食蚜虫、粉虱、蓟马、叶螨等不同种类的害虫，或者针对害虫的不同虫态发挥控制效力，起到了压低害虫虫口密度的控害效果。

二、天敌昆虫的保护

天敌昆虫作为自然界中重要的生物因子，与农业害虫形成了稳定的协同与伴随关系。一个地区存在某类害虫，必然有相应的一定种类和数量的天敌昆虫伴随。由于环境条件、生物量的限制，天敌昆虫数量往往不足以达到控制害虫为害的程度，而大量投入扩繁出的天敌昆虫，必然导致成本增加。因此，对本地已宿存的天敌昆虫采取适当的保护措施，进行保育，避免伤害天敌，并促进天敌繁殖，就可以控制害虫为害。保护、招引当地天敌昆虫主要有两类手段：①减少对天敌昆虫的伤害，建立庇护所保护越冬，降低农药杀伤及不当农事操作损伤；②营造利于天敌扩繁的条件，补充寄主（猎物）或营养物，使用信息化学物质，提供栖息和营巢的场所及改善田间的小气候等。

气候因素是影响天敌昆虫种群数量的首要因素。天敌在越冬期间往往大量死亡，这是由于低温的胁迫，严寒的天气会增加天敌昆虫死亡率。营养供给不足也会加剧天敌大量死亡。如此，次年早春天敌种群数量将从很低的起点开始攀升，会影响对春季害虫的控制效果。可为天敌昆虫营造适宜的“庇护所”，保护天敌昆虫安全越冬。束草诱集、引进室内蛰伏、田间堆积石块等方法，都可有效降低天敌的越冬死亡率。在城市、公园、居民区等地，则选取循环可再利用的材料，如木材、稻草、砖头、竹子等不同材质的自然材料，依照天敌昆虫习性，制作、提供不同类型的巢穴，以满足天敌昆虫栖息及越冬需求。

1. 构建田间庇护所 在作物生长期内，害虫和天敌昆虫会在生态系统内建立稳定的种群，作物采收后，害虫和天敌昆虫都会失去原有的生存环境。为了保证天敌昆虫种群在作物收获后不出现较大波动，可在农田周边保留多样性的杂草群落，为天敌昆虫种群提供临时的庇护场所，增加天敌群落的多样性和丰富度。在新一季作物种植之后，天敌昆虫种群在农田生境内重建和发展的能力，以及天敌昆虫的种类、数量、多样性和稳定性会得到提高，最终提高天敌群落对害虫的控制作用。

2. 及时给当地存在的土著天敌补充食料 一般天敌昆虫都偏好蜜源植物，通过采食花粉、花蜜增加体内营养，可延长寿命并提高产卵量。因此可在作物田附近的空闲地种植花期较长的蜜源植物，有利于天敌昆虫的繁殖。例如，在花生田块周围散播大麻槿（*Hibiscus cannabinus* L.），大麻槿分泌的蜜露能为臀钩土蜂提供营养，提高臀钩土蜂的种群数量。由于臀钩土蜂是花生蛴螬的寄生性天敌，这样就能达到防控花生蛴螬、降低花生产量损失的目的。在施用农药时，施用高效、低毒、低残留的农药，并且控制施药的时机和剂量，也是一个重要的保护天敌昆虫的措施。近年来在山东省日照、海阳等地，通过在花生田间撒播大麻槿等蜜源植物，臀钩土蜂天敌数量得到了维持，这显著控制了花生蛴螬的危害，取得了较好的示范效果和经济生态效益。

近年来，随着种植结构调整，塑料大棚、温室等在北方地区迅速普及，棚室内温度基本能保持零度以上，可以考虑把耐寒性较弱、以往不能在北方越冬的天敌昆虫移殖到大棚温室内，并适当提高棚内温度，促进寄生蜂、草蛉、瓢虫等天敌昆虫分布范围向北方扩散。近年来，烟蚜茧蜂、丽草蛉等天敌的分布北限已北扩一个纬度，给防控设施蔬菜蚜虫、粉虱和蓟马等提供了可用技术。

温室、大棚是我国生产反季节蔬菜、水果的设施，内部相对封闭性好，温度高，湿度大，害虫发生有其独特性，往往小型刺吸性害虫如粉虱、蚜虫及蓟马等发生较严重。利用天敌昆虫防治温室、大棚内害虫时，要侧重"预防为主，综合防治"的防治策略，结合多种有效的方法。一方面是降低害虫虫口密度，在温室、大棚上下放风口和气窗安装防虫网，防虫网为 30～40 目、宽度一般在 1.5～2m，既能防止外部害虫侵入，也能阻挡释放的天敌昆虫逃逸。另一方面要注意释放天敌昆虫的时机，在害虫发生数量较低时就应释放天敌昆虫，令天敌昆虫始终压制着害虫种群。在天敌昆虫种类的选择上，可选择几类天敌昆虫进行组装搭配。例如，先选择值守型天敌昆虫，如捕食蝽类，其可在温室、大棚内主动巡逻，当害虫未发生时，往往能吸食植物汁液存活，当害虫出现但数量较少、仅在棚室局部发生时，捕食蝽即可猎食害虫，压制害虫种群数量。随后，可根据棚室内害虫种群数量的增加，选择接力型天敌昆虫，如草蛉、瓢虫、蚜茧蜂类，在害虫种群数量刚呈现增长的初期阶段，可迅速压低害虫虫口密度，并能实现持续控制的防效。

农田、果园生态系统环境开放，种植作物或果树品种一致，季节性农事操作显著，田间管理措施人工干扰性极为强烈。在大田作物种植或果树定植后的整个生长期内，害虫和天敌昆虫会在生态系统内建立稳定的种群。当作物成熟收获后，害虫和天敌昆虫都会失去原有的生存环境。从害虫可持续控制的角度出发，为了在作物收获之后保证天敌昆虫种群数量不受较大波动，以利于下一季作物生长期间在农田或果园生态系统内建立稳定的种群，就需要采取措施保护天敌昆虫种群。可在农田周边保留多样性的杂草群落，为天敌昆虫种群提供临时的庇护场所，为天敌提供生长、栖息环境，增加天敌群落的多样性和丰富度。在新一季作物种植后，增强天敌群落在农田生境内重建和发展的能力，保障天敌群落的种类、数量、多样性和稳定性，最终提高天敌群落对害虫的控制作用，达到防控害虫的效果。

3. 统筹化学防治与释放天敌防控害虫　天敌昆虫作为自然界中的生物，在生长发育过程中，也易受外界环境、人为施用农药的影响，不少化学性或植物源的杀虫菌、杀菌剂、生长调节剂及微生物农药都会对天敌昆虫有一定的毒害作用。为了更好地保护天敌昆虫，发挥它们的自然控制作用，同时也最大地发挥化学农药、植物源农药、微生物农药的防控功效，协调好天敌昆虫利用与化学防治之间的关系至关重要。化学杀虫剂对天敌昆虫有不同程度的杀伤作用，生物农药相对而言安全性较高。在害虫防控实践中，要科学评判是否有必要使用各类农药，避免和减少直接杀伤天敌。如果利用天敌生物可以控制害虫的发生及危害，则不必使用化学药剂、植物源农药和微生物农药进行防治，在生产上可以选择值守型天敌昆虫产品，如捕食蝽类，这类天敌往往具有动植食性，害虫未发生或数量极少时，该类天敌昆虫可取食植物汁液维持生命。当害虫发生后，则开始发挥捕食控制害虫的功效。要尽量选用对天敌比较安全的农药和剂型，尽量少用或不用化学农药。对于市场上销售的微生物农药，要认真查看产品说明书，以确定其防控对象不包含天敌昆虫类群。要制定合理的防治指标并加强预测预报，以减少施药的次数、剂量和范围，要注意适时用药，在调查研究和预测预报的基础上，掌握虫害及天敌的发生发展规律，抓住有利时机用药，一般多在初龄幼虫期，并保证在天敌作用高发期不用药。在释放天敌昆虫一周内及田间天敌昆虫盛发期，不宜使用化学农药或微生物农药。

4. 研究和发展天敌定殖提升技术　是指天敌昆虫引入某种新环境后，通过对其自身生理条件和栖息环境的调节，促进其在新环境中永久持续繁殖，目的是提高天敌昆虫释放后的定殖率和适合度，从而提高其对靶标害虫的防治效果。天敌定殖提升技术涉及选择天敌昆虫种类、保证天敌昆虫质量和释放数量、选择天敌昆虫最佳释放虫态和改善天敌昆虫释放后的栖息环境。改善天敌昆虫释放后的栖息环境是指根据天敌昆虫所需要的资源，有意识地调控包括非作物在内的植物生境，丰富植物的多样性，为天敌昆虫提供食物，也为其提供越冬、繁殖、逃避农药和耕作活动干扰的庇护所和适宜生长繁殖的微观环境。目前，研究最多且应用最广的是蜜源植物（nectar resource plant）、栖境植物（habitat plant）、诱集植物（trap plant）、储蓄植物（banker plant）和护卫植物（guardian plant）等。蜜源植物是指能够为天敌昆虫，特别是寄生性天敌提供花粉、花蜜或花外蜜源的植物种类；栖境植物也称库源植物，特指目标作物之外的其他作物或非作物植物，是昆虫生长繁殖的必需场所；诱集植物能够使害虫趋于集中，有助于吸引田间天敌觅食或便于天敌的集中释放，有利于增强天敌作用效果；储蓄植物也称载体植物，能够为天敌昆虫提供替代寄主或猎物；护卫植物是指集诱集植物、栖境植物和储蓄植物等的功能于一体的植物。对这些植物的合理利用，可以有效地提高天敌昆虫的定殖率和适应性，从而提高天敌昆虫的控害潜能。例如，我国山东日照、海阳等地，在花生田周边地头散播蜜源植物大麻槿，其分泌的蜜露能提升土蜂的产卵量和寿命，促进了土蜂对花生蛴螬的寄生防控成效。

5. 重视利用功能植物和生物多样性维持天敌昆虫种群　近年来，国内外学者日趋重视功能植物对天敌昆虫的保育效应，主要是载体植物系统（banker plant system），又称开放式天敌饲养系统，是集保护利用本地天敌、人工繁殖释放天敌及异地引进天敌等传统技术特点为一体的新型生物防治技术，包括载体植物（banker plant）、替代食物（alternative food）和有益生物（beneficial）3 个基本要素。最早提出和应用载体植物系统概念的是科学家 Stary（1970），他在温室中以芸薹属植物为载体繁殖甘蓝蚜［*Brevicoryne brassicae*（Linnaeus）］，并以此蚜虫为食物，大量饲养菜少脉蚜茧蜂（*Diaeretiella rapae* Mintosh），用来控制温室番茄上的桃蚜［*Myzus persicae*（Sulzer）］为害。这里载体植物系统的载体植物是芸薹，替代食物是蚜虫，有益生物是蚜虫的寄生蜂，替代食物（甘蓝蚜）的食性高度专一，不为害目标作物（番茄），但可为寄生蜂或捕食性天敌大量自主繁殖提供食物资源，这些寄生蜂或捕食性天敌会自动扩散到目标作物上用于控制靶标害虫。目前，除大麦和小麦之外，国外已开发出烟草、大豆、木瓜、玉米和观赏辣椒等多种载体植物，起到了很好的示范应用效果。

第四节　天敌昆虫的应用效能评价

随着有害生物综合治理技术的优化与推广，以及人们对绿色有机食品需求的增加，在农业生态系统中，以化学药剂为主的害虫防治策略将逐渐被环境友好的生物防治所取代。在农田生态系统中，天敌对害虫起着重要的调控作用。如何定量地评价捕食性天敌的控害作用一直是昆虫生态学及有害生物综合治理研究领域的重点。天敌昆虫应用效能评价是害虫生物防治中的必要环节，是害虫生物防治措施推广应用的重要依据。大量研究表明，在实际的害虫生物防治过程中，影响天敌防控效果的因素有很多，如温度、湿度、释放密度等。通过开展天敌昆虫应用效能的评价，可以增加对现有生物防治应用模式及方法的认知与反馈，及时对生物防治技术体系进行优化和提升，以提高天敌昆虫对害虫的防控能力。

天敌昆虫应用效能评价方法的研究历史悠久，随着科学技术的发展，天敌昆虫应用效能评价技术也在不断地优化与提升，在害虫生物防治技术体系中发挥着重要作用。天敌昆虫应用效能评价可分为定性和定量两个方面：定性评价就是要明确所评估的天敌是否具有寄生或捕食目标害虫的能力；定量评价就是要明确天敌对目标害虫的捕食或寄生能力，即在特定的生境中能将害虫种群密度控制在哪一个水平。目前，天敌昆虫应用效能评价方法主要有传统的田间系统调查法、捕食功能反应评价法、生命表分析法、昆虫能量生态学分析法及新近的以条形码为基础的现代分子生物学方法。

一、传统评价方法

（一）田间系统调查法

田间系统调查法是天敌应用效能评价的基础。在一段时间内，定期抽样调查田间害虫和天敌的发生数量，掌握二者种群数量随时间的变化规律，统计分析二者种群数量变化的相关性。例如，采用田间系统调查和统计分析方法，研究人员明确了苜蓿田害虫的主要天敌有七星瓢虫、龟纹瓢虫、小十三星瓢虫、中华草蛉、黑点食虫盲蝽、小姬蝽及蜘蛛等。

（二）捕食功能反应评价法

捕食功能反应是在室内可控条件下模拟自然条件，以实验种群为研究对象，观察天敌和害虫之间的相互作用，并对试验数据进行统计分析，建立数学模型。利用捕食功能反应对天敌捕食能力进行分析研究已经成为对天敌防控能力进行试验评估的必经程序。

Holling（1959）基于前人的理论研究结合实际数据与野外调查，根据天敌的捕食能力与猎物密度关系将其分为 4 类反应模型。

HollingⅠ反应模型是达到进食饱和状态前，自然天敌的捕食能力与猎物密度呈线性上升关系，但猎物密度超过一定数值时，捕食能力将停在这一数值对应的捕食能力。

HollingⅡ反应模型是达到进食饱和状态前，自然天敌的捕食能力与猎物密度呈凸形曲线关系，起始捕食速率很快，但随着进食量的增加，天敌饥饿程度逐渐降低，捕食速率显著降低，等进食到饱和状态时，捕食能力将停在这一阈值，对应的捕食能力不再增加。

HollingⅡ反应模型：

$$\mathrm{Na}=a'\mathrm{Tr}N/（1+a'\mathrm{Th}N）$$

式中，Na 为相应密度下的捕食量，N 为猎物密度，a'为瞬时攻击率，Tr 为捕食者可利用的总时间，Th 为平均处理时间（即捕食者捕食 1 头猎物所消耗的时间）。

HollingⅢ反应模型是达到进食饱和状态前，天敌捕食能力与猎物密度呈“S”形曲线关系，由于天敌与猎物接触少，且天敌存在学习记忆过程，当天敌与猎物频繁接触时，随着猎物密度的增加，天敌捕食速率呈现显著增加的情况，但由于进食量的增加，饥饿程度降低。天敌捕食速率的增速呈现显著降低的情况，等进食达到饱和时，捕食能力将停在这一阈值对应的捕食能力不再增加，停止进食。

HollingⅢ反应模型：

$$\mathrm{Na}=a\exp（-b/N）$$

式中，Na 为相应密度下的捕食量，N 为猎物密度，a 为最大捕食量，b 为捕食者的最佳寻找密度。

HollingⅣ反应模型是天敌觅食时处于猎物低密度的情况下，捕食模型同HollingⅡ型一致，呈凸形曲线关系，猎物密度高于一定范围时，天敌与猎物间相互作用，导致猎物对天敌呈一定的抑制关系，天敌对猎物捕食效率降低，捕食数量将减少。在进行捕食功能反应试验前，应首先选取合适的捕食者虫态，然后根据猎物的种类，设置合理的猎物密度。将供试的捕食者进行饥饿处理（一般为24h）后，单头转入不同猎物密度的培养皿中。24h后观察统计各密度处理下捕食者的捕食量。将实验所获密度处理下的捕食量以倒数法拟合Holling圆盘方程。

张安盛等（2007）在室内研究中华草龄幼虫对西花蓟马幼虫的捕食功能反应与搜寻效应，结果表明在18～34℃，其捕食功能反应符合HollingⅡ型。刘爽等（2011）研究了大草蛉幼虫对烟粉虱的捕食功能反应，结果表明大草蛉3龄幼虫对烟粉虱卵、若虫及伪蛹的捕食功能反应均同时拟合HollingⅡ及HollingⅢ型方程。大草蛉［*Chrysopa pallens*（Rambur）］高龄幼虫在低密度下对烟粉虱卵、若虫及成虫的捕食能力随密度增长且不受密度制约。张晓曼等（2015）利用捕食反应模型评价了异色瓢虫在室内可控条件下对胡萝卜微管蚜的控害潜能，结果表明，异色瓢虫4龄幼虫对胡萝卜微管蚜的防控效果最好，可在最短时间内对其进行有效防治。徐庆宣等（2019）利用捕食功能反应评价了捕食性天敌大草蛉对入侵我国的暴食性害虫草地贪夜蛾的控害效果，结果表明，大草蛉具备对草地贪夜蛾卵和低龄幼虫进行有效控害的潜能，为应用天敌昆虫防治草地贪夜蛾提供了理论依据。

天敌的混合释放可以在增加群落稳定性的同时减少天敌种群的自然衰退，因此，天敌的联合应用对于降低虫害造成的产量损失具有潜在增效作用。捕食功能反应模型也可用于天敌混合释放时对靶标害虫防控效能的评价。例如，王甦等（2014）利用功能反应模型评价了浅黄恩蚜小蜂［*Encarsia sophia*（Girault and Dodd）］和丽蚜小蜂混合释放对烟粉虱的防控效果，结果表明这两种小蜂混合释放时对烟粉虱的寄生效率显著增强，具有更高的生防潜能。天敌昆虫和生防菌在害虫生物防治中发挥着不可替代的作用，大量研究表明二者联合应用可以起到提质增效的作用。陈亚丰等（2021）利用功能反应模型评价球孢白僵菌对东亚小花蝽捕食二斑叶螨（*Tetranychus urticae* Koch）的影响，结果表明低浓度白僵菌孢悬液与东亚小花蝽联合应用防控二斑叶螨具有可行性。

捕食功能反应评价的局限性在于大部分室内模拟都很难对田间的植被结构和微环境进行构建，但是这种环境条件的改变往往会影响捕食者搜索和捕捉猎物的能力，继而影响捕食者对猎物的选择和功能反应。

（三）生命表分析法

生命表（life table）的方法是在人口统计学中应用了多年以后，Pearl等于1921年才把它应用于研究果蝇的实验种群，Deevy在1947年应用于研究动物的自然种群。应用生命表分析法研究昆虫的自然种群是从Morris等（1954）开始的，他们以云杉色卷蛾［*Choristoneura fumiferana*（Clem.）］作为研究对象，把种群按发育阶段依次划分为卵、各龄幼虫、蛹、成虫，各个虫态依次划分为不同的虫期或龄期，并把死亡原因列入生命表中。对大多数昆虫来说，各个发育阶段或成虫都具有明显的特征，便于调查观察；在生命表中引入死亡原因，便于分析各种作用因子对种群数量变动的影响。在这以后，生命表得到迅速普及和推广，成为昆虫种群生态学重要的研究方法之一。

昆虫种群生命表是研究昆虫种群生态学、捕食率及害虫治理的基础，通过记录特定昆虫不同龄期的死亡率和死亡因素、成虫的繁殖能力及取食量等评价指标，从而分析影响昆虫种群动态变化的关键因子。昆虫种群生命表就是系统地跟踪一种昆虫种群，把种群在各个连续的时间（或发育阶段）内的死亡数量、死亡原因及繁殖数量，按照一定的格式详细列出而构成的表格。在利用昆虫种群生命表进行种群动态研究前，首先应明确昆虫的栖息环境、生活习性、空间分布等基础生物学参数，然后明确实验昆虫的样本数量、取样方式、观察时间等试验因素，这样有助于提高昆虫种群生命表研究的稳定性与准确性。按照昆虫种群生命表的构建标准，进行基础数据的记录，通过生命表分析软件可以计算出种群的内禀增长率（r_m）、净增殖率（R_0）、周限增长率（λ）、平均世代周期（T）等一系列影响种群动态的参数。

根据每天记录的供试昆虫不同发育阶段的存活量和雌虫产卵量计算年龄-阶段特定存活率（s_{xj}）（x 指年龄，j 指发育阶段）、年龄-特定存活率（l_x）、雌虫年龄-特定生殖力（f_x）、年龄-特定生殖力（m_x）。年龄为 x，阶段为 y 的个体期望寿命（e_{xy}）计算公式为

$$e_{xy}=\sum_{l=x}^{n}\sum_{j=y}^{m}s'_{ij}$$

式中，n 为群体中最后一个年龄，m 为阶段的数量，s'_{ij} 为一个年龄为 x、阶段为 y 的个体能存活到年龄为 i、阶段为 j 的概率。

净生殖率（R_0）指一个个体一生中所产的后代总数，计算公式为

$$R_0=\sum_{x=0}^{\infty}l_x m_x$$

内禀增长率（r_m）用 Euler-Lotka 公式 $\sum_{x=0}^{\infty}\mathrm{e}^{-r_m(x+1)}l_x m_x=1$，根据二分迭代法估算。周限增长率（$\lambda$）的计算公式为

$$\lambda=\exp(r_m)$$

平均世代周期（T）是指当种群达到稳定年龄-阶段分布和稳定增长速率（即 r 和 λ）时，增加 R_0 时所需的时间，即 $\exp(r_m)\ T=R_0$ 或者 $\lambda T=R_0$，平均世代周期计算公式为

$$T=\ln R_0/r$$

昆虫种群生命表主要有两种类型，即特定时间生命表和特定年龄生命表。特定时间生命表是在年龄组配稳定的前提下，以特定时间为单位间隔系统调查记载在时刻 X 开始时存活的数量和 X 期间死亡的数量。可以计算出种群在特定时间内的死亡率和出生率，还可以获得种群的内禀增长率（r_m）和周限增长率（λ）的估计值，此类生命表适用于世代重叠、种群年龄组配比较稳定的研究对象。特定年龄生命表是以动物的年龄或发育阶段为顺序，系统地记载种群不同发育阶段或年龄区组中的死亡原因、死亡数量和成虫阶段的繁殖数量，进而整理而成的生命表，此类生命表适用于世代隔离的昆虫种类。

通过比较天敌与猎物的种群动态参数，明确天敌的捕食能力，为天敌的应用效能评价提供理论依据。早在 20 世纪 50 年代生命表技术就已经应用于昆虫种群互作的研究中。20 世纪 80 年代左右，我国著名昆虫学家庞雄飞先生对种群趋势模型做了补充与完善，明确了种群控制指数在昆虫生命表研究中的作用，建立了基于作用因子组配的生命表研究方法，可以定量评估不同防治措施对害虫的防控作用。张金平等（2008）利用生命表评价了巴氏新小绥螨对西花蓟马的控制能力，结果显示巴氏新小绥螨瞬间增长率大于西花蓟马，且雌成螨日均取食 7～12 头西花蓟马 1 龄若虫，这表明巴氏新小绥螨是控制西花蓟马的有效天敌之一。王然等（2014）采用特定年龄生命表的研究方法分析评价了东亚小花蝽对西花蓟马的控害能力。结果显示东亚小花蝽的种群扩散速度大于西花蓟马，具有控制西花蓟马种群增长的巨大潜力。王杰等（2021）在室内可控条件下构建了以豆蚜为食物的大草蛉实验种群生命表，结果表明在 25℃时，以豆蚜为食物的大草蛉个体发育和种群增长情况较好，为大草蛉防控豆蚜及其人工繁育猎物的选择提供了理论依据。王志敏等（2020）以截形叶螨为食组建了黄瓜新小绥螨生命表，结果表明黄瓜新小绥螨最喜欢取食截形叶螨的卵，对其具有一定的防治潜力，可用于截形叶螨的防控。

天敌在田间释放后，其对靶标害虫的控害效果往往会受到环境因素的影响。因此，与室内

恒温条件下的捕食性天敌及其猎物的生命表研究相比，昼夜波动温度条件下的生命表参数能更贴切地反映自然环境下的种群动态。例如，赵静等（2015）利用年龄-龄期两性生命表分析了室内恒温和温室波动温度下异色瓢虫的种群动态。结果表明波动温度下异色瓢虫发育历期延长，成虫寿命缩短，繁殖力降低。由年龄-阶段特定存活率（s_{xj}）和年龄-特定存活率（l_x）可知温室波动温度下异色瓢虫各发育阶段存活率明显降低。由此可以看出，恒温条件下的生命表分析可能过高或过低地估计了许多生命表参数。如果依据恒温条件的生命表数据进行田间释放应用可能会存在一定的误差，从而影响天敌的实际控害效果。因此，在利用种群生命表分析方法进行天敌应用效能评价时，其环境条件应尽量接近实际释放条件。

（四）昆虫能量生态学分析法

能量是一切生命活动的基础，是生态系统的动力。生态系统内在的共有特征表现在有机体的一切生命活动都伴随着能量的摄入、转化与利用。能量以生物个体为载体沿着食物链逐级传递。生态系统中昆虫种群间交流的基础和核心则是营养关系。昆虫与高等动物一样，必须通过吸收糖类、脂类、蛋白质和维生素等基本营养物质而进行能量的转化，其获取的能量完全来自寄主，因此昆虫摄入的能量相当于食物的被取食消耗量。昆虫能量生态学又称为昆虫生态能学，其基本原理就是捕食性天敌完全依靠捕食猎物（害虫）而获取能量。通过研究不同营养层级间的能量流动、转化及利用等进一步解析群落间的营养关系及捕食效能。因此，通过研究天敌与其靶标猎物间的生态能学也可对其应用效能进行评价。

高峰（2007）在实验室可控条件下，以作物-害虫-天敌营养关系为主线，以能量为切入点，研究了捕食性天敌昆虫龟纹瓢虫和中华草蛉的个体能量收支情况，进一步明确了不同龄期的龟纹瓢虫和中华草蛉对棉蚜的应用效能。段雪莹（2022）对小麦蚜虫及其天敌瓢虫成虫的生态能学指标进行了测定，根据昆虫生态能学理论，得到异色瓢虫和龟蚊瓢虫理论日捕食量与实际日捕食量接近。进一步构建生态能学-qPCR 评价体系，精准定量评价田间捕食性天敌龟纹瓢虫对猎物狄草谷网蚜和禾谷缢管蚜的控害能力。

二、现代分子生物学方法

在利用天敌昆虫进行生物防治的应用实践中，对于捕食者取食效能及取食策略的实时定量评价及相关生态学机制分析一直是生物防治领域研究的关键共性问题。捕食性天敌食谱杂合度较高，取食量变化幅度大，仅仅依靠传统计量比较取食前后猎物数量差的方法，在田间环境下无法实现实时追踪统计捕食量。因此，如何在田间应用条件下准确定量评价天敌的食物谱及应用效能是十分重要的。天敌在取食猎物后，需要一定的时间才能将猎物消化进而吸收营养物质。因此，可以以其肠道内含物为切入点，对其食谱及应用效能进行深入分析。

（一）酶联免疫吸附测定

酶联免疫吸附测定（enzyme-linked immunosorbent assay，ELISA）是将可溶性的抗原或抗体结合到聚苯乙烯等固相载体上，利用抗原抗体特异性结合进行免疫反应的定性和定量检测的方法。ELISA 具有快速、敏感、简便、标准化等优点，这些优点使其得到迅速发展和广泛应用。目前，ELISA 已经是各类生物活性物质快速检测中应用最广泛的血清学方法。随着 ELISA 技术的优化及提升，其在天敌控害效果评价方面的应用也日趋成熟。张古忍等（1999）应用 ELISA 定量评价了食虫沟瘤蛛（*Ummeliata insecticeps* Bosenberg）对稻飞虱的控害能力，早稻时期的控害能力要大于中晚稻时期。庞保平等（1999）利用 ELISA 检测系统研究建立了不同捕食者肠道内白背飞虱［*Sogatella furcifera*（Horvath）］抗原蛋白检测体系，为筛选和评价对白背飞虱控害效果优良的天敌提供了精确的研究方法。刘雨芳等（2002）运用 ELISA 双抗体夹心法检测出在早稻发育前期，大量天敌昆虫捕食摇蚊，证明摇蚊是捕食者的替代或补充食物。高书晶等（2008）利用麦长管蚜［*Macrosiphum avenae*（F.）］单克隆抗体比较了直接、间接和夹心 ELISA 方法，明确了间接 ELISA 的灵敏度最高，为捕食性天敌瓢虫对麦长管蚜的检测奠定了基础。

（二）DNA 条形码测序技术

DNA 条形码（DNA barcoding）是 DNA 序列中携带特定遗传信息的一段碱基序列，利用标准的 DNA 片段可对物种进行快速鉴定。以 DNA 条形码为基础的 DNA 分子标记技术也被证明是研究生态系统中无脊椎动物间营养关系的有效工具之一。2003 年，加拿大动物学家 Hebert 博士提出利用线粒体 DNA 细胞色素 c 氧化酶亚基Ⅰ基因（*mtDNA CO Ⅰ*）中的一段保守区域对生物进行物种鉴定，并将其称为 DNA 条形码测序技术。随着 DNA 条形码测序技术的发展与其标准化和自动化鉴定的不断完善，其在天敌应用效能评价中的应用也日趋成熟。以捕食者肠道内容物为模板，设计保守片段引物对其进行 PCR 扩增，根据 PCR 产物结果进行物种鉴定及捕食猎物种类分析。利用现代分子生物学方法来细致描绘生态系统生物多样性及关联天敌应用效能评价初始于 20 世纪 80 年代。通过检测诱捕装置或选定样方内全部生物群落物种的 *CO Ⅰ*基因，人们可以通过分子检测平台明确特定时空下的生物多样性水平和物种丰度。

目前，在天敌应用效能评价中，主要利用线粒体 DNA 条形码进行分析。线粒体 DNA 为双链闭合环状分子，不含有间隔区和内含子，无重复序列，母系遗传，基因重组率低，且结构稳定，与核基因组相比具有更高的进化速率。有关线粒体基因组的研究相对较多，大部分物种的线粒体基因组信息都已公布，利用现有的通用引物也可高效地克隆出未知的线粒体基因组信息，这为后续的研究工作提供了便利。昆虫的线粒体 DNA 较小，为 15.4～16.3kb，含有 3 个细胞色素氧化酶基因（*CO Ⅰ*、*CO Ⅱ*、*CO Ⅲ*）。目前，*CO Ⅰ*基因已经作为标准条形码广泛应用于物种鉴定及捕食功能研究中。

在利用 DNA 条形码技术进行天敌应用效能评价时，首先应对捕食者和待检测猎物的 *CO Ⅰ*基因进行比对，明确二者的同源性。然后设计检测猎物 *CO Ⅰ*基因的特异性引物，以捕食者肠道 DNA 为模板检测引物的特异性。在明确了引物的特异性后，可以提取捕食者肠道 DNA，以其为模板利用待检测猎物 *CO Ⅰ*基因的引物进行 PCR 扩增。将 PCR 产物进行琼脂糖凝胶电泳分析，如果在胶图中存在产物片段，即可推断捕食者对待检测猎物具有捕食效应。高秀红等（2006）利用通用引物克隆了大豆蚜（*Aphis glycines* Matsumura）的 *CO Ⅱ*基因，利用 DNA barcoding 技术在捕食性天敌异色瓢虫、龟纹瓢虫、大草蛉及小花蝽的中肠中均检测到大豆蚜的 *CO Ⅱ*基因片段，结果表明 DNA barcoding 技术可用于天敌的应用效能评价。宋新元等（2008）利用 DNA barcoding 技术研究明确了捕食性天敌异色瓢虫、草蛉、大灰食蚜蝇等对玉米蚜的捕食能力。利用 DNA barcoding 结合普通 PCR 技术可以定性地对捕食性天敌的应用效能进行评价。

随着分子生物学技术的发展，利用 DNA barcoding 结合荧光定量 PCR 技术可以从定量的角度对捕食性天敌的应用效能进行评价。基于 TaqMan 探针的实时荧光定量 PCR 技术比常规 PCR 技术更敏感、准确。孟祥钦（2010）根据西花蓟马特有的 340bp 片段设计 TaqMan 实时荧光定量 PCR 检测引物和探针，测定了西花蓟马的 DNA 拷贝数，系统地对捕食性天敌对西花蓟马的捕食能力进行分析，结果表明，东亚小花蝽对西花蓟马的瞬间捕食能力最强，其次为七星瓢虫、龟纹瓢虫、蟹蛛类等，异色瓢虫对西花蓟马的捕食能力最低。肖达等（2021）在室内可控条件下，设计了豌豆修尾蚜（*Megoura japonica* Matsumura）和蚕豆蚜（*Aphis craccivora* Koch）*CO I*基因的检测引物和 TaqMan 荧光探针，以 *CO I*的拷贝数为评价指标，利用荧光定量 PCR 定量评价了捕食性天敌七星瓢虫对豌豆修尾蚜和蚕豆蚜的控害能力。段雪莹（2022）设计了麦田狄草谷网蚜和禾谷缢管蚜的 *CO I*基因的检测引物和 TaqMan 荧光探针，利用 DNA barcoding 结合荧光定量 PCR 技术对田间采集的龟纹瓢虫和异色瓢虫控害潜能进行评价，结果表明龟纹瓢虫和异色瓢虫肠道内容物中的狄草谷网蚜 *CO I*基因的拷贝数均显著高于禾谷缢管蚜的拷贝数。

在利用 DNA 条形码技术进行天敌应用效能评价过程中，也发现一些不可控的因素可能会导致实验出现偏差。例如，当天敌肠道内的猎物浓度过低，或随着食物降解导致猎物浓度逐渐降低时，可能会使猎物 DNA 扩增受到竞争性抑制，导致扩增效率降低，无法鉴定出肠道内含物的种类，影响天敌应用效能的评价。昆虫不同龄期之间靶标 DNA 拷贝数的差异，特异性引物的扩增效率及环境条件是对田间捕食作用定量评价结果的影响因素。

（三）高通量测序技术

基因测序技术经历了 3 代，一代测序是利用化学降解法和双脱氧链终止法进行检测，二代测序是基于“边合成边测序”的准则，通过对样本大规模平行测序获得目的片段的互补链，可以在短时间内以较低的成本获得大量基因组数据，又称为高通量测序技术（high-throughput sequencing）。随着科学技术的发展，基因测序技术发展到第三代，即无须进行 PCR 扩增就能实现对每条 DNA 的无限延长，实现单分子测序。综合考虑时间和成本问题，目前，在天敌应用效能评价中主要采用二代高通量测序进行分析。随着条形码数据库 BOLD（barcode of life data system）和 NCBI 数据库的不断完善与更新，天敌肠道内含物的基因高通量测序结果中 DNA 条形码的丰富度将会不断提高，肠道内含物的鉴定种类扩大，使得天敌应用效能评价达到快速、灵敏度高、鉴定范围广的优势。

基于 DNA 条形码的高通量测序技术是近年来普遍应用的技术，其准确性高、重复性好、操作简单且适合于高通量的检测。

思考题

1. 列举几个天敌昆虫引进的成功案例。
2. 引进天敌昆虫的注意事项有哪些？
3. 天敌昆虫应用效能的传统评价方法有哪些？
4. 举例说明生命表分析法在评价天敌作用中的应用。
5. 分析以作用因子组配的生命表方法评价天敌控制效能的意义。

主要参考文献

包建中，古德祥. 1998. 中国生物防治［M］. 太原：山西科学技术出版社.

陈亚丰，王甦，邸宁，等. 2021. 利用功能反应模型评价球孢白僵菌对东亚小花蝽捕食二斑叶螨的影响［J］. 昆虫学报，64（8）：967-975.

高峰，苏建伟，戈峰，等. 2007. 温度对龟纹瓢虫呼吸代谢的影响［J］. 湖北农业科学，46（4）：562-564.

高红秀，韩岚岚，赵奎军，等. 2006. 大豆蚜细胞色素氧化酶Ⅱ基因的克隆及其在捕食性天敌昆虫鉴定中的应用［J］. 昆虫学报，49（5）：754-758.

高书晶，庞保平，周晓榕，等．2008．捕食量和温度对麦长管蚜在多异瓢虫体内可测定时间的影响［J］．昆虫学报，51（5）：516-520.
戈峰，欧阳芳．2014．定量评价天敌控害功能的生态能学方法［J］．应用昆虫学报，51（1）：307-313.
古德祥，张古忍，张润杰，等．2000．中国南方害虫生物防治50周年回顾［J］．昆虫学报，43（3）：327-335.
郭玉杰．1993．捕食作用中的功能反应模型［J］．生物防治通报，（1）：40-45.
刘爽，王甦，刘佰明，等．2011．大草蛉幼虫对烟粉虱的捕食功能反应及捕食行为观察［J］．中国农业科学，44（6）：1136-1145.
刘雨芳，张古忍，古德祥，等．2002．用ELISA方法研究稻田节肢动物的食物关系［J］．昆虫学报，45（3）：352-358.
孟祥钦．2010．本地天敌对西花蓟马捕食作用的TaqMan荧光定量PCR检测［D］．北京：中国农业科学院硕士学位论文.
庞保平，程家安，陈正贤．1999．酶联免疫吸附试验方法的比较［J］．中国生物防治，15（1）：31-34.
庞雄飞，梁广文．1995．害虫种群系统的控制［M］．广州：广东科技出版社.
蒲蛰龙．1984．害虫生物防治的原理和方法［M］．2版．北京：科学出版社.
宋南，刘杰，彩万志，等．2013．DNA条形码在昆虫分类中的应用［J］．四川动物，32（3）：470-474.
宋新元，丛斌．2008．天敌体内玉米蚜的COⅡ标记检测［J］．昆虫知识，45（3）：389-393.
王杰，邸宁，蒋瑞鑫，等．2021．以豆蚜为食物的大草蛉生命表及饥饿对其食物利用率的影响［J］．环境昆虫学报，43（5）：1257-1264.
王然，王甦，渠成，等．2016．大草蛉幼虫对不同寄主植物上烟粉虱卵的捕食功能反应与搜寻效应［J］．植物保护学报，43（1）：149-154.
王然，王晓灵，王甦，等．2014．东亚小花蝽对西花蓟马的控害能力评价［J］．环境昆虫学报，36（6）：983-989.
王圣印，牛雨佳，唐睿，等．2016．短翅蚜小蜂对桃蚜的取食和寄生功能反应［J］．植物保护学报，43（2）：267-274.
王甦，赵静，张帆，等．2014．利用功能反应模型评价两种寄生蜂混合释放对烟粉虱的防控潜能［J］．环境昆虫学报，36（2）：188-193.
王延年．1984．昆虫人工饲料手册［M］．上海：上海科学技术出版社.
王延年．1990．昆虫人工饲料的发展、应用和前途［J］．昆虫知识，（5）：310-312.
王志敏，陈维刚，袁励文，等．2020．黄瓜新小绥螨对截形叶螨的捕食能力及其生命表的研究［J］．植物保护，46（1）：185-188，228.
忻介六，邱益三．1986．昆虫、螨类、蜘蛛的人工饲料-续篇［M］．北京：科学出版社.
忻介六，苏德明．1979．昆虫、螨类、蜘蛛的人工饲料［M］．北京：科学出版社.
徐庆宣，王松，田仁斌，等．2019．大草蛉对草地贪夜蛾捕食潜能研究［J］．环境昆虫学报，41（4）：754-759.
颜亨梅，钟文涛．2021．动物捕食性天敌摄食分析方法的研究进展［J］．生命科学研究，25（1）：1-8.
杨帆，刘冰，陆宴辉．2022．DNA分子检测技术在节肢动物食物网结构解析中的应用［J］．植物保护学报，49（1）：110-117.
曾凡荣，陈红印．2009．天敌昆虫饲养系统工程［M］．北京：中国农业科学技术出版社.
曾凡荣．2017．昆虫及捕食螨规模化扩繁的理论和实践［M］．北京：科学出版社.
张安盛，李丽莉，于毅，等．2007．中华草蛉幼虫对西花蓟马若虫的捕食功能反应与搜寻效应［J］．植物保护学报，4（3）：247-251.
张古忍，张文庆，古德祥．1999．用ELISA方法定量评价食虫沟瘤蛛对稻飞虱的捕食作用（英文）［J］．Entomologia Sinica，（1）：77-82.

张金平，范青海，张帆．2008．应用实验种群生命表评价巴氏新小绥螨对西花蓟马的控制能力［J］．环境昆虫学报，30（3）：229-232．

张礼生，陈红印．2014．生物防治作用物研发与应用的进展［J］．中国生物防治学报，30（5）：581-586．

张礼生，陈红印．2016．我国天敌昆虫与生防微生物资源引种三十年成就与展望［J］．植物保护，42（5）：24-32．

张礼生，陈红印，李保平．2014．天敌昆虫扩繁与应用［M］．北京：中国农业科学技术出版社．

张蓉，马建华，杨芳，等．2003．宁夏苜蓿害虫天敌种类及其田间发生规律的初步研究［J］．草业科学，20（7）：60-62．

张晓曼，奚一名，王甦，等．2015．异色瓢虫对胡萝卜微管蚜防治潜能评价［J］．中国生物防治学报，31（3）：317-321．

张颖，郭兴．2014．捕食者种群具有相互干扰和Ⅰ型功能反应且食饵种群有收获率的捕食系统的定性分析［J］．生物数学学报，29（1）：99-104．

赵静，肖达，张帆，等．2015．恒温和温室波动温度下异色瓢虫种群生命表［J］．中国农业科学，48（16）：3176-3185．

郑乐怡，归鸿．1999．昆虫分类［M］．南京：南京师范大学出版社．

Landis D A, Wratten S D, Gurr G M. 2000. Habitat management to conserve natural enemies of arthropod pests in agriculture [J]. Annual Review of Entomology, 45: 175-201.

Morris R F, Miller C A. 1954. The development of life tables for the spruce budworm [J]. Canadian Journal of Zoology, 32 (4): 283-301.

Singh P, Moore R F. 1985. Handbook of Insect Rearing [M]. Amsterdam: Elsevier.

第五章
常见害虫天敌的大量繁殖与应用

大量繁殖与释放天敌，能够及时增加田间天敌的种群数量而把害虫控制在为害之前，这是害虫生物防治的重要手段之一。天敌大量繁殖的技术手段多种多样，可以进行大量繁殖与田间应用的天敌种类也越来越多。本章介绍目前生产上应用较多的赤眼蜂、平腹小蜂、丽蚜小蜂、蚜茧蜂、潜蝇茧蜂、白蛾周氏啮小蜂、肿腿蜂、草蛉、小黑瓢虫和捕食螨的大量繁殖与应用技术。

第一节 赤 眼 蜂

赤眼蜂是赤眼蜂科（Trichogrammatidae）种类的总称。其中以赤眼蜂属（*Trichogramma*）的种类应用最多、防治对象最广、防治面积最大。赤眼蜂的应用研究最早始于苏联，Radetski于1913年引进一种赤眼蜂防治害虫，1929年，Flander发现麦蛾卵可作为替代寄主进行赤眼蜂人工繁殖，1931年，Meyer在苏联列宁格勒开办了首家赤眼蜂工厂，1934年，开始大面积用于防治欧洲玉米螟［*Ostrinia nubilalis*（Hubner)］、欧洲粉蝶（*Pieris brassicae* L.）和黄地老虎（*Agrotis segetum* Schiff）等。20世纪20～30年代，美国也开始应用赤眼蜂防治小蔗杆草螟（*Diatraea saccharalis* F.）、梨小食心虫（*Grapholitha molesta* Busck）和苹果蠹蛾［*Cydia pomonella*（L.)］等。70年代起，研究者对利用赤眼蜂防治美洲棉铃虫［*Heliothis zea* （Boddie)］开展了大量研究工作。目前，亚洲、非洲、拉丁美洲、欧洲的许多国家都把繁殖和释放赤眼蜂作为害虫防治的一种重要手段，繁殖和释放技术不断发展。

我国最早于1934年由浙江昆虫局开展对松毛虫赤眼蜂（*Trichogramma dendrolimi* Matsumura）生物学特性的研究。1936年，广东省开始小面积应用赤眼蜂防治甘蔗螟虫的试验，1951～1954年，发现蓖麻蚕（*Philosamia cynthia ricini* D.）卵可作为大量繁殖的中间寄主后，推动了赤眼蜂应用工作的开展。1958年，广东各地建立了一批繁蜂站，大量繁殖赤眼蜂以防治甘蔗螟虫。随后，南方各省也开展了应用赤眼蜂防治稻纵卷叶螟、二化螟和马尾松毛虫等的工作。20世纪70年代以来，东北各省结合当地资源，选择了柞蚕（*Antheraea pernyi* Guer）卵作为大量繁殖赤眼蜂的寄主，并不断改进大量繁蜂技术，用于大面积防治亚洲玉米螟、棉铃虫、二化螟、大豆食心虫和松毛虫等害虫。目前全世界已有20多种赤眼蜂可以人工大量繁殖，并用于农林作物和牧草的近百种害虫的生物防治，截至目前，释放赤眼蜂防治害虫以我国的推广应用面积和规模最大（Zang et al.，2021）。

一、生物学特性

赤眼蜂属多种寄生蜂的寄主范围广泛，主要以鳞翅目昆虫卵为寄主。同一种赤眼蜂可以寄生多种昆虫卵，在同一种寄主卵或卵块中，也可以同时发现多种赤眼蜂。有些种类赤眼蜂寄主范围较窄，如稻螟赤眼蜂（*T. japonicum* Ashmead）、安荔赤眼蜂（*T. oleae* Voegele et Pointel）。

赤眼蜂对生境和寄主有一定的喜好性。例如，松毛虫赤眼蜂（*T. dendrolimi* Matsumura）、舟蛾赤眼蜂（*T. closterae* Pang et Chen）和螟黄赤眼蜂（*T. chilonis* Ishii）常见于林木、果园和大田，可寄生卵粒较大、卵壳较厚的卵，如柞蚕、枯叶蛾等的卵，也可寄生于其他鳞翅目昆虫卵。广赤眼蜂（*T. evanescens* Westwood）、稻螟赤眼蜂（*T. japonicum* Ashmead）等偏好寄生卵壳较薄的鳞翅目昆虫卵，不喜欢寄生柞蚕、蓖麻蚕卵。稻螟赤眼蜂喜好稻田环境，偏好寄生二化螟卵，是二化螟的重要卵寄生蜂。玉米螟赤眼蜂（*T. ostriniae* Pang et Chen）明显偏好寄生玉米螟，在玉米地里寄生繁殖的能力明显强于松毛虫赤眼蜂。松毛虫赤眼蜂释放到稻田后容易迁移到邻近的林地选择其他寄主寄生。因此，了解不同赤眼蜂的生物学习性，有助于按照防治对象选择优势蜂种。

赤眼蜂的发育历期较短，从卵到成虫整个发育过程都在寄主卵中度过。发育历期与温度关系密切，在常温26℃左右条件下，一般世代历期约8d。此外，不同种类或同种赤眼蜂在不同寄主中的发育历期也有差异。不同赤眼蜂的个体发育过程基本相似。利翠英（1961）曾经以松毛虫赤眼蜂（原报道为广赤眼蜂）为研究对象，以蓖麻蚕为寄主，通过胚胎切片详细研究了松毛虫赤眼蜂的个体发育过程。获知赤眼蜂的整个发育历期为6～8d。其中胚胎发育历期约1d、幼虫历期1～1.5d、预蛹期2～3d、蛹期2～3d。原广东省昆虫研究所（现广东省科学院动物研究所）在研究人工卵培育赤眼蜂的同时，也应用悬滴培养的方法，连续观察赤眼蜂产卵和产卵后的发育过程，并用定格摄影的方法在显微镜下拍摄了松毛虫赤眼蜂产卵、卵发育至成蜂的全过程，进一步证实其发育过程与利翠英的描述相一致。赤眼蜂的发育过程与其他昆虫的不同之处在于：卵孵化时没有脱壳，幼虫不蜕皮、中肠与后肠至蛹后期才连通，这表明了赤眼蜂对寄主卵的高度适应性。在用人工卵培育赤眼蜂的研究中，有时发现比原来大得多的赤眼蜂幼虫，这些幼虫不能正常发育，其中肠充满食物，这是营养不完全适应的结果。对于幼虫期消化道已完全形成，也能正常排粪的卵寄生蜂，如荔蝽平腹小蜂（*Anastatus japonicus* Ashmead）等，对营养的要求不如赤眼蜂那么严格。赤眼蜂人工卵饲料配方的解决，对研究其他卵寄生蜂和其他寄生蜂的人工培育具有重要的参考价值。

在上述的研究和大量观察中，常常发现赤眼蜂幼虫有互相残杀的现象。当寄主卵或在人工卵内有多个赤眼蜂幼虫同时存在时，除幼虫吸食营养外，也会用上颚刺穿其他同类幼虫吸食其体液。这可能是在寄主内有过量赤眼蜂幼虫时，进行数量调节的一种生物学特性。例如，在一粒米蛾卵内常可发现大、小赤眼蜂的幼虫及卵达7～9粒之多，但大多数米蛾卵只能育出1头，少数可育出2头赤眼蜂成虫，估计其中部分赤眼蜂被较早发育的幼虫所取食，结果保证了强势赤眼蜂个体的营养需要。

赤眼蜂的采集、鉴定与选择如下所述。

1. 蜂种的采集　赤眼蜂是农林害虫的重要卵寄生蜂，许多蜂种在生产上已被广泛用于多种农林害虫的生物防治。赤眼蜂个体微小（最小者体长不足0.2mm），在自然界极不易被察觉和发现，因此，其采集技术和方法常不同于其他昆虫类群。我国赤眼蜂资源极其丰富，大量的赤眼蜂种质资源尚未得到研究开发与利用。采集各地的赤眼蜂标本，不但可供分类鉴定使用，如果建立实验种群还可为赤眼蜂的保护与研究利用储备必备的天敌资源。为了保存活体天敌资源，最常用的赤眼蜂采集方法简介如下。

（1）采集培养赤眼蜂自然寄生的寄主卵　野外采集各种寄主卵，带入实验室，用替代寄主卵（常用米蛾卵）繁殖保种，进一步培养获得赤眼蜂原种。根据不同季节和害虫的发生特点，定期或不定期从田间大量采集寄主卵，分别把它们装在10mm×50mm的指形管内，做好标签，标明采集时间、地点、寄主昆虫及寄主植物等相关信息，最好每管单粒或单块卵存放。待寄生蜂羽化后，记录蜂的数量和寄生率。如果为了分类鉴定，可以将羽化的赤眼蜂直接冷藏或用乙醇浸泡处理。如果为了进一步开展生物学、生态学及其开发利用研究，可利用米蛾卵或其他中间寄主进行繁殖，在室内建立长期保存的实验种群。实践中发现，采集赤眼蜂自然越冬寄主卵，可以从中收集、分离多种赤眼蜂自然越冬蜂种。例如，在华东地区的杨树、柳树上采集到大量的杨小舟蛾［*Micromelalopha troglodyte*（Graeser）］和柳毒蛾［*Stilpotia salicis*（L.）］越冬卵，从中采集到松毛虫赤眼蜂、舟蛾赤眼蜂、毒蛾赤眼蜂和螟黄赤眼蜂（黄寿山等，2013）。

（2）利用寄主卵田间诱集　将新鲜寄主卵于田间诱集寄生蜂，待未寄生的寄主卵孵化后，将未孵化寄主卵取回室内进一步培养观察。研究者利用该方法对吉林省水稻二化螟卵寄生蜂的发生情况进行了调查，通过将具有二化螟卵块的桶栽水稻放置于水稻田，成功诱集到 4 种赤眼蜂和 1 种黑卵蜂（郭震，2011）。人工接种寄主卵诱集寄生蜂的方法避免了野外采集寄主饲养的两个弊端，实际操作中证明是行之有效的，但该方法要求事先备好足够数量的寄主昆虫，对于长期从事相关研究工作的工作人员来说是容易实现的。

2．蜂种的鉴定　准确鉴定赤眼蜂的种类是利用赤眼蜂开展生物防治活动的最基础、最重要的一个环节。赤眼蜂的个体微小，目前对其准确鉴别的方法一般以鉴别雄性外生殖器形态特征为主要手段，同时配以分子生物学鉴定方法。结合以下两种鉴别方法可以比较正确地鉴定种和种下的类型。

（1）赤眼蜂科的形态特征　赤眼蜂科分类的主要形态鉴别特征如图 5-1 所示。赤眼蜂科的形态特征：跗节 3 节；个体微小，体长多在 1mm 以下，最小者不足 0.2mm；身体甚为脆弱；胸腹部广阔连接，内悬骨宽大，向后伸入腹部；前翅翅面多有纤毛，散乱分布或规则排列；前后翅均具缘毛，尤以后翅缘毛较长；触角膝状，较短，5～9 节，即柄节、梗节各 1 节，环状节 1～2 节；索节 0～2 节，棒节 1～5 节；有些属的种类雌、雄触角异型。绝大多数种类都是卵寄生蜂，被寄生的寄主卵壳后期呈灰褐至黑褐色，有金属光泽。

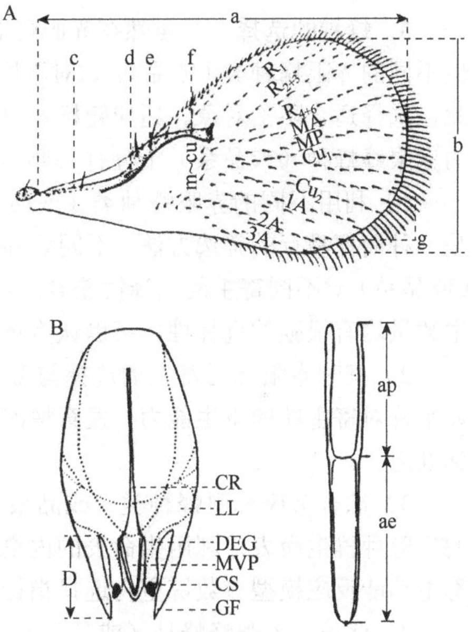

图 5-1　赤眼蜂雄性外生殖器形态特征图
（林乃铨，1994）

A．前翅：a．翅长度；b．翅宽度；c．亚缘脉；d．缘前脉；e．缘脉；f．痣脉；g．缘毛；R_1．第一径毛列；R_{2+3}．第二、三径毛列；1A、2A、3A．臀毛列；m～cu．中肘横毛列。

B．雄性外生殖器（左：阳基；右：阳茎）：GF．阳基侧瓣；CS．沟爪；MVP．腹中突；DEG．阳基背突；LL．阳基背突侧叶；CR．中脊；D．腹中突基部至阳基侧瓣末端的距离；ae．阳茎；ap．阳茎内突

（2）常见赤眼蜂属特征简介

1）赤眼蜂属（*Trichogramma*）的特征：雌性触角棒节不分节，仅单独 1 节；雌、雄触角异型，节数不同；前翅翅脉呈“S”形连续弯曲；雌性触角 7 节，排列形式为 1、1、2、2、1；雄性触角 5 节，排列形式为 1、1、2、0、1，即索节与棒节愈合为 1 节，上生许多长鞭毛，前翅具中肘横毛列（m～cu）；雄性生殖器的阳基具背突。

2）分索赤眼蜂属（*Trichogrammatoidea*）的特征：雌性触角棒节不分节，仅单独 1 节；雌、雄触角异型，节数不同；翅脉呈“S”形连续弯曲；雌性触角 7 节，排列形式为 1、1、2、2、1；雄性触角 8 节，以 1、1、1、2、3 形式排列；鞭节具长鞭毛，前翅中肘横毛列（m～cu）消失；雄性生殖器的阳基背突退化。

常见赤眼蜂种类形态鉴定参考《中国赤眼蜂分类》（林乃铨，1994）和《中国动物志 昆虫纲 第七十四卷 膜翅目 赤眼蜂科》（林乃铨等，2022）。

（3）赤眼蜂分子生物学鉴定

1）基于 *rDNA ITS-2* 基因序列的分子鉴定：核糖体核糖核酸基因（*rDNA*）在所有生物中广泛存在，由 3 个基因（*18S*、*5.8S* 和 *28S*）和两个内部转录间隔区（*ITS-1* 和 *ITS-2*）组成。*ITS* 区域比编码核糖体的 RNA 进化速率更快，可被用来对不同分类阶元做系统化研究，*ITS-2* 目前被广泛用于物种分类地位的检验和鉴定（Hillis and Dixon，1991）。Kumar 等（2009）利用 *ITS-2* 基因序列成功鉴别了印度最常用的 12 种赤眼蜂。而 Sumer 等（2009）也利用 *ITS-2* 基因序列成功区分地中海地区的 10 种赤眼蜂。郭震等（2012）也利用 *ITS-2* 序列对吉林省水稻二化螟卵上采集的 4 种赤眼蜂进行了成功鉴定。

2）基于 *mtDNA CO Ⅱ*基因序列的分子鉴定：每种分子鉴定手段都有自己的不足，如同工酶电泳由于实验所选的酶和蛋白质种类有限，分析结果会带来一定的偏差。随机扩增多态性 DNA 标记（RAPD）任意引物的筛选较烦琐，本身存在操作的标准化和结果的可重复性问题。*rDNA ITS-2* 不能区分缘系较近的赤眼蜂种类。为寻求其他更为有效的分子鉴定方法，付海滨等（2006）利用线粒体细胞色素 c 氧化酶Ⅱ（*mtDNA CO Ⅱ*）基因序列的遗传分歧对不同赤眼蜂种及同种不同地理种群进行了成功鉴定。

3. 蜂种的选择　虽然在赤眼蜂的人工繁殖和应用中，影响赤眼蜂寄生效果的因素很多，但不同的赤眼蜂种类（或品系），对不同生态环境和不同防治对象的作用效能存在很大差异。因此，选择适合防治对象、适应靶标害虫所在的生境、适应现有的大量繁殖条件（如寄主卵等）的赤眼蜂蜂种（或品系）十分有必要。选择适合蜂种的基本原则如下。

1）利用不同的赤眼蜂种类（或品系）对寄主选择性（嗜好性）和适合性的差异进行选择是一种简便易行的筛选方法。不同蜂种（或品系）与寄主的接触次数（频率），能反映不同蜂种（或品系）对不同寄主的选择性差异。若某一种赤眼蜂蜂种（或品系）对目标寄主接触次数和寄生数量均有很强的选择性，可以认为该蜂种（或品系）是用于防治目标害虫的最佳候选者。

2）有时赤眼蜂对寄主的选择与寄主卵的适应性不成正比，可在室内非选择条件下，考察赤眼蜂对寄主卵的寄生能力、发育情况、单卵羽化蜂数、子代雌雄性比等指标，以作为筛选的标准之一。

3）综合考虑赤眼蜂种类（或品系）的寄生潜能和搜索能力，通过组建它们在靶标害虫上的实验种群生命表，利用生命表的内禀增长率来比较不同赤眼蜂种类（或品系）的寄生潜能和寄生功能反应模型参数等室内选择指标，也是评价合适蜂种的有效手段。

4）此外，赤眼蜂蜂种（或品系）的扩散能力、与农药的协调能力及对寄主的定位能力等，也有必要作为选择指标。

二、大量繁殖方法

赤眼蜂的田间应用和种群的保育都需要通过其种群的大量繁殖来实现。自 20 世纪 50 年代以来，赤眼蜂种群的大量繁殖主要是利用中间寄主卵进行的。赤眼蜂的中间寄主卵应用比较成功的有柞蚕卵、蓖麻蚕卵（陈小银和邬恤民，1980）、麦蛾卵（贾乃新等，2002）和米蛾卵（陈红印等，2000），一段时期内利用人工假卵繁殖赤眼蜂也取得了良好的效果（刘志诚等，1988；刘建峰等，1998）。习惯上人们称柞蚕卵、蓖麻蚕卵及人工假卵为“大卵”，而其他类型的寄主卵为“小卵”，大卵、小卵[①]繁蜂各有利弊，要根据防治对象和当地的条件因地制宜地加以利用。

（一）以小卵为寄主的大量繁殖方法

我国小卵繁蜂比较成熟的技术系统当数米蛾的大量饲养技术。米蛾属鳞翅目蜡螟科，主要为害仓储大米及米糠等谷物，是我国南方（两广地区）常见仓库害虫。全世界温暖地区均有分布，中国主要自然分布区在长江以南地区，在冬季气温低于 15℃地区不能自然越冬。20 世纪 70 年代，米蛾作为主要的赤眼蜂中间寄主，在广东省群众性生物防治运动中曾有过大规模饲养应用。现在在赤眼蜂科研机构及部分自发性生防应用单位也有大量饲养与应用。

1．米蛾幼虫饲养　近年优化筛选出了高效繁育米蛾幼虫的人工饲料配方：70%玉米粉＋20%麦麸＋7%糖＋3%酵母（张俊杰等，2012）。按照陈红印等（2000）提供的方法采用分次投食饲喂，底料厚度为 1.5cm，将米蛾卵均匀撒在饲料上，覆 0.5cm 厚度的饲料，20d 后第 1 次饲喂，添加约 1.0cm 厚度的饲料，以后每隔 3d 饲喂 1 次直到开始出蛾为止。米蛾繁殖倍数由 100 倍左右提高到 200 倍以上，极大地提高了繁殖效率。

近年我国还开发出了新型米蛾幼虫饲养盘。饲养盘以 PVC 为原材料，由盒体和内部隔挡组成。盒体的 4 个侧面开有栅栏式通风口，通风口开在距离底部 1.0cm 高处，由里侧向外侧逐渐扩张变大，以保证米蛾幼虫不能逃逸。盒体内设有隔挡，以增加表面积，利于米蛾生长及化蛹。每立方米可饲养米蛾 182 盒，收集卵 4550～5915mL，饲养效率提高了 4～5 倍（张俊杰等，2015）。

2．捕蛾和收卵　米蛾喜欢在米糠上产卵，也喜欢在纱网上产卵。利用这一习性，用 40 目的窗纱（铁纱网）制作直径 20cm、高 54cm 的圆桶形纱笼，笼口用尼龙薄膜缝一个漏斗形的入口。捕蛾时，操作者一只手持笼，另一只手拿一个芒草做的扫把，或者用一根鹅毛，轻轻将停息在塑料“天花板”和周边器物上的米蛾成虫扫入漏斗，再掉入笼内。收集完后将漏斗口扎紧，将纱笼侧放于瓷盘内（或在簸箕上铺一层塑料薄膜代替瓷盘），让米蛾成虫产卵。

米蛾一般在夜间产卵，白天在黑暗处也能产卵。因此收卵装置应放置在黑暗处。米蛾卵产出后，有些直接落入瓷盘中，部分粘在纱网上。第 2 天早晨收卵时，先用毛刷把附着在纱网上的卵粒刷下来，连同瓷盘中的卵粒一起进行清理。清理干净的米蛾卵，先进行计量。一般每毫升约为 1 万粒，1g 的容量达 2.5mL。

米蛾成虫高效收集技术一直是限制其工厂化生产的关键技术难题，吉林农业大学生物防治研究所根据米蛾的生物学习性，成功开发了一种米蛾成虫快速高效收集的新方法（阮长春等，2012）。成虫收集是通过一种密闭的羽化收集箱和一个充满气态 CO_2 的钢瓶共同实现的，将二者用一根胶管连接，胶管上连接一个可以控制开、关的阀门，以便控制 CO_2 气体进入收集装置。将米蛾已到羽化期的上述新型米蛾饲养盘纵向排列到羽化装置内，在米蛾发育条件下继续发育，待其羽化出蛾。每天在收集成虫前，通入 CO_2 气体 3～5min，使米蛾成虫短时间内窒息昏迷，成蛾全部集中于装置底部盒内，然后集中收起放入产卵装置，1min 后成虫即可苏醒过来（张俊杰等，2015）。

3．繁蜂　用米蛾卵繁蜂，一般都要制作卵卡，所谓卵卡，就是在一张纸片上涂上胶水，然后撒上米蛾卵粒。繁蜂器具没有特别要求，试管、灯罩、罐头瓶、水果糖瓶、专用繁蜂箱等都可以，但必须透光、透气、不跑蜂。

---

① 这里说的大卵是指其 1 个卵粒中可以寄生多（≥3）粒赤眼蜂卵并可以繁育出多头子代蜂，一般是指常用的柞蚕卵、蓖麻蚕卵、松毛虫卵、人工假卵等，直径≥1.5mm。小卵是指其 1 粒卵中可繁育出 1～2 头赤眼蜂的寄主卵，包括多种中间寄主卵，如米蛾卵和麦蛾卵。以米蛾卵为标准，卵粒直径为 0.5～0.75mm

（二）以大卵（柞蚕卵）为寄主的大量繁殖方法

我国东北地区利用资源优势，采用柞蚕剖腹卵为中间寄主工厂化繁殖松毛虫赤眼蜂。每个柞蚕剖腹卵内寄生赤眼蜂65～90头。在人工控制的条件下，赤眼蜂繁殖一代大约需要半个月，很容易在短时间内积累大量的赤眼蜂。目前吉林农业大学生物防治研究所在利用柞蚕卵工厂化繁育赤眼蜂技术方面日趋现代化，形成了一套完整的技术流程（图5-2）。下面就以松毛虫赤眼蜂防治玉米螟为例，重点介绍吉林省以柞蚕卵为寄主大量繁育松毛虫赤眼蜂的技术。

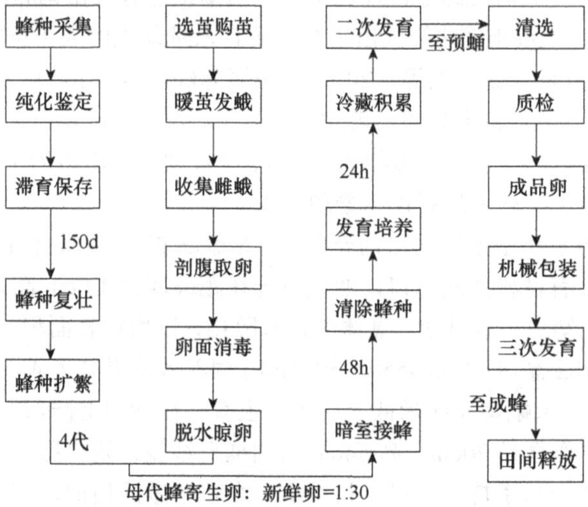

图5-2　松毛虫赤眼蜂工厂化生产工艺流程图

1．种蜂的采集、纯化和保存

（1）采集　在玉米螟卵盛期末（7月中下旬左右），在未放蜂玉米田块，一般选择半山区自然寄生率较高的地块，采集可能已被自然界中赤眼蜂寄生的玉米螟卵（不能断定是否被寄生的卵可带回室内培养），放于玻璃试管内，保持一定湿度，待羽化出蜂后作种蜂用。将采回的害虫卵分别放置在一定的温湿条件下待其羽化，后用原寄主的新鲜卵及部分柞蚕剖腹卵或米蛾卵制成卵卡进行接蜂，即为原种蜂的原始材料。

（2）纯化　采得的玉米螟卵块内可能有几种赤眼蜂同时寄生，因此在采得种蜂后应立即将寄生卵分离。利用赤眼蜂的孤雌产雄特性，可参照陈科伟等（2005）介绍的方法进行分离、纯化，具体操作如图5-3所示。单管单卵放于小指形管内，待羽化出蜂后根据形体、色泽和雄外生殖器性状进行分类鉴定。也可利用不同蜂种对寄主卵的偏好性来分离种蜂，如从玉米螟卵中采集的蜂种可用柞蚕卵培养，从而将松毛虫赤眼蜂、螟黄赤眼蜂与玉米螟赤眼蜂分离开来。

获得种蜂后的第二步工作是扩繁。为了保种和积累足够数量的种蜂，在用大卵扩繁前，可先取部分种蜂用米蛾卵培养，繁殖到相当数量后再全部用大卵繁殖。

（3）保存　纯化培养后的种蜂可以装入试管或其他容器内，放在3℃条件下冷藏，但贮藏期不可过长，一般应控制在30～40d，到期应取出扩繁一次，以免降低羽化率和削弱成蜂的生命力。种蜂采集时间大多在夏季或秋季，因此，采集的种蜂一般需要在室内保存到翌年春天。

2．种蜂的复壮和扩繁　赤眼蜂大量生产的关键在于良好的种蜂繁殖，种蜂采回后一定要经过几次扩大繁殖，积累至一定数量后才能在第2年防治害虫时一次性生产出大量的商品蜂。商品蜂的质量好坏与种蜂直接相关，因此有必要专门研究种蜂的扩繁和复壮技术。种蜂扩繁与

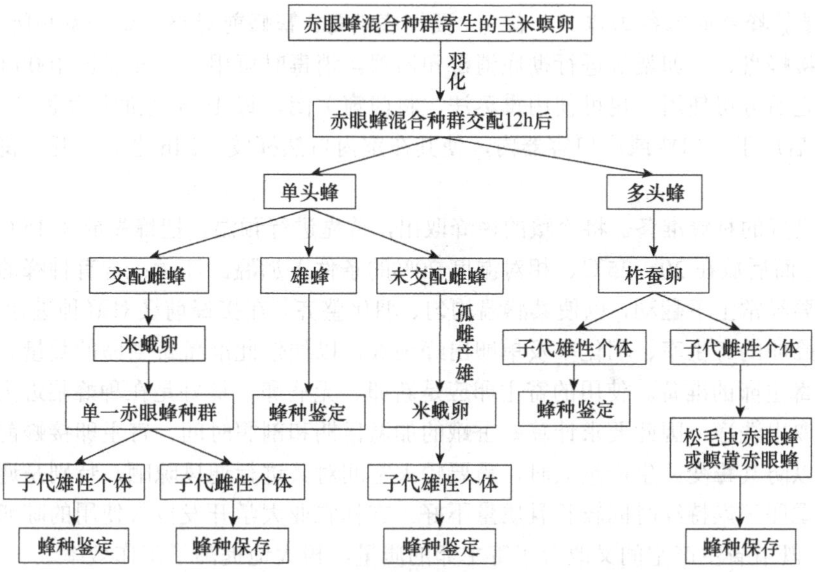

图 5-3　田间玉米螟卵寄生蜂混合种群分离纯化操作流程

商品蜂生产有不同之处，它对淘汰弱蜂、培养壮蜂要求更高。要求繁育出来的种蜂个体大而强健、飞翔能力强、无畸形个体、寄生率和羽化率都在 85%以上。

蜂种复壮可以采取以下措施：一是在种蜂扩繁期间常采取更换寄主进行复壮的措施，一般采用柞蚕卵和米蛾卵交替繁殖；二是加大种蜂寄生卵与新鲜接蜂卵的距离，利用赤眼蜂的趋光性使其经过一定距离的飞翔后才能到达寄主卵面，以保证后代蜂的健壮；三是严格控制种蜂繁殖时的接蜂量、产卵时间和单卵复寄生数。当用灯光远距离接蜂时，70%的寄主卵上已经落蜂，这时就要及时换下接蜂卡，放进产卵室让赤眼蜂产卵。产卵时间一般不宜超过 24h，控制接蜂时间使得子代发育整齐，羽化一致，同时控制单卵复寄生数在 60～80 头，以充分保证种蜂发育时的营养供应。

3．繁殖寄主的选购　寄主卵的生产是赤眼蜂生产过程中的重要环节，是决定繁蜂成本的关键因素。因此，对寄主卵选购的要求也较为严格。我国北方地区生产松毛虫赤眼蜂选用的中间寄主卵为柞蚕卵。因此，在生产前要根据生产计划储备足够的柞蚕茧。柞蚕茧选购要求：发育正常、滞育良好，有正常的出蛾能力。剔除油烂茧、干涸茧、死茧、瘪茧、薄皮茧、萎缩茧、破损茧，剔除感温或含嫩蛹的茧；雌茧率必须在 85%以上（指每 100 个茧中含 85 个以上的健康雌蛹）；柞蚕微粒子病控制在普通种茧要求范围之内；千茧重 11kg 以上。

4．赤眼蜂人工大量生产的技术和方法

（1）制订繁蜂生产计划　繁殖利用赤眼蜂防治农林害虫，首先要制订繁蜂计划。科学详细地制订繁蜂计划并严格按照计划实施是做好繁蜂工作的前提和关键，也是协调寄主卵、寄生蜂和害虫卵三者关系的重要手段。

一般来讲，繁蜂生产计划是依据防治面积、繁蜂与田间释放的技术要求（放蜂量、放蜂次数、放蜂日期、蜂种数量、寄主卵量、繁殖倍数等）来制订的。具体来讲，一个地区的计划主要是依据历年防治对象的发生时期和发生情况，初步确定放蜂日期和放蜂面积及数量，然后根据放蜂日期往前推算，确定种蜂的加温日期、数量，同时还要协调好蚕茧的出库加温日期及数量。在此基础上，结合当年中长期气象预报和害虫预测预报资料制订严密的生产计划，以指导繁蜂工作，从而达到精确生产和适时放蜂的目的。

（2）大量繁蜂前的准备工作　首先，要彻底消毒。繁蜂前对整个繁蜂室和所有繁蜂器具，如种蜂盘、接蜂盘、产卵架等进行彻底消毒和清理。消毒时可用新苯扎氯铵 1000 倍液喷、刷、洗，待晾干之后方可使用。也可使用熏蒸法，将门窗关闭，每 $10m^3$ 空间用甲醛 5mL 加高锰酸钾 1g，混合后放于广口瓶或广口容器内，使其在室内自然挥发，24h 之后打开门窗把气味散尽后方可使用。

其次，良好的种蜂准备。将冷藏的种蜂取出，首先进行预温，把蜂先放在 15℃左右的环境中预温 24h，而后放在 20～25℃、相对湿度 70%的条件下加温。注意：含有种蜂的柞蚕卵不能摊得过厚并要经常上下翻动，以使其感温均匀、羽化整齐。在接蜂前要对蜂种进行剖检、调查。准确掌握种蜂卵的寄生率、羽化率及单卵出蜂头数，以便依此准备寄主卵的数量。

再次，寄主卵的准备。使用的寄主卵应是新卵、无病卵，最好是在种蜂临近大批羽化时，将蚕卵剖腹取出洗净，因此要求计算好蚕蛾的加温日期和剖腹时间。寄主卵接蜂前需进行消毒干燥处理，以防其霉变。生产量大时，需要较大空间对其进行通风晾晒，特别是遇到潮湿多雨天气时，柞蚕卵干燥持续时间较长且质量不好。吉林农业大学开发投入使用的晾卵机（张俊杰等，2015），既节省生产空间又改善了寄主卵的质量，极大地提高了工作效率。

（3）暗室接蜂　繁蜂的第一步工作是接蜂。接蜂就是让一定比例的种蜂到达寄主卵表面进行搜索和产卵活动，也称为接种。接蜂时，种蜂数量与寄主卵数量之间的比例往往是提高寄主卵利用率和控制复寄生数的重要因素，而这一因素又与产卵时间密切相关。

将种蜂卵与寄主卵按比例 1∶(25～30) 均匀混拌后放于暗室内产卵 24～48h。蜂卵比例大、产卵时间宜短，反之宜长。

（4）发育培养　产卵过后，用筛网除去种蜂、卵壳及死蜂，之后将寄生卵放在温湿度可控的发育室（25±1℃，相对湿度 70%～75%）发育至预蛹期前后（一般 4～5d）。室内要保持通风良好，使空气上下流通。寄生卵平摊的厚度以 2～3cm 为宜，并要经常翻动，严防发热、生霉。

（5）质检及清选　产品质量优劣主要表现在成蜂的生命力强弱。只有培育出壮蜂，才能在田间有较强的搜索能力和好的寄生效果。因而在整个繁蜂过程中都要坚持做好质量检查，发现问题及时解决。一般来讲，每繁出一批蜂，都要从中抽取部分样，加温后进行检查，检查内容有寄生率、单卵复寄生数。羽化后检查内容有羽化率、性比、畸形蜂率和遗卵蜂率。按照吉林省地方标准《松毛虫赤眼蜂生产应用技术规程》（DB21/T 1026—1999）规定的一级赤眼蜂标准：寄生率 80%～90%及以上，羽化率 75%～80%，雌雄比 85∶15，平均单卵蜂数 50～80 头，绿卵率 5%以下，遗留蜂率小于 20%，畸形蜂率在 5%以下。

发育好的寄主卵采用寄主卵清选机将寄生卵和非寄生卵分离（王和平等，2000）。经清选机清选，寄生卵率高达 97%。清选以后质量合格的成品蜂，送入 3℃冷库冷藏积累，在害虫发生期前制卡释放。冷藏期一般控制在 1 个月以内。

（6）赤眼蜂的包装

1）蜂卡：传统的制卡方式是在卡纸上固定区域内涂上乳白胶，再将经过清选后的成品寄主卵均匀撒在卡纸上，随即抖掉多余卵粒，用木板或滚轮把卡纸上的寄主卵轻力拍打或压平，使寄主卵的大面向上，平整一致。每张卡 40 小块，每一小块为 1 亩①地的放蜂量，约含 120 粒寄生卵。此种蜂卡制作过程中需要较多的人力，因卵粒暴露在外，因此，在田间释放后的缺点是不防雨水和天敌攻击。

---

① 1 亩≈$666.67m^2$

2）盒式放蜂器：为了避免传统蜂卡释放后的弊端，吉林农业大学生物防治研究所研制开发了赤眼蜂盒式放蜂器（授权专利号：CN 201585371U），并开发了与其配套的程控包装机（张俊杰等，2015）。与传统蜂卡相比，包装机生产出的盒式放蜂器提高了机械化水平，有效保护了寄主卵，增加了对外界不良环境等的抗逆能力，减少了因制卡过程及释放时掉粒而产生的浪费，在田间具有较好的防雨效果，且外观精美、使用简便。目前吉林省已在玉米螟生物防治过程中大量推广应用。

（7）冷藏　精选后合格的寄生卵在2～4℃、相对湿度60%的冷库中存放。制卡或包装时，要准确记载每批蜂卵及蜂卡（袋）的出入库时间，以便控制赤眼蜂的发育进度。

放蜂前蜂卡（袋）加温的时间，要根据各放蜂单位所防治目标害虫的发育进度、当地气象预报等条件综合考虑后确定。如加温后不能及时放蜂，需再送回冷库（7～10℃）保持，但存放时间不宜超过5d。

三、田间释放与效果评价

我国利用大卵繁育赤眼蜂的技术处于国际领先地位，特别是应用柞蚕卵繁育松毛虫赤眼蜂防治玉米螟技术迅猛发展，仅2012年吉林省田间释放松毛虫赤眼蜂防治玉米螟面积就达3600万亩，创历史新高。下面以松毛虫赤眼蜂防治玉米螟为例介绍赤眼蜂的田间释放与效果评价。

（一）放蜂时期

赤眼蜂对寄主卵的新鲜程度有严格的选择，所以放蜂时期很关键，是影响防治效果的重要因素之一。根据玉米螟发生规律预测螟蛾发生期，使释放赤眼蜂的时间与螟蛾的产卵期相吻合。第1次放蜂在田间玉米螟初卵期（以吉林省中部地区为例，玉米螟越冬代幼虫的化蛹率达15%左右时，再往后延10d。吉林省防治第一代玉米螟大约在6月末或7月初，此时正是玉米喇叭口期，孵化后的螟虫均集中在玉米心叶内，成活率高，主要为害雄穗，随即蛀茎为害，对玉米的生长发育危害极大，导致折雄影响授粉，破坏玉米功能叶和导致折秆，因此控制住这阶段的螟卵至关重要）；第2次放蜂期是再往后推5～7d。

（二）放蜂数量

根据赤眼蜂田间的扩散能力和田间分布规律及赤眼蜂对害虫卵的搜索能力，一般每公顷的释放量为22.5万头。

（三）释放方法

田间以释放即将羽化出蜂的蜂卡或放蜂器为主。每亩地放1点，选上风头第20垄为第一放蜂垄，距地头20步为第一个放蜂点，顺垄走每隔40步为一个放蜂点，以后每隔40垄为一个放蜂垄（图5-4）。

在高温干旱季节，由于田间湿度较低，应避开一天中对赤眼蜂最不利的时间放蜂。可改在傍晚放蜂，或在放蜂前通过给玉米田灌水增加田间湿度，可提高赤眼蜂的寄生率。如遇大风雨天气不能放蜂时，可将蜂卡放在阴凉通风处保存。若已羽化出蜂则需将蜂放在玻璃瓶或塑料袋中封口保存，内放吸有蜂蜜水的棉球供赤眼蜂取食，再放些纸条供它们栖息，然后存放在4～10℃低温或通风阴凉避光处，待天晴后再取出释放。

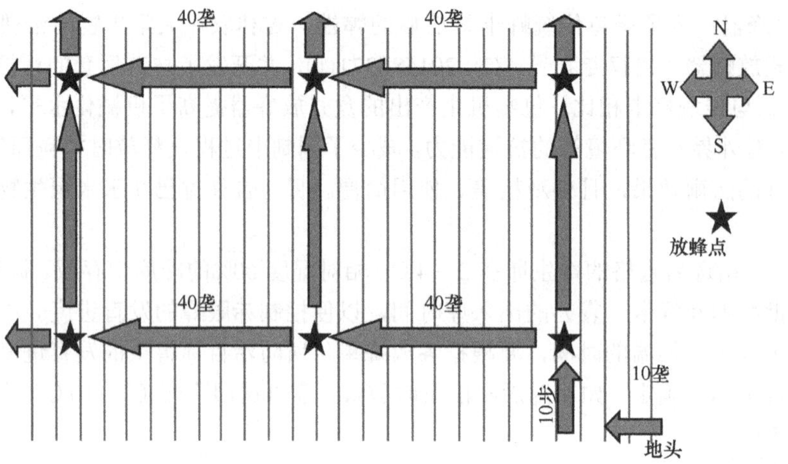

图 5-4 放蜂点的确定

（四）田间效果评价

1. 卵寄生率调查 最后一次放蜂 10d 后，分别对放蜂区和对照区进行玉米螟卵寄生率调查。每个乡调查 2 个村，每个村调查 2 块地，每块地随机采集玉米螟卵 20～25 块，放置培养皿内发育 2～3d 后，检查记载卵粒寄生情况，完全变黑的卵粒是赤眼蜂所寄生的，卵粒中间有一个小黑点或有幼虫孵化的为没有被寄生的卵；在未放蜂地块选择距放蜂地上风处 400m 远的玉米田作对照区，调查方法同放蜂区。

$$\text{卵块寄生率}=\frac{\text{寄生卵块数}}{\text{调查卵块数}}\times 100\%$$

$$\text{卵粒寄生率}=\frac{\text{寄生卵粒数}}{\text{调查卵粒数}}\times 100\%$$

$$\text{校正卵寄生率}=\frac{\text{放蜂区卵寄生率}-\text{对照区卵寄生率}}{1-\text{对照区卵寄生率}}\times 100\%$$

2. 田间防治效果调查及测产 在 9 月下旬玉米收获前，选择当地主推玉米品种防治区与对照地块，剖秆调查玉米植株被害情况。用棋盘式法调查，每块地取 5 点，每点调查 20 株，共调查 100 株，按部位分别剖检记载玉米植株的被害情况及虫口数量；对照区调查内容及方法同防治区。根据玉米植株被害情况的系统调查资料，计算放蜂田块与对照田块的产量损失率，或实测玉米单产，得出放蜂田与对照田相比挽回的产量损失。

$$\text{被害株减退率}=\frac{\text{对照田被害率}-\text{防治田被害率}}{\text{对照田被害率}}\times 100\%$$

$$\text{虫口减退率}=\frac{\text{对照田虫口数}-\text{防治田虫口数}}{\text{对照田虫口数}}\times 100\%$$

$$\text{虫孔减退率}=\frac{\text{对照田虫孔数}-\text{防治田虫孔数}}{\text{对照田虫孔数}}\times 100\%$$

$$\text{平均防治效果}=\frac{\text{被害株减退率}+\text{虫口减退率}+\text{虫孔减退率}}{3}$$

$$\text{产量损失率}=\text{雌穗上部折秆株率}\times 11.4\%+\text{雌穗下部折秆株率}\times 32.1\%+\text{穗柄受害株率}\times 13.0\%+\text{秆受害株率}\times 5.84\%$$

挽回产量损失率＝对照区产量损失率－处理区产量损失率

（五）影响赤眼蜂防治效果的因素

1．选择赤眼蜂种是否适当　这是利用赤眼蜂防治害虫的首要问题。不同赤眼蜂种和种下型对不同寄主有不同的寄生潜能，如果选用不适合的蜂种，就会降低其寄生潜能。

2．繁殖赤眼蜂的中间寄主是否适宜　不同的赤眼蜂种类要选择适宜的中间寄主进行繁殖。例如，广赤眼蜂只能利用小卵繁蜂，松毛虫赤眼蜂用柞蚕卵繁蜂效率就要高得多，适宜工厂化繁蜂。大卵繁蜂时应控制单卵蜂头数，单粒柞蚕卵出蜂控制在60～80头，以保证赤眼蜂发育有足够的营养，繁育出健壮的赤眼蜂个体。

3．赤眼蜂的生活力　赤眼蜂在大田的飞翔能力由生活力强弱所决定，赤眼蜂生活力的强弱直接影响防效。因此，在繁蜂过程中一定要注意选择优质蜂种，且人工繁殖代数不宜过多。

4．放蜂时间是否准确　一定要抓好放蜂各项技术环节，适时放蜂，这是保证放蜂效果的重要因素。

第二节　平 腹 小 蜂

荔枝蝽象（*Tessaratoma papillosa* Drury）（以下简称荔蝽），是荔枝、龙眼的主要害虫，广泛分布于我国南方诸省及东南亚各国。荔蝽每年一代，以成虫过冬，其成虫、若虫均能为害荔枝、龙眼的花、果和嫩梢，以若虫为害尤甚。花穗受害后不能结果，果实受害后枯萎脱落，嫩梢受害也常枯萎，严重影响产量。传统防治荔蝽的方法有人工捕杀成虫、采摘卵块和使用化学农药等。但是，人工捕杀费工费时、效率很低；化学防治成本高、污染环境，造成农药残留和杀伤蜜蜂及有益天敌等问题。20世纪60年代初期，我国科技工作者（蒲蛰龙等，1962）在长期的调查、研究中发现并首创了应用平腹小蜂（*Anastatus* spp.）防治荔蝽的办法，开创了荔蝽生物防治的新途径，取得了显著的防治效果。

荔蝽卵期的寄生蜂有多种平腹小蜂、卵跳小蜂（*Ooencyrtus* spp.）和姬小蜂等。其中以平腹小蜂发生时间最早、数量最多、控制作用也最大，5月下旬以后荔蝽卵的自然寄生率可达60%以上。早期认为该平腹小蜂为荔蝽平腹小蜂（*Anastatus japonicus* Ashmead）（又称舞毒蛾卵平腹小蜂），但后经鉴定为麻纹蝽平腹小蜂（*Anastatus fulloi*）（Peng et al.，2020）。在早春季节，荔蝽产卵始盛期，由于平腹小蜂的自然种群数量很少，对荔蝽卵的寄生率较低，一般在20%以下，因此，不能及时有效地控制荔蝽为害。通过人工大量繁殖和释放麻纹蝽平腹小蜂，提早增加果园内麻纹蝽平腹小蜂的种群数量，是控制荔蝽为害的有效方法。

一、生物学和生态学特性

麻纹蝽平腹小蜂在广州地区自然条件下，每年可发生8～10代。在25～30℃条件下，每个世代历期23～33d。成蜂羽化后即可交配产卵，雌蜂交尾1次就能持续产出正常的受精卵。成蜂产卵期较长，可连续产卵1个月左右。在温度25～32℃、相对湿度54%～95%时，每头雌蜂平均产卵228粒［用柞蚕（*Antheraea pernyi* G.）卵繁殖的雌蜂最多可产卵446粒）］，卵量主要集中在羽化后的前25d内，日产卵量为6～11粒（最高可达33粒）。补充营养对成蜂的寿命影响很大，成蜂羽化后如饲喂蜜糖水，则雌蜂寿命可长达30～40d，雄蜂5～6d，长者10d以上。如不供给任何补充营养，则成蜂只能存活3～7d。

麻纹蝽平腹小蜂的发育速度与温度关系密切。在26～31℃，其发育速度随温度的升高而显著加快，但温度超过33℃，发育速度加快则不明显。在较低的温度条件下，平腹小蜂发育缓慢，甚至出现休眠。平均温度在20℃以下时，平腹小蜂发育到预蛹期就进入休眠越冬状态，直至翌年3～4月温度回升后才化蛹、羽化。室内试验表明，越冬休眠的百分比主要与温度有关。如果在17℃恒温或17～20℃变温下，让平腹小蜂的1～2龄幼虫继续发育，其老熟幼虫或蛹则100%进入休眠越冬。利用这一习性可以在秋冬期间大量繁殖积累蜂种，以备早春释放。

平腹小蜂一般以老熟幼虫或预蛹在寄主卵内越冬，在温暖地区，少数也能以成蜂过冬。温度除影响平腹小蜂的发育速度之外，也会影响它的受孕率。在28～34℃条件下，随着温度的升高，成虫的不孕率也明显增加。

湿度对平腹小蜂的发育速度没有明显的作用，但能影响成蜂的寿命和产卵量。湿度过高或过低都会影响成蜂寿命，在相对湿度40%～80%条件下，雌蜂产卵量随湿度的上升而增加。因此，平腹小蜂生长发育和产卵繁殖的最适温湿度条件是25～28℃和相对湿度80%。

此外，在人工繁殖平腹小蜂时，光照时间、寄主卵粒大小及新鲜程度等也会影响子代成蜂的性比。一般光照时间充足（每天10h以上）、寄主卵粒大而新鲜时，所繁殖的子代成蜂雌性比例也高。平腹小蜂除寄生荔蝽卵外，还能寄生蓖麻蚕、柞蚕、樟蚕、松毛虫、香蕉弄蝶及柑橘大绿蝽象等的卵。

平腹小蜂对寄主卵的发育程度要求不甚严格，寄主卵胚胎发育的不同时期都能寄生，一般为单寄生，即从一个寄主卵内只能羽化1头成蜂。如寄生在寄主胚胎发育后期或卵粒较小的寄主上，其子代雄蜂的比例明显增大。如产卵于寄生胚胎发育后期即将孵化的荔蝽卵，平腹小蜂的产卵行为也会将其寄主杀死，但其子代幼虫也因营养不足而不能完成发育。平腹小蜂的成虫以花蜜为食，也能用产卵器穿刺寄主卵壳而取食流出的卵浆。雌蜂每产1粒卵的时间为10min左右，长者可达30min。

二、大量繁殖方法

广东省农业科学院植物保护研究所长期进行麻纹蝽平腹小蜂的人工繁育，目前多采用柞蚕卵作为人工大量繁殖的中间寄主。广东省也于2019年公布了最新的广东省地方标准《平腹小蜂扩繁与防治荔枝蝽应用技术规程》（DB44/T 2221— 2019），基本繁蜂方法有如下几种。

（一）蜂箱散卵繁蜂法

繁蜂箱（图5-5）是用松木板或不锈钢板制成的30cm×22cm×7cm长方形木框（不宜使用杉木板，杉木的挥发性气体会引起成蜂死亡），长方形木框的向光面放进用硬纸条（或塑料薄纸片）制成的百叶窗形产卵格。产卵格由27条横纸条和15条纵纸条互相交错构成大小相同的斜格（横纸条呈60°倾斜），每一小格高约1.2cm，可放寄主卵10粒左右，向光面用白纸封固，使每小格的向光面封闭。长方形木框的另一面用透明的塑料薄片封闭。塑料薄片与产卵格约有5.5cm的距离。长方形木框的一侧有小孔，用以放入寄主卵和种蜂；另一侧有小门，可以打开放出已寄生的卵；

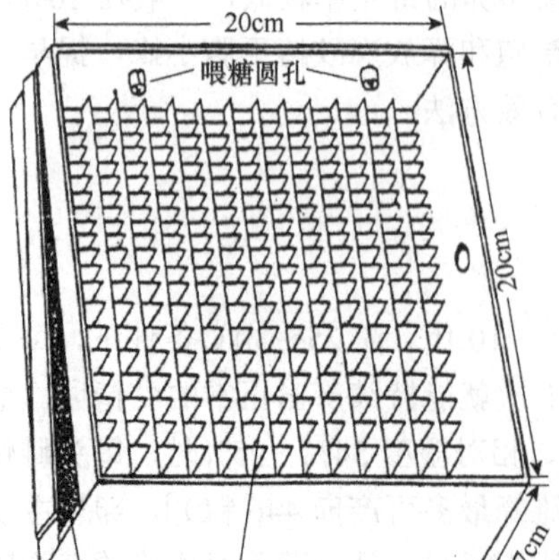

图5-5 麻纹蝽平腹小蜂繁蜂箱示意图

上方有两小孔，插入小玻璃管，管内放棉花，滴入蜜糖水，让成蜂自由取食。

繁蜂时，先把种蜂放入繁蜂箱内，每箱约放种蜂600头。然后加入寄主卵（柞蚕卵）并使其均匀分布在每个产卵小格内。再把蜂箱放好，产卵格的一面向光，另一面以黑布遮光。2d后换出寄主卵，放进新鲜卵，同时给种蜂饲喂蜜糖水。种蜂可连续使用20余天（换卵10余次），20d以后的种蜂产卵量显著减少，此时必须更新种蜂才能继续繁殖。

（二）大笼卵卡繁蜂法

繁蜂笼用170cm×120cm×50cm的大木架或铁架制成（图5-6），由上而下每隔30cm分隔一层，各层架的上下左右及背面5个方向全部用0.25cm厚的玻璃封固，正面的门用尼龙纱制成。各层顶部每间隔3cm左右拉一小铁丝，供悬挂卵卡用。笼架下脚装有万向轮，便于随时移动。

接蜂前先把蜂种卵卡挂入繁蜂笼内，待蜂种羽化后再挂入新鲜卵卡，经寄生2d后更换卵卡1次，并饲喂蜜糖水。为了避免更换卵卡时蜂种逃逸，每次更换卵卡前，先把繁蜂笼移到5℃左右的冷房里降温冷冻30min。待蜂种因寒冷静止不动后再打开纱门，取出已寄生的卵卡，同时扫下静伏在卵卡上的蜂种，随新卵卡一起挂入繁蜂笼，关紧纱门之后即可移到25℃左右的繁蜂房内，使其恢复产卵寄生活动。

上述寄主卵（或卵卡）被寄生后，到早春荔蝽产卵始期释放前，要注意做好储藏保管工作。特别要根据荔蝽的发育活动情况结合自然气温的变化，调节适当的温度（加温或冷藏）以控制平腹小蜂的发育进度。同时要控制湿度，防潮防霉。

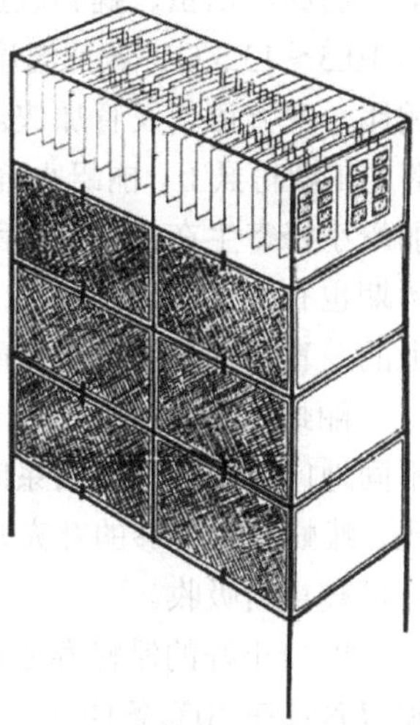

图5-6　麻纹蝽平腹小蜂繁蜂笼示意图

三、田间释放方法

田间释放平腹小蜂需根据天气因素和荔蝽成虫怀卵发育情况决定。通常选择在荔蝽雌成虫开始产卵时进行第一次放蜂。广州地区3月上中旬，福州地区略晚2～3周，不同地区适当调整放蜂期。中等大小的荔枝、龙眼树，平均每株荔蝽成虫在200头以下时，每株放蜂量为800～1000头（以雌蜂量计算）即可控制荔蝽为害。分2～3次（每次间隔7～10d）按量把寄生卵卡挂在树枝上，可将田间的荔蝽卵寄生率及时提高到85%～98%，达到控制荔蝽为害的防治效果。

利用平腹小蜂防治荔枝蝽象，已在广东、福建的荔枝、龙眼产区大面积推广应用，取得了显著的经济效益、社会效益和生态效益。

第三节　丽蚜小蜂

丽蚜小蜂（*Encarsia formosa* Gahan）属于膜翅目（Hymenoptera）蚜小蜂科（Aphelinidae）恩蚜小蜂属（*Encarsia*）。最早在美国温室天竺葵属（*Pelargonium*）植物的粉虱上发现，是粉虱类害虫的重要寄生蜂。丽蚜小蜂已知至少可以寄生8属15种粉虱，也可被棒小蜂（*Signiphora coquilletti* Ashmead）等重寄生。应用丽蚜小蜂防治温室白粉虱是世界各国生物防治的成功事例之一。同时，对防治烟粉虱［*Bemisia tabaci*（Gennadius）］也取得了较好的成效。我国于1978

年从英国引进丽蚜小蜂，在中国农业科学研究院生物防治研究所和蔬菜花卉研究所进行了生物学特征、批量生产及应用等方面的深入研究，并取得了实用性的效果。目前我国已实现丽蚜小蜂的商品化生产。

一、生物学特性

丽蚜小蜂为粉虱类害虫的内寄生蜂，寄生粉虱若虫，尤其嗜好寄生 3、4 龄若虫。其生活史经历卵、幼虫、蛹和成虫 4 个阶段，从卵至蛹阶段均在寄主体内度过。幼虫的发育起点温度为 10.5～13.5℃，致死温度是 38.3℃。从产卵到成虫羽化需要 188.9～207 日·度，与恒温条件相比，变温可使发育加快。丽蚜小蜂幼期的死亡率和发育时间受寄主种类和粉虱虫龄的影响显著。在烟粉虱上，丽蚜小蜂幼期的死亡率比在温室白粉虱上高 1.3～8.0 倍、发育时间延长 22%。丽蚜小蜂寄生在其偏爱虫龄上的羽化率较高，发育时间缩短 38%。寄主植物对丽蚜小蜂的发育历期也有很大影响，在 22.5～25℃下，丽蚜小蜂在番茄、烟草、茄子、黄瓜和甜椒等寄主植物上的发育历期都为 15d，而在圣诞红上的发育历期可长达 24.5d。

丽蚜小蜂雌蜂有 5～16 条卵巢管，每条卵巢管可产 3 粒成熟卵，每日卵发育成熟 8～10 粒。不同地区的丽蚜小蜂品系间卵巢管数目相差较大，卵巢管数量与虫体大小（以头宽表示）成正比。雌蜂取食足够的补充营养后，产卵量增加；但如果没有合适的寄主寄生，3d 后卵巢管内的卵可被重新吸收。

丽蚜小蜂的雌蜂寿命可随温度升高而缩短。在 20℃条件下，最长可达 52d，并可持续产卵和取食；在 30℃条件下，仅能存活 3.9d。用蜂蜜作为补充营养时，从黄瓜植物上的粉虱体内羽化的雌蜂比从番茄和烟草上的粉虱体内羽化的寿命明显延长。除温室白粉虱和烟粉虱的卵及 1 龄若虫外，雌蜂还可产卵寄生各龄若虫，但最喜欢寄生 3、4 龄若虫。产卵行为多发生在清晨。雌蜂在产卵寄生时，能够准确判断寄主是否已被寄生，几乎可以 100%避免同种重复寄生。丽蚜小蜂在产卵之前，如果探测到寄主体内有同种蜂卵，则这些蜂卵或者被推到一边，或者被产卵器刺伤而不能发育。

成蜂可以取食寄主粉虱的蜜露，也可用产卵器穿刺寄主若虫并吸食血淋巴而获得能量和营养。雌成蜂为了营养需求而刺吸粉虱若虫的血淋巴，常可将粉虱若虫直接杀死；成蜂可取食所有固着阶段的粉虱，且对 2 龄若虫和拟蛹有一定偏好。雌蜂不在取食过的粉虱若虫体内产卵寄生，也不取食已被寄生的粉虱若虫。每头雌蜂在其平均寿命的 37d 里，可通过取食而杀死约 100 多头寄主，丽蚜小蜂这种致死粉虱若虫的效能，有时比寄生率还更重要。

沃尔巴克氏菌（*Wolbachia*）感染可导致丽蚜小蜂产雌孤雌生殖，使用抗生素或在 31℃高温条件下培养 2 代以上，则可抑制 *Wolbachia* 的活动，从而可产下雄性后代。一旦该共生菌被抑制，则其生殖力会大大降低。雄性发育为粉虱的初级寄生者，但不能成功地使雌性受精。

丽蚜小蜂成蜂的扩散能力较强。其扩散的飞行活动与温度（最低 13℃）呈正相关，18℃时，在番茄上 90min 内最远可迁飞 5m。雌蜂通过飞行、着落和行走等随机方式寻找寄主，在寻找粉虱或粉虱的寄主叶片时不依靠化学信息。找到粉虱的寄主叶片时，不会辨别叶片的上下表面，对叶片的中央或边缘也无偏好性。寻找寄主的概率取决于雌蜂的行走速度、寄主个体的大小及数量，而行走速度又取决于叶面的结构（如叶脉脉序、叶面茸毛密度及叶面蜜露多少等）和温度，叶脉脉序复杂、茸毛密度高及叶面覆盖大量蜜露等都可降低其行走速度。成蜂的行走方式和行走速度在有无粉虱的寄主植物叶片上无明显差异，并且不受是否和粉虱相遇的影响。

丽蚜小蜂对化学农药十分敏感，明确常用农药在常用浓度下对丽蚜小蜂的安全性非常重要。氯氰菊酯等4种拟除虫菊酯类杀虫剂、敌敌畏、啶虫脒、阿维菌素和矿物油对丽蚜小蜂寄生的烟粉虱黑褐色伪蛹（以下称黑蛹）杀伤力最强，死亡率在96.9%以上；马拉硫磷、毒死蜱和吡虫啉次之，死亡率在34.1%～58.9%；几丁质抑制剂噻嗪酮和灭蝇胺则较安全，死亡率在18.3%以下；辟蚜雾的致死率仅为1.5%，属安全杀虫剂；多菌灵、百菌清、甲霜灵、异菌脲、三唑酮等5种杀菌剂对被寄生黑蛹的致死率在30.3%以下，其中以甲霜灵最为安全。

二、大量繁殖方法

丽蚜小蜂的人工繁殖方法主要有网罩繁蜂法、单室繁蜂法、四室繁蜂法和五室繁蜂法，其中以网罩繁蜂法和五室繁蜂法最为常用，适合不同的繁蜂需求。番茄、烟草、雪莲果等可作为寄主植物。以下以番茄为寄主，简要介绍常用的网罩繁蜂法和五室繁蜂法。

（一）网罩繁蜂法

此方法适用于较小的饲养空间。首先制作边长70～80cm、高100cm左右的方形框架，然后用50目的尼龙纱罩严，即成繁殖饲养的网罩。

1．培育清洁番茄苗　在培养箱或清洁室内，育好番茄苗，待定植到花盆中后，及时放入网罩内，加强肥水等管理，培育清洁壮苗。

2．接粉虱虫卵　当苗高达30cm左右时，移入粉虱产卵笼罩中，按每叶片上5头粉虱成虫的比例接入烟粉虱成虫。接种时间掌握在24～28h为宜，最多不能超过48h。

3．熏杀残余粉虱成虫　在粉虱产卵笼罩中轻轻摇动植株，以赶走大部分成虫。然后将带有烟粉虱卵的植株移到塑料薄膜密封罩中，用吸有敌敌畏原液2～3滴的滤纸条熏蒸10～12h。操作时注意避开阳光直射以防温度过高，并防止药液与植株直接接触，以免发生药害。

4．培育粉虱若虫　将经过熏蒸处理的、只带有烟粉虱卵的番茄植株移入另一笼罩内（小蜂培育笼罩）培养约15d，当粉虱若虫发育到2～3龄时即可接入丽蚜小蜂。

5．接蜂　一般接蜂的蜂虫比例为1∶(20～30)，要控制丽蚜小蜂的羽化期与烟粉虱若虫2～3龄期相吻合，接蜂时间为8～9d。

6．收获　接蜂后8～9d，被寄生的粉虱若虫变成黑蛹，待未被寄生的粉虱若虫羽化为成虫后，采摘带有粉虱黑蛹的叶片释放或冷藏。

（二）五室繁蜂法

此法可在温室中进行，温室占地约50m^2，分成5间隔离室。日均温21～27℃，相对湿度60%～85%。

1．清洁苗生产室　清洁苗栽培室15m^{2}左右。按常规栽培方法，播种、移苗和定植番茄，当苗长到35d（5片真叶）时，将其单株定植于直径25cm的花盆内。每批苗120盆左右，每两周准备一批苗。45d（7～8片真叶）时，即可接种粉虱。

2．粉虱接种繁殖室　面积10m^{2}左右。

1）粉虱虫源的准备：在开始繁蜂前21d，将7～8片真叶的21盆番茄苗放入接种繁殖室，接入粉虱成虫3500～6000头，繁殖粉虱虫源备用。

2）当子代粉虱成虫大量羽化时，搬入77盆待接种番茄苗，接粉虱成虫24～36h。其间，需经常摇动提供虫源的植株，同时也轻轻晃动新苗4～5次，使粉虱产卵均匀。一般叶背面每平方厘米有粉虱卵35粒以上时，即可结束接种。

3）摇动番茄植株，赶走其上的大量粉虱成虫后，将其中的70盆苗搬出室外，放入密闭容器中，每隔3株挂一敌敌畏纸条，熏蒸4h，以杀死番茄植株上遗留的粉虱成虫，然后移入粉虱若虫发育室。

4）留在虫源繁殖室内作为烟粉虱种源的番茄植株，每7d移入7盆新植株，更换一次。更换时将老植株拔下，待粉虱成虫全部羽化后再清理出去。

3．粉虱若虫发育室　面积$8m^2$左右。将熏蒸后的70盆番茄苗移入若虫发育室，剪去植株的生长点，并加强肥水管理，促进叶片生长。14d后，当粉虱若虫发育到2～3龄时，用于接种丽蚜小蜂。

4．丽蚜小蜂接种及培养室　面积$6m^2$左右。将上述带有2～3龄粉虱若虫的番茄植株移入小蜂接种及培养室，并接入丽蚜小蜂成蜂6万～7万头，以每平方厘米叶片上有1头成蜂为宜，经10～12d，当被寄生的粉虱黑蛹零星出现时，即可移出。同时用敌敌畏药条熏蒸1h，杀死滞留在植株叶片上的成蜂。

5．小蜂和粉虱分离室　面积$8m^2$左右。将带有粉虱黑蛹的番茄植株移入此室，停留2～3d，使未被寄生的粉虱大量羽化（此时放入3盆清洁苗，诱集分离室的粉虱成虫），然后把番茄苗搬出室外，进行敌敌畏熏蒸，杀死滞留在叶片上的粉虱成虫。采摘带有粉虱黑蛹的叶片，将黑蛹冲洗下来粘成纸卡，或在室内晾1～2d后直接包装，储藏或田间应用。

6．冷藏保存　被寄生的粉虱黑蛹在11～12℃条件下保存14d，或在4～5℃条件下保存7d，可以保持丽蚜小蜂正常的寄生和繁殖等能力。但存储时间越长，羽化率越低。

丽蚜小蜂的生产工艺流程图如图5-7所示。

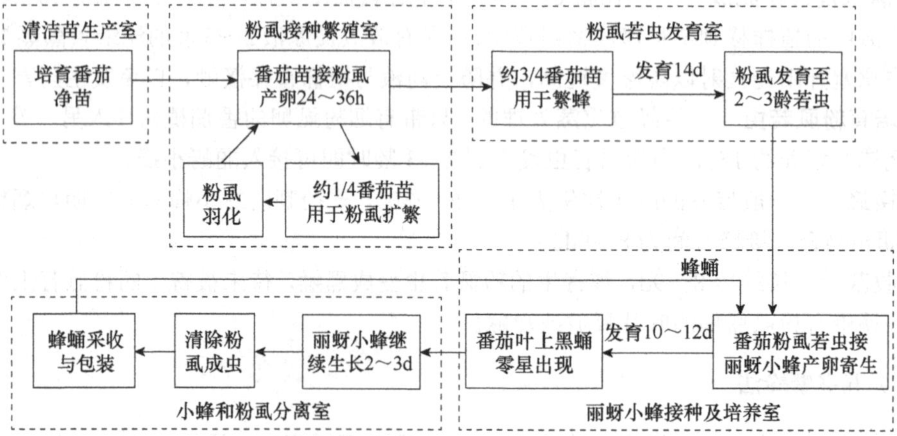

图5-7　丽蚜小蜂生产工艺流程示意图

三、田间释放方法

（一）释放时期

需通过检测粘虫板上粉虱的种类及数量，实时更改释放策略。当粘虫板上发现1.5～6头/m^2粉虱时，应及时释放丽蚜小蜂。

（二）主要释放方法

1．增殖释放　在大棚内引入具有少量蓖麻粉虱［*Trialeurodes ricini*（Misra）］发生的蓖麻植株，然后接入少量丽蚜小蜂，在田间构建“蓖麻-蓖麻粉虱-丽蚜小蜂”载体植物系统，让丽蚜小蜂在蓖麻植株上不断增殖，使其成为丽蚜小蜂自然繁殖的“工厂”。

2．保护性释放　在作物定植 7d 后或在最后一次施用农药（如阿维菌素）21d 后，在田间引入丽蚜小蜂，每亩释放 1000 头，每 7d 一次，连续放蜂 3～5 次。在田间多点释放更利于丽蚜小蜂的扩散。

3．控制性释放　田间株均粉虱虫量少于 2 头时，每亩释放丽蚜小蜂 15 000～25 000 头；田间株均粉虱 2～4 头时，每亩释放丽蚜小蜂 25 000～35 000 头。同时需配合温度情况加以调节，当 20～28℃时，正处于粉虱发生的最适温区，以释放上限的蜂量为宜，原则上丽蚜小蜂与粉虱的益害比为（3～4）∶1。每 7～10d 放蜂一次，连续放蜂 3～5 次。

第四节　蚜　茧　蜂

蚜茧蜂属于膜翅目（Hymenoptera）姬蜂总科（Ichneumonoidea）茧蜂科（Braconidae）蚜茧蜂亚科（Aphidiinae），是一类寄生在蚜虫体内的寄生蜂。该亚科寄生蜂全部专性寄生于蚜虫，被寄生后的蚜虫体色加深，虫体僵硬膨大，称为“僵蚜”，对控制蚜虫种群的发生数量起着重要作用。蚜虫科（Aphididae）是世界农林生产中重要害虫之一，不仅直接为害农林作物，还能通过传播病毒病对农林作物造成间接危害，其分泌的蜜露还能干扰作物叶片的光合作用，严重影响作物的生长发育，给农林生产造成巨大的经济损失。

化学防治一直是防治蚜虫的主要措施，然而化学杀虫剂的大量使用致使蚜虫抗药性急剧增强，农作物农药残留超标，给生态环境及人类身体健康带来了严重的负面影响。生物防治是解决化学农药造成的一系列环境、生态和农药残留问题的重要途径。各国科研工作者在蚜虫生物防治上做了大量探索，释放蚜茧蜂成为控制蚜虫危害的重要技术措施之一。美国引进印度史密斯蚜茧蜂（*Aphidius smithi*）防治豌豆蚜（*Acyrthosiphon pisum* Harris），从法国、伊朗引进核桃蚜茧蜂（*Trioxys pallidus* Haliday）防治核桃黑斑蚜（*Chromaphis juglandicola* Kaltenbach）获得成功。智利引进了缢管蚜茧蜂［*Aphidius rhopalosiphi*（DeStefani-Perez）］、尔埃蚜茧蜂（*Aphidius ervi* Haliday）、法蚜外茧蜂（*Praon gallicum* Stary）和翼蚜外茧蜂［*Praon volucre*（Haliday）］等成功控制了小麦及玉米等作物上的蚜虫。另外，利用智利本地菜蚜茧蜂［*Diaeretiella rapae*（M'Intosh）］防治菜缢管蚜［*Rhopalosiphum pseudobrassicae*（Davis）］也获得了成功。在捷克、荷兰等国也有利用蚜茧蜂防治蚜虫的成功案例。

在我国各地相继报道了蚜茧蜂的生物学特性及利用研究。例如，云南、福建利用烟蚜茧蜂（*Aphidius gifuensis* Ashmead）防治烟田和蔬菜蚜虫；吉林通化应用棉平突蚜茧蜂［*Lysiphlebia japonica*（Ashmead）］防治大豆蚜虫；山东临沂市利用燕麦蚜茧蜂（*Aphidius avenae* Haliday）自然控制麦田麦蚜；台湾省也有应用菜蚜茧蜂［*Diaeretiella rapae*（M'lntosh）］和烟蚜茧蜂防治十字花科蔬菜蚜虫的相关报道。据最新资料记载，全世界已知蚜茧蜂有 66 属 650 余种，我国已知 26 属 173 种，是蚜茧蜂资源最丰富的国家。在已知的蚜茧蜂中，报道最多的是烟蚜茧蜂，该蜂在我国南北方均有分布，并且寄主范围广，控蚜技术相对成熟，已在云南、贵州等南方烟区全面推广应用。

根据农业农村部关于“大力推进农作物病虫害绿色防控，保障农业生产安全、农产品质量安全以及生态环境安全”的要求，以释放天敌为主的生物防治措施在害虫综合治理中扮演着越来越重要的角色，用蚜茧蜂控制蚜虫成为农业生产绿色防控中的重要技术措施之一。

一、蚜茧蜂识别特征

卵：产于蚜虫体内，微小，长0.08～0.1mm，宽0.016～0.024mm，椭圆形，乳白色或浅黄白色。

幼虫：乳白色，蛆形，有4个龄期。

蛹：呈黄褐色或褐色，离蛹，通常在蚜虫体内结圆形薄丝茧化蛹，但蚜外茧蜂族（Praini）在僵蚜体外化蛹。

成蜂：长1.4～2.4mm，多为褐色或黑褐色；触角丝状，前翅有翅痣与第一回脉（中间脉），后翅有一基室，腹部具柄节，生于后足基节之间，第3腹节以后背板可以自由活动，产卵器自腹末前方腹面伸出；雄性体略小，触角节数比雌性多，腹部呈椭圆形。

二、大量繁殖方法

在自然界中，植物—植食性昆虫—捕食性昆虫—天敌通过取食与被取食的关系，形成了生态系统中的食物链，维持着生态系统的平衡。按照寄主植物—蚜虫—蚜茧蜂形成的三级营养关系，大量繁殖蚜茧蜂的关键步骤可分为培育寄主植物、繁殖寄主蚜虫和繁殖蚜茧蜂3个部分。

（一）培育寄主植物

繁殖蚜茧蜂的过程并不是简单地将自然界的食物链直接搬到室内。不同寄主植物的繁蚜繁蜂效果是不一致的，采用什么植物和利用什么蚜虫来繁殖蚜茧蜂都会影响人工扩繁的效果。比如烟蚜茧蜂除寄生烟蚜外，还可寄生大豆蚜、豌豆蚜、玉米蚜和萝卜蚜等，有报道称烟蚜茧蜂对烟蚜的寄生效果最好。烟蚜的寄主植物有烟草、油菜、茄子和辣椒等，其中烟草被普遍认为是繁殖烟蚜较为理想的寄主植物。另外，油菜、萝卜等也可作为繁殖烟蚜的寄主植物。而菜蚜茧蜂更偏爱于十字花科作物上的蚜虫，洋白菜、菜花和花椰菜是菜蚜茧蜂的较适合寄生植物。

因此，繁育不同的蚜茧蜂选用的蚜虫种类不同，对应的寄主植物和繁育技术也不相同。在生产实际中，为了追求生产效率和便于规模化管理，一般选择生长速度快、耐蚜性好、有利于蚜虫生长发育的植物小苗作为寄主植物。培育方法常采用营养钵育苗法和水培育苗法。

室内营养钵育苗应注意调节温湿度，若消毒不彻底，土壤带菌，高温高湿条件下容易引起蚜霉菌的发生和流行，常导致蚜虫繁殖的失败。采用水培育苗法能克服上述不足。此外，水培育苗法具有操作方便、工作效率高等优点，是室内繁蚜较为理想的方法。

（二）繁殖寄主蚜虫

种蚜可从大田中采集，或对越冬种群进行保存、扩增。田间采集的蚜虫要进行消毒，在室内繁殖3代后，经观察无带菌蚜虫后方可作为大量繁殖蚜虫的虫源。

采用不同寄主植物繁殖不同蚜虫，其接蚜时间不同，接蚜量也有差异。在生产中判断寄主植物接蚜时机通常可采用两个指标：一是植物生长天数，二是叶片数量。比如在茶足柄瘤蚜茧蜂［*Lysiphlebus testaceipes*（Cresson）］人工繁殖技术研究中提到，在生长期为10～26d的蚕豆苗上接入20头苜蓿蚜［*Aphis craccivora*（Koch）］，在一定条件下经7d后，接蚜于生长期为20d（第6片真叶完全展开）的蚕豆苗上蚜虫数量显著高于其他处理，蚜虫的增长率最大，单叶载蚜量也最大。接蚜时间确定好后，接蚜量也有讲究。研究表明，取生长期为20d的蚕豆苗，分别接入10头、30头、50头、70头苜蓿蚜。虽然蚜虫总数随着接蚜数量的增加而上升，但后期升幅不显著，主要原因是蚕豆寄主的营养供应不足，导致蚜虫扩繁效率降低。

因此，繁殖寄主蚜虫时要综合考虑接蚜时间和接蚜数量，以期提高繁蚜效率和降低繁蚜成本。以繁殖烟蚜为例，在《烟蚜茧蜂防治烟蚜技术规程》（GB/T 37506—2019）中，给出的接蚜时间为烟株长到6～8片有效叶时，接蚜数量为每株烟接种烟蚜20～30头。

接蚜方法按照其原理可归纳为两种：一种是用毛笔尖挑取蚜虫转移，即单蚜挑接法；另一种是把蚜虫连同寄主组织（一般为叶片）一起转移，让蚜虫在新寄主上自由扩散，如撕片法、放接法、铺接法、扩散法等。单蚜挑接法具体操作方法是选择个体大、未被寄生的无翅蚜。先用柔软的毛笔轻轻动一下蚜虫尾部，待蚜虫口针从寄主植物叶片中抽出后再将其移接到新的叶片上，否则容易造成蚜虫受伤而死亡。此法用蚜量少，可剔除被寄生的蚜虫，是主要的接蚜方式。撕片法、放接法、铺接法是根据接蚜数量将带有蚜虫的寄主植物叶片分成适当大小的块状，叶背面朝下，分布均匀地平铺在烟苗上。此类方法应在晴天、烟苗叶片上无露水后接蚜。接蚜时应采取措施增强光照，任其自行转移扩散，较为省时省工，效率高。扩散法是将有大量种蚜的盆栽作物移入繁蚜室内，任蚜虫自行扩散繁殖。此法省工省时，但种蚜虫用量大，适于种蚜多时使用。值得引起注意的是，此法有可能将被寄生的蚜虫带入，从而影响蚜虫的繁育量。

在饲养繁殖蚜虫过程中，要做好种苗及用具的消毒工作，预防蚜霉菌流行，同时也要做好食蚜蝇及其他寄生性天敌的防除工作。

（三）繁殖蚜茧蜂

将蚜茧蜂蜂种放入繁蜂室内寄生蚜虫。接种的蚜茧蜂可以是直接从田间采集的成蜂，也可以是田间采集僵蚜中羽化出的成蜂，或是保存室中经过群体交配后的蚜茧蜂成蜂。需要注意的是，田间采回的僵蚜不能直接使用，要待蚜茧蜂羽化后，鉴定种类，剔除重寄生蜂及其他蚜茧蜂，防止蜂种混杂。

接蜂量可按照蜂蚜比换算确定，一般在1∶100左右，即1头蚜茧蜂对应100头蚜虫。更精确的计算可按蚜茧蜂的雌雄比为1∶1，雌蜂与蚜虫比为1∶50进行。蚜茧蜂雌蜂在蚜虫体内产卵，幼虫孵化后在蚜虫体内生长发育，致使蚜虫死亡，因此适当提高蚜茧蜂的雌雄比对蚜虫的防治有重要意义。

研究发现，蚜茧蜂产卵对寄主蚜虫龄期有一定的嗜好和选择，多发类群蚜茧蜂成蜂嗜好选择在2～3龄若蚜上产卵寄生。在繁殖蚜茧蜂时接种的寄主蚜虫最好选择有大量2～3龄若蚜的群体，此龄期若蚜被产的卵多是受精卵，因而后代雌蜂比例大，蚜茧蜂生命力较强，释放后效果好。

在蚜茧蜂和蚜虫的大量繁殖过程中，要注意保持温室内良好的通风，防止蚜霉菌；同时要注意保持隔离，防止重寄生蜂对蚜茧蜂的寄生。在形成僵蚜后，需要挑取部分僵蚜在室内羽化，检查羽化率和重寄生率，当重寄生率在1%以上时，在收集与释放过程中必须剔除重寄生蜂。

三、收集、贮藏与释放

（一）蚜茧蜂的收集

在僵蚜大量形成后，成蜂未羽化时可收集僵蚜叶于田间释放，也可在成蜂大量羽化后，及时收集成蜂于玻璃瓶或纱袋内于田间释放。收集成蜂时，所收集的成蜂应悬挂并置于阴凉处，运输过程中避免阳光直射和挤压，按计划在3h内释放至田间（中午12点前），以提高蚜茧蜂的成活率和寄生率。在收集成蜂时需对重寄生蜂和有翅蚜进行人工剔除。

（二）蚜茧蜂的贮藏

低温冷藏是蚜茧蜂常用的贮藏方法。贮藏蚜茧蜂是利用它本身固有的特性——滞育。目前蚜茧蜂的低温储存时间在1d内，对其羽化率几乎无影响，但贮藏时间超过20d，其羽化率将会降低。温度、光照和诱导虫态是诱导蚜茧蜂进入滞育状态的关键因素，低温短日照可以诱导蚜虫内的蚜茧蜂老熟茧（蛹）进入滞育状态。将僵蚜放在8℃、每天保持8h光照的环境中，蚜茧蜂滞育率可达50%以上。诱导寄生蜂滞育可显著延长其货架期，在促进天敌商品化和生物防治应用中具有重要意义。成熟的包装和贮藏技术是天敌昆虫商品化的必要条件，也是利用天敌成功控害的保障。目前，蚜茧蜂多以僵化2～3d的僵蚜进行贮藏，其包装多采用僵蚜叶片和僵蚜盒，这种包装能够保证僵蚜羽化率和成蜂活性。

（三）蚜茧蜂的释放

蚜茧蜂释放前必须做好蚜虫发生动态监测，根据大田蚜虫种群数量确定最佳放蜂时间和数量。一般在蚜虫始发期可以进行第一次放蜂，此后根据蚜虫发生情况，在田间大面积发生时可进行多次放蜂。释放量计算方法以烟田为例，其计算公式为

$$\text{需投放蚜茧蜂成虫量（头/亩）}=\frac{\text{亩栽烟株数}\times\text{平均单株蚜量}}{50\text{（蚜/蜂）}\times 30\%\text{（蚜茧蜂自然寄生率）}}$$

田间蚜茧蜂释放可采取人工释放和自然释放两种方式，人工释放又分成蜂释放和僵蚜释放两种方法。一般来说，室内繁蜂方式必须进行人工释放，而田间小棚繁蜂方式则以自然释放为主。

1）成蜂释放：蚜茧蜂成蜂大量羽化后，及时收集成蜂于玻璃瓶或纱袋内，并在3h内放入田间。

2）僵蚜释放：一种是以包装好的蚜茧蜂僵蚜叶片或僵蚜盒成品方式释放，另一种是以直接将活蚜虫剔除干净后平均僵蚜比例达到45%～95%的僵蚜叶片或僵蚜苗方式释放。

3）田间小棚散放法：此种方式仅针对田间小棚繁蜂技术，当小棚内寄主植物上僵蚜大量形成、活的蚜虫数量很少时，掀开繁蜂棚，让羽化的成蜂飞出寻找蚜虫寄生。

四、烟蚜茧蜂规模化繁殖与释放具体案例

烟蚜茧蜂在我国分布广泛，寄主蚜虫种类较多，规模化繁殖技术相对成熟。下面主要介绍以烟草为寄主植物繁殖烟蚜，从而进行烟蚜茧蜂规模化繁殖与释放的方法。

（一）设施及材料

1．繁蜂棚 繁蜂棚应在交通便利、有洁净水源、便于烟蚜茧蜂运输与投放的场所搭建。

（1）繁蜂大棚 应具备良好通透性、隔离性及可调节光照，用60目防虫网隔离。

（2）繁蜂小棚 以镀锌管或其他硬质有弹性的材料制作拱架，应牢固、稳定；拱高180～200cm，拱宽300cm，长短依据需要确定，一般为300～600cm；应覆盖60目防虫网隔离，根据需要覆盖塑料薄膜、遮阳网等进行保温防雨；搭建在前茬为非烟作物的地块或育苗池上。

2．常用工具 繁蜂漂盘、植烟容器、接蚜笔、僵蚜收集器、僵蚜盒及僵蚜叶片盒等。

（二）规模化繁育

规模化繁殖烟蚜茧蜂，可采用漂浮育苗法规模繁蜂、田间小棚繁蜂和大棚内成株繁蜂3种方式相结合，其繁育规模可根据烟蚜茧蜂僵蚜需求量、繁育效率进行测算。

1. 二级种蚜、种蜂的扩繁 二级种蚜、种蜂扩繁可采用成株烟草作为寄主植物，所扩繁的烟蚜和烟蚜茧蜂供规模繁蜂用。

（1）繁蜂烟株培育 选用抗病毒能力较强、烟蚜喜食的烟草品种作为寄主植物。根据大田烟蚜的发生期，在烤烟大田移栽前7～15d，选择5～6片真叶的无病虫烟苗移栽。使用大棚繁蜂时，可采用植烟容器培育烟株或地栽。使用小棚繁蜂时，于移栽后接蚜前建棚，烟株距棚边应大于或等于25cm。加强烟株水肥管理，保持烟株叶色嫩绿。

（2）二级种蚜扩繁 烟株长到6～8片有效叶时接蚜，每株烟株用挑接法或放接法接种烟蚜20～30头，要选用3龄、4龄未被寄生的无翅若蚜。接蚜后3～5d，视蚜虫数量及分布情况补接烟蚜；接蚜7d后，要防止蚜霉菌侵染。保持繁蜂棚内温度为17～27℃，相对湿度宜为50%～80%，棚内无病原和其他虫源，烟株健康幼嫩，在无其他病虫害的条件下繁育烟蚜15～20d。繁蚜期间定期调查蚜量及虫态，监测繁蚜效果。

（3）二级种蜂扩繁 当单株烟株上烟蚜数量达到2000头以上时接蜂。种蜂可从保存种蜂的繁蜂棚或繁蜂室直接吸取，也可将烟蚜茧蜂僵蚜放在试管内羽化，剔除重寄生蜂后群体交配24h后使用。种蜂收集与接蜂的时间间隔不宜超过30min。按蜂蚜比1∶（50～100）将收集的种蜂放入繁蜂室内，烟蚜茧蜂自主寻找烟蚜寄生。在此期间要以浓度为5%～10%的蜂蜜水作为烟蚜茧蜂种蜂的补充食物。繁蜂棚内温度17～27℃，相对湿度宜为50%～80%，大棚繁蜂需繁育10～20d，小棚繁蜂需繁育20～25d。

2. 一级种蚜、种蜂的扩繁 一级种蚜、种蜂扩繁采用烟苗作为寄主植物，所扩繁的烟蚜和烟蚜茧蜂供二级扩繁用。

（1）繁蜂烟苗培育 于田间烟蚜发生初期前2～3个月播种，烟苗密度不超过450株/m^2。保持苗齐苗壮、叶色嫩绿，棚内应无病虫害。

（2）一级种蚜扩繁 烟苗5叶1心至6叶1心时接蚜，采用铺接法，每株烟苗上接9～11头烟蚜。种蚜选择生长正常、健壮无病、不含寄生蚜和僵蚜的。接蚜时收起遮阳网，接蚜后罩上孔径为60目的防虫网，并覆盖遮阳网。此时棚内温度保持在18～27℃，相对湿度宜为55%～75%。3～5d后，清除种蚜叶，视蚜虫数量及分布情况补接烟蚜；接蚜5d后，防止蚜霉菌侵染。加强烟苗水肥管理，保持烟苗幼嫩。繁蚜期间应定期调查蚜量及虫态，监测繁蚜效果。

（3）一级种蜂扩繁 当每株烟苗上的烟蚜数量达到150头时接蜂。将携带烟蚜茧蜂僵蚜的烟苗移入罩网内，烟苗根部保持湿润，蜂蚜比为1∶（50～100）。繁蜂期间温湿度、水肥等条件同上，接蜂后罩60目防虫网并加盖遮阳网。在此期间不能施用任何农药。定期调查烟蚜、寄生蚜和僵蚜的数量，监测繁蜂效果。

（三）种蚜、种蜂保育与扩繁

大量繁蜂工作结束后，即可进行烟蚜和烟蚜茧蜂保种。根据当地条件，选择烟蚜喜好取食的非烟作物作为寄主植物，如白菜、萝卜、甘蓝等。

1. 原种采集 采集野外非烟作物上的烟蚜，剔除病蚜、弱蚜后转接于健壮无病虫的寄主植物上，作为种蚜原种。采集烤烟上个体较大的僵蚜，连同叶片装于纱网袋内，放置于3～5℃的冷藏箱内暂存，作为种蜂原种。

2．种蚜、种蜂保育　种蚜、种蜂保育方法包括复壮、纯化、脱毒等程序，是一个不断循环往复的过程。种蚜、种蜂保育设施应用 60 目防虫网密封，温度保持为 20～30℃，相对湿度为 60%～80%。僵蚜在冷藏箱内的保存时间应≤20d。

（1）种蚜、种蜂复壮　在室外自然条件下搭建繁蜂小棚，交替种植烟蚜喜好取食的非烟寄主植物，接入种蚜原种，任其自然繁殖，并对种蚜进行复壮；种蚜繁殖到一定数量后，将采集的僵蚜即种蜂原种置于试管内，在室温条件下任其羽化，清除重寄生蜂后，将成蜂接入，任其自然寄生、繁殖，并对种蜂进行复壮。

（2）种蚜、种蜂纯化　种蚜纯化可将复壮后的烟蚜接引至封闭罩网内所种植的烤烟上，任其自然繁殖，持续清除寄生蚜、僵蚜和成蜂，直至不再出现为止。而种蜂纯化可在封闭的罩网内，将纯化后的种蚜接入复壮后的种蜂，持续清除重寄生蜂和其他昆虫，直至不再出现为止。

（3）种蚜、种蜂脱毒　将种蚜、种蜂反复接种至烤烟、其他非烟作物的过程中，烟蚜或烟蚜茧蜂所携带的病毒逐渐弱化或消失，最终达到不带病毒。

（四）烟田放蜂

烤烟大田移栽后开始观测，于烟蚜始发期进行第一次放蜂，此后根据烟蚜发生情况进行后续放蜂。要注意的是，放蜂前后 3d 内大田烟株不能喷施杀虫剂，收蜂、放蜂宜上午进行，风雨天不宜放蜂。

释放成蜂时有吸蜂散放和自然散放两种方式。吸蜂散放是用吸蜂器收集成蜂，装入容蜂器运至烟田，打开容蜂器，移动放蜂，常用于大棚繁蜂放蜂和小棚繁蜂前期放蜂。自然散放是在烟株上部叶片上 70%～80%的烟蚜形成僵蚜时，清除棚内有翅烟蚜，掀开防虫网，烟蚜茧蜂自然羽化飞出扩散。小棚繁蜂后期常使用自然散放方法。

释放僵蚜时可挂放僵蚜叶片或散放带有僵蚜的烟苗。烟株繁蜂法放僵蚜时采用挂放僵蚜烟苗叶片或其他形式僵蚜产品的方法，具体是当烟叶上 70%～80%的烟蚜形成僵蚜时，依次采植株下部、中部、上部叶片，清除叶片上未被寄生的烟蚜和有翅蚜，直接挂放到烟田，或是收集叶片上的僵蚜，置于载体上，制成其他形式的僵蚜产品，挂放到烟田。烟株繁蜂法放僵蚜时采用散放僵蚜烟苗的方法，具体方法是当烟苗上表观寄生率大于或等于 35%时，清除僵蚜苗上的有翅蚜，将僵蚜烟苗放置于田间，距烟株 50cm 以上，防止日晒或雨淋。

第五节　潜蝇茧蜂

橘小实蝇［*Bactrocera dorsalis*（Hendel）］属双翅目（Diptera）环裂亚目（Cyclorrhapha）实蝇科（Tephritidae）果实蝇属（*Bactrocera*），英文名为 oriental fruit fly，中文又名东方果实蝇、黄苍蝇、果蛆等，主要为害水果、蔬菜果实，其寄主植物达 300 多种。1794 年印度首次报道橘小实蝇。在我国，台湾省 1912 年首次报道该虫，大陆 1937 年报道该虫。目前，橘小实蝇已在我国华南、西南、华中等地广泛分布，严重为害我国柑橘、芒果、杨桃、番石榴、木瓜、枇杷、龙眼、荔枝、桃、李、杏、柰、苹果等，以及茄科、葫芦科蔬菜等。

由于橘小实蝇寄主种类多、繁殖能力强、幼虫危害隐蔽，因而传统的化学防治难以奏效，采用橘小实蝇的天敌对其进行生物防治并与其他无公害措施相协调，是有效防控橘小实蝇的主要方法。我国目前人工大量饲养并应用的橘小实蝇寄生性天敌有阿里山潜蝇茧蜂［*Fopius arisanus*（Sonan）］、布氏潜蝇茧蜂［*Fopius vandenboschi*（Fullaway）］、切割潜蝇茧蜂［*Psyttalia incisi*（Silvestri）］和长尾潜蝇茧蜂［*Diachasmimorpha longicaudata*（Ashmead）］的 2 个品系

（表 5-1，图 5-8），均属于膜翅目（Hymenoptera）茧蜂科（Braconidae）潜蝇茧蜂亚科（Opiinae）。

表 5-1　橘小实蝇寄生性天敌

寄生蜂种类	寄生橘小实蝇的虫态
阿里山潜蝇茧蜂	卵
布氏潜蝇茧蜂	1 龄幼虫
切割潜蝇茧蜂	1～2 龄幼虫
长尾潜蝇茧蜂	3 龄幼虫

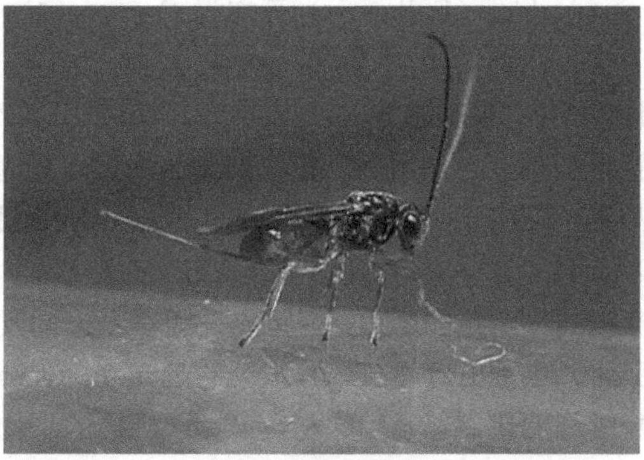

布氏潜蝇茧蜂

切割潜蝇茧蜂

长尾潜蝇茧蜂红色品系

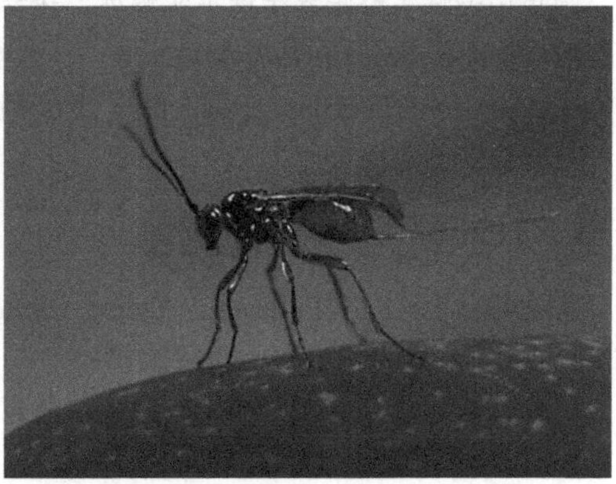

长尾潜蝇茧蜂黑色品系

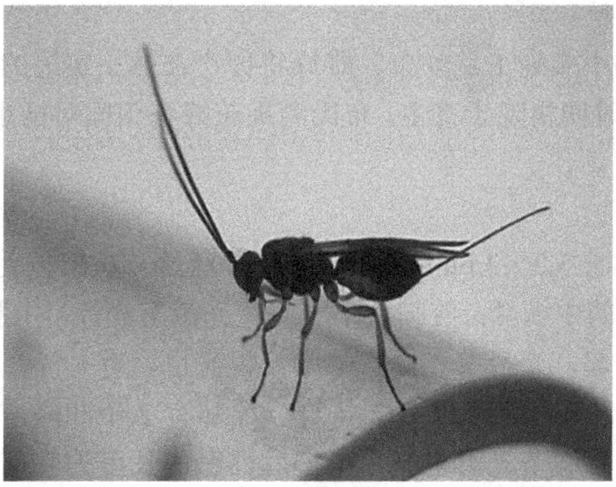

阿里山潜蝇茧蜂

彩图

图 **5-8**　橘小实蝇的寄生性天敌

一、寄生橘小实蝇的潜蝇茧蜂种类

（一）阿里山潜蝇茧蜂

1932 年，日本的 Sonan 首次对 1916 年采自我国台湾省阿里山潜蝇茧蜂的标本进行描述，并将其命名为 *Opius arisanus* Sonan。其后，阿里山潜蝇茧蜂曾多次被不同学者重新描述和命名，直至 1993 年，阿里山潜蝇茧蜂才以“*Fopius arisanus*（Sonan）”名称首次出现，*Opius oophilus* Fullaway、*Diachasma arisanum*（Sonan）、*Biosteres oophius*（Fullaway）等均为 *Fopius arisanus*（Sonan）的同物异名。

阿里山潜蝇茧蜂成蜂体长约 4mm，雄蜂比雌蜂稍小，头部和胸部背板均为红褐色；腹部和翅痣为黑褐色，足为黄色；后头脊仅侧方存在；脸具圆刻点，头顶具刻痕；前胸腹面具 1 短脊，中胸盾片密披长毛；小盾片前凹内具 3 条发达的纵脊；前翅翅痣呈三角形，2-SR 脉长于 3-SR 脉；后翅 m～cu 脉几乎伸达翅缘；腹部第 2 背板具条状刻纹；产卵器端部尖细，具明显的刻纹。

阿里山潜蝇茧蜂寄生橘小实蝇卵。雌蜂将卵产在橘小实蝇的卵内，卵孵化后随寄主一同发育至蛹阶段，然后与未被寄生的橘小实蝇几乎同时羽化。阿里山潜蝇茧蜂具很强的趋光性，雌蜂有孤雌生殖的特性。人工饲养条件下阿里山潜蝇茧蜂成蜂羽化后即开始交配、产卵，雌蜂的平均寿命为 30d，雄蜂寿命短于雌蜂。阿里山潜蝇茧蜂在田间对橘小实蝇的寄生率达 80%左右。

阿里山潜蝇茧蜂除寄生橘小实蝇外，还寄生地中海实蝇［*Ceratitis capitata*（Wied.)］、墨西哥按实蝇［*Anastrepha ludens*（Loew)］、瓜实蝇［*Zeugodacus cucurbitae*（Coquillett)］、辣椒实蝇［*Bactrocera latifrons*（Hendel)］、枣实蝇（*Carpomya vesuviana* Costa）等 20 多种实蝇害虫，具有很高的应用价值。

（二）布氏潜蝇茧蜂

Biosteres javanus Fullaway、*Opius vandenboschi*（Fullaway）均为 *Fopius vandenboschi*（Fullaway）（布氏潜蝇茧蜂）的同物异名。

雌蜂体长约 3.3mm，雄蜂稍小；头顶具有密集的刻点，披毛；后头脊伸至复眼后；额平，具皱褶，中脊明显，前胸背板具有斜脊，前后沟具齿；中胸背板、中胸侧板具密集刻点并披毛；中胸盾纵沟完整；第 1～2 腹节背板具有密集纵条纹，其余各节背板光滑；头、腹部侧面大部分为橘黄色，其余为黑色。

布氏潜蝇茧蜂寄生橘小实蝇 1 龄幼虫。雌蜂将卵产在橘小实蝇的 1 龄幼虫体内，随寄主发育直至寄主化蛹。其羽化时间稍晚于寄主。布氏潜蝇茧蜂在田间对橘小实蝇的寄生率约为 30%。

（三）切割潜蝇茧蜂

切割潜蝇茧蜂雌蜂体长 3.2～3.6mm，雄蜂稍小于雌蜂。头部披毛，后头脊部分缺如，脸具浅凹陷刻点，上部具一弱的中纵脊；前胸及中胸盾片光滑有光泽，中胸盾片隆起，盾纵沟极短；小盾片前沟窄，小盾片隆起，光滑有光泽；中胸侧板光滑，有光泽，具基节前沟；并胸腹节具倒“Y”脊；第 1 腹节中部隆起，基部具 2 条脊，端部有 2 个凹陷，中间具不规则纵向网状刻点，两侧光滑有光泽；其余腹节光滑有光泽；产卵器鞘的长度为腹部的 1 倍以上。

切割潜蝇茧蜂寄生橘小实蝇的 1～2 龄幼虫，雌蜂将卵产在橘小实蝇幼虫体内，与寄主一同发育至蛹，羽化时间稍晚于寄主橘小实蝇。人工饲养条件下成蜂寿命 30d 左右，雄蜂寿命短于雌蜂。在田间对橘小实蝇的自然寄生率为10%左右。

（四）长尾潜蝇茧蜂

曾用名 *Biosteres longicaudatus* Ashmead，中文名又名前裂长管茧蜂。

雌蜂体长3.6～5.4mm，雄蜂略小于雌蜂。后头脊发达，伸至复眼之后；触角长于体长；胸部粗壮，盾纵沟深，具小扇；小盾片三角形；中胸侧板后脊沟深，具齿；并胸腹节后半部1/2具网状褶皱，有中纵脊；足细长；前翅翅痣楔形，径脉始自中间处，小脉后叉；后翅具肘脉；产卵器鞘长于体长，为5.6～6.9mm，产卵器末端波浪状。黑色品系体黑色，红色品系体红褐色。

长尾潜蝇茧蜂寄生橘小实蝇3龄幼虫，晚于寄主3～4d羽化。雌、雄蜂羽化后即能交配、产卵，对橘小实蝇的寄生率约为30%。

二、大量繁殖方法

（一）寄主（橘小实蝇）的人工大量饲养

为了人工繁育上述寄生蜂，首先要人工饲养寄主橘小实蝇。方法是收集田间的橘小实蝇受害果，在室内［(25±1）℃，RH（70±5）%，L：D＝12：12］将受害果置于底部有网眼的容器内，用纱网罩住，便于沥干水分和防止果蝇干扰。待受害果内的老熟幼虫开始从容器底部网眼弹跳出来时，采用经过灭菌的湿润细沙收集老熟幼虫让其化蛹，化蛹后从沙中筛出蛹。

正常健康的橘小实蝇蛹深褐色，重约12mg/粒，按这个标准剔除小粒的、颜色不正常的蛹后，将健康的蛹放入饲养笼（约30cm×30cm×30cm）内，7～10d后收集羽化出的橘小实蝇成虫，再按1：1的雌雄比例配对放入另外的饲养笼。每笼放入350对同日龄的橘小实蝇成虫，提供成虫饲料（糖：蛋白质＝3：1）和水进行饲养；待性成熟后雌虫开始交配产卵时进行人工采卵。将卵接入幼虫人工饲料上，每盘人工饲料接1mL卵（每盘幼虫人工饲料含蔗糖14.4g，酵母10.8g，麦麸8.4g，苯甲酸钠0.1g，对羟基甲酸甲酯0.1g，自来水73.2mL）进行幼虫饲养，待化蛹时参照前面收集蛹的方法连续饲养几代。当数量达到上千头时，将所有的成虫转移到大的饲养笼中（约50cm×50cm×50cm），每笼约500对，当数量再多时，应转移到更大的饲养笼中（约150cm×60cm×100cm），每笼约15万头成虫，雌雄性比约为1：1。在室内扩大繁殖，从而建立橘小实蝇人工饲养种群，为人工大量饲养寄生蜂提供寄主。

橘小实蝇在上述饲养条件下，卵期1～1.5d，幼虫期7～9d，蛹期10～11d，成虫产卵前期为10～14d。成虫寿命雌性为80～95d，雄性为60～85d，雌虫平均产卵期为46d，平均产卵量30粒/1雌/日。

（二）卵寄生蜂——阿里山潜蝇茧蜂的人工饲养

阿里山潜蝇茧蜂寄生橘小实蝇卵，其卵、幼虫、蛹的发育全程均在寄主体内完成。

饲养时取羽化当天的阿里山潜蝇茧蜂1000头（雌雄比例1：1）置于25cm×25cm×25cm的寄生蜂饲养笼中，提供浓度为20%的蜂蜜水，在（25±1）℃、RH（70±5）%、L：D＝12：12条件下饲养4d。采集人工大量饲养的橘小实蝇卵，卵龄以12h以内为宜，将1mL橘小实蝇卵均匀铺于卵盘（以琼脂保水）内供成蜂产卵寄生24h，然后取出卵盘，将卵盘中的卵和琼脂一起移入橘小实蝇幼虫的人工饲料中，按饲养橘小实蝇的方法饲养直至化蛹。

有3种方法可分离阿里山潜蝇茧蜂和未被寄生蜂的橘小实蝇。①由被阿里山潜蝇茧蜂寄生过的卵发育而来的蛹体型较小而颜色较深，未被寄生的蛹则呈褐色且稍大，可采用分孔径仪将被寄生与未寄生的蛹分开。②实蝇蛹比被寄生蛹提早 1～2d 羽化，据此另一种分离寄生蜂和橘小实蝇的方法是当实蝇羽化 1～2d 后，可将其短期置于（4℃）低温下让实蝇成虫低温休克而将其分离。③将实蝇蛹置于寄生蜂羽化器内，将羽化器盖的中间镂空，粘上孔径 2mm×2mm 的纱网，寄生蜂能通过网孔而实蝇仍阻留在羽化器内，从而将两者分离。

放蜂期为了提供大量寄生蜂，每间隔 1d 可接蜂一次，每批种蜂可接蜂 12～13 次。用于大量繁蜂的蜂种应定期复壮。复壮的具体方法是去释放过阿里山潜蝇茧蜂的田间收集被橘小实蝇为害的果实，参照上述田间收集橘小实蝇的方法，将受害果置于底部有网眼的容器内，用纱网罩住，便于沥干水分和防止果蝇干扰，待受害果内的橘小实蝇老熟幼虫开始从容器底部网眼弹跳出来时，采用经过灭菌的湿润细沙收集老熟幼虫让其化蛹，化蛹后从沙中筛出橘小实蝇蛹。然后将蛹放入 30cm×30cm×30cm 的铝合金框架的饲养笼中，四面用黑布遮住，顶部用能使寄生蜂通过而橘小实蝇不能钻出的纱网覆盖；在纱网上粘一块 PV 泡沫板，在泡沫板上嵌入若干倒扣的指形管，在饲养笼上方放置一光源，利用寄生蜂的趋光性，诱使其爬入指形管内。然后对寄生蜂进行特征观察，确认为阿里山潜蝇茧蜂后记录数量和性别。

若田间收集的阿里山潜蝇茧蜂数量较少时，可用自制的小饲养器具饲养，如一次性塑料杯。在杯壁和杯底开口，用胶贴上绢纱以透气，然后将饲养杯倒置在养虫架上，杯顶绢纱上放棉花，蘸 20%蜂蜜水以使寄生蜂成虫补充营养。向每杯中成对引入羽化的阿里山潜蝇茧蜂，观察到交配后，开始进行接蜂。接蜂方法：将番石榴切片（厚度约 1cm），在果片表面穿刺若干小孔（直径 5mm，深度 2mm），用小毛笔将橘小实蝇卵按 10 粒/孔放入孔中，然后将果片放入饲养杯中让阿里山潜蝇茧蜂产卵寄生 24h，取出果片，置于橘小实蝇幼虫人工饲料中继续按照上述阿里山潜蝇茧蜂培养。待阿里山潜蝇茧蜂的数量达到上千头时，参照上述人工饲养流程饲养（图 5-9）。

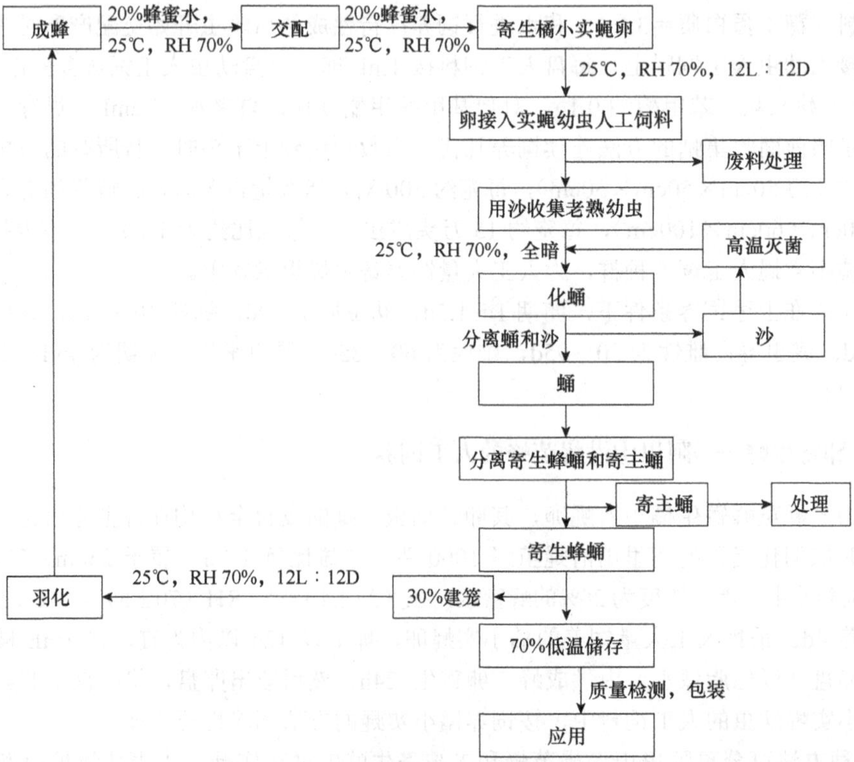

图 5-9 阿里山潜蝇茧蜂人工大量饲养流程

（三）幼虫寄生蜂的人工大量饲养

布氏潜蝇茧蜂、切割潜蝇茧蜂、长尾潜蝇茧蜂均寄生于橘小实蝇不同龄期的幼虫。饲养时仅寄生的幼虫龄期不同，饲养方法基本相同。

布氏潜蝇茧蜂、切割潜蝇茧蜂、长尾潜蝇茧蜂的人工大量饲养方法和流程可参考阿里山潜蝇茧蜂人工大量饲养流程，仅将寄生橘小实蝇的卵分别改为寄生橘小实蝇 1 龄幼虫、寄生橘小实蝇 1～2 龄幼虫和寄生橘小实蝇 3 龄幼虫，然后将幼虫接回人工饲料。

三、田间释放方法

1．释放的虫态　一般释放接近羽化的寄生蛹，也可以释放成蜂。

2．释放时间　选择气温 22℃以上、晴朗、风力小于 3 级的天气，在 10:00～16:00 释放寄生蜂。

3．放蜂量　根据田间监测的实蝇种群动态和放蜂方式决定。一般每亩释放 500～1000 头。每隔 10d 释放一次。

4．释放方法　把即将羽化出蜂的寄生蛹装入寄生蜂羽化器中（图 5-10），在羽化器网纱上方涂少量蜂蜜，供刚羽化的寄生蜂补充营养。将羽化器直接挂在阴凉通风的果树枝条下方。羽化器离地面 1.5m 左右，并在悬挂羽化器的铁丝表面涂上少量凡士林以防止蚂蚁进入羽化器捕食刚羽化的寄生蜂。释放成蜂时，将羽化一周左右并经过补充营养的成蜂用尼龙养虫笼带到果园，打开笼子直接释放。

图 5-10　寄生蜂羽化器

5．注意事项

（1）应做好田间橘小实蝇发生期与发生量的预测，为释放寄生蜂提供科学依据。

（2）在放蜂前后，果园不应喷洒化学农药，提倡悬挂实蝇食诱剂诱杀实蝇成虫。

（3）放蜂时间应避开阴雨、大风等不利天气，若遇此类天气应及时补放。

第六节　白蛾周氏啮小蜂

美国白蛾原产于北美，第二次世界大战期间传到欧洲部分国家，随后扩散到几乎所有欧洲国家和亚洲的朝鲜、韩国及日本。苏联和南斯拉夫根据经典生物防治的理论，曾经从美国白蛾的原产地美国和加拿大先后引进了 8 种寄生蜂和 2 种寄生蝇，进行了 15 年的研究，但最后都没有获得成功。因此，国外对美国白蛾的防治基本依靠化学方法，它的无公害控制仍然是一个世界性难题。1979 年，美国白蛾首次在我国辽宁省丹东市发现，随后传播蔓延到我国的山东、陕西、山西、河北、天津、上海、北京和河南等地。由于美国白蛾为多食性昆虫寄主，种类杂，可取食为害梧桐、桑树、杨树、榆树、槭树、海棠、苹果、山楂、桃、梨、樱桃等多种植物，因此，对我国的园林绿化、林业、桑蚕业、农业等造成了严重危害。为了防治这种重大外来入侵害虫，中国林业科学研究院的杨忠岐教授等开始寻找我国本土天敌开展美国白蛾的生物防治。他们对美国白蛾在我国的天敌资源开展了系统的调查和研究。目前，已报道美国白蛾在国外的捕食性和寄生性天敌种类超过 150 种，在我国的天敌种类超过 35 种，其中寄生性天敌超过 32 种。可见美国白蛾具有极其丰富的天敌资源，在我国开发利用美国白蛾的天敌昆虫来进行生物防治有着切实的理论可行性。通过研究上述寄生性天敌的寄生率、寄生习性、雌雄性比等多个生物学指标，经多元统计分析得出，表达白蛾周氏啮小蜂等多种天敌昆虫对美国白蛾自然寄生数量关系的回归模型为

$$\hat{y}=1.72+0.81x_1+0.44x_2+0.35x_3+0.38x_5+0.32x_6+0.35x_8+0.65x_9$$

式中，$\hat{y}$ 为总寄生率；x_1 为白蛾周氏啮小蜂（*Chouioia cunea*）的寄生率；x_2 为白蛾派姬小蜂（*Pediobius elasmi*）的寄生率；x_3 为舞毒蛾瘤姬蜂（*Pimpla disparis*）的寄生率；x_5 为寄生蝇（*Tachinid flies*）的寄生率；x_6 为白蛾黑棒啮小蜂（*Tetrastichus septentrionalis*）的寄生率；x_8 为广大腿小蜂（*Brachymeria lasus*）的寄生率；x_9 为白蛾索棒金小蜂（*Conomorium cuneae*）的寄生率。

根据对这些天敌进行多重比较分析，发现白蛾周氏啮小蜂（*Chouioia cunea* Yang）是影响总寄生率的关键因子，从而在我国找到和筛选出了控制美国白蛾的重要天敌——白蛾周氏啮小蜂。随后他们开展了利用这种天敌进行生物防治美国白蛾的系列技术研究，并取得了良好的防治效果，现介绍如下。

一、生物学、生态学特性

白蛾周氏啮小蜂为膜翅目小蜂总科姬小蜂科的一种聚寄生性寄生蜂，其幼虫期聚集寄生在美国白蛾蛹内。除寄生美国白蛾外，还可寄生柳毒蛾、榆毒蛾、舞毒蛾、杨扇舟蛾、桃剑纹夜蛾、杨二尾舟蛾、大袋蛾、玉米螟、棉铃虫和菜粉蝶等食叶害虫。白蛾周氏啮小蜂在各地年发生世代数存在一定差异，如陕西关中地区 1 年发生 4～5 代，烟台、大连等地 1 年发生 4 代，辽宁地区 1 年发生 3 代。白蛾周氏啮小蜂以滞育的老熟幼虫在寄主蛹体内越冬，低温和短光照是主要的滞育诱导因子。在产卵寄生前，先爬附于老熟寄主幼虫体上生活一段时间，并刺蜇老熟寄主幼虫促使其提前化蛹，然后再产卵寄生。产卵的同时会向寄主体内注入毒液，产卵部位不定，受惊扰后会另寻部位继续产卵。也可在蛹期寄生，咬破美国白蛾蛹外的薄茧，进入茧内将卵产入美国白蛾蛹内（图 5-11），产卵后雌蜂有吸食寄主血淋巴的现象。白蛾周氏啮小蜂的卵、幼虫、蛹均在寄主蛹内度过（图 5-12）。成蜂在寄主蛹内羽化，雄蜂羽化在先，等待雌蜂羽化后立即与其交配。完成交配后，由最先羽化的雌蜂在寄主蛹壳上咬一羽化孔钻出，随后羽化的雌蜂几乎全部从同一

图 5-11 彩图

图 5-12 彩图

图 5-11 白蛾周氏啮小蜂在美国白蛾蛹中产卵（杨忠岐摄）

图 5-12 寄生于美国白蛾蛹的白蛾周氏啮小蜂幼虫（杨忠岐摄）

个羽化孔钻出。由于雌蜂已在寄主蛹内完成交配，因此白蛾周氏啮小蜂一出寄主蛹壳即可产卵寄生，并非孤雌生殖。每头美国白蛾蛹可出蜂124～365头，平均274头；雌性比例大，雌雄数量比达（44～95）：1，成虫寿命长达15d；成蜂的趋光性和寻找寄主的能力强，水平飞行距离一次可达45m，高度可达40m；能找到在各种隐蔽场所的寄主蛹产卵寄生。

通过解剖雌蜂体内的生殖系统，得知白蛾周氏啮小蜂雌蜂具1对卵巢，每个卵巢中的卵巢管数目不等，为6～10根，且有时左右卵巢的卵巢管数目不对称。每根卵巢管中的卵粒数为8～24粒。因此，每头雌蜂卵巢内总怀卵量最多可达480粒。实际解剖16头雌蜂的实际平均怀卵量为270.5粒，与野外采集的被白蛾周氏啮小蜂寄生的美国白蛾蛹内的平均出蜂数274头基本一致。表明该蜂具有很大的繁殖潜力，且1头雌蜂即可寄生消灭1头美国白蛾，为人工繁蜂时确定接蜂量和防治时确定放蜂量提供了依据。

白蛾周氏啮小蜂个体发育受环境温度的影响，呈现出发育历期随温度升高而呈指数递减的关系。利用多组不同温度组合的繁蜂试验，计算出白蛾周氏啮小蜂的发育起点温度为6.14℃，有效积温为365.12日·度。利用数学模型计算出不同温度条件下的发育历期，为人工繁蜂时温度的确定、按时出蜂用于防治提供了保证（表5-2）。

表5-2　白蛾周氏啮小蜂的发育起点温度及有效积温

发育起点温度/℃	有效积温/（日·度）	回归方程式
6.14±0.83	365.12±15.56	$T=6.14+365.12V$

注：T为观测温度；V为发育速度

二、大量繁殖方法

由于直接利用美国白蛾蛹进行人工大量繁蜂的繁蜂量少，不能满足大面积防治的需要。因此，杨忠岐等通过对18种不同的寄主进行筛选试验，最后找到了良好的繁蜂替代寄主——柞蚕蛹，比直接利用美国白蛾蛹的繁蜂效率提高了100多倍（图5-13，图5-14）。而且柞蚕蛹能够在低温下长期保存，可以长年繁蜂。人工繁蜂接蜂时，每个美国白蛾蛹一般只接白蛾周氏啮小蜂雌蜂1～2头；而每个柞蚕蛹则需要接雌蜂65～70头，才能保证产入足够数量的蜂卵。接蜂后2d，雌蜂产卵完成。然后将被寄生的蛹置于一定温度下培养，使其发育。为使白蛾周氏啮小蜂的羽化出蜂时间与美国白蛾的化蛹期相吻合，繁蜂温度要根据美国白蛾的发育进度来确定。可以用期距法计算繁蜂时所需的温度，也可利用白蛾周氏啮小蜂的发育历期与温度的函数关系曲线图

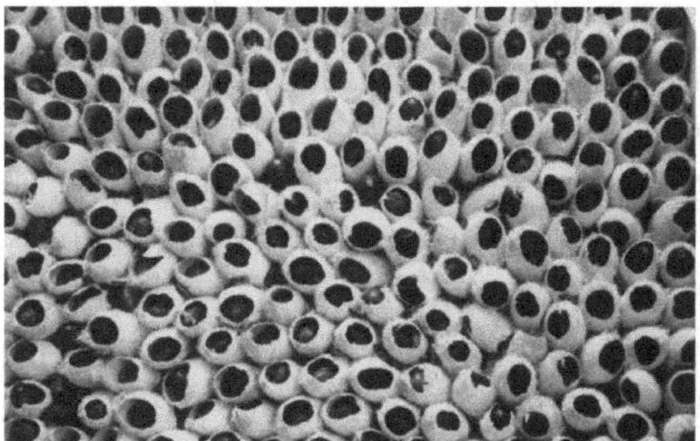

图5-13　繁殖白蛾周氏啮小蜂的替代寄主柞蚕蛹（杨忠岐摄）

图5-14　替代寄主柞蚕蛹中繁殖出的小蜂幼虫（杨忠岐摄）

图5-13 彩图

图5-14 彩图

确定（图 5-15）。在利用曲线图时，根据预测美国白蛾化蛹出现期（天数），从纵坐标上引一直线到达曲线，曲线下方对应的温度值，即为人工繁蜂时应该采用的温度。近年来在辽宁、山东、河北、安徽等地已建立了大规模人工繁育白蛾周氏啮小蜂的基地。

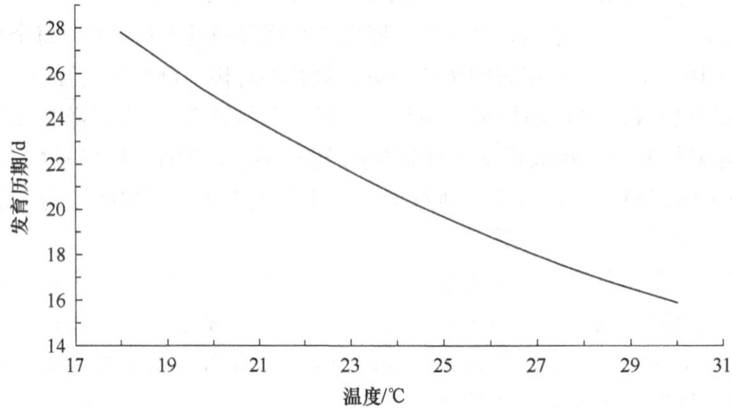

图 5-15 白蛾周氏啮小蜂的发育历期（理论值）与温度的函数关系曲线图（杨忠岐和张永安，**2007**）

白蛾周氏啮小蜂在连续人工繁殖 6 代以上后，需要进行蜂种复壮，才能保证人工繁殖出的白蛾周氏啮小蜂的质量。方法是将人工饲养的或在野外采集到的美国白蛾蛹置于瓶内，瓶口用可以使小蜂通过的纱网蒙上，悬挂于林间，招引自然界的白蛾周氏啮小蜂寄生，或直接采集自然界中被寄生的美国白蛾蛹进行室内饲养，待白蛾周氏啮小蜂羽化后收集作为蜂种。在选择蜂种时应多从单蛹出蜂多的蜂群内选择个体大、趋光活动性强的个体。

在长期人工繁殖白蛾周氏啮小蜂的工作中，种蜂的保存也十分重要。目前对种蜂保存条件的研究表明，幼虫可通过降低温度来实现在非滞育状态下的短期保存；在要保障白蛾周氏啮小蜂的产卵量、性比、活跃度等生物学指标的前提下，对白蛾周氏啮小蜂进行较长时间保存，则需要在白蛾周氏啮小蜂的幼虫期提供短光照，从而人工诱导其进入滞育状态，此时在 3℃条件下白蛾周氏啮小蜂则可保存 3～4 个月。

三、田间释放方法

研究者在陕西、辽宁、河北、山东、北京、天津等地开展了多年的利用白蛾周氏啮小蜂防治美国白蛾的应用研究工作，并在全国进行了大范围的推广应用，对美国白蛾的自然控制起到了关键性作用。美国白蛾的最佳放蜂防治虫期为老熟幼虫期和化蛹初期。放蜂量按经验公式 TN＝*W*×EN×3 计算（TN 为总放蜂量，*W* 为防治地区调查的美国白蛾总网幕数，EN 为每一网幕中美国白蛾幼虫平均数量）。采用淹没式释放法防治，理论上 1 头白蛾周氏啮小蜂即可寄生防治 1 头美国白蛾，但为了保证防治效果，可以用 3 倍于美国白蛾的数量释放白蛾周氏啮小蜂。同时有以下要求：一要严格掌握好放蜂时间，一定要在美国白蛾老熟幼虫期和化蛹初期各按总放蜂量的 50%分两次释放；二是必须释放足够量的白蛾周氏啮小蜂才能达到有效控制美国白蛾的防治效果。计算繁蜂量时，至少要剪下 20 个美国白蛾网幕，统计每个网幕中的美国白蛾幼虫数量，求出平均值。调查网幕数时，在拟放蜂防治区随机抽取至少 20 株树木，仔细观察统计每株树的网幕数，求出平均值，再根据树木的总株数，计算出美国白蛾的总网幕数。由于美国白蛾幼虫 1～4 龄吐丝结网，缀连叶片隐藏其中取食为害，因而被取食掉叶肉的网幕呈黄色，在郁郁葱葱的绿色树冠中十分醒目，很容易识别。释放白蛾周氏啮小蜂时，可根据小蜂羽化时间提前 2d 将含有白蛾周氏啮小蜂的柞蚕蛹茧钉于树干上（图 5-16），或用线绑在树木的枝条上（图 5-17）。放蜂次数为每代美国白蛾放蜂 2 次，一年共放蜂 4 次。经过放蜂的地区，白蛾周氏啮小蜂的最高寄生率达 88.02%，平均为 67.74%。由于放蜂防治区禁止使用化学农药，因而保护了日本追寄蝇[*Exorista japonica*（Townsend）]、舞毒蛾黑瘤姬蜂（*Coccygomimus disparis* Viereck）、稻苞虫黑瘤姬蜂［*Coccygomimus parnasae*（Viereck）］等其他天敌，使得这些天敌的种群数量大大增加。因此，白蛾周氏啮小蜂和其他多种天敌的总寄生率最高达 96.28%，平均 92.3%。经过连续 2 代 4 次放蜂，美国白蛾的有虫株率降到了 0.1%以下，有效地控制了美国白蛾的危害，实现了有虫不成灾，并取得了良好的持续控制的效果。

图 5-16　将含有小蜂的柞蚕蛹茧钉在树干上待其羽化（杨忠岐摄）

图 5-17　将含有小蜂的柞蚕蛹茧绑在树枝上待其羽化（杨忠岐摄）

图 5-16 彩图

图 5-17 彩图

白蛾周氏啮小蜂是决定总寄生率高低和控制效果的关键因子。通过研究，建立了放蜂后白蛾周氏啮小蜂与其他天敌数量关系的数学模型为 $y=-51.607\,95+77.475\,12\lg x$，以表达白蛾周氏啮小蜂控制美国白蛾的作用。在放蜂防治后，可以仅调查该小蜂的寄生情况，利用该模型计算出总控制效果，并用生命表技术评价白蛾周氏啮小蜂对美国白蛾的长期控制作用。经连续 2 年 4 代定点观察研究美国白蛾的生命表，发现放蜂后下代美国白蛾的种群趋势指数（*I*）远远小于 1（0.1364），表明白蛾周氏啮小蜂对美国白蛾的持续控制效能十分显著。

第七节　肿　腿　蜂

肿腿蜂隶属于膜翅目肿腿蜂科（Bethylidae），是多种钻蛀性害虫重要的寄生性天敌类群，具有钻性、外寄生、聚寄生、抑性寄生、广寄生等特点，并且是寄生蜂中唯一表现准社会行为的类群。目前，以对硬皮肿腿蜂属（*Sclerodermus*）的研究利用最多，如管氏肿腿蜂（*S. guani* Xiao et Wu）、川硬皮肿腿蜂（*S. sichuanensis* Xiao）和白蜡吉丁肿腿蜂（*S. pupariae* Yang et Yao）等，主要应用在林木蛀干害虫的防治中。北京西山林场经多年研究，解决了管氏肿腿蜂人工大量繁殖的技术问题，已在许多省市广泛用于防治危害侧柏、柏木的双条杉天牛和青杨枝天牛，且取得良好的控制效果，同时该蜂也用于防治光肩星天牛、粗鞘双条杉天牛、桃红颈天牛、木麻黄星天牛、梨眼天牛、红腹柄天牛及松褐天牛等。四川农业大学林学院也对川硬皮肿腿蜂进行了人工大量繁殖技术研究，并用于防治杉木粗鞘双条杉天牛及松褐天牛。中国林业科学研究院研究了白蜡吉丁肿腿蜂的生物学、生态学特性，用于防治栗山天牛幼龄幼虫和苹小吉丁。在山西省晋中市太谷区采集的梨小食心虫幼虫上发现了肿腿蜂（图 5-18），经鉴定为棱角肿腿蜂属（*Goniozus*）的萧氏棱角肿腿蜂（*G. xiaoi* Xu），有望在将来应用到蛀果类害虫的防治中。

彩图

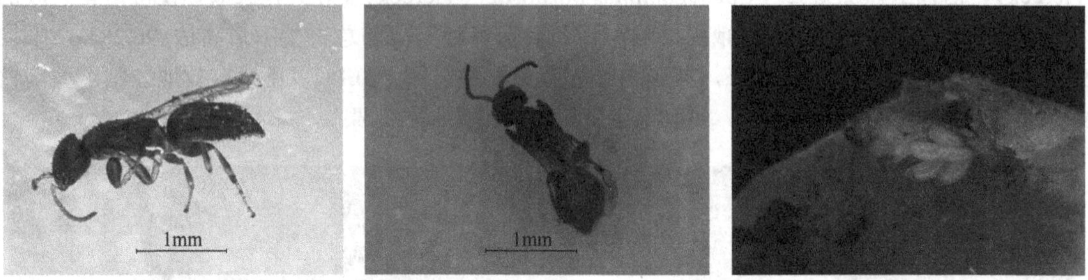

♀成虫　　♂成虫　　幼虫

图 5-18　寄生在梨小食心虫幼虫体上的萧氏棱角肿腿蜂幼虫及成虫

硬皮肿腿蜂属种类的成虫形态和个体大小与蚂蚁相似（图 5-19）。肿腿蜂的头部为显著的前口式；雄虫有翅，尾部扁平；雌虫无翅或有翅，尾部为针形。雌虫数量占种群的 90% 以上，大多无翅。为抑性（idiobiont）外寄生习性，聚集寄生在天牛或吉丁甲幼虫或蛹上（图 5-20）。

彩图

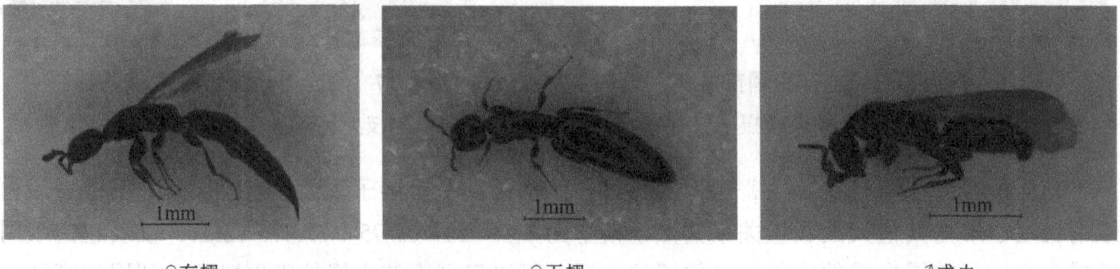

♀有翅　　♀无翅　　♂成虫

图 5-19　管氏肿腿蜂有翅雌成虫、无翅雌成虫、雄成虫

彩图

图 5-20　寄生在松褐天牛幼虫体上的松褐天牛肿腿蜂幼虫及成虫（杨忠岐摄）

下文以管氏肿腿蜂为例，介绍其生物学、生态学特性及其人工繁殖和应用技术。

一、生物学、生态学特性

肿腿蜂寄生寄主的过程可分为以下几个阶段。

1）交配阶段：一般肿腿蜂羽化后先咬破蛹茧，从茧中钻出后即可进行交配。由于雌蜂多而雄蜂少，雄蜂可与多头雌蜂交配，雌蜂也有多次交配习性。雄蜂在交配过程中较活跃，包括触角拍击、骑上雌蜂、游走、探测和交配等一系列步骤，暗示其在配偶搜索、识别和选择中处于主导地位。

2）麻醉寄主阶段：肿腿蜂雌成虫进入天牛幼虫坑道后，在产卵寄生前先要刺蛰寄主，注入毒液使其麻醉，不食不动。

3）补充营养阶段：寄主被麻醉后，成蜂开始取食补充营养。雌蜂用上颚在寄主体壁上啮咬，常在气门边缘造成伤口，使寄主体液流出，以便吸食。雌蜂获取补充营养后，卵巢和卵逐渐发育，腹部膨大，腹部节间膜明显可见，因而体长显著增加 50%左右。

4）清场与产卵阶段：一般雌蜂获取补充营养后 7d 左右，卵逐渐发育成熟。产卵前，肿腿蜂要对寄主体上及寄主周围的杂物进行清理，将其搬运到远离寄主的地方后开始产卵。雌蜂产卵时，会同时分泌黏液，将卵粒均匀黏附于寄主体上。寄主体上附着的卵量多少因寄主个体大小而异，一般个体小的寄主雌蜂产卵也少，个体大的寄主大雌蜂产卵则多。在青杨枝天牛、双条杉天牛、粗鞘双条杉天牛等老熟幼虫上，肿腿蜂一般产卵 40～62 粒，卵期 3d 左右。

5）抚幼阶段：雌蜂具有抚幼习性，在产完卵后会继续待在寄主体上，照料蜂卵和幼虫的发育，直到子代成蜂羽化后才离去。有时蜂卵及其幼虫由于寄主痉挛而从寄主体上脱落，这时母蜂会用上颚轻轻将其衔回到寄主上去。当寄生蜂幼虫数量过多，寄主营养不够全部幼虫完成正常发育时，母蜂也会吃掉发育不良的子代幼虫。肿腿蜂的幼虫发育很快，一般仅 7d 左右就可将寄主取食殆尽，完成发育老熟后，在寄主尸体旁成堆结茧化蛹。有时老熟幼虫脱离寄主准备化蛹时，往往堆积在一起，这时母蜂则将其疏散，以利结茧化蛹。蛹期 15～20d，母蜂一直守候在茧上照料后代，如果发现有感病的和颜色不正常的茧，即将其移走。成蜂羽化后先咬破蛹茧，然后钻出，待所有后代成蜂都羽化出来后母蜂才离开，寻找新的寄主继续寄生。肿腿蜂雌蜂间还可以互助抚育子代蜂，且亲缘关系不会影响其对子代蜂的合作抚育。

肿腿蜂雄蜂寿命较短，一般为 4～7d；雌蜂寿命较长，最短 27d，有的达 89d 以上，平均 51.6d。雌蜂可连续寄生多个寄主，而产卵量差异较大，随寄主数量的增多及补充营养的增加，产卵量也有所增加。1 头雌蜂最高产卵量可达 185 粒。另外，产蜂量受寄主种类、体积大小和发育状况的影响很大，在发育一个月以上的杉棕天牛幼虫体上，每头幼虫可育出 10～60 头肿腿蜂。肿腿蜂雌蜂不经交配也可产卵寄生，但后代均为雄蜂。

管氏肿腿蜂各虫期的发育起点温度和有效积温分别为：卵，11.8℃和 46.7 日·度；幼虫，14.7℃和 73.2 日·度；蛹，11.5℃和 235.4 日·度。在我国北方每年可完成 3 代左右，以成虫（通常为雌蜂）在寄主幼虫的坑道中越冬。春季 4 月份气温超过 20℃后，越冬后的成蜂开始活动，寻找寄主产卵寄生，但越冬代成虫的补充营养期很长，随着气温升高，活动能力与发育速度加快。

二、大量繁殖方法

（一）繁蜂寄主和种蜂的选择

管氏肿腿蜂的自然寄主为青杨枝天牛、粗鞘双条杉天牛和双条杉天牛幼虫，这几种寄主也是人工繁蜂的最佳寄主。可是这些寄主的自然种群数量较少，难以满足大面积生物防治的人工繁蜂需求，需要对这些自然寄主进行人工大量繁殖。近年来，各地通过寻找、筛选繁蜂替代寄主，已发现意大利蜜蜂雄蛹、大袋蛾雄性幼虫、大理窃蠹、二齿茎长蠹、黄粉虫蛹、柠条豆象、玉米螟、红铃虫、光肩星天牛幼虫、黏虫、斜纹夜蛾等可以作为替代寄主，并成功繁育出管氏肿腿蜂。但目前在规模化繁蜂中所用的寄主，主要还是青杨枝天牛、双条杉天牛、粗鞘双条杉天牛、松褐天牛的幼虫及黄粉虫，商品化的肿腿蜂一般每管出蜂 90 头左右。

青杨枝天牛幼虫和蛹期均可作为管氏肿腿蜂的寄主材料，在我国北方成灾地区相对较多，繁殖量大，分布广，容易采集，蜂虫比在 1∶1.5 为宜。松褐天牛单头质量为青杨枝天牛质量的 3 倍左右，1 头管氏肿腿蜂雌蜂很难制服 1 头体重适中的松褐天牛，蜂虫比在 3∶1 或 4∶1 为宜。青杨枝天牛与松褐天牛人工采集成本相对较高，黄粉虫饲养成本低，近年来人工繁殖大多采用黄粉虫作为管氏肿腿蜂的替代寄主。使用蛹龄为 0～4h 的黄粉虫蛹繁育出的管氏肿腿蜂除平均单管出蜂量低于松褐天牛幼虫繁育的单管出蜂量外，其他指标并无显著差异，或将黄粉虫一日龄蛹用 75%乙醇浸泡处理或一日龄蛹冷藏 3 月寄生率接近 50%，蜂虫比为 3∶2 时，可显著提高出蜂率和子代蜂数。

利用大袋蛾的雄性幼虫繁殖管氏肿腿蜂，每头雄虫可平均繁殖 30～39 头，且蜂寿命较长，寄生性稳定，野外放蜂效果较好。利用红铃虫人工繁殖管氏肿腿蜂出蜂率较高，但单管出蜂量较低。利用玉米螟繁殖时出蜂率和单管出蜂量均较高。以意大利蜜蜂雄蛹为寄主繁殖出的管氏肿腿蜂在个体大小、生命力、寄生力等方面和以青杨枝天牛幼虫为寄主繁育的均无明显差异，但利用意大利蜜蜂雄蛹繁蜂的成本仅为青杨枝天牛繁殖成本的 7.44%。大理窃蠹老熟幼虫可直接取出繁蜂，无须进行任何处理，繁蜂方法简单，而且因其虫体小，反抗能力较差，对肿腿蜂的寄生无威胁，母蜂可在短时间内完成营养的补充并产卵，繁育出的子蜂发育正常且也能再寄生其他有害昆虫。

人工繁蜂所用的种蜂要选择个体大、健壮、活泼的无翅雌蜂。一般采用指形管繁蜂，单管繁殖。一个指形管中只宜装入 1 头寄主，每头寄主上宜接 1 头交配过的雌蜂。该雌蜂在其后代幼虫老熟吐丝结茧后，可将母蜂转接到新的天牛幼虫上，让其继续产卵繁殖。虽然最多时 1 头母蜂可先后寄生 5 头天牛幼虫，但一般 1 头母蜂只宜转接 1～2 头寄主。另外，在利用个体较大的寄主（如光肩星天牛中老龄幼虫）繁蜂时，根据寄主的大小，一次需接入 6～10 头雌蜂，可成功寄生，并能繁殖出 250～340 头肿腿蜂。

（二）繁蜂的最适温湿度

室内人工繁殖管氏肿腿蜂的适温为 22～28℃，以 26℃为最佳，RH 60%～70%为宜。在此温湿度范围内，雌蜂的产卵量较大，繁蜂成功率高。

（三）肿腿蜂的保存

人工繁殖肿腿蜂时，常常需要积累一定的数量后才进行释放。因此，需要将先期繁育出的肿腿蜂低温保藏。虽然蜂茧蛹与成蜂均可保藏，但以成蜂为好。冷藏的温度以 3～10℃为宜。在此温度下，肿腿蜂茧蛹冷藏 2 个月、成蜂冷藏 3 个月对其存活率无明显影响。但超过 3 个月会出现死亡和雌蜂产卵量下降现象。

（四）蜂种复壮

管氏肿腿蜂人工繁育多个世代后，子代蜂在林间的寄生能力明显下降。因此，每年都需要进行蜂种复壮。复壮方法主要有两种：一是在室外选取寄主天牛为害的树木，进行定点放蜂，1～2 个月后，劈树收集自然繁殖的肿腿蜂个体作为蜂种；二是在放蜂林间直接采集肿腿蜂作为蜂种繁蜂。

三、田间释放方法

放蜂前应先调查掌握林地害虫种类及其虫口密度，综合计算放蜂量。调查虫口密度的方法是随机选择 10 株受害树，劈树统计株虫口密度，取其平均数。也可根据天牛排粪孔的数量，推算出虫口密度。

放蜂量根据拟防治的天牛种类及其个体大小而定。对于青杨枝天牛、双条杉天牛的中老龄幼虫，以 1 头天牛幼虫释放 2～3 头肿腿蜂为宜。防治松褐天牛、光肩星天牛、桑天牛、云斑天牛等中大型个体的天牛时，必须掌握其幼虫的发育进度，在天牛幼龄（1～3 龄）幼虫期释放，才能获得良好的防治效果。由于肿腿蜂的抑性寄生习性，在寄主上产卵繁殖前必须通过刺蛰，将麻醉毒液注入寄主幼虫，使寄主失去活动能力后才产卵寄生。因此，对于个体较大的 3 龄以上天牛幼虫，1 头肿腿蜂雌蜂的毒液量不足以将其麻醉，因而难以顺利在其上寄生。这也是利用肿腿蜂在防治个体较大的天牛种类时效果不佳的主要原因。

最终结合拟防治的害虫种类和虫口密度选择逐株放蜂、隔离放蜂或等距离布点等方法，点与点之间距离不超过 25m。古柏及工程林等价值较高品种可逐株放蜂，适当增加放蜂量。选择林间平均气温在 20℃以上时释放，以 22～28℃最适宜，放蜂前后 3～4d 应无降雨天气，最佳放蜂时间为每日 9:00～11:00 和 15:00～18:00。释放时将管口的棉塞打开，用毛笔将成蜂轻轻拨到树干上即可。这时可看到肿腿蜂雌蜂在树干上匆匆忙忙地爬行，寻找寄主。它们往往在天牛成虫产卵刻槽处啮咬一个侵入孔，然后钻进去寻找寄主产卵寄生。如果天牛的虫口密度大、放蜂量较大时，可以直接将装有肿腿蜂的管子棉塞拔掉，置于树干基部，肿腿蜂就会自动爬出寻找寄主。放蜂 4h 后即可将空管收回。

第八节 草 蛉

草蛉（lacewing）属脉翅目（Neuroptera）草蛉科（Chrysopidae）。全世界已知草蛉科有 90 属，约 1400 种。现分为网蛉亚科（Apochrysinae）、幻草蛉亚科（Nothochrysinae）和草蛉亚科（Chrysopinae）3 个亚科。网蛉亚科和幻草蛉亚科分布区窄、属种少，90%以上的草蛉种类在草蛉亚科内。草蛉科昆虫属广布全球，世界六大动物地理区系中属的丰富性和特有性较为相似，南半球和北半球也相差无几。我国记载草蛉共 27 属 250 余种，其中大部分属于草蛉亚科，常见者有十余种，北方常见者有 6～7 种，如大草蛉［*Chrysopa pallens*（Rambur）］、中华通草蛉［又名日本通草蛉，*Chrysoperla nipponensis*（Okamoto）］、叶色草蛉［*Chrysopa phyllochroma*（Wesmael）］、丽草蛉（*Chrysopa formosa* Brauer）、晋草蛉（*Chrysopa shansiensis* Kawa）、牯岭草蛉（*Chrysopa kulingensis* Nevás）和普通草蛉［*Chrysoperla carnea*（Stephens）］等。10 月份室外越冬虫源采集与保护利用时以大草蛉和中华通草蛉为主，有时混有晋草蛉。

草蛉的幼虫称蚜狮，是重要的捕食性天敌资源，在自然界发生数量大，捕食量大，自然控制能力强，能捕食为害粮、棉、油、菜、果、茶、林木等的多种害虫的多个虫态。随着研究的深入，其捕食谱也不断增加，除了常见的蚜虫、螨类，其对多种介壳虫、木虱、蓟马及多种鳞翅目害虫的卵和低龄幼虫也有良好的控制作用（表 5-3）。

表 5-3 草蛉类天敌对常见害虫的捕食作用

天敌	害虫	种类	参考文献
中华通草蛉	蚜虫类	棉蚜（*Aphis gossypii*）	丁岩钦和陈玉平，1986
		禾谷缢管蚜（*Rhopalosiphum padi*）	肖云丽等，2006
		玉米蚜（*Rhopalosiphum maidis*）	辛肇军等，2007
		绣线菊蚜（*Aphis spiraecola*）	郑书文等，2008
		大豆蚜（*Aphis glycines*）	李鹤鹏，2014
		荻草谷网蚜（*Macrosiphum miscanthi*）	李国平等，2016
		茶蚜（*Toxoptera aurantii*）	廖先骏，2016
		月季长管蚜（*Macrosiphum rosuomm*）	杨慧等，2019
		麦长管蚜（*Sitobion avenae*）	许乐园等，2019
	粉虱类	温室白粉虱（*Trialeurodes vaporariorum*）卵	汤方等，2008
		B 型烟粉虱（*Bemisia tabaci*）若虫	林克剑等，2006
		黑刺粉虱（*Aleurocan spinfetus*）若虫	唐天成等，2016
	鳞翅类	棉铃虫（*Helicoverpa armigera*）低龄幼虫和卵	丁岩钦和陈玉平，1986
		玉米螟（*Ostrinia furnacalis*）卵	李腾武等，2000
		茶尺蠖（*Ectropis oblique*）卵和低龄幼虫	刘凤想等，2007
		草地贪夜蛾（*Spodoptera frugiperda*）卵和低龄幼虫	黄海艺等，2020
	蓟马类	西花蓟马（*Frankliniella occidentalis*）若虫和成虫	张安盛等，2007
		棕榈蓟马（*Thrips palmi*）若虫和成虫	任凤山等，2016
	叶螨类	土耳其斯坦叶螨（*Tetranychus turkestani*）	鲁素玲等，2001
		二斑叶螨（*Tetranychus urticae*）	王文娟和贺汉达，2006
	其他	刺槐叶瘿蚊（*Obolodiplosis robiniae*）幼虫	余金咏等，2009
		悬铃木方翅网蝽（*Corythucha ciliata*）若虫和成虫	纪锐等，2011
		马铃薯甲虫（*Leptinotarsa decemlineata*）卵	舒敏等，2011
大草蛉	蚜虫类	绣线菊蚜（*Aphis spiraecola*）	孙丽娟等，2013
		桃蚜（*Myzus persicae*）	陈新等，1990；李姝等，2019；陈斌等，2022
		豆蚜（*Aphis craccivora*）	唐良德等，2017
	鳞翅类	棉铃虫（*Helicoverpa armigera*）低龄幼虫和卵	黄红等，1990；李姝等，2019
		茶尺蠖（*Ectropis oblique*）卵和低龄幼虫	刘凤想等，2007
		草地贪夜蛾（*Spodoptera frugiperda*）卵和低龄幼虫	徐庆宣等，2019；李萍等，2020
	叶螨类	二斑叶螨（*Tetranychus urticae*）	张欣等，2012
	粉虱类	黑刺粉虱（*Aleurocan spinfetus*）若虫	唐天成等，2016
叶色草蛉	鳞翅类	棉铃虫（*Helicoverpa armigera*）低龄幼虫和卵	戴小枫和郭予元，1992；
	蚜虫类	绣线菊蚜（*Aphis spiraecola*）	全仁哲和陈道富，2011
普通草蛉	蚜虫类	麦长管蚜（*Sitobion avenae*） 麦二叉蚜（*Schizaphis graminum*）	白微微等，2021
丽草蛉	鳞翅类	斜纹夜蛾（*Spodoptera litura*）卵和低龄幼虫	王亚南等，2021
黄玛草蛉	蚜虫类	玉米蚜（*Rhopalosiphum maidis*）	周娟等，2020

一、生物学习性

草蛉属全变态昆虫，其个体发育分为卵、幼虫、蛹和成虫4个阶段。

（一）卵的发育

草蛉的卵多产于猎物丰富的地方。不同种类的产卵方式有所不同，有的种类单粒散产，如中华通草蛉、晋草蛉；有的种类数十粒聚集成片，如大草蛉等；也有少数种类十多粒成束。卵长圆形，基部由丝状卵柄固着在植物表面，端部有圆形的精孔，幼虫孵化后咬破卵壳端部爬出，沿卵柄爬到植物表面搜寻猎物。不同种草蛉卵柄长短不一，中华通草蛉卵柄较短，大草蛉卵柄较长，卵柄的主要作用是保护卵不被其他捕食者取食，同时避免了初孵幼虫间的自相残杀。草蛉的卵期一般为3～4d，初产时为鲜绿色，随后变为灰白色并隐约可见胚体分节，孵化前变为深灰色，可根据卵颜色的变化判断卵的发育天数。中华通草蛉和大草蛉在未受精时也可以产卵，但产下的卵则一直保持绿色，直至失水干瘪。

（二）幼虫的发育

草蛉幼虫一般有3龄，可根据头壳的大小及头壳上的斑纹变化来进行判断。幼虫体躯纺锤形，两端尖削，胸部和腹部两侧具毛瘤，有些种类如大草蛉和晋草蛉喜欢把枝叶碎片或猎物残骸背在身上，同时也起着伪装和保护作用。草蛉幼虫的口器为双刺吸式口器，两个上颚延长且腹面有纵沟，分别与两个下颚紧贴形成管状的食物通道。捕食时用一对颚管夹住猎物并刺入其体内，将消化液注入麻痹猎物中并进行初步消化，随后直接吸食猎物体液，直至猎物死亡。草蛉的双刺吸式口器相对其他口器类型有其天然优势，对部分体壁较厚的猎物如茶树黑刺粉虱可轻松捕食，但瓢虫等咀嚼式口器天敌则不行。

幼虫一经孵化，能立即捕食，半天内找不到猎物则会饿死。不同种类或不同饲养条件下，草蛉类天敌幼虫的发育历期不同（表5-4）。草蛉在幼虫期间，消化系统的中肠和后肠不贯通，因此幼虫期间不排泄，所以草蛉幼虫饲养不像其他昆虫饲养时需定期除去粪便。幼虫在3龄末期，与后肠相接的马氏管分泌丝质物质，经肛门抽丝作圆茧化蛹。结茧大多在植物叶片的背面、树皮下、卷皱的叶片上、枝杈间及墙缝等处。

表5-4　草蛉类天敌幼虫在不同环境条件下的发育历期

天敌	饲养条件	猎物条件	幼虫发育历期/d	参考文献
中华通草蛉	22℃，16L∶8D	棉铃虫（*Helicoverpa armigera*）卵	12.95±0.29	刘中芳和吴孔明，2012
		小地老虎（*Agrotis ipsilon*）卵	11.50±0.14	
		甜菜夜蛾（*Spodoptera exigua*）卵	11.05±0.16	
		斜纹夜蛾（*Prodenia litura*）卵	10.32±0.30	
		棉蚜（*Aphis gossypii*）	10.28±0.1	
	28℃，16L∶8D	米蛾（*Corcyra cephalonica*）卵	9.8±0.6	侯茂林等，2000
		萝卜蚜（*Lipaphis erysimi*）	9.8±1.0	
		赤眼蜂（*Trichogramma* spp.）蛹	10.2±0.9	
大草蛉	22℃，15L∶9D	豌豆修尾蚜（*Megoura japonica*） 豆蚜（*Aphis craccivora*）	11.7±0.1	程丽媛等，2014

续表

天敌	饲养条件	猎物条件	幼虫发育历期/d	参考文献
大草蛉	25℃，16L：8D	赤眼蜂（*Trichogramma* spp.）蛹	8.61±0.29	张帆等，2004
		米蛾（*Corcyra cephalonica*）卵	9.42±0.59	
丽草蛉	24℃，12L：12D	新菠萝灰粉蚧（*Dysmicoccus neobrevipes*）若虫	18.38±0.19	陈泽坦等，2017
	26℃，12L：12D		16.25±0.38	
	28℃，12L：12D		14.17±0.44	
	30℃，12L：12D		13.44±0.29	
	32℃，12L：12D		12.75±0.13	

（三）蛹的发育

草蛉老熟幼虫结茧后要经历一个静息期。其间幼虫身体缩短，弯成“C”形，称为预蛹。预蛹期有长有短，一般为3～5d，不同种类有差异，越冬代的预蛹期可长达5～6个月。圆茧一端看到黑色物质则表示化蛹成功。草蛉蛹期一般为8～9d。草蛉蛹为裸蛹，形似成虫。成虫羽化时，用口器将茧壳顶部咬开一个圆盖，慢慢爬出，10～15min后找到合适的位置蜕掉蛹皮羽化而出。

（四）成虫的发育及生殖

成虫体小至中形，细长而柔弱，草绿色、黄色或灰白色。草蛉成虫的体色可随季节而变化，夏季草蛉身体多呈嫩绿色，但以成虫越冬的种类冬季时身体常变成黄色，当天气逐渐转暖后，体色又会变回绿色。草蛉成虫羽化后需补充营养才能达到性成熟，雌成虫交尾1次即可终生产卵，不同种类产卵量稍有不同，但都生殖潜能巨大（表5-5）。如何延长成虫寿命，发挥其最大生殖潜能是当前研究的热点。不同草蛉补充营养的方式不同，多数种类补充营养需继续捕食猎物，如大草蛉、晋草蛉，部分种类成虫仅取食花粉花蜜就可以生殖，如通草蛉属的中华通草蛉、普通草蛉。

表5-5　不同种类草蛉的生殖能力

草蛉种类	产卵量/粒	产卵前期/d	寿命/d
大草蛉	800～1470	6～11	50
丽草蛉	630～1800	6～9	30
中华通草蛉	560～1050	6～10	35

二、大量繁殖方法

从20世纪50年代开始，主要使用地中海粉螟卵和麦蛾卵大量饲养草蛉幼虫。我国从70年代中期开始探索草蛉人工饲料及饲养方法，研制出了草蛉人工饲料卵的加工机械及人工饲料配方和利用米蛾卵进行大量繁殖的技术，为草蛉的大面积应用创造了有利条件。遗憾的是，生长发育速度缓慢、存活率较低、成虫产卵率低、无法连代饲养是目前人工饲料饲养天敌昆虫普遍存在的问题。如何解决人工饲料导致的存活率低、生殖潜能下降等问题还需进一步探讨。

（一）草蛉幼虫饲养管理

草蛉作为捕食性天敌，依照现有的饲养方法，其食物可以分为两类，一类是自然寄主或自然天敌，如米蛾卵、蚜虫等，另一类则是半合成的人工饲料。

1. 以米蛾卵繁殖草蛉的方法

（1）米蛾卵的生产　饲养室保持在25～30℃、相对湿度80%～90%的条件下。

饲料：可选用70%玉米粉加20%麦麸、7%白砂糖和3%酵母配成饲料，配前需要将玉米粉和麦麸烘干，使用前需将饲料高温消毒，可加热至85～110℃，60～90min，以杀死饲料中可能存在的其他害虫或虫卵。

接种：用230mm×140mm×110mm大小的饲养盒，盒盖覆80目纱网，盒底铺上1.5cm厚的饲料。米蛾卵以10粒/cm^{2}均匀撒在饲料上，然后再覆盖0.5cm厚的饲料。10d后第1次投喂，添加约1cm厚的饲料，之后每隔3d饲喂1次，45d左右可出蛾。

成虫：将成虫收集到产卵笼中，产卵笼四面由细纱网组成，其下方放置白色搪瓷盘，雌蛾所产的卵多会透过纱网落入盘中，其余的卵可用毛刷轻轻刷下。收集的米蛾卵用紫外灯杀胚1h后，可在（4±1）℃下保存一个月。

（2）米蛾卵饲养草蛉幼虫　国外大规模饲养草蛉幼虫均采用类似蜂巢状的容器，单头分隔饲养。我国普遍采用群体饲养，在饲养容器中放置隔离物。中国农业科学院生物防治研究所设计的草蛉养虫盒，体积为40cm×30cm×9cm，盒盖用宽2cm、厚1cm的木条作盖框，蒙以80目铜纱或尼龙纱。盒盖中央开一个12cm^{2}饲料投放口。按饲养容器体积放入1/3～1/2的隔离物。将接近孵化的灰色草蛉卵，按每盒1000粒散放到置有隔离物的饲养盒中，并随时检查，见有幼虫立即投放米蛾卵粒。草蛉幼虫比较活跃，养虫盒饲养要格外注意幼虫逃逸问题。还可在10cm×14cm×8cm大玻璃缸中，加入少许纸条和胶囊状的塑料管作隔离物，投入同一天产的草蛉卵10～20粒，米蛾卵以300粒/头草蛉幼虫的标准一次饲养投放，后用尼龙纱封闭，待结茧后，可以将带茧的胶囊塑料管放入羽化笼（表5-6）。

表5-6　3种草蛉幼虫期取食米蛾卵量

龄期	大草蛉		丽草蛉		中华通草蛉	
	食量/粒	占总量/%	食量/粒	占总量/%	食量/粒	占总量/%
1龄	30.3	4.72	27.3	5.20	29.8	12.10
2龄	97.0	15.10	85.8	16.36	27.3	11.10
3龄	514.9	80.18	411.4	78.44	189.0	76.80
总计	642.2	100.00	524.5	100.00	246.1	100.00

2. 以活体蚜虫繁殖草蛉的方法

（1）蚜虫饲养　使用蚕豆苗饲养蚜虫，每10d培育一批蚕豆苗，培育温度22～25℃，相对湿度60%～70%，按照饲养草蛉数量的需求，先将一定数量的蚕豆浸泡2～3d后，进行催芽2d，挑选出芽蚕豆，以20～30粒/筐播种在20cm×30cm的塑料筐中，覆土1cm后浇水，待苗高3～5cm时接入蚜虫，如豌豆修尾蚜、紫藤蚜、槐蚜均可在蚕豆苗上大量繁殖。蚕豆苗相对其他作物苗茎秆粗壮、叶片厚，存活时间长达20d左右，有利于蚜虫繁殖。

（2）活体蚜虫饲养草蛉　使用活体蚜虫集体饲养，在大玻璃缸中，加入少许纸条和胶囊状的塑料管作隔离物，投入同一天产的草蛉卵10～20粒，投入野外采集或室内养殖的蚜虫。剪下带蚜虫枝条，投入玻璃缸中，两天投喂一次，同时清除旧的枝条，待结茧后，可以将带茧的胶囊塑料管放入羽化笼。

用活体蚜虫饲养时，1龄幼虫捕食能力低，死亡率较高。可在1龄期先用米蛾卵饲养至2

龄后再改用活体蚜虫饲养。

3. 人工饲料饲养草蛉幼虫的方法 昆虫生长发育所需的营养和动物类似，包括蛋白质、水分、脂类、碳水化合物、维生素等。根据饲料中是否含有昆虫成分将人工饲料分为含昆虫物质和不含昆虫物质两类。一般人工饲料的通用成分包括鸡蛋、酵母、蜂蜜、蔗糖、维生素、氨基酸、韦氏盐、橄榄油和防腐剂，主饲料配方可有变动，如可用猪肉＋猪肝或牛肉＋牛肝，有些人工饲料主成分还可使用蚕蛹粉或者鳞翅目幼虫干粉等，还有学者直接利用脱脂蝇蛆粉或脱脂黄粉虫粉进行饲喂，均可满足幼虫发育的需求。例如，中国农业科学院生物防治研究室（1985）应用 79mL 啤酒酵母自溶液、36mL 大豆水解液、20mL 鲜牛肉水解液、5g 鸡蛋黄、10g 蜂蜜、5g 蔗糖、0.45g 亚油酸、0.05g 维生素 C 的混合饲料培养中华通草蛉，幼虫发育良好。

草蛉为双刺吸式口器，人工饲料的制备除要考虑草蛉发育必需的营养物质外，还要解决人工饲料的物理性状及饲料的包埋和投喂方式的问题。常用方法是在制作人工饲料的时候加入琼脂，做成半固体状，饲喂时用封口膜包住。这样的人工饲料有着制作简单、不易变质的优点，可作为中华通草蛉幼虫人工饲料的良好剂型。

4. 草蛉幼虫饲养注意事项

1）每个饲养容器内最好是收集的同一天的卵，以使发育时间保持一致，防止“大吃小”的情况发生。

2）草蛉有较强的自相残杀习性，因此饲养容器内要充分阻隔并提供充足的食物，防止草蛉幼虫自相残杀。

3）利用活体猎物饲养时注意饲养盒内湿度不宜太高，否则会造成幼虫大量死亡。

4）利用米蛾卵饲养幼虫，饲养容器内相对干净，如用活体蚜虫或人工饲料则需要定时清理饲养器具，防止真菌或细菌滋生。

（二）草蛉成虫饲养管理

下文以成虫期继续捕食的大草蛉和成虫期取食花粉花蜜作为补充营养的中华通草蛉为例介绍成虫期的饲养管理。

1. 产卵器具的制备

1）交尾笼：用于成虫产卵前期饲养。一般笼体为 30～40cm 见方，让成虫在笼内性腺完全发育成熟，获得充分交尾。

2）产卵笼：通常用马粪纸作材料，制成高 10cm、直径 14cm 的圆筒，接头处用胶粘合，然后在圆筒的上、下两端蒙上纱布，用橡皮圈固定即成。在笼壁、顶和底的内面衬一层纸（衬纸接头处点以少量糨糊使其固定），成虫产卵在衬纸上，即成卵箔。据中国农业科学院生物防治研究所实验证实，用有色纸（最好粉红色）作内衬供成虫产卵的效果最好，既不影响成虫产卵，又容易察看卵粒。

3）水槽和饲料槽：草蛉成虫不可一日缺水（尤其是取食干粉饲料时），用小指形管或类似的小玻璃瓶作水槽，其中应放入一条泡沫塑料，以防草蛉掉入水中淹死。另用一小型瓶盖作饲料槽，若饲料糊状，也应放入小块泡沫塑料，以免粘污草蛉身体。用细铁丝作挂钩，将水槽和食槽挂在笼壁上。饲喂干粉饲料时，可用硬塑料小片（3cm×2cm）做成饲料牌，在饲料牌的一端穿上铁丝作挂钩，在牌的两面涂抹一层 50%蜜糖水，然后沾上饲料干粉即可。

2. 成虫饲养管理

1）产卵前期：将同一天羽化的草蛉成虫先集中于交尾笼饲养，饲养天数依不同蛉种的产卵前期长短而定。一旦发现开始产卵，立即将成虫转入产卵笼饲养。

2）产卵期：产卵笼内饲养的草蛉成虫不宜过多，每笼放入雌虫 70～75 头，另搭配 20%～25%的雄虫，以防前期交尾不全面。在此密度下，每笼每日平均可产卵 700～1000 粒。每批成虫中多余的雄虫可释放到田间。

草蛉成虫有取食自产卵的习性，在饲养密度过大或缺水缺食的情况下容易取食自产卵粒，尤以叶色草蛉和丽草蛉为甚。故除保证水和食料供应充足外，每天必须更换卵箔纸一次。更换卵箔纸最好在上午进行，更换时要注意防止成虫逃逸。中国农业科学院生物防治研究所研制成一种在换笼取卵箔纸时防止成虫逃逸的装置。该装置上面有一铁圈，直径与虫笼近似，虫笼正好坐落在铁圈上，该装置的下面安装一反向微型风扇。在换笼取卵箔纸时，先将放置有新衬纸的空笼安放在此装置上，开动微型风扇，再将原装有成虫并带有卵的笼底轻轻揭掉后安放在空笼上面，轻轻拍打上面的虫笼，成虫跌入下面的空笼时，即被向下的气流吸在空笼底而不能起飞。每次从虫笼中取出的卵箔纸标记上草蛉种类、产卵日期及卵量。

3）大草蛉成虫饲养：在 25～27℃、RH 75%以上和光照 14h 条件下，草蛉成虫放于直径 15cm 的玻璃饲养筒内，每筒保有雌虫 10 头左右，筒两端均以单层棉布封口，用海绵球保湿。尽管啤酒酵母干粉饲料可以使草蛉产卵，但其产卵量是食用蚜虫的 80%～90%，用米蛾卵饲养的大草蛉成虫没有生殖能力，因此，在蚜虫供应充足的情况下，应尽量采用蚜虫饲养草蛉。

4）中华通草蛉成虫饲料：均以半合成饲料为主，其中蛋白质来源从发面干粉和酱渣子到啤酒酵母和猪肝粉，从液体和半液体到糊状和干粉均可，其主要的配方为啤酒酵母 10g、蔗糖 8g，一同研磨过 60～80 目筛，在硬纸片上涂一层蜂蜜，将干粉饲料撒在上面饲喂成虫。

3．草蛉成虫繁殖注意事项

1）每个养虫笼内要保证有 20%～25%的雄虫数量，防止因未完全交配而产生无效卵。

2）卵箔纸要每日更换，保证每个卵箔纸上的卵均为同一天所产，以保证卵的孵化整齐度。

3）如发现成虫腹部末端肛门附近发黑或堵住，表示成虫不再产卵，可及时清理出产卵笼。

三、贮藏和释放

为了适应市场需求，保证天敌的货架期、运输过程与运输距离等需求，需要对草蛉类产品进行一定时间的贮藏，一般常用的贮藏虫态为卵和蛹。

（1）卵的冷藏和释放　将每天收集的草蛉卵制成卵卡，冷藏在 10～12℃的条件下，中华通草蛉可贮藏 21d，大草蛉可贮藏 15d，孵化率可达 80%以上。释放时收快孵化的灰卵卵箔纸剪成条状（每条 10～20 粒卵），布点挂在植株上即可，或把将要孵化的灰色卵刮下，用小塑料袋或罐头瓶装入锯末，同时放入适量饲料，幼虫孵化后即可在早晨或傍晚散放，均匀撒在棉株（或其他作物）嫩尖和上部张开的叶片上。

（2）蛹的冷藏和释放　中华通草蛉和大草蛉茧的贮藏温度以 11～12℃为宜，贮藏时间可达 20d，其羽化率为 90%。可采用盒式包装，成虫近羽化时置于田间，待成虫羽化后自动飞出即可。

草蛉释放注意事项如下。

1）释放时间：于害虫发生初期，最好在早晨或傍晚散放。

2）释放数量：一般按益害比 1∶（30～50），或者温室作物 10 头/m^2，每 14～21d 散放一次；大田作物 6000 头/亩，每隔 5d 释放一次，连放 3 次。

3）释放种类：根据释放需要的环境和时间选择合适的草蛉种类，大草蛉低温耐受性强，适合早春季节释放；中华通草蛉和晋草蛉耐高温能力较强，可在温室大棚环境中使用。

第九节 小 黑 瓢 虫

小黑瓢虫［*Delphastus catalinae*（Horn）］是烟粉虱、温室白粉虱等粉虱害虫的重要捕食性天敌。该瓢虫原产于北美洲，现已被多个国家和地区引种利用，1996年引进我国（黄建等，1998）。小黑瓢虫捕食量大、搜寻能力强，可捕食粉虱的卵、若虫及成虫，且不取食被丽蚜小蜂等寄生蜂寄生的粉虱，可与寄生蜂一起释放应用，尤其在粉虱大发生时，释放小黑瓢虫可以较好地控制粉虱的危害。

一、生物学、生态学特性

（一）生物学特性

小黑瓢虫在植物叶表搜索猎物，捕捉到猎物后便咬住取食。可捕食粉虱卵、各龄若虫、蛹，也可捕食粉虱成虫，捕食量随虫龄增长而增大。小黑瓢虫最嗜食粉虱卵，对粉虱卵的取食量明显多于若虫（罗宏伟等，2010）。被捕食后的粉虱卵干瘪，而若虫和蛹仅剩外壳（罗宏伟等，2006）。

小黑瓢虫营两性生殖，交配后产卵。卵多产于叶背，极少产在叶面，有时也产在粉虱蛹壳内。卵单产，通常2～4粒产在一起。猎物充足时，其产卵量明显增加；猎物不足时，甚至不产卵，而在猎物充足后又开始产卵。成虫每雌产卵120～200粒，产卵前期为2～3d。

小黑瓢虫为全变态，经历卵—幼虫—蛹—成虫4个阶段。幼虫4龄，多在上午孵化，孵化时先咬破卵壳，然后慢慢伸展四肢，最后爬离卵壳，随即开始取食。孵化时间经历2～4h。初龄幼虫活动能力弱，取食量也小；随着虫龄增加，活动能力增强。1～2龄幼虫迁移能力弱，活动范围小。3～4龄后可较长距离爬行。食料缺乏时，成虫会取食自己的卵，幼虫也会自相残杀，高龄幼虫会捕食低龄幼虫（黄建等，2002）。

小黑瓢虫化蛹前，多从植株中上部向下部迁移到基部叶背面或干燥隐蔽场所化蛹，有群集化蛹习性，群集蛹数多达50～70头。化蛹时老熟幼虫虫体逐渐收缩，蜕皮后蛹体呈现成虫形态。初蛹白色，被浅色短刺毛。随着蛹的发育，颜色变深，最后呈黑色。

刚羽化的小黑瓢虫成虫畏光，常躲于阴暗遮蔽处。成虫爬行迅速，飞翔迁移能力强。有假死性，遇惊收缩落地。

在室内（25±1）℃条件下，取食茉莉花高氏瘤粉虱时：小黑瓢虫的卵期平均为5.75d；幼虫发育历期1龄为1.50d，2龄1.16d，3龄1.67d，4龄4.43d；蛹期6.50d；产卵前期2.05d；世代发育历期23.06d。成虫寿命可达90～130d，雌成虫寿命多数长于雄成虫（黄建等，2012）。

不同食物条件对小黑瓢虫成虫寿命有较大影响。在无食物条件下，成虫平均寿命为4.5d；供以清水，寿命6.5d；供以10%蜂蜜水和粉虱卵，寿命分别为17.0d和43.8d（黄建等，2012）。

（二）温度和光周期对小黑瓢虫生长发育的影响

在温度15℃、19℃、23℃、27℃、31℃和33℃（±0.5℃）、相对湿度（80±3）%、光照强度12 000lx、光周期14L∶10D的人工气候箱内，15～31℃时，小黑瓢虫的发育历期随温度升高而缩短，31℃以上时随温度升高而延长。2～3龄幼虫在15～31℃时，发育速率几乎呈直线上升；4龄幼虫在15～19℃时发育速率增长迅速，而在19～31℃时增长缓慢；其他虫态在15～19℃时发育速率增长缓慢，在19～31℃时增长迅速；温度在31℃以上时，各虫态发育速率都呈现负增长（黄建等，2012）。

温度、光周期及二者的相互作用均对小黑瓢虫滞育有显著影响。在实验室条件下研究温度（11℃、16℃、21℃、26℃和 31℃）和光周期（16L∶8D、14L∶10D、12L∶12D、10L∶14D 和 8L∶16D）对小黑瓢虫滞育的影响，结果表明，低温和短光照可诱导成虫进入滞育。11℃和光周期 8L∶16D 是诱导滞育的最适条件。此条件下诱导 40d，成虫进入稳定的滞育状态，滞育率高达 95.44%。26℃和 31℃时，测定的 5 个光周期均不能诱导滞育。11℃、16℃和 21℃时，滞育率随温度降低或光照时长缩短均呈升高趋势。滞育成虫产卵前期随温度降低或光照时长缩短而延长。11℃和光周期 8L∶16D 有利于维持滞育，延长成虫产卵前期。21℃和光周期 14L∶10D 加速滞育的解除，缩短成虫产卵前期（孟佳和黄建，2021）。

（三）湿度对小黑瓢虫生长发育的影响

采用不同盐饱和溶液控制 RH 45%、55%、65%、75%、85%和 95% 6 个梯度，置于（25±1）℃、RH（70±5）%、光周期 14L∶10D 人工气候箱内试验，结果表明，小黑瓢虫各虫态及其世代均表现出低湿条件下发育历期长于高湿条件。其中，在 RH 75%条件下卵期最短（3.38d）；在 RH 85%条件下幼虫期最短（4.71d）；在 RH 75%和 85%条件下预蛹期基本相同（2.66d），且均短于其他湿度下的发育历期；蛹期在 RH 85%条件下历期最短（4.38d）。世代历期在 RH 85%条件下最短（15.16d），但与 RH 75%条件下差异不大（15.28d）（荆英等，2002）。

小黑瓢虫卵存活率在 RH 95%条件下最低，为 85%，其余各种湿度条件下均高达 95%。在 RH 65%、75%和 85%条件下卵存活率均达 100%。幼虫期间，低湿与高湿条件均不利于其存活，在上述湿度试验范围内，随着湿度升高，幼虫存活率逐渐增大；在 RH 85%条件下，存活率达到最大值，为 80%；其后随着 RH 进一步升高，存活率又呈下降趋势。其中，1 龄幼虫存活率在 RH 75%条件下最高，为 95%；2～4 龄幼虫存活率均在 RH 85%条件下最高。预蛹与蛹在 RH 85%条件下的存活率最高，为 94%，其余湿度条件下的存活率均较低（荆英等，2002）。

二、大量繁殖方法

烟粉虱是小黑瓢虫嗜好的自然猎物，烟粉虱的卵、若虫和蛹都是小黑瓢虫人工繁殖的良好猎物（图 5-21），尤其卵最为小黑瓢虫所嗜好。人工繁殖小黑瓢虫分为 3 个阶段：寄主植物培育、猎物粉虱饲养和小黑瓢虫繁殖。可以采用 3 个温室（网室）加 1 个空调养虫室进行饲养、保种和人工繁殖。

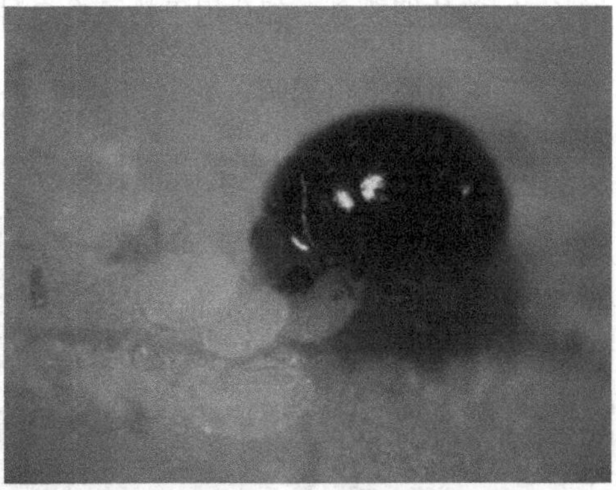

彩图

图 5-21　小黑瓢虫捕食烟粉虱若虫

（一）寄主植物培育

花椰菜是福建等南方地区人工繁殖小黑瓢虫的良好寄主植物，既适合烟粉虱的饲养，又适宜小黑瓢虫的繁殖。但花椰菜在 7～9 月受高温季节影响，不易栽培。因此，还要考虑其他寄主植物，如一品红、烟草、茄子和甘薯等，在不同季节搭配利用，才能做到小黑瓢虫周年持续的人工繁殖和保种。

花椰菜除 7～9 月外，其余时间都可栽培。若以室内盆栽饲养，则每 20～25d 就要培育一批菜苗。播种出苗后约 1 个月将幼苗移栽，加强水肥管理，待菜苗长至 20～30cm 高、7～8 片叶时，再移栽到花盆（直径26cm，高18cm）中，每盆1株。盆栽菜苗移栽5～7d复壮后就可移入粉虱繁育室接种粉虱。在培育菜苗过程中，要注意清除其他害虫。

烟草植株高，叶片宽大，除盆栽使用外，还可种植于粉虱繁育室内饲养烟粉虱。烟草生长较慢，播种约45d后幼苗才可移栽。移栽时要保持较大间距（约50cm），以免成株后植株间过于拥挤。烟草生长期长，但叶片阔、烟粉虱发生量大。同样要及时清除其他害虫。

一品红一般在春季进行枝条扦插。扦插枝条长约20cm，芽朝上，2/3埋于土内，浇透水，保持土壤湿润。一品红向上生长，在粉虱繁育室内，可以和花椰菜、烟草等间作。一品红作为寄主植物，不仅粉虱量多，而且害虫少，只发现螨类为害会造成落叶，但为害过后又会长出新叶。一品红可和花椰菜交替栽培，冬季一品红落叶时，可用花椰菜代替；夏季花椰菜长势差时，可用一品红代替。

寄主植物的培育要持续不断，每20～25d就应播种一批菜苗，或准备一批盆栽，以保证养虫室内随时都有充足的嫩苗来饲养粉虱，这是小黑瓢虫人工繁殖的关键。由于烟粉虱成虫喜群集于寄主植物上部嫩叶处产卵，而小黑瓢虫又喜食粉虱卵，因此，种植寄主植物时要注意追肥，促进植株生长，多长嫩叶。

（二）猎物粉虱饲养

在粉虱饲养室内，可视季节或空间等状况栽种花椰菜、烟草、一品红、茄子、甘薯等寄主植物，可单种也可混种，以保持寄主植物的多样性。寄主植物栽种成活后，从田间采集带烟粉虱若虫或拟蛹的叶片，或用吸虫器采集成虫释放于饲养室内接虫。注意前者易把其他害虫也带入饲养室内，所以要剔除其他害虫后再接入饲养室。接入的烟粉虱成虫在花椰菜等植物上取食产卵，在夏秋季只要经过一代的饲养，烟粉虱种群就会明显上升，或在空调养虫室用盆栽植物饲养，能更好地控制温湿度，但要定期更换盆栽。控制好适宜的饲养温度，冬季烟粉虱无明显越冬虫态，只要保证提供寄主植物，就可使烟粉虱持续繁殖。

烟粉虱耐高温、喜干旱，温度对其影响很大。生长发育最适温度为25～28℃，10℃下不利于其存活与繁殖。在夏秋季可适当打开养虫室玻璃窗（有纱窗），加强空气流通，避免室内温度过高；冬春季气温偏低时，用加热器定时加温或空调室调温，以保证烟粉虱正常生长发育和种群增长。饲养的烟粉虱一部分用于粉虱自身种群的繁衍，大部分移到瓢虫繁殖室用于繁育小黑瓢虫。

（三）小黑瓢虫繁殖

瓢虫繁殖室有温室和空调养虫室。温室用于夏秋季瓢虫繁殖，空调养虫室既可用于夏秋季瓢虫繁殖，又可用于冬春季瓢虫繁殖和保种。温室种植花椰菜、一品红、烟草等寄主植物饲养，空调养虫室采用盆栽寄主植物饲养。待烟粉虱种群数量达到每叶有成虫30头以上时，可以接种小黑瓢虫繁殖（图5-22）。

彩图

图5-22　小黑瓢虫人工繁殖

小黑瓢虫在花椰菜上每世代可增殖43倍左右。接种约1个月后，小黑瓢虫就可繁育成一定规模，每叶可达7头，此时可取走一半的成虫用于释放应用。否则，当室内瓢虫繁殖过多时，其捕食量大，会导致粉虱种群数量下降，反而影响瓢虫的繁殖。同时瓢虫数量过多会产生种内干扰，甚至会导致个体间相互残杀和虫体变小，捕食和生殖能力下降。小黑瓢虫生长发育的适宜环境条件与烟粉虱相似，温度和光照等条件控制与粉虱饲养室相同。

空调养虫室内采用养虫架饲养，每层10～12盆花椰菜苗。控制在23～28℃，RH（70±5）%，光周期15L∶9D。夏季气温高，以空调降温，冬季气温低，用加热器加温。盆栽浇水要适宜，不能过量。冬季小黑瓢虫在室内无滞育现象，可顺利保种繁殖。更换盆栽时，要仔细检查叶片，把瓢虫的成虫、幼虫及蛹用毛笔小心移至培养皿中，再转到有粉虱的盆栽上。小黑瓢虫喜群集于老叶和花盆的边缘凹槽内化蛹，要注意收集这两处的瓢虫蛹。移入的粉虱盆栽植物要清除其他害虫。

小黑瓢虫喜食粉虱卵，与捕食粉虱若虫及蛹相比，捕食卵的瓢虫发育速度加快、发育历期缩短，成虫繁殖力显著提高。因此，尽可能多提供粉虱卵来繁育瓢虫，可提高小黑瓢虫产卵量，促进种群迅速增长，提高人工繁殖数量。

三、田间释放方法

小黑瓢虫可以捕食粉虱的各个虫态，可在粉虱发生初期进行释放，达到早期控制的效果。也可以在粉虱其他发生期释放，而不像寄生蜂需选择在粉虱2～3龄期适宜寄生的时期释放，因此具有更长的释放时间范围和防治效果。

在粉虱发生初期释放，可以较快地发挥小黑瓢虫的控制作用，尽早将粉虱种群控制在农生危害之前。同时，释放的数量可以相对少些，让小黑瓢虫在田间自然繁殖，建立种群，并逐步向四周扩散。选择粉虱种群数量发生多的田块，点状释放，使其在控制粉虱害虫的同时，扩大自身种群分布。当释放区粉虱种群数量明显下降时，要及时进行小黑瓢虫的人工助迁，再迁移到粉虱种群发生量大的田块，使其种群不断繁衍，发挥更大的控制作用。

在粉虱大暴发的田块，要加大小黑瓢虫的释放量，或连续释放几次，以达到更好的控制效果。小黑瓢虫一般不捕食被寄生蜂寄生的粉虱寄主，因此可以与寄生蜂一起释放应用，共同控制粉虱害虫的危害。

农药对小黑瓢虫具有较大的杀伤作用，应用小黑瓢虫等天敌进行粉虱害虫生物防治时，要尽量避免使用化学药剂。必要时，应根据粉虱发生危害和天敌种群发生动态，科学用药，避免盲目和滥用农药，要掌握好用药时期、药剂种类、用药量和施药方法，并采用重点挑治，减小对小黑瓢虫等天敌的杀伤，达到有效、安全的防治效果，充分发挥天敌的自然控制作用。

第十节　捕　食　螨

捕食螨的食性分专食性、选择性、多食性和嗜食花粉。大量繁殖方法分替代猎物繁殖和非替代猎物繁殖，后者要培养寄主植物，饲养害虫或害螨，然后再利用其繁殖捕食螨；前者直接用替代猎物——昆虫的卵或粉螨大量繁殖。捕食螨的释放有两种基本策略：预防接种和增殖。释放方法有两种：淹没式释放和接种室释放。

一、生物学特性

捕食螨可捕食叶螨、细须螨、瘿螨、跗线螨、粉螨、蓟马、介壳虫、跳虫、线虫等，一些种类取食植物花粉、真菌菌丝和孢子，有时取食植物表皮液体。McMurtry等（1997）综述植绥螨科中有4种类型的捕食者：专食性捕食者（智利小植绥螨只捕食叶螨属的种类）、选择性捕食者（斯氏小盲绥螨捕食烟粉虱、蓟马、粉螨等几种猎物）、多食性捕食者（胡瓜新小绥螨捕食10种以上叶螨、蓟马低龄若虫、木虱、粉虱）和嗜食花粉的捕食者（取食花粉时，生殖力是最高的）（吴伟南等，2008）。

二、大量繁殖方法

（一）专食性捕食螨工厂化生产方法

1．智利小植绥螨的繁殖方法　智利小植绥螨在美国和欧洲用多种方法大量繁殖。日本的 Nakao 等（1990）介绍了一种比较适合于日本农业的简单经济的繁育捕食螨方法。整个流程为：种苗繁育室温度控制在20～25℃，菜豆种植20d后，移入猎物繁育室，温度控制在20～25℃，在寄主植物上接入叶螨，待叶螨繁育10d后，移至天敌繁育室，将带有叶螨的菜豆叶片移入智利小植绥螨的聚乙烯塑料饲养容器中，20d后，每个饲养容器可繁殖出智利小植绥螨1000～3000头。

2．长毛钝绥螨的繁殖方法　张艳璇（1996）介绍了一种长毛钝绥螨的袋栽繁殖法：在中国南方春夏秋季种茄子，冬季种蚕豆，用低压薄膜袋育苗，每袋育苗至2叶1心后接入神泽氏叶螨（*Tetranychus kanzawai*）50头，40d后神泽氏叶螨种群增殖至1.3万～1.4万头/株，每株接入长毛钝绥螨50头，25d后每袋可获长毛钝绥螨5000头。此法也适合智利小植绥螨的大量繁殖。

（二）专食性捕食螨繁育关键技术

栽培健康的植物，满足植物正常生长对光照（12～16h，强度大于1000lx）、温度（20～30℃）、湿度（相对湿度50%～80%）、二氧化碳浓度、土质（或基质）和酸碱度等的要求。接入叶螨种源与接入智利小植绥螨（或长毛钝绥螨）的数量比例要调节好，一般以1∶（100～200）为宜。防杂虫污染是获取高质量智利小植绥螨、长毛钝绥螨的重要保证。

（三）杂食性捕食螨工厂化生产方法

1．捕食螨生产场地要求　①场地选择：捕食螨生产场地应远离居民生活区、禽畜饲养区，宜建在果园、农田、林区附近。以框架水泥结构、独立建筑为宜，要求通风、透光，水、电、交通便利。②车间划分：应设有原料仓库、原料处理车间、种螨室（应区分捕食螨室、饲料螨室）、接种车间、饲料螨生产车间、捕食螨生产车间、产品包装车间、产品冷藏库和检验室。

2．杂食性捕食螨培养基质及饲料螨的选择　以无霉变、无黏结的新鲜麸皮为基质，直径3mm左右的麸皮颗粒质量分数应占70%以上，细粉状麸皮颗粒的质量分数应在10%以下。pH在6.5～7.5，水分质量分数应小于10%。辅助培养料为酵母与饲料螨，饲料螨可选择甜果螨、粉尘螨、屋尘螨、家食甜螨、害嗜鳞螨、腐食酪螨、粗脚粉螨、椭圆食粉螨、河野脂螨、奥林螨、甜果螨等。用上述人工饲料喂养粉螨（选好适宜的粉螨种源，每一种粉螨单独饲养），让粉螨种群增长起来，而后喂养斯氏小盲绥螨、尖狭下盾螨、巴氏新小绥螨、胡瓜新小绥螨、加州新小绥螨、少毛钝绥螨等。

3．基质车间、容器的消毒　①基质的消毒温度为90～100℃，消毒时间为4～6h，消毒后pH为6.5～7.5。消毒后基质应在隔离的情况下装入原料贮藏器中备用。②车间、容器须经消毒后方能使用。使用常规的杀虫剂、杀菌剂消毒后密闭3～5d，使用前应用清水冲洗。

4．捕食螨生产　①接种：将饲养基质装入500mL的饲养容器中，加入纯净水使饲养基质含水量达 5%～20%，按捕食螨∶饲料螨＝1∶（20～30）的比例加入种螨，每个容器中接入3000～5000 头捕食螨，用牛皮纸或约 300 目的布封口后放入捕食螨生产车间。②饲养条件：生产车间温度保持在 20～30℃，相对湿度保持在 80%～85%，早晚定期开窗约 10min 通风，饲养25～35d。

5. 成品螨的要求与检测　用 10 倍手提放大镜观察，每个视野有 10～15 头活的捕食螨，发病率低于 10%，螨态比为卵∶幼若螨∶成螨＝4∶3∶3，捕食螨∶饲料螨＝1∶（5～20），每克饲养基质中杂螨及小型昆虫的数量在 2 头以下即可包装（图 5-23）。

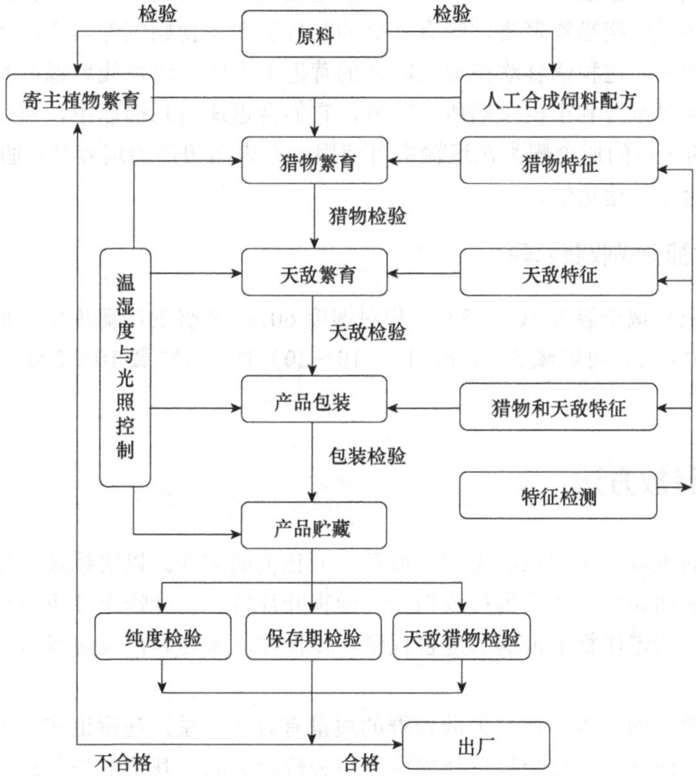

图 5-23　生产工艺流程

6. 温室、果园或田间饲养捕食螨扩繁方法　在温室繁育可以获得大量捕食螨，使用盘放在温室长凳上（24℃，相对湿度 35%～99%，自然光）大量饲养西方盲走螨。一种方法是将菜豆（*Phaseolus vulgaris* L.）种在盘子里的土壤中，待苗长到 5 叶 1 心时，然后接入叶螨，过几天后接入捕食螨，捕食螨与猎物比为 1∶（20～40）。在接近 45.5m^2 的空间中，4 个月内可以生产 150 万头捕食螨。另一种方法是采集苹果树受叶螨为害的叶片，或种菜豆然后接种叶螨，大量饲养西方盲走螨，然后释放在二斑叶螨为害的树上。当捕食螨的数量达到每叶 1.2～3.0 头时，将带有捕食螨叶片的枝条移放到需防治果园的果树上。这种方法可以满足果园中苹果树和梨树上对捕食螨的需求。还有一种田间饲养西方盲走螨的方法是在专门的小区种 15 行菜豆，再接叶螨到菜豆上，然后接捕食螨，6 周后平均每小叶有捕食螨 8.3 头，每株 68 小叶，加上每行每米 30 株，估计这个小区可繁殖西方盲走螨雌螨 3200 万头、幼螨 3000 万头和 3800 万粒卵。此法的缺陷是不能随时满足需要，不能随时提供捕食螨，以及容易受其他种类的捕食螨感染。

三、收获和贮藏

（一）专食性捕食螨收获贮藏

可以用吸气机收集在叶片上生长的专食性植绥螨，一个人每小时可吸取 2000～5000 头捕食螨。带有叶螨和捕食螨的叶片随后可以保持在塑料袋内直到植物凋谢，然后捕食螨会爬到袋顶，在那里通过低压真空抽气泵吸入或采集。快速爬动的捕食螨个体可以在温度降低到 4℃时采集。智利小植绥螨围绕猎物聚集，带有叶螨的叶片放在捕食螨饲养器中，当捕食螨聚集到叶片时，可以收集起来。这种螨喜欢在植物叶片的茸毛上产卵，而丝线就像叶片的茸毛，因此，将一小团棉球放到饥饿智利小植绥螨所在区域，它们会迅速爬到棉球中，然后将其转移到管中封好备用。收集的大量的捕食螨类在运输中可使用湿润表面粗糙的培养基，通常用刨花、麸糠、蛭石或砂砾，适合于长途运输。

（二）杂食性捕食螨收获贮藏

捕食螨产品应贮藏于温度 10～15℃、相对湿度 60%～80%的冷藏库中。捕食螨与饲料螨的比例为 1∶（8～10）时，可贮藏 5～10d；1∶（10～20）时，可贮藏 10～20d；1∶（20～25）时，可贮藏 20～30d。

四、田间释放方法

捕食螨释放时期取决于害虫、害螨（或危害）相关的因素。以害螨还未发生，或刚刚发生即每叶片上的叶螨和卵少于 2 头为释放指标。受害叶片特征比叶螨个体可以更容易发现，根据叶片危害指数，可判定作物上害螨的危害程度，以便在危害轻时，及时释放少量捕食螨，达到较好的控制效果。

释放捕食螨数量的多少和建立天敌种群的质量有直接关系。观察证实，天敌种群建立率随着释放数量的增加而增加。较少数量释放可能与失败相关联。其余的失败或许是由于害虫与天敌种类的错误鉴定有关。

1．益螨的运输　天敌长距离运输到释放地点必须保证天敌是活的群体，因此，通常包装的容器或包装袋要低温保存，以降低捕食螨新陈代谢速率和减少包装箱间晃动，也需保持一定的湿度，通过空运、火车、汽车物流等运输工具安全运送到目的地。

2．释放技术　将容器内或包装袋中的捕食螨连同介质倒出，搅拌均匀后直接撒在作物或果树叶片上，称为传统淹没式释放。将捕食螨包装袋袋口撕开挂在棉田中心株下，或挂在果树树冠内膛阳光照不到的分叉处，1 株 1 袋。捕食螨的活动螨（成螨、后若螨、前若螨、幼螨）先后从袋中爬出，然后是不动螨（静息期Ⅲ、静息期Ⅱ、静息期Ⅰ蜕皮后和卵孵化后）爬出。从包装袋袋口撕开到大部分捕食螨爬出需时长达 6 周，故称慢速释放。目前提倡慢速释放，禁止淹没式释放。

? 思考题

1．简述赤眼蜂大量繁殖的主要途径及工艺流程。

2. 目前常见人工繁殖丽蚜小蜂的方法有哪些？

3. 试述平腹小蜂的人工繁殖方法及释放技术。

4. 试述蚜茧蜂的应用关键技术要点。

5. 试述我国橘小实蝇以生物防治为主的综合治理技术。

6. 试述白蛾周氏啮小蜂的人工繁殖及应用释放技术。

7. 肿腿蜂寄生寄主的过程分为哪几个阶段？

8. 试述小黑瓢虫人工大量繁殖的方法。

主要参考文献

白微微，高海峰，张航，等. 2021. 普通草蛉幼虫对麦二叉蚜和麦长管蚜的捕食功能反应与搜寻效应[J]. 应用昆虫学报，58（2）：408-414.

柏天琦，张立猛，谷星慧，等. 2015. 十字花科作物繁殖烟蚜和扩繁烟蚜茧蜂[J]. 云南农业大学学报（自然科学），30（4）：541-546.

陈斌，张伟，刘兴旺，等. 2022. 不同龄期的大草蛉对桃蚜的捕食作用[J]. 环境昆虫学报，44（4）：830-837.

陈红印，王树英，陈长风. 2000. 以米蛾卵为寄主繁殖玉米螟赤眼蜂的质量控制技术［J］. 昆虫天敌，22（4）：145-150.

陈家骅. 1979. 蚜茧蜂研究的基本知识［J］. 昆虫知识，（6）：265-268.

陈家骅，石全秀. 2001. 中国蚜茧蜂（膜翅目：蚜茧蜂科）［M］. 福州：福建科学技术出版社.

陈科伟，何余容，黄寿山. 2005. 赤眼蜂田间混合种群的分离、鉴定及其性比的确定［J］. 昆虫知识，42（1）：67-68.

陈小银，邬恤民. 1980. 人工饲料饲养的蓖麻蚕卵对繁殖拟澳洲赤眼蜂的效果[J]. 昆虫天敌，（1）：44-48.

陈新，贺钟麟，张运慈. 1990. 大草蛉对烟蚜种群密度的功能反应及控制能力的评价［J］. 河南农业大学学报，24（4）：444-455.

陈泽坦，严珍，陈希用，等. 2017. 不同温度下丽草蛉实验种群生命表研究［J］. 热带作物学报，38（2）：349-352.

程丽媛，廖先骏，徐龙祥，等. 2014. 以豌豆修尾蚜为猎物的大草蛉两性生命表和捕食率［J］. 植物保护学报，41（6）：680-686.

程睿君，张家稻，张强，等. 2017. 用于防治蚜虫的蚜茧蜂释放技术研究和应用[J]. 农业科技通讯，（10）：121-123，126.

戴小枫，郭予元. 1992. 我国棉花病虫害综合防治研究进展［J］. 中国农学通报，8（6）：5-9.

丁岩钦，陈玉平. 1986. 中华草蛉对棉蚜与棉铃虫的捕食作用研究［J］. 生物防治通报，（3）：97-102.

范才银，罗井清，唐海峰，等. 2016. 不同接蚜方式对烟蚜繁殖效果的影响[J]. 作物研究，30（6）：729-731.

付海滨，丛斌，杜贤章. 2006. mtDNA COⅡ基因序列应用于赤眼蜂分子鉴定的研究［J］. 中国农业科学，39（9）：1927-1933.

广东省农业科学院植物保护研究所. 2019. 平腹小蜂扩繁与防治荔枝蝽应用技术规程：DB44/T 2221—2019［S］. 广州：广东省市场监督管理局.

郭震. 2011. 水稻二化螟卵寄生蜂的采集、鉴定及田间种群动态监测［D］. 长春：吉林农业大学硕士学位论文.

郭震，阮长春，臧连生，等. 2012. 稻螟赤眼蜂 rDNA 特异引物设计及诊断引物在赤眼蜂分子鉴定中的应用［J］. 中国水稻科学，26（1）：123-126.

国家市场监督管理总局，国家标准化管理委员会．2019．烟蚜茧蜂防治烟蚜技术规程：GB/T 37506—2019［S］．北京：中国标准出版社．
国家烟草专卖局．2012．烟蚜茧蜂防治烟蚜技术规程：YC/T 437—2012［S］．北京：中国标准出版社．
何晓冰，马文辉，王明鑫，等．2018．我国烟蚜茧蜂防治烟蚜技术的研究进展［J］．贵州农业科学，46（1）：42-46．
侯茂林，万方浩，刘建峰．2000．利用人工卵赤眼蜂蛹饲养中华草蛉幼虫的可行性［J］．中国生物防治，16（1）：5-7．
胡尊瑞，李志强，姜晓龙，等．2016．管氏肿腿蜂不同类型种蜂的繁蜂效果研究［J］．环境昆虫学报，38（1）：148-153．
黄海艺，刘亚男，亓永凤，等．2020．中华通草蛉幼虫对草地贪夜蛾卵和低龄幼虫的捕食作用［J］．应用昆虫学报，57（6）：1333-1340．
黄红，晏建章，李代芹．1990．大草蛉对棉花害虫捕食作用的研究［J］．昆虫天敌，（1）：7-12．
黄建，傅建炜，刘冰妍．2002．小黑瓢虫对高氏瘤粉虱捕食作用的研究［J］．华东昆虫学报，11（1）：59-62．
黄建，王竹红，王联德，等．2012．烟粉虱生物学与生物防治［M］．福州：福建科学技术出版社．
黄建，徐离永，傅建炜．1998．国外害虫天敌产品的商品化及小黑瓢虫的引种利用［J］．华东昆虫学报，7（1）：101-104．
黄寿山，臧连生，阮长春，等．2013．赤眼蜂寄生生态学与工厂化繁殖应用［M］．北京：科学出版社．
纪锐，王宝辉，娄永根．2011．杭州悬铃木方翅网蝽的捕食性天敌种类及日本通草蛉幼虫捕食作用［J］．中国生物防治学报，27（1）：32-37．
贾乃新，黄耀阁，李秋竹，等．2002．利用麦蛾卵繁殖赤眼蜂研究初报［J］．吉林农业大学学报，24（4）：58-60．
荆英，黄建，黄蓬英．2002．湿度对小黑瓢虫生长发育及存活的影响［J］．华东昆虫学报，11（2）：88-91．
赖艳，刘星月．2020．中国草蛉科天敌昆虫及其生防应用研究进展［J］．植物保护学报，47（6）：1169-1187．
李国平，封洪云，封洪强，等．2016．半固体人工饲料饲养日本通草蛉幼虫对荻草谷网蚜捕食作用［J］．中国生物防治学报，32（2）：161-164．
李鹤鹏．2014．中华草蛉三龄幼虫对大豆蚜的功能反应［J］．黑龙江农业科学，（2）：59-61．
李骏，陈家骅，宋东宝．2015．云南茧蜂科及蚜茧蜂科物种多样性分析［J］．福建农林大学学报（自然科学版），44（6）：576-580．
李林森．1983．谈谈蚜虫的人工转移方法［J］．中国烟草，（1）：25．
李萍，李玉艳，向梅，等．2020．大草蛉幼虫对草地贪夜蛾低龄幼虫的捕食能力评价［J］．中国生物防治学报，36（4）：513-519．
李姝，王杰，郭晓军，等．2019．天敌昆虫大草蛉的研究进展与展望［J］．环境昆虫学报，41（2）：241-252．
李腾武，陈素馨，张树发，等．2000．中华草蛉幼虫对玉米螟卵的捕食作用研究［J］．张家口农专学报，16（1）：3-6．
李玉艳，张洪志．2018．蚜虫克星：蚜茧蜂［J］．大自然，（6）：4-7．
李玉艳，张礼生，陈红印，等．2013．烟蚜茧蜂滞育诱导的温光周期反应［J］．应用昆虫学报，50（3）：718-726．
利翠英．1961．赤眼蜂 *Trichogramma evanescens* Westw．的个体发育及其对于寄主蓖麻蚕 *Attacus cynthia ricini* Boisd．胚胎发育的影响［J］．昆虫学报，（Z1）：339-354，525-530．
廖先骏，唐天成，汪玉新，等．2016．中华通草蛉幼虫对茶蚜捕食作用的研究［J］．山东农业科学，48（4）：87-89．

林克剑，吴孔明，刘山蓓，等. 2006. 中华草蛉、龟纹瓢虫和异色瓢虫对 B 型烟粉虱的捕食功能反应[J]. 昆虫知识，43（3）：339-343.
林乃铨. 1994. 中国赤眼蜂分类（膜翅目：小蜂总科）[M]. 福州：福建科学技术出版社.
林乃铨，胡红英，田洪霞，等. 2022. 中国动物志昆虫纲第七十四卷膜翅目赤眼蜂科 [M]. 北京：科学出版社.
刘凤想，焦彦成，邓艳东，等. 2007. 草间钻头蛛、大草蛉和中华通草蛉对茶尺蠖、小绿叶蝉的选择效应 [J]. 四川动物，26（3）：497-500.
刘建峰，刘志诚，冯新霞，等. 1998. 利用人工卵大量繁殖赤眼蜂及其田间防虫试验概况 [J]. 中国生物防治，（3）：139-140.
刘志诚，孙姒纫，杨五烘，等. 1988. 用人工寄主卵繁殖卵寄生蜂研究的新进展 [J]. 生物防治通报，（4）：145-148.
刘中芳，吴孔明. 2012. 取食不同食物对日本通草蛉生长发育、繁殖和飞行能力的影响 [J]. 中国生物防治学报，28（1）：15-19.
鲁素玲，刘小宁，张建萍. 2001. 3 种天敌对土耳其斯坦叶螨的捕食功能反应的初步研究 [J]. 石河子大学学报（自然科学版），19（3）：194-196.
罗宏伟，黄建，王竹红. 2006. 小黑瓢虫捕食行为的观察 [J]. 中国生物防治，22（增刊）：14-16.
罗宏伟，王竹红，王联德，等. 2010. 捕食不同虫态烟粉虱对小黑瓢虫生长发育的影响 [J]. 福建农业学报，25（2）：149-152.
罗丽林，李莉. 2018. 管氏肿腿蜂的交配行为 [J]. 昆虫学报，61（5）：604-612.
孟佳，黄建. 2021. 温度和光周期对小黑瓢虫滞育的调节作用 [J]. 中国生物防治学报，37（5）：927-935.
潘明真，张毅，曹贺贺，等. 2022. 我国主要农作物蚜虫生物防治的研究进展、应用与展望 [J]. 植物保护学报，49（1）：146-172.
蒲蛰龙，麦秀慧，黄明度. 1962. 利用平腹小蜂防治荔枝蝽试验初报 [J]. 植物保护学报，（3）：301-306.
全仁哲，陈道富. 2011. 叶色草蛉对绣线菊蚜的捕食功能反应和搜寻效应 [J]. 科技创新导报，8（8）：140-141.
任凤山，张安盛，邢光耀. 2016. 中华草蛉 2 龄幼虫对棕榈蓟马的捕食功能反应与搜寻效应 [J]. 江苏农业科学，44（2）：177-179.
阮长春，史树森，孙光芝，等. 2016. 一种收集米蛾成虫的新方法：CN102652504B [P]. 2016-02-03.
舒敏，刘伟伟，冯丽凯，等. 2011. 中华草蛉幼虫捕食马铃薯甲虫卵的功能反应研究 [J]. 新疆农业科学，48（2）：328-333.
孙程鹏，李钢铁，刘爱萍. 2017. 茶足柄瘤蚜茧蜂人工繁殖技术研究 [J]. 中国植保导刊，37（7）：46-49.
孙丽娟，衣维贤，赵川德，等. 2013. 大草蛉对 3 种蚜虫的捕食能力研究 [J]. 植物保护，39（5）：153-157.
孙守慧，赵利伟，祁金玉，等. 2012. 白蛾周氏啮小蜂成虫补充营养及低温贮藏虫期的研究 [J]. 中国生物防治学报，28（3）：320-325.
汤方，李生臣，刘玉升，等. 2008. 中华草蛉对温室白粉虱卵的捕食功能反应 [J]. 南京林业大学学报（自然科学版），32（2）：132-134.
唐良德，王晓双，赵海燕，等. 2017. 大草蛉幼虫捕食豆大蓟马和豆蚜的功能反应及生长发育 [J]. 中国生物防治学报，33（1）：49-55.
唐天成，张艳，李程锦，等. 2018. 中华通草蛉和大草蛉幼虫对黑刺粉虱若虫的捕食功能反应 [J]. 应用昆虫学报，55（2）：217-222.
田红伟. 2017. 中国全脉蚜茧蜂族和蚜外茧蜂族分类研究 [D]. 杭州：浙江大学硕士学位论文.

王和平，宋若川，赵丽萍. 2000. 赤眼蜂非寄生卵弹力分离原理的研究［J］. 吉林农业大学学报，22（1）：96-98.

王虎诚，杜伟，宋明辉，等. 2016. 释放白蛾周氏啮小蜂生物防治美国白蛾试验［J］. 江苏林业科技，43（2）：24-27.

王树会，魏佳宁. 2006. 烟蚜茧蜂规模化繁殖和释放技术研究［J］. 云南大学学报（自然科学版），(S1)：377-382，386.

王卫斌，陈瑞琴，张卫光，等. 2007. 利用家蚕蛹人工繁殖白蛾周氏啮小蜂的研究［J］. 植物保护，33（2）：99-101.

王文娟，贺达汉. 2006. 三种主要天敌对二斑叶螨（*Tetranychus urticae* Koch）的控制作用研究［J］. 农业科学研究，27（1）：16-19.

王雪菲，陈孟，白嘉伟，等. 2020. 管氏肿腿蜂对桑天牛幼虫的寄生行为及防治效果［J］. 中国生物防治学报，36（3）：335-339.

王亚南，李萍，贺玮玮，等. 2022. 丽草蛉三龄幼虫对斜纹夜蛾卵及低龄幼虫的捕食作用［J］. 中国生物防治学报，38（2）：321-327.

吴琦琦，吕宝乾，曹凤琴，等. 2018. 营养对不同地理种群周氏啮小蜂生物学特性的影响［J］. 生物安全学报，27（3）：205-208.

吴伟南，欧剑峰，黄静玲. 2016. 中国动物志无脊椎动物第四十七卷蛛形纲蜱螨亚纲：植绥螨科［M］. 北京：科学出版社.

吴兴富. 2007. 烟蚜茧蜂繁殖利用概述［J］. 中国农学通报，(5)：306-308.

肖云丽，郭海波，李明贵，等. 2006. 中华通草蛉幼虫对麦蚜捕食作用的初步研究［J］. 昆虫天敌，28（3）：109-114.

辛肇军，郑效虎，陈梅，等. 2007. 中华通草蛉幼虫对玉米蚜捕食作用的研究［J］. 山东农业科学，(3)：64-66.

忻亦芬. 1982. 蚜茧蜂的研究进展［J］. 沈阳农学院学报，(1)：107-114.

徐庆宣，王松，田仁斌，等. 2019. 大草蛉对草地贪夜蛾捕食潜能研究［J］. 环境昆虫学报，41（4）：754-759.

许乐园，刘韶业，于金凤，等. 2019. 温度对中华通草蛉捕食麦长管蚜的影响［J］. 环境昆虫学报，41（3）：605-611.

闫玉芳，陈文龙. 2011. 菜蚜茧蜂的生物学生态学研究进展［J］. 山地农业生物学报，30（2）：169-173.

杨慧，何香，何恒果. 2019. 中华草蛉对月季长管蚜的捕食功能反应［J］. 西华师范大学学报（自然科学版），40（1）：39-43.

杨硕媛，赵进龙. 2009. 烟蚜茧蜂规模繁殖与释放技术［C］//云南省昆虫学会2009年年会论文集. 昆明：云南省昆虫学会：192-197.

杨星科，杨集昆，李文柱. 2002. 中国动物志昆虫纲第三十九卷脉翅目草蛉科［M］. 北京：科学出版社.

杨忠岐. 1989. 中国寄生于美国白蛾的啮小蜂一新属一新种（膜翅目，姬小蜂科，啮小蜂亚科）［J］. 昆虫分类学报，(Z1)：117-123.

杨忠岐. 1995. 白蛾周氏啮小蜂雌性成虫内部生殖系统的解剖研究［J］. 林业科学，31（1）：23-26.

杨忠岐. 2000. 白蛾周氏啮小蜂的有效积温及发育起点温度研究［J］. 林业科学，36（6）：119-122.

杨忠岐，王小艺，曹亮明，等. 2014. 管氏肿腿蜂的再描述及中国硬皮肿腿蜂属 *Sclerodermus*（Hymenoptera：Bethylidae）的种类［J］. 中国生物防治学报，30（1）：1-12.

杨忠岐，王小艺，王传珍，等. 2005. 白蛾周氏啮小蜂可持续控制美国白蛾的研究［J］. 林业科学，41（5）：72-80.

杨忠岐，张永安．2007．重大外来入侵害虫：美国白蛾生物防治技术研究［J］．昆虫知识，44（4）：465-471，622．
余金咏，路常宽，温晓蕾，等．2009．中华草蛉对刺槐叶瘿蚊幼虫的捕食功能反应［J］．河北科技师范学院学报，23（4）：21-24．
展茂魁，杨忠岐，王小艺，等．2014．肿腿蜂类寄生蜂室内控害效能评价：以松脊吉丁肿腿蜂为例［J］．生态学报，34（9）：2411-2421．
张安盛，于毅，周仙红，等．2012．中华草蛉 3 龄幼虫对西花蓟马的捕食作用［J］．山东农业科学，44（7）：88-89，94．
张帆，王素琴，罗晨，等．2004．几种人工饲料及繁殖技术对大草蛉生长发育的影响［J］．植物保护，30（5）：36-40．
张俊杰，杜文梅，阮长春，等．2012．不同饲料配方对米蛾生长发育及繁殖的影响［J］．吉林农业大学学报，34（6）：603-606，611．
张俊杰，阮长春，臧连生，等．2015．我国赤眼蜂工厂化繁育技术改进及防治农业害虫应用现状［J］．中国生物防治学报，31（5）：638-646．
张欣，李修炼，梁宗锁，等．2012．不同环境温度下大草蛉对黄精主要害虫二斑叶螨的控害潜能评估［J］．环境昆虫学报，34（2）：214-219．
张艳璇，林坚贞，侯爱平，等．1996．捕食螨大量繁殖、贮存、释放技术研究［J］．植物保护，22（5）：11-13．
张艳璇，林坚贞，季洁，等．2011．捕食螨生产技术规程：DB35/T 1215-2011［S］．福建：福建省农业科学院植物保护研究所．
赵翠英，马秀明，付德俊，等．2019．蚜茧蜂在绿色防控中的应用探索［J］．农业科技通讯，（3）：152-153．
郑乐怡，归鸿．1999．昆虫分类［M］．南京：南京师范大学出版社．
郑书文，刘学谦，李明贵，等．2008．中华通草蛉幼虫对绣线菊蚜捕食作用的研究［J］．山东农业科学，（6）：50-52．
郑雅楠，祁金玉，孙守慧，等．2012．白蛾周氏啮小蜂 *Chouioia cunea* Yang 的研究和生物防治应用进展［J］．中国生物防治学报，28（2）：275-281．
郑雅楠，辛蓓，刘佩旋．2016．白蛾周氏啮小蜂（*Chouioia cunea* Yang）毒器官的超微结构观察［J］．沈阳农业大学学报，47（2）：230-234．
郑雅楠，张彦龙，时勇，等．2022．肿腿蜂对云杉花墨天牛防治效果的初步研究［J］．中国生物防治学报，38（2）：306-311．
郑永善，王志怀．1980．蚜茧蜂识别［J］．陕西农业科学，（3）：45，46-48，49-50．
周娟，生惠宇，李子园，等．2020．黄玛草蛉对两种蚜虫的捕食效能［J］．环境昆虫学报，42（1）：152-156．
Ashok K G, Jalali S K, Venkatesan T, et al. 2009. Internal transcribed spacer-2 restriction fragment length polymorphism (ITS-2-RFLP) tool to differentiate some exotic and indigenous trichogrammatid egg parasitoids in India [J]. Biological Control, 49 (3): 207-213.
Gersn U, Smiley R L, Ochoa R. 2003. Mites (Acari) for Pest Control [M]. Oxford, UK: Blackwell Science Ltd.
Hillis D M, Dixon M T. 1991. Ribosomal DNA: molecular evolution and phylogenetic inference [J]. The Quarterly Review of Biology, 66 (4): 411-453.
Li D S, Liao C Y, Zhang B X, et al. 2014. Biological control of insect pests in *Litchi* orchards in China [J]. Biological Control, 68: 23-36.
McMurtry J A, Croft B A. 1997. Lifestyles of phytoseiid mites and their roles in biological control [J]. Annual

Review of Entomology, 42: 291-321.

Nakao H, Saito Y, Mori H. 1990. Mass production of predatory mites//Tsukuba. The Use of Natural Enemies to Control Agricultural Pests [C]. Japan: FTTC (Food and Fertilizer Technology Center).

Peng L F, Gibson G A P, Tang L U, et al. 2020. Review of the species of *Anastatus* (Hymenoptera: Eupelmidae) known from China, with description of two new species with brachypterous females [J]. Zootaxa, 4767 (3): 351-401.

Sumer F, Tuncbilek A S, Oztemiz S, et al. 2009. A molecular key to the common species of *Trichogramma* of the Mediterranean region [J]. BioControl, 54 (5): 617-624.

Tang X Y, Meng L, Kapranas A, et al. 2014. Mutually beneficial host exploitation and ultra-biased sex ratios in quasisocial parasitoids [J]. Nature Communications, 5: 4942.

Yang S, Yang S Y, Zhang C P, et al. 2009. Population dynamics of *Myzus persicae* on tobacco in Yunnan Province, China, before and after augmentative releases of *Aphidius gifuensis* [J]. Biocontrol Science and Technology, 19 (2): 219-228.

Yang Z Q, Wei J R, Wang X Y. 2006. Mass rearing and augmentative releases of the native parasitoid *Chouioia cunea* for biological control of the introduced fall webworm *Hyphantria cunea* in China [J]. BioControl, 51 (4): 401-418.

Zang L S, Wang S, Zhang F, et al. 2021. Biological control with *Trichogramma* in China: history, present status, and perspectives [J]. Annual Review of Entomology, 66: 463-484.

第六章
昆虫病原细菌

昆虫病原细菌在昆虫病原微生物区系中占绝大多数，在不同环境条件下对昆虫种群数量的调节起着不同程度的作用，其中一些类群如苏云金杆菌、球形芽孢杆菌等都已成功开发为微生物杀虫剂并广泛应用于生产实践中。本章重点介绍当前害虫防治上应用最广泛的苏云金杆菌，包括其研究历史、生物学特性、分类鉴定、毒素和致病机制、害虫对其的抗性及工业化生产。

第一节　概　　述

一、研究历史

苏云金杆菌（*Bacillus thuringiensis*，*Bt*）是一种在土壤中广泛分布的革兰氏阳性细菌，能够分泌对靶标昆虫具有特异活性的毒素蛋白，同时对人畜及其他高等动物无害，成为当前研究最为深入、应用最为广泛的微生物杀虫剂。*Bt* 的发现和应用至今已百余年，在人类农业生产上发挥不可估量的作用，同时在林业、公共卫生及医疗等领域具有巨大的发展潜力和应用空间。

1901 年，日本微生物学家石渡繁胤（Shigetane Ishiwata）首先从罹病家蚕幼虫的虫尸中分离得到一种杆状的病原菌，根据病症将其命名为猝倒杆菌（*Bacillus sotto*）。随后在 1911 年，德国昆虫病理学家 Ernest Berliner 从德国苏云金地区的地中海粉螟罹病的幼虫体内分离出一株类似的杆状细菌，对其进行全面的生物学和形态学鉴定，于 1915 年根据发现地将其定名为苏云金杆菌。由于 20 世纪初化学合成杀虫剂尚未问世，欧洲的农民开始有意识地利用 *Bt* 防治仓储害虫，如地中海粉螟。20 世纪 20 年代后期，美国开始利用 *Bt* 防治林业害虫舞毒蛾，并取得一定成效。1938 年，法国率先推出以 *Bt* 芽孢为原料的商品化杀虫剂“Sporeine”，但很快因为第二次世界大战而停产。二战后规模化的化学农药工业得到大力发展，大量低廉且具有广谱性和高效性的化学合成农药（如有机氯和有机磷等）相继问世，导致以 *Bt* 为代表的微生物杀虫剂研发一度陷入停滞。然而经过数十年化学农药的大规模使用，人们逐渐发现高毒力的化学农药对生态和人类健康带来严重危害。因此，作为天然杀虫微生物的 *Bt* 再次引起研究人员的关注。20 世纪 50 年代，Hannay 和 Angus 等发现 *Bt* 的杀虫活性主要由芽孢形成过程中分泌的杀虫晶体蛋白（insecticidal cystal protein，ICP）造成。前期人们认为 *Bt* 仅对鳞翅目昆虫有特异的毒性，1977 年 Goldberg 等从以色列内盖夫沙漠泥塘中的淡色库蚊虫尸上分离出一株 *Bt* 新菌种，对大部分双翅目蚊虫具有高毒力，将其命名为苏云金杆菌以色列亚种。1983 年，发现苏云金杆菌拟步行甲亚种对鞘翅目昆虫有特异毒杀作用，可用于马铃薯甲虫等农业害虫的防治。*Bt* 的活性谱不仅仅局限在节肢动物门，还对线形动物门的根结线虫、扁形动物门的血吸虫属和原生动物门的疟原虫等有相应的毒性。*Bt* 产生的次级代谢产物双效菌素（zwittermicin）对多种植物病原真菌具有显著的抑制作用。进入 21 世纪，发现 *Bt* 的伴胞晶体蛋白对人类癌细胞具有特异的抑制作用，并将此类蛋白质命名为抗癌晶体蛋白（parasporin，PS），进一步拓展了 *Bt* 及其相关蛋白质的研究方向和应用领域。随着 20 世纪 80 年代植物基因工程的突破，具有增产、抗虫、抗除草剂和耐旱等优势的转基因作物相继被开发并在全球推广种植，其中转 *Bt* 基因的抗虫作物取得显著成果。1987 年，Vaeck 等首次利用农杆菌转化法将 *cry1Ab* 基因转入烟草中，使其具备对烟草天蛾的杀虫活性。1996 年，美国正式批准转基因作物进行商业化种植，这一年被认为是转基因作物产业的元年。

我国关于 *Bt* 的研究大概可以分为两个明显的阶段。第一阶段：20 世纪 90 年代前的收集资源、菌株鉴定、生产发酵等研究的常规阶段；第二阶段：20 世纪 90 年代后以分子生物学、蛋白质组学、转录组学、代谢组学、转基因植物等现代技术手段全面介入的新阶段。新基因的发现、转基因新成果的不断涌现，大幅提升了我国微生物农药在国际上的地位。

早在 1941 年，中山大学蒲蛰龙就在我国南方进行了细菌防治菜粉蝶的试验。1955 年，华北农业科学研究所曹骥等利用从法国引进的 *Bt* 孢子粉对玉米螟进行生物测定，这也是我国首次有关 *Bt* 研究的正式报道。1959 年，中国科学院动物研究所刘崇乐自捷克斯洛伐克引入 *Bt* 的苏云金亚种（H1，*Bt*. subsp. *thuringiensis*），同年东北农学院张履鸿从苏联引入苏云金亚种、蜡螟亚种（H5a5b，*Bt*. subsp. *galleriae*）和松毛虫亚种（H4a4b，*Bt*. subsp. *dendrolimus*）。1961 年，彭中允从苏联带回菌株进行应用。1962 年，刘崇乐等撰写了《苏云金杆菌研究的五十年》一书，系统介绍了这一领域的现状并总结了当时国内的研究情况，对我国 *Bt* 的研究进展起到了推动作用，标志着我国 *Bt* 研究全面展开。湖北省农业科学研究所于 1961 年在从苏联引入的虫菌 3 号菌粉（entobacterine 3，蜡螟亚种）中分离出菌株。先后对某些鳞翅目害虫如菜青虫、黏虫、苹果巢蛾、松毛虫等进行菌剂制备、室内外毒力测定及防治试验。1964 年，我国兴建了第一个 *Bt* 制剂的中试车间——武汉染料厂青虫菌车间。次年，由该厂生产的“三五”牌和湖南长沙微生物所生产的“424”牌 *Bt* 制剂正式上市，标志着我国 *Bt* 研发走向产业化。20 世纪 60～80 年代，国内许多单位开展了有关 *Bt* 的大量工作。自 1968 年开始，中国科学院武汉病毒研究所和华中农业大学一直坚持从资源基础生物学到产品开发的全方位研究，在国内外形成了鲜明特色。20 世纪 70 年代初曾兴起 *Bt* 制剂生产高潮。华中师范大学从 70 年代开始杀螟杆菌的土法生产和应用，后来在病理学和产品标准化等领域做出了有特色的工作。中山大学和广东省微生物研究所等机构也进行了 *Bt* 血清学鉴定和简易生产，还提出用家蚕初孵幼虫进行 *Bt* 毒力测定的方法。福建农林大学自 1980 年开始分离菌株，从不同生境分离到有特色的菌株，开展了分子生物学的基因鉴定，对提高生产企业的产品效价具有重要作用，促进了我国 *Bt* 产品的出口和国内的广泛应用。随着 80 年代 *Bt* 研发被列入国家科技攻关计划，相继解决了 *Bt* 高毒力菌株筛选、发酵工艺改良和转基因作物培育等一系列理论及技术难题，进一步促进了我国标准化、规模化的 *Bt* 产业快速发展。目前国内 *Bt* 制剂年产量超过 3 万 t，使用面积超过 300 万 hm^2，是应用规模最大的细菌类生物农药。在转基因作物的应用上，最早在 1994 年由中国农业科学院生物技术研究所联合其他育种单位成功研发出转 *Bt cry1A* 基因的抗虫棉，并在 1997 年获得商业化许可，成功解决了我国棉区严重的棉铃虫危害并打破国外种业巨头的长期垄断。随后陆续推出 Cry1A/Cry2A 双价、Cry1A/CpT1 双价和转抗虫基因三系杂交棉等一系列高质、高产的抗虫棉，进一步提升了我国在棉花产业和分子育种上的国际竞争力。截至 2019 年底，我国抗虫棉累计推广面积达 4.7 亿 hm^2，其中国产抗虫棉占市场份额的 99%以上。同期进行的转 *Bt* 基因抗虫水稻和玉米也陆续进入中间试验、环境释放和生产性试验等阶段，其中‘华恢 1 号’和‘*Bt* 汕优 63’两个转 *cry1Ab/Ac* 基因水稻品系在 2009 年获得农业转基因生物安全证书，并于 2015 年获得续期，表明了我国转基因主粮的研发和产业化在有序、谨慎地推进。

二、分布

Bt 广泛分布于世界各地。从热带雨林到北极冻土带，从高山到平地，在昆虫尸体、土壤、植物表面、贮藏物或尘埃、鲜水、动物活体、粪便、食物、仓储中都分离到了 *Bt*，可见 *Bt* 几乎无处不在。据估计，世界上至少有 60 000 个 *Bt* 菌种被公开或秘密地保存，这充分显示出了 *Bt* 菌株在应用上受到的重视程度。

从石渡繁胤首次分离获得 *Bt* 菌株后，人们又陆续从各种虫尸上分离获得多种 *Bt* 菌株，也正因此前人认为，*Bt* 可导致昆虫患病，只有从死虫上才能找到 *Bt*。

土壤是微生物的大本营，*Bt* 也是一种土壤习居菌。自 1987 年从土壤中找到了新的 *Bt* 菌株后，人们才打破了 *Bt* 只存在于死虫上的看法，并从土壤中获得了大量的菌种资源，这一事实改变了 *Bt* 的历史。目前在世界范围内，超过 70%的 *Bt* 菌株来自土壤。

20 世纪 90 年代起，人们把寻找 *Bt* 的目光转到了植物上。国内外学者先后从橄榄叶、松树叶、不同针叶树和落叶树的叶片、桑叶、卷心菜叶、牧草、豌豆叶、木本植物、草本植物、卷烟叶、胡椒科属植物叶片、烟叶、苔藓植物等中都分离到 *Bt*，然而 *Bt* 是叶面习居菌还是移居菌目前还存在争议。有人提出 *Bt* 是植物体微生物区系的天然组分，已经进化到与植物共生并起到保护植物不被侵害的作用。除此之外，贮藏物、鲜水、食品、动物体等也是 *Bt* 的天然寄主。

我国有多家单位进行 *Bt* 资源的收集，如华中农业大学、湖北省农业科学院、福建农林大学、中国科学院武汉病毒研究所、南开大学、中国农业科学院、中国林业科学院、中山大学、河北省农林科学院等，都获得并保藏了许多具有特色的 *Bt* 菌株。

第二节　生物学特性

一、形态特征

Bt 的个体形态简单，生活过程中有两个发育阶段。

（一）营养期

此时的细胞为营养体，呈杆状，两端钝圆，较为粗壮，与蜡质杆菌近似，大小为（1.2～1.8）μm×（3.0～5.0）μm。鞭毛周生，微动或不动。营养体单个存在或两个以上呈链状存在，革兰氏染色阳性（图 6-1）。

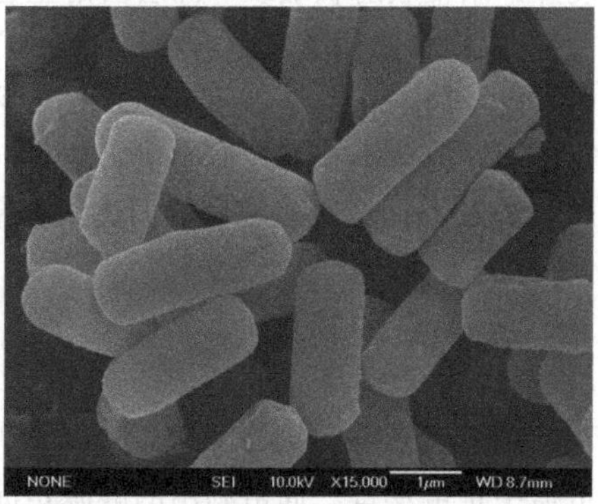

图 6-1　*Bt* 营养细胞（潘晓鸿供图）

营养体为繁殖阶段，横裂生殖，对数生长期往往 2、4、8 个或更多的营养体连在一起成串状。此时繁殖快、代谢旺盛，适于用作接种材料。营养体在芽孢出现前先停止繁殖，细胞质浓缩，出现液泡和微粒，并逐渐形成芽孢和杀虫晶体蛋白。

（二）孢子囊期

当菌体成长老熟时，其一端斜生一个椭圆形的芽

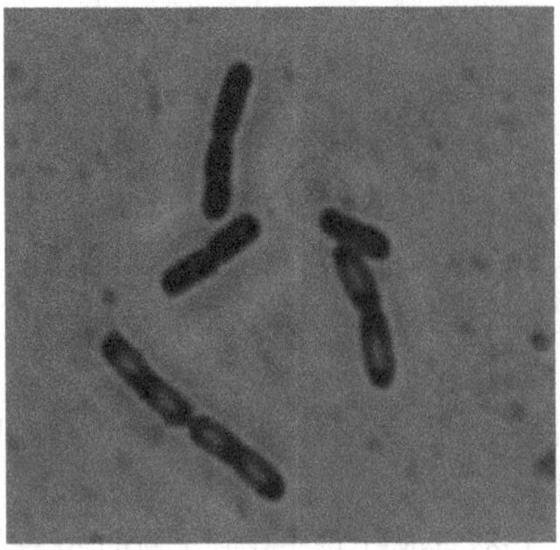

图 6-2　在显微镜下观察的孢子囊期 ***Bt*** 菌株
（张灵玲供图）

彩图

孢，另一端同时出现菱形（或其他形状）的晶体即杀虫晶体蛋白，此时为孢子囊期。孢子囊呈长卵圆形，比营养体粗壮。用苯酚复红染色时，营养体为红色，晶体深红色，而芽孢不着色，仅见具有轮廓的折光体。芽孢的形成一般可被分为 6～7 个阶段，杀虫晶体蛋白常于第 3 阶段见到（图 6-2）。多数亚种的孢子囊只有一个晶体。

Bt 形成杀虫晶体蛋白的原因有多种假设，可能是一种进化上的痕迹、代谢的中间或最终产物、作为储备的食料、芽孢外壳成分的生产过剩等。

孢子囊到一定时间后破裂，释放出游离的芽孢和杀虫晶体蛋白（图 6-3）。芽孢大小为（0.8～0.9）μm×2.0μm，是细菌的休眠体，对高温、干燥等不良环境条件有较强的抵抗力，菌剂即以芽孢粉状态较长期贮藏。芽孢遇适宜条件可萌发成新的营养体。

图 6-3　在扫描电镜下观察 ***Bt*** 晶体
（潘晓鸿供图）

杀虫晶体蛋白的形状因不同亚种等情况而异。一般为正菱形，也可为圆形、方形、椭圆形或不规则形。其大小也因不同亚种、菌株和培养条件而有差异，一般为 0.6μm×2.0μm。*Bt* 菌株多含有基因组 DNA 外的质粒（plasmid）DNA。不同血清型菌株产生的质粒数（1～17 个）及其分子量（1.4～180MDa）不同。杀虫晶体蛋白的结构基因和调节基因多数位于质粒上。*Bt* 中有类似接合转移的质粒转移系统，为杀虫晶体蛋白基因定位于质粒上提供了证据。蜡螟亚种的杀虫晶体蛋白基因定位于 150MDa 的大质粒上。不过，幕虫亚种不带质粒。

二、培养特征

Bt 能在多种培养基上生长，在不同的培养基上形成的菌落形态有所不同。在蛋白胨琼脂培养基上，表面菌落较大，呈圆盘状，菌落乳白色，表面干燥平坦，边缘不规则，呈粗布状向外展开，略带放射状皱纹。深层菌落呈毡块状，有丝状放射线。

在 2.2%葡萄糖琼脂培养基上，30℃、24h 后可见到黄色小菌落，48h 后长成相当厚的圆环形，直径约 3mm，中央有一较深的圆环，表面暗白色，微有光泽，干燥，粗颗粒状，边缘如卷发，深层菌落不整齐，似小块奶油状，3d 后菌落直径达 2cm。

Bt 的不同亚种在相同的固体培养基上培养性状基本相似，但也表现有一定程度的差异。

三、生理特征

Bt 对营养条件要求不高，主要营养物质是动植物蛋白质衍生物，能在多种氮源、碳源和无机盐中正常发育。通常利用的碳源是淀粉、糊精、麦芽糖和葡萄糖等；氮源是有机氮化合物，如牛肉膏、蛋白胨、酵母粉、花生饼粉、豆饼粉、鱼粉和玉米浆等；通常加入培养基的无机盐

有磷酸氢二钾、硫酸镁和碳酸钙等。

Bt 在 12～40℃的温度条件下都能生长，以 27～32℃较为适宜，35～40℃生长很快，但易衰老，温度低则生长缓慢。

该菌适于微碱性条件，最适 pH 是 7.5，当 pH 达 8.5 时还能正常形成芽孢，如 pH 降至 5 以下则不能形成芽孢。它是一种好气性细菌，需要充足的空气才能生长发育良好，特别在芽孢形成时，如缺乏足够的空气会延迟芽孢的形成或不能形成。

Bt 的生理生化反应：在葡萄糖、果糖、甘油、可溶性淀粉、麦芽糖、海藻二糖中产酸，在含乳糖、半乳糖、木糖、阿拉伯糖或甘露醇等培养基中不产酸，不产生吲哚，对甲基红正反应，乙酰甲基甲醇（VP 反应）正反应（多数亚种），还原硝酸盐为亚硝酸盐，溶血试验正反应，RNA 酶试验正反应，不分解果胶，不产生硫化氢、氧化酶，不利用粘酸盐、丙二酸盐等。

第三节　分 类 鉴 定

Bt 传统分类与其他芽孢杆菌一样，主要根据细胞学、培养特性、生化反应及遗传学特性来分类，在命名和分类方面曾出现过较长时间的分歧。

一、形态

1958 年，Heimpel 和 Angus 研究 7 个产生杀虫晶体蛋白的分离株，以某些形态学和生化特性为基础，区别出 3 个亚种。

1．苏云金杆菌苏云金亚种（*Bt.* subsp. *thuringiensis*）　*Bt* 的典型亚种，最早由德国科学家 Berliner 于 1911 年从地中海粉螟中分离并命名。该亚种产生的伴孢晶体（Cry 蛋白）对鳞翅目昆虫（如蛾类和蝶类幼虫）具有显著的杀虫活性。在分类学上，它是 *Bt* 类群的核心代表，后续许多亚种的分类均以其为参考。

2．苏云金杆菌猝倒亚种（*Bt.* subsp. *sotto*）　该亚种最早由日本科学家石渡于 1901 年从患病的家蚕幼虫中分离，最初命名为猝倒杆菌（*Bacillus sotto*）。其伴孢晶体对家蚕等鳞翅目昆虫有较强的毒性，但在其他昆虫中的活性相对较低。该亚种的研究为 *Bt* 的杀虫机制提供了重要线索，尤其是在昆虫肠道中的毒性作用机制。

3．苏云金杆菌阿莱亚种（*Bt.* subsp. *alesti*）　该亚种以法国昆虫学家阿莱（Alest）的名字命名，主要分离自鳞翅目昆虫（如松毛虫）。其伴孢晶体对多种鳞翅目害虫表现出广谱杀虫活性，尤其在林业害虫防治中具有重要的应用价值。该亚种的生化特性与其他亚种有所不同，如在碳源利用和酶活性方面存在差异。

这 3 个亚种的发现为 *Bt* 的分类和杀虫机制研究奠定了基础，并推动了其在农业和林业害虫防治中的应用。

二、血清学

1962 年，de Barjac 和 Bomnefoi 对 24 个产晶体的品系进行生化和血清学研究，将所有产生晶体的各菌都作为 *Bt* 类群，并按鞭毛抗原血清学反应的不同将各菌分列为 6 个鞭毛抗原血清型（H 血清型）下的 8 个亚种。1990 年，de Barjac 和 Frachon 认为当年结合生化反应的分型欠妥，在生化特性与鞭毛抗原血清分型间通常并无明显的相关。以往标准的凝集测试步骤较长，且需大量抗血清。为了提高效率，1996 年，Laurent 等改进用 96 孔微型平板测试法进行血清分型，比常规法减少抗血清用量 90%，保育时间从 120min 减至 75min。

三、酯酶电泳方法

酯酶电泳方法比一般生化反应具有更高的特异性，应有对照菌种。除上述分类方法外，也有认为可以菌株的外毒素和噬菌体作为鉴定标准，但菌株的毒力（包括内、外毒素）与培养条件、菌剂制备方法和供试对象间关系复杂，不宜作为鉴别标准。*Bt* 各亚种的噬菌体虽然具有一定的专化性，但不少菌株对异源的噬菌体有不同程度的交叉感染。因此，利用噬菌体与寄主菌种间的专一性来鉴定菌种是有困难的。

四、其他传统分类鉴定方法

应用于 *Bt* 分类的方法还有晶体血清分型、质粒分型和多位点酶电泳等。*Bt* DNA 序列研究用于杀虫晶体蛋白基因不同类型的定性，可利用特异性探针、单克隆抗体或 PCR 技术来鉴别新菌株中的杀虫晶体蛋白基因，但同一菌株中可同时存在不同类型的杀虫晶体蛋白基因，因而难以作为分类的依据。

通常在鉴定 *Bt* 的亚种时可以用已知亚种的菌株鞭毛抗血清定型，再以生化反应辅助验证。生化反应是利用亚种间生理生化上的差异，如对碳源、氮源的利用及某些酶类和代谢产物的有无等来区分亚种，这种方法具有简便易行的优点，是常用的方法。但亲缘较近的亚种之间生化反应的差别往往很小，容易导致错误。不同亚种鞭毛的血清学反应则具有较高的鉴别能力，可以鉴定未知的菌种。根据未知菌种和已知抗血清在玻片上或试管中有无凝集现象便可判别此菌是否为与抗血清相应的菌种。鞭毛血清学鉴定快捷简便，是该菌长期实际应用的分类方法。不足之处是必须具备标准菌株的抗血清。

五、分子分类方法

在分子分类学方面，还可采用（G+C）mol%含量分类法、DNA-DNA 杂交分类法、16S rRNA 分类法、基于鞭毛基因 *hag* 的分类法、*cry*/*cyt* 基因分类法。化学分类法包含了脂肪酸分析、醌组分分析、全细胞蛋白分析等。最新的分类进展还包含了细胞 S 层蛋白分析法等。

第四节　毒素和致病机制

一、毒素

Bt 能产生对多种昆虫或其他无脊椎动物有害的活性成分，这些活性成分是其杀虫的核心。有的是蛋白质，有的是小分子物质；有的在细菌营养生长期产生，有的在芽孢形成期产生；有的分泌到细菌外，有的贮藏在细胞内。至今，研究人员已经从 *Bt* 中找到了十几种有着不同功能的生物活性成分。

（一）杀虫晶体蛋白

Bt 杀虫活性主要来自芽孢形成期在菌体一端或两端形成的伴孢晶体，即杀虫晶体蛋白（ICP）。ICP 主要由 *cry* 基因和 *cyt* 基因编码，这些基因大多位于染色体外的质粒上。Cry 毒素被发现对 16 个目超过 3000 种害虫有活性，而 Cyt 毒素能够协同 Cry 毒素以提高对双翅目蚊虫的毒性。ICP 的分子量为 27～140kDa，芽孢形成时它们的重量可达细胞干重的 20%～30%。ICP 的形状各异，如 Cry1 呈双锥形，Cry2 呈立方体形，Cry3A 呈扁矩形，Cry3B 呈不规则形，Cry4A 和 Cry4B 呈球形，Cry11A 呈长菱形等。*Bt* 的杀虫活性与其表达的 ICP 的形状、结构和大小均有着密切关系。

1. ICP 基因的命名　1981 年，Schnepf 和 Whiteley 从 *Bt* 库斯塔克亚种的菌株 HD-1 中克隆到了第 1 个 ICP 基因，并于 1985 年发布了该基因的 DNA 碱基序列及其编码蛋白质的氨基酸序列。此后研究人员从不同的 *Bt* 菌株中克隆到了此类基因，并无规律性地进行命名，如 *icp*、*cry*、*typeB*、*typeC*、4.5kb、5.3kb、6.6kb 和 *Bta* 等，造成了 ICP 基因命名的混乱。1989 年，Höfte 和 Whiteley 根据杀虫活性和基因的同源性将当时发现的 42 种 ICP 基因分为 5 类，分别为 *cry Ⅰ*（编码的毒性蛋白针对鳞翅目昆虫）、*cry Ⅱ*（编码的毒性蛋白针对鳞翅目和双翅目昆虫）、*cry Ⅲ*（编码的毒性蛋白针对鞘翅目昆虫）、*cry Ⅳ*（编码的毒性蛋白针对双翅目昆虫）及与其他 *cry* 基因同源性相差很大、编码的毒性蛋白对许多动物具有溶细胞作用的 *cyt*。随着新基因的不断发现和克隆，不少基因的序列相似而杀虫活性却有明显差异，这使这一分类方法难以继续有效地应用。1998 年，Crickmore 等依据 ICP 基因的核苷酸序列及其演化关系，提出了新的基于序列的分类系统，采用阿拉伯数字取代了罗马数字重新编号，将 ICP 基因分为 4 级，即同源性小于 45%的为第一级（如 *cry1* 和 *cry2*），同源性为 45%～78%的为第二级（如 *cry1A* 和 *cry1B*），同源性为 78%～95%的为第三级（如 *cry1Aa* 和 *cry1Ab*），同源性大于 95%的为第四级（如 *cry1Aa1* 和 *cry1Aa2*）。截至 2023 年 5 月，ICP 基因按照其核苷酸序列的同源性已被分为 *cry1*～*cry78*、*cyt1*～*cyt3* 共 87 个亚类，其中 *cry* 基因 818 个，*cyt* 基因 40 个。

2. ICP 基因的鉴定　*Bt* ICP 基因的基因型可以通过分子杂交、PCR 技术及寡核苷酸芯片杂交技术等进行鉴定。自 1991 年 Carozzi 等运用 PCR 的方法预测 *Bt* 分离株的杀虫活性以来，PCR 技术以其快速、简便、灵敏的特点，被广泛地应用到 *Bt* ICP 基因的鉴定上。Bourque 等于 1993 年用复合特异引物鉴定了 *cry1Aa*、*cry1Ab* 和 *cry1Ac* 基因。Ceron 等于 1995 年用特异性复合引物鉴定了分离株中的 *cry1* 和 *cry3* 基因。Shinichiro 等于 1993 年根据 *cry2* 保守区设计了通用引物，并对产物进行了限制性酶切，根据酶切片段大小鉴定了菌株的 *cry2* 基因型。Kuo 和 Chak 于 1996 年用同样的方法鉴定了 *cry1* 基因，并明确提出了 PCR-RFLP 体系。宋福平等也多次用此法建立了多种 *cry* 基因的鉴定体系，并于 2003 年用此方法发现了 *cry1Ie1* 基因。目前这种技术已经被国内外许多研究人员用于 *Bt* 菌株 *cry* 基因的鉴定和杀虫活性预测。此外 Ben-Dov 等和 Juarez-Perez 等于 1997 年分别用两次 PCR 的方法鉴定了 *cry* 基因，Beron 于 2005 年使用两步 PCR 的新方法鉴定了 *cry* 基因。可见，PCR 技术在鉴定 *Bt* 分离株基因型、预测杀虫活性及鉴定新基因等方面得到了广泛应用。DNA 杂交技术也被应用于 *Bt cry* 基因的鉴定中，该技术是利用不同 *cry* 基因的完整或部分序列作为探针，从不同 *Bt* 菌株的基因组 DNA 中检测已知或潜在的 *cry* 基因。随着高通量测序的发展，新一代测序技术已成为 *Bt cry* 基因及其他杀虫基因的高效鉴定手段。Chen 等以 2000 个 *Bt* 菌株的 DNA 作为模板库针对 *cry* 基因进行 PCR 扩增获得了基因池，并通过 454 测序技术高通量鉴定新的 *cry* 基因。Shu 等用类似的方法从 235 个土壤样本的宏基因组中针对 *cry2* 基因进行鉴定，共发掘出包括新的 *cry2Ah* 基因在内的 177 个 *cry2*

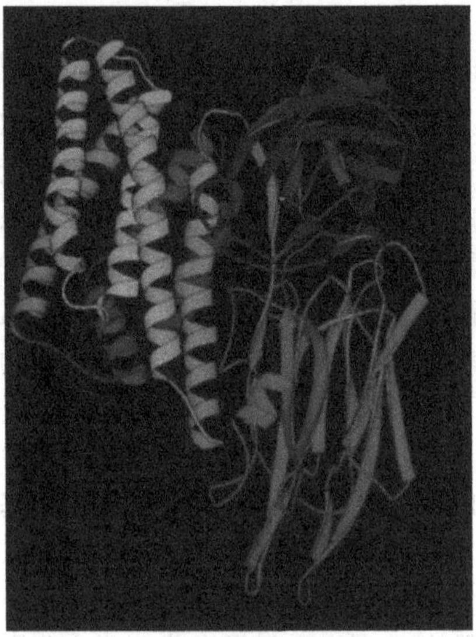

图 6-4　在扫描电镜下观察 *Bt* 晶体（Li et al.，1991）

彩图

基因。虽然 454 及 Illumina 等二代高通量测序能够高效筛选、鉴定出新的 *Bt* 杀虫基因，但 *Bt* 基因序列具有高同源性，受限于二代测序技术读长限制（50～400bp），常造成序列组装的错误或新基因序列的遗漏。随着 Pacific Bio 等单分子测序（三代测序）技术的发展，单次读长长达 5000～10 000bp，在测序深度有保证的前提下可良好地规避二代测序在 *Bt* 基因鉴定中的缺点。

3. ICP 的三维结构及功能　ICP 中最先获得三维结构的是鞘翅目昆虫特异性毒素蛋白 Cry3Aa（图 6-4），紧接着研究人员又成功得到鳞翅目昆虫特异性毒素蛋白 Cry1Aa 的三维结构。它们的三维结构均由 3 个结构域组成。尽管它们的氨基酸同源性并不高，但是它们之间存在着极大的结构相似性，因此 ICP 有可能具有结构特征的保守性。结构域Ⅰ由 8 个两亲性 α 螺旋组成，很可能与细胞膜插入及孔隙形成有关。结构域Ⅱ由 3 个 β 折叠片和 2 个短的 α 螺旋组成，可能与昆虫上皮细胞表面毒素受体的结合有关。结构域Ⅲ由 2 个 β 折叠片形成一个面对面的 β 夹层结构，具有维持毒素蛋白结构的稳定性、靶标特异性及与中肠受体结合有关的特性。在研究较为深入的 Cry1A 毒素中，位于结构域Ⅱ的环区 α8、环区 2、环区 3 及结构域Ⅲ的 β16 折叠在靶标昆虫中肠受体的识别中起主要作用。

（二）营养期杀虫蛋白

营养期杀虫蛋白（vegetative insecticidal protein，VIP）是指营养期表达的杀虫蛋白。Estruch 等最早从 *Bt* 菌株中发现并克隆到 *vip3Aa* 和 *vip3Ab* 基因。与传统的 ICP 基因不同的是，营养期杀虫蛋白基因的表达虽然始于营养期，但其大量表达仍是在芽孢形成前期。这是一类具有热不稳定性的可溶蛋白，在 95℃下处理 20min 便失去活性，至少有 75%存在于上清培养液中。

Crickmore 等提出根据编码 VIP 的氨基酸序列的同源性对 *vip* 基因进行分类。截至 2022 年 4 月，已经有 147 个 *vip* 基因被鉴定分离出来。VIP 是由 *vip1*、*vip2*、*vip3*、*vip4* 共 4 种基因编码的，它们的杀虫活性各不相同，且在氨基酸序列的进化上与 ICP 没有任何同源性。Vip1A 分为 Vip1Aa 和 Vip 1Ab 两类，二者的氨基酸同源性为 77%，N 端（1～168 位氨基酸）的同源性为 91%，C 端（619～833 位氨基酸）的同源性为 35%。*vip1A* 编码 100kDa 的蛋白质，成熟蛋白质的 N 端被剪切形成一个 80kDa 的分泌蛋白。*vip2A* 基因位于 *vip1A* 基因的上游，大约 12%的 *Bt* 菌株具有这两类基因，二者的表达产物构成二元毒素，对玉米根萤叶甲（*Diabrotica virgifera virgifera*）和长角叶甲（*Diabrotica barberi*）等叶甲科昆虫具有特异性。*vip3A* 编码分子量约为 88kDa 的蛋白质，结构与 ICP、Vip1 和 Vip2 差别较大。15%～23% *Bt* 菌株都含有 *vip3A* 基因。Vip3A 对鳞翅目夜蛾科害虫具有广谱的杀虫活性，对棉铃虫和烟芽夜蛾的毒性与 Cry1Ac 相当。此外，Vip3A 对防治一些对 ICP 敏感性较弱或对 ICP 产生抗性的鳞翅目昆虫具有较高的杀虫活性，如 Vip3A 对小地老虎的毒性要比 Cry1Ac 高 260 多倍。

Vip3A 毒素的应用相对较晚，其杀虫机制的研究也尚未深入。利用冷冻电镜技术分别对 Vip3Aa、Vip3Bc 原毒素及胰蛋白酶水解后的 Vip3Aa 毒素进行结构解析，证明 Vip3A 原毒素是以金字塔形四聚体形式存在的，经肠道蛋白酶水解后，Vip3Aa 原毒素蛋白 N 端 20kDa 的 4 个

高度折叠的 α 螺旋经胰蛋白酶酶切后从四聚体顶端弹出至四聚体底部，与 C 端 65kDa 的肽段形成一个分子量 340kDa 的针筒状四聚体蛋白。该四聚体蛋白呈典型的膜穿孔蛋白结构，被认为是产生杀虫活性的关键成分。Vip3A 毒素的结构域Ⅰ和结构域Ⅱ由多个 α 螺旋组成。结构域Ⅰ被认为是造成膜穿孔作用的主要功能域，并与结构域Ⅱ一起负责四聚体结构的形成。结构域Ⅲ的结构与 Cry 毒素的结构域Ⅱ及结构域Ⅲ十分接近，猜测是识别靶标昆虫中肠刷状缘膜上受体的主要功能域。结构域Ⅳ和结构域Ⅴ被认为是保护四聚体结构稳定的主要功能域。

（三）几丁质酶

昆虫的外骨骼和中肠围食膜中含有的几丁质（chitin）是一种由 *N*-乙酰-D-氨基葡萄糖（NAG）以 β-1,4-糖苷键连接而成的直链状高分子生物多聚体，它使得昆虫体具有抵御外来病原体侵入的能力。*Bt* 含有的几丁质酶（chitinase）是一种可溶性胞外蛋白质类杀虫活性物质，它能够将几丁质分解成 *N*-乙酰-D-氨基葡萄糖，从而增加了病原体侵入昆虫机体的机会，加速了昆虫幼虫的死亡。近年来，*Bt* 几丁质酶及其编码基因的研究备受瞩目，不断有新的几丁质酶基因被分离、克隆。研究发现 *Bt* 有近 10 个亚种能产生几丁质酶，有些亚种还具有较高的产酶活力。一些菌株的几丁质酶活力与其寄主昆虫的死亡率之间存在较高的正相关。几丁质酶是破坏鳞翅目、鞘翅目及双翅目昆虫中肠围食膜组织的重要毒力因子。一系列实验证明几丁质酶具有增强 ICP 杀虫效果的作用，但单独使用时不具杀虫活性，因此只能作为杀虫制剂的增效剂。产生增效作用的原因可能是几丁质酶能分解寄主昆虫上皮和中肠围食膜的几丁质组分，破坏昆虫抵御细菌入侵的天然屏障，帮助 ICP 进一步作用形成中肠膜穿孔，从而杀死昆虫。

（四）β 外毒素

β 外毒素，即苏云金素（thuringiensin），是 *Bt* 在生产阶段产生的一种热稳定（121℃处理 15min 后，杀虫毒力不降低）、低分子量（701Da）的腺嘌呤核苷酸衍生物，主要存在于 *Bt* 血清型 H1 菌株中。它是一种胞外因子，对蝇类毒力很高，因此又称为蝇因子或蝇毒素。苏云金素对紫外线稳定，可长期稳定地保存在植株体内或叶面上，从而影响食叶昆虫。据研究，苏云金素的杀虫谱较杀虫晶体蛋白广，对多种鳞翅目、双翅目、膜翅目、半翅目、等翅目、直翅目昆虫及线虫和螨类有毒杀作用。对于不同生命阶段的昆虫，苏云金素会产生不同程度的致病性。苏云金素的亚致死剂量会导致害虫生长畸形，强烈抑制昆虫和螨类幼虫的蜕变发育，主要表现在局部口器、触角、胸腔和翅膀畸形病变。但其主要通过抑制 RNA 聚合酶的活性阻断 RNA 合成进而导致昆虫死亡，因而对人类和动物有一定毒性。

（五）双效菌素

双效菌素（zwittermicin A）即 ZwA 因子，是在 *Bt* 和蜡样芽孢杆菌（*Bacillus cereus*，*Bc*）中发现的一种线形氨基多元醇类化合物。它可溶于水，在碱性条件下易水解，对热敏感，但对蛋白酶、RNA 酶、DNA 酶和磷酸酶均不敏感。目前已发现苏云金亚种、库斯塔克亚种、拟步行甲亚种、以色列亚种等 17 种不同 *Bt* 亚种的菌株能够产生双效菌素。它能抑制多种革兰氏阳性和阴性细菌的生长，对子囊菌和担子菌也有抑菌活性，因此可在病原菌侵染植物前使用，达到防治植物病害的目的。虽然双效菌素的杀虫活性极低，但对 *Bt* 的其他杀虫活性物质具有增效作用，特别是与许多 ICP 混合使用时，不但具有很强的增效作用，还可以减缓害虫的抗性。二者协同关系与昆虫种类有关。双效菌素可能在 *Bt* 破坏昆虫中肠上皮细胞后直接作用于昆虫细胞，也可能通过破坏昆虫围食膜，激活 *Bt* 毒素溶解和活化必需的蛋白酶，改变昆虫中肠上皮细

胞的特性以促进 *Bt* 毒素与中肠受体的结合及穿孔的形成。其化学结构简单，可以人工合成，因此具有很好的开发利用前景。

（六）免疫抑制因子 A

Bt 具有很强的抵御昆虫免疫系统的能力主要归因于其所分泌的免疫抑制因子 A（immune inhibitor A，InA 或 InhA）。InhA 是一种含锌金属蛋白酶，能够使产生免疫反应的生物体（特别是鳞翅目和双翅目的多种昆虫）致病，故而得名。研究发现 InhA 能特异性地水解惜古比天蚕蛾（*Hyalophora cecropia*）免疫血淋巴中的抗菌肽天蚕素（cecropin）和攻击素（attacin）。也有报道称 InhA 对果蝇属（*Drosophila*）成虫具有毒性，推测可能原因是 InhA 具有胶原酶活性，降解了昆虫基底膜和结缔组织中的胶原组分。还有研究表明，当昆虫寄主通过口腔感染 *Bt* 时，InhA2 对毒性的发挥起到了至关重要的作用。

（七）Sip1A

Sip1A（secreted insecticidal protein）是 *Bt* 中发现的一种新的分泌蛋白，其分子量大约为 38kDa。2006 年，Donovan 等研究人员用 *Bt* 菌株 EG2158 的培养上清液进行生物活性的测定，发现其对科罗拉多马铃薯甲虫的幼虫具有毒性，继而用离子交换分馏法（ion-exchange fractionation）从培养上清液中鉴定到了 Sip1A。实验证明，Sip1A 对科罗拉多马铃薯甲虫、南方玉米根虫和玉米根萤叶甲的幼虫具有活性。

二、致病机制

Bt 对昆虫的致病作用主要是靶标昆虫经口取食菌剂而引起的。菌剂包括 *Bt* 芽孢及其分泌的毒素蛋白。菌体本身的繁殖可导致昆虫的死亡，而昆虫能在短时间内死亡往往是毒素所致。*Bt* 能引起多种昆虫发病而死亡，但对另一些昆虫则致病力很差，甚至没有作用。因此该类细菌的杀虫作用及其有效范围与致病机制和昆虫寄主密切相关。

（一）ICP 的致病机制

目前普遍认为 ICP 引起昆虫致病的机制是 ICP 在昆虫中肠的碱性环境下溶解，并被中肠蛋白酶加工成有活性的毒素。随后被激活的 ICP 与中肠上皮细胞刷状缘膜上的特异受体蛋白结合。最后 ICP 构象产生变化，并使细胞膜形成孔隙和离子通道，导致上皮细胞大量破裂，昆虫因肠道溃烂死亡。目前 *Bt* 杀虫的机制研究主要集中在 Cry1A 类毒素与鳞翅目害虫的互作上，相继提出了伞形穿孔模型、顺序结合穿孔模型、单体穿孔模型、信号转导模型、Jurat-Fuentes 模型及双作用模型等假说。

1. Cry 毒素对鳞翅目害虫的作用机制　Cry 毒素穿孔机制是目前研究最多，得到大多数研究人员认可的一类假说，故 Cry 毒素被归类为成孔毒素。伞形穿孔模型表明，Cry 毒素结构域Ⅰ的 α4 和 α5 能够插入细胞膜，并且由 4 个 α4 亲水面组成的发夹结构在膜上形成孔洞，而其他 α 螺旋平铺在细胞膜表面上形成类似伞骨架的结构。Bravo 等提出的顺序结合穿孔模型（经典作用模型）进一步表明，Cry1A 毒素结构域Ⅱ的 loop3 和结构域Ⅲ的 β16 分别以低亲和力与高丰度的具有 GPI 锚定信号肽的氨肽酶 N（APN）和碱性磷酸酶（ALP）结合，从而促进毒素富集在细胞膜表面上；随后与低丰度的钙黏蛋白类似物（CAD）结合，切去结构域Ⅰ中的 α1 暴露出隐藏的疏水区 α4 和 α5；单体毒素进一步寡聚化形成预穿孔寡聚体（pre-pore oligomer）

结构，再次以高亲和力与 APN 和 ALP 受体结合互作；最后，毒素插入磷脂膜造成细胞膜穿孔，破坏细胞内外的渗透压平衡导致细胞破裂死亡（图 6-5）。该模型系统性地归纳了 Cry1 类毒素的主要作用步骤，认为 Cry 是通过与多个受体的连续结合发挥作用，并试探性地解释了单个 *Bt* 受体的突变或表达量改变能够导致昆虫对 Cry 毒素产生抗性的现象。近年来对该模型的进一步拓展表明，关键的 *Bt* 受体 ABC 转运蛋白（ATP-binding cassette transporter）在毒素穿孔的过程中，可能通过协调开关 ABC 转运蛋白通道，使得 Cry 毒素能够以不可逆的形式插入细胞膜。然而顺序结合模型不能有效解释 Cry1A 毒素能够在无受体蛋白存在的人工磷脂膜上形成孔洞，同时增强对重组 APN 和 ALP 蛋白磷脂膜的穿孔能力。因此，单体穿孔模型认为，活化的 Cry1A 毒素可能是通过与 APN 和 ALP 受体结合互作后，以单体形式插入细胞膜，随后在磷脂层内进行寡聚化，并以四聚体的形式打开孔道，造成细胞膜穿孔死亡。两个模型的主要差异在于 Cry 毒素穿孔前的寡聚化是否是发挥毒性的关键，以及寡聚体是否比单体具备更强的穿孔能力等方面。

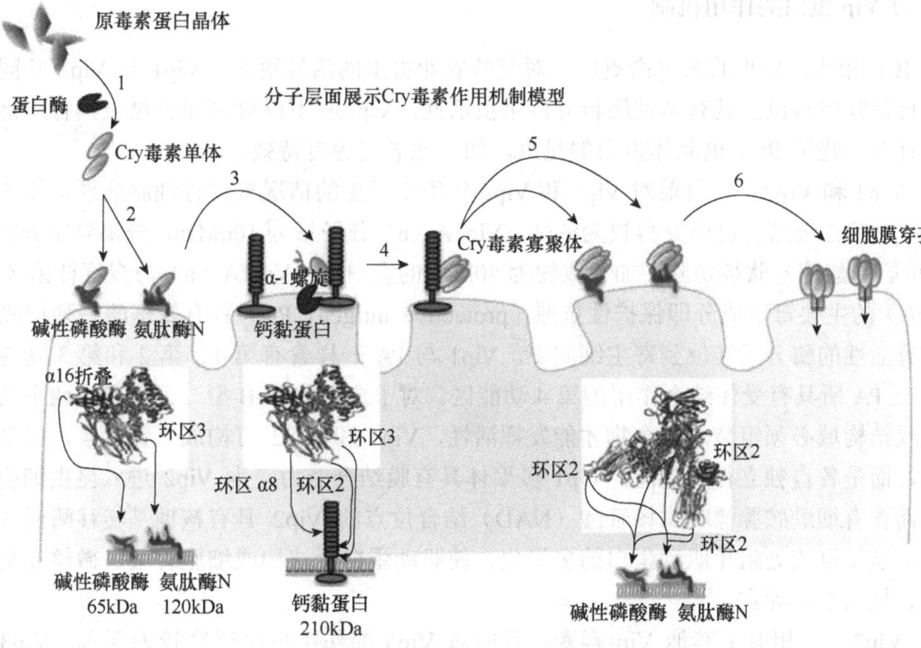

彩图

图 6-5　**Cry1A 毒素作用机制模型（Pardo-López et al.，2013）**

图片展示了 Cry 毒素进入靶标昆虫（以鳞翅目为例）肠道后的作用机制模型。Cry 原毒素蛋白被靶标昆虫幼虫摄入消化道后，原毒素蛋白在中肠酶作用下水解活化。活化后的一部分毒素分子单体分别通过蛋白质结构中的环区 3 及 β16 折叠与中肠上皮细胞膜上的 APN 与 ALP 结合。另一部分毒素分子单体通过环区 α8、环区 2 及环区 3 与中肠钙黏蛋白结合。结合后的毒素分子单体寡聚化形成四聚体结构插入细胞膜中导致细胞裂解、凋亡

有别于穿孔机制，信号转导模型认为活化的 Cry 毒素首先与细胞膜上的 CAD 受体结合互作，激活下游的 G 蛋白偶联受体（GPCR）和腺苷酸环化酶（AC），提高胞内的环磷酸腺苷（cAMP）和蛋白激酶 A（PKA）水平，从而激活细胞凋亡信号通路，加速寄主细胞的程序性死亡。信号转导模型在离体细胞上阐述了胞内信号调控及细胞新陈代谢在 Cry 毒素侵染机体中发挥的重要作用，但忽视了大多数研究发现的 Cry 引起细胞膜穿孔的主要现象。同时该模型在活体研究上并未获得进一步的证实，仍存在较大争议。另外，在比较烟芽夜蛾抗性品系和敏感品系的肠道蛋白组差异中，Jurat-Fuentes 等提出一个 Cry1Ac 作用新假说，即激活的 Cry1Ac 首先与 CAD

受体结合寡聚化后，与 APN 或 ALP 等受体结合进一步富集在细胞膜上，通过插入细胞膜造成渗透压休克（osmotic shock），进而引起胞内磷酸酶调控的信号联级传导，造成细胞死亡。该机制囊括了胞外受体介导的穿孔机制和胞内信号转导的调控机制，但二者如何协同的关键步骤并未获得有力的实验论证支撑，因此该模型未得到广泛认同。

2. Cyt 毒素协同 Cry 毒素对双翅目蚊虫的作用机制 *Bt* 以色列亚种（*Bt*. subsp. *israelensis*，*Bti*）是一种对伊蚊、库蚊和按蚊等多种能够传播疾病的蚊科幼虫具有高毒力的 *Bt* 菌株。该菌株产生的晶体蛋白含有 Cry4Aa、Cry4Ba、Cry10Aa、Cry11Aa、Cyt1Aa 和 Cyt2Ba 等多种毒素。其中对蚊虫有活性的 Cry 蛋白包括 Cry11Aa、Cry4A 和 Cry4B，这些蛋白质在结构上与对鳞翅目害虫有活性的 Cry1 或 Cry2 蛋白相似，表明 Cry 蛋白对蚊虫的作用机制可能与鳞翅目的类似。与 Cry 杀蚊毒素不同，蚊虫对 Cyt 毒素不敏感，但与 Cry 毒素联用能显著增加杀蚊活性。Cyt 毒素并没有和细胞膜上的受体蛋白结合而是直接与细胞膜脂质结合，从而插入细胞膜，在膜上形成微孔或像洗涤剂一样破坏细胞膜的磷脂双分子层结构。

（二）Vip 蛋白的作用机制

与 ICP 相比，VIP 的杀虫谱更广，对某些农业害虫的活性更强。Vip1 和 Vip2 共同作用，对鞘翅目萤叶甲科昆虫具有纳克级特异性杀虫活性，Vip3A 不仅对鳞翅目昆虫具有广谱杀虫活性，而且对一些抗 *Bt* 杀虫晶体蛋白的昆虫，如小地老虎等有特效。

1. Vip1 和 Vip2 目前对 Vip1 和 Vip2 作用于昆虫的情况未进行细胞病理学和免疫化学研究，但对其三维结构已研究得较为清楚。Vip1A（a）分子量为 100kDa，分泌到胞外时，N 端 1～33 位氨基酸信号肽被切除，加工成约为 80kDa 的蛋白质。Vip1A（a）与炭疽杆菌（*Bacillus anthracis*）的主要毒素成分即保护性抗原（protective antigen，PA）具有氨基酸序列相似性，PA 可以将有活性的酶分子转位到寄主细胞中。Vip1 与 PA 一样含有第 1、第 2 和第 3 功能区，但 Vip1 缺乏 PA 所具有受体结合作用的第 4 功能区。对于典型的 A-B 型二元毒素，两个功能不同的亚基或结构域必须组装成复合物才能发挥活性，Vip1 和 Vip2 可构成二元毒素，但是二者并不结合，而是各自独立行使功能，Vip1 多聚体具有膜结合能力，为 Vip2 进入昆虫细胞质提供途径，而含有烟酰胺腺嘌呤二核苷酸（NAD）结合位点的 Vip2 具有核糖基转移酶活性，可能在 177 位点精氨酸处阻止肌动蛋白的多聚化，使肌动蛋白无法构成细胞骨架。微丝亚基的快速交接导致昆虫最后死亡。

2. Vip3 相对于其他 Vip 毒素，目前对 Vip3 的作用机制研究较为深入。Vip3A 引起的症状与 ICP 相似，但是时间上推迟了。Vip3A 毒蛋白在鳞翅目靶标中肠内以可溶性形式存在，但在 pH 低于 7.5 时溶解性降低。Vip3 蛋白原毒素在四聚体中肠胰蛋白酶等丝氨酸蛋白酶作用下发生水解，近 N 端约 198 位氨基酸位置受到胰蛋白酶切割，导致 N 端螺旋结构弹出，形成一个近似针筒状的膜穿孔四聚体蛋白（图 6-6）。水解过程中 Vip3 蛋白 C 端不被切除，主要负责与敏感昆虫中肠上皮缘膜上的受体蛋白结合，形成离子通道进行穿孔，诱发昆虫细胞凋亡，细胞核溶解，最终导致昆虫死亡。细胞病理学试验表明，敏感昆虫喂食 Vip3Aa 蛋白 24h 后，中肠上皮柱状细胞膨胀成圆形，而杯状细胞的形态稍有变化；48h 后，内腔充满崩溃细胞的碎片，杯状细胞明显受损，但它和柱状细胞仍然与基膜相连；72h 后，与基膜完全脱落，昆虫死亡。

Vip3A 和 ICP 的作用机制具有一定相似性。靶标鳞翅目昆虫取食 Vip3A 原毒素蛋白后，同样需要经胰蛋白酶等丝氨酸蛋白酶水解，形成活化的毒素大分子。活化毒素与中肠上皮细胞膜上特定受体结合后造成细胞膜穿孔，最后导致靶标昆虫死亡。与 ICP 的不同处在于 Vip3

蛋白原毒素自然形成四聚体结构，其水解活化过程主要是对形成四聚体的各单体 N 端螺旋结构进行切割、重构，从而形成一个类针筒状的膜穿孔蛋白分子（图 6-6）。此外，Vip3 类毒素在靶标昆虫中肠内与 ICP 毒素蛋白不共享结合位点，因此可以推测 Vip3 类毒素蛋白的毒性信号通路与 ICP 不同。Vip3Aa 蛋白与靶标昆虫中肠特异性受体的结合是 Vip3 蛋白发挥毒性机制的另一重要步骤。竞争性结合实验结果表明，Vip3A 毒素与多种 Cry 毒素分子在鳞翅目靶标昆虫中肠刷状缘膜囊泡（BBMV）上不共享结合位点，但 Vip3Aa、Vip3Af、Vip3Ae 及 Vip3Ad 在同种靶标昆虫中肠内具有相同的结合位点。配体印记分析证实，Vip3Aa 蛋白与烟草天蛾中肠 BBMV 上大小为 80kDa 和 110kDa 的蛋白质相互作用。斜纹夜蛾及地中海粉螟 BBMV 上 55kDa 与 100kDa 的蛋白质能够与 Vip3Aa 结合。前期研究通过酵母双杂交、蛋白质体外结合实验和 RNA 干扰等方法证明了 Vip3A 蛋白和 Sf21 细胞表面 S2 核糖体蛋白之间的相互作用。小地老虎中肠中 48kDa 的肌腱蛋白也被认为与 Vip3A 毒素的结合相关。此外，Sf9 细胞上的成纤维细胞生长因子受体（Sf-FGFR）和清道夫类受体（Sf-SR-C）能与 Vip3Aa 蛋白特异性结合，抑制这两个基因的表达会降低 Vip3Aa 蛋白的毒性。深入研究显示，Vip3Aa 与 Sf-FGFR 的结合可能会启动细胞凋亡机制。Sf-SR-C 受体则可以介导细胞的内吞作用使得蛋白质发挥毒性作用。Chakrabarty 等基于已知的 Vip3 毒素机制研究，将 Vip3A 毒理机制中的信号通路进行了整理（图 6-7）。

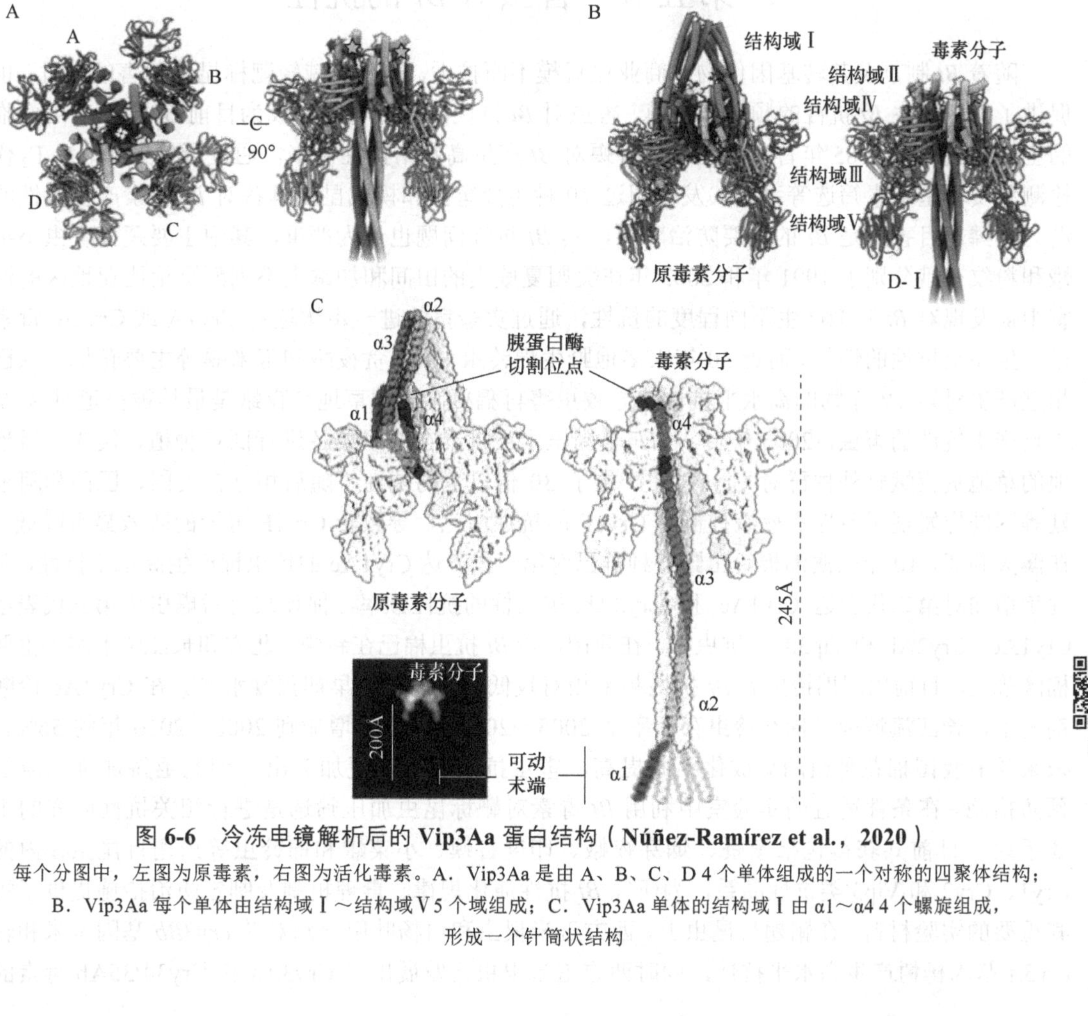

图 6-6 冷冻电镜解析后的 Vip3Aa 蛋白结构（Núñez-Ramírez et al.，2020）

每个分图中，左图为原毒素，右图为活化毒素。A．Vip3Aa 是由 A、B、C、D 4 个单体组成的一个对称的四聚体结构；B．Vip3Aa 每个单体由结构域Ⅰ～结构域Ⅴ5 个域组成；C．Vip3Aa 单体的结构域Ⅰ由 α1～α4 4 个螺旋组成，形成一个针筒状结构

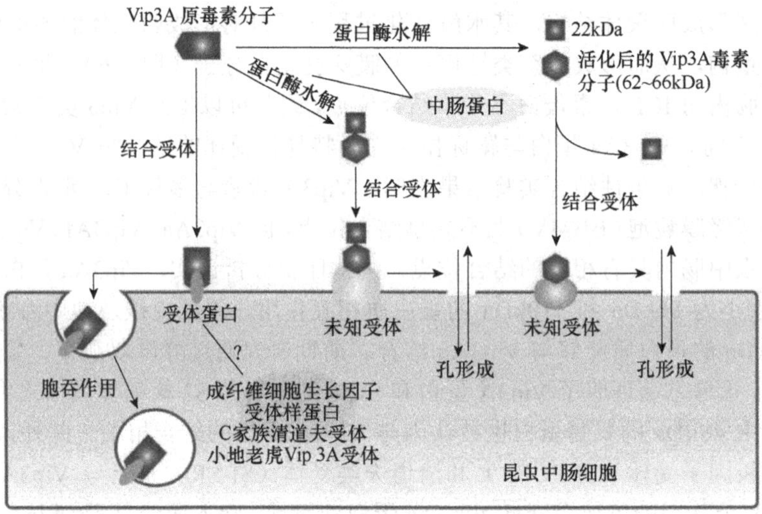

彩图

图 6-7　Vip3A 毒素作用机制模型（Chakrabarty et al.，2020）

Vip3Aa 原毒素四聚体被靶标昆虫幼虫取食后可以通过细胞的内吞作用进入细胞内。原毒素也能够经蛋白酶水解作用激活后形成活化的四聚体毒素分子，与中肠上皮细胞膜上的未知受体蛋白结合后，在细胞膜上形成穿孔，导致细胞凋亡

第五节　害虫对 *Bt* 的抗性

随着 *Bt* 制剂及其转基因作物的商业化规模不断扩大，在有效减轻靶标昆虫危害的同时，也促进了害虫产生 *Bt* 抗性的频率和规模，害虫对 *Bt* 抗性的产生与进化成为目前 *Bt* 推广应用面临的主要挑战。自 1985 年首次报道印度谷螟对 *Bt* 产生高水平抗性以来，通过野外采集、F_1/F_2 代检测和实验室毒素筛选等手段共发现超过 20 种主要害虫和模式昆虫具备对 *Bt* 毒素产生抗性的潜力。鳞翅目害虫是 *Bt* 的主要防治对象，其 *Bt* 抗性问题也最为严重，其中主要蔬菜害虫小菜蛾和粉纹夜蛾分别于 1991 年和 2003 年在美国夏威夷的田间和加拿大不列颠哥伦比亚地区的温室中被发现对 *Bt* 制剂产生不同程度的抗性，通过实验室的进一步汰选对 Cry1A 或 Cry2A 毒素已产生完全抗性的性状。而近 30 年来多地野生棉铃虫、草地贪夜蛾和玉米螟等主要靶标害虫已相继产生对转 *Bt* 作物的高水平抗性，导致虫害再猖獗。其中草地贪夜蛾是最早被报道对转 *Bt* 作物产生抗性的害虫，2003 年转 *cry1F* 基因玉米被批准在波多黎各进行商业种植，仅 3 年后当地的草地贪夜蛾野外种群对 Cry1F 即产生了 30 倍以上的抗性，随后相继在美国、巴西和阿根廷等国同样发现了草地贪夜蛾种群对 Cry1F 的抗性演化，导致转 Cry1F 玉米的防效显著降低。在澳大利亚，10 年间澳洲棉铃虫野外种群已对第一代表达 Cry1Ac 的抗虫棉产生高水平抗性，并逐步增加对第二代表达 Cry1Ac 和 Cry2Ab 抗虫棉的抗性频率，促使政府考虑引进第三代表达 Cry1Ac、Cry2Ab 和 Vip3A 的抗虫棉。在我国，转 *Bt* 抗虫棉已在新疆、北方和长江中下游等主要棉区普及，目前田间棉铃虫的 *Bt* 抗性频率相对较低但也进入了早期预警水平。在 Cry1Ac 诊断剂量下，长江流域棉区棉红铃虫存活率从 2005～2007 年的 0%增加到 2008～2010 年的 56%。未来随着我国棉花种植的集成化不断提高，害虫抗性问题将更加突出，因此亟待加强相应的预防措施。在条件适宜的实验室中利用 *Bt* 毒素对靶标昆虫加压筛选是进行相关抗性研究的主要手段，目前共获得包括家蚕、烟芽夜蛾、印度谷螟、小菜蛾和棉铃虫等鳞翅目昆虫在内的 Cry1、Cry2 和 Vip3 类抗性品系，为研究 *Bt* 抗性演化规律、毒理机制及制定防治措施提供了极其重要的实验材料。在鞘翅目昆虫上，西方玉米根虫和白杨叶甲分别对转 *cry3Bb* 基因玉米和转 *cry3A* 基因杨树产生高水平抗性，同时西方玉米根虫已发展出对 Cry3Aa 和 Cry34/35Ab 毒素的

交互抗性，对美国玉米产业造成了严重的经济损失。通过实验室筛选，已获得了西方玉米根虫、马铃薯甲虫及一点黏虫的Cry3抗性品系。

目前，大多数对Cry毒素高抗性产生的机制都和受体结合区域的突变有关。利用遗传连锁及基因敲除技术已证明棉铃虫、粉纹夜蛾、草地贪夜蛾、小菜蛾等多种鳞翅目昆虫中肠上皮细胞上的ABC转运蛋白家族突变是造成上述昆虫对Cry1A/Cry2A毒素产生抗性的主要因素。此外，Cry1Ac毒素能够利用CAD信号通路对因ABCC2突变造成的高抗性粉纹夜蛾高抗品系产生敏感性。对此，Bravo和Soberon提出4种延缓害虫产生抗性的方法。

第一种：在转基因作物中加入新的杀虫基因，以表达出新的杀虫蛋白，如Bin-like-Cry、Mtx-like-Cry和Vip毒素等。

第二种：在转基因作物或工程菌中加入多种作用机制不同的*cry*基因，如将能够与不同受体结合的*cry*基因在一株植物中表达。这样，害虫世代间同时产生对多种毒素抗性的可能性就呈指数级下降了。

第三种：对Cry毒素进行分子改造，使其绕过与主要受体的作用，而直接产生活性。例如，切除α1螺旋的Cry1Ab和Cry1Ac毒素能够在没有CADR的情况下形成低聚物。

第四种：利用钙黏蛋白片段或其他活性蛋白抑制害虫的抗性。研究发现钙黏蛋白的CR12结构域能够提高Cry1A对鳞翅目害虫的活性。

第六节　工业化生产

我国含有*Bt*成分的登记农药近300种。其中，单剂剂型主要为可湿性粉剂和悬浮剂，少数为油悬浮剂、粉剂和水分散粒剂。混剂剂型主要为可湿性粉剂和悬浮剂，由阿维菌素、甲氨基阿维菌素苯甲酸盐、各种昆虫病毒或少数化学农药制成。其中，昆虫病毒包括甜菜夜蛾核型多角体病毒、苜蓿银纹夜蛾核型多角体病毒、松毛虫质型多角体病毒、茶尺蠖核型多角体病毒、黏虫颗粒体病毒和菜青虫颗粒体病毒。化学农药包括杀虫单、虫酰肼、氟铃脲、吡虫啉和高效氯氰菊酯。防治作物主要为水稻、棉花、玉米、白菜、大豆、番茄、甘蓝、甘薯、高粱、花椰菜、辣椒、萝卜、小白菜、小油菜、青菜、豇豆、烟草、茶树、柑橘树、苹果树、梨树、桃树、枣树、杨树、松树、马尾松和草坪等。防治害虫主要为小菜蛾、菜青虫、甜菜夜蛾、棉铃虫、二化螟、茶毛虫、茶尺蠖和松毛虫等。在*Bt*产业化进程中，武汉科诺、康欣及福建绿安等生物农药公司一直走在前列，为我国*Bt*产品出口、国内推广应用和增强我国在国际上生物农药的话语权作出了贡献。

*Bt*工业发酵生产包括液态发酵和固态发酵两种方式。固态发酵存在发酵温度与湿度控制难度大、自动化程度低、发酵过程易感染杂菌和产品湿润性能较差等问题。因此，液态发酵（特别是液体深层发酵）是*Bt*主要的工业生产方式。其优点是流动性好，有利于传质、传热和控制，便于高效、自动化、清洁生产。由于固态发酵在*Bt*工业生产中已很少使用，所以本节重点阐述液体深层发酵生产*Bt*的工艺流程、工艺条件、工业生产应重视的问题及产品标准化。

一、液体深层发酵生产工艺流程

液体深层发酵生产的*Bt*单剂和混剂的剂型均主要为可湿性粉剂和悬浮剂。

20世纪60～70年代工业生产*Bt*蜡螟亚种和苏云金亚种等可湿性粉剂采用的工艺流程大致为：砂土管菌种→斜面菌种→种子罐→发酵罐→发酵液→填充罐，加入填充剂→板框过滤→滤饼→调浆罐，加入展着剂调浆→喷雾干燥→质量检查→成品包装。目前，工厂生产*Bt*可湿性粉剂或粉剂的大致流程为：砂土管菌种→斜面菌种→种子罐→发酵罐→碟片离心或陶瓷膜等浓缩发酵液→剂型化→成品包装。

悬浮剂生产的大致流程为：砂土管菌种→斜面菌种→种子罐→发酵罐→碟片离心等方法浓缩发酵液→剂型化→成品包装。除离心法外，脱水浓缩和真空薄膜蒸发浓缩、真空刮板浓缩等方法也可以浓缩发酵液，但以离心法较为简便。悬浮剂须加入稳定剂和防腐剂等以保持其稳定性。

二、液体深层发酵生产工艺条件

（一）菌种

菌种必须至少具备杀虫毒力高和发酵性能好的特点。根据防治对象的不同，工厂生产选用不同的菌株或血清亚种。科学家尝试进行菌种选育和改良，利用分子生物学技术已构建了大量的工程菌，并已成功将工程菌用于工业生产和田间应用。*Bt* 菌种应防止退化，选择对数生长期接种，接种量要适当。菌种库实行专人专管，并应远离生物测定室和供试害虫人工饲养室。

（二）工业生产发酵培养基

美国生产 HD-1 等菌剂曾用过一种较经济的培养基，其一种配方（重量%）为：大豆粉 1.5，葡萄糖 0.5，玉米淀粉 0.5，$MgSO_4 \cdot 7H_2O$ 0.03，$FeSO_4 \cdot 7H_2O$ 0.002，$ZnSO_4 \cdot 7H_2O$ 0.002，$CaCO_3$ 0.1。另一种较昂贵的培养基配方（重量%）为：胰蛋白胨 10，葡萄糖 5，玉米淀粉 5，酵母浸出液 2，K_2HPO_4 1，KH_2PO_4 1。对产量的影响因所用变种菌株而异。我国工厂使用的一种配方（重量%）为：花生饼粉 2，玉米浆 0.9，糊精 0.8，蛋白胨 0.1，$CaCO_3$ 0.2，$MgSO_4$ 0.075，K_2HPO_4 0.07，$(NH_4)_2SO_4$ 0.2，饴糖 0.5，消泡剂豆油 0.2。发酵培养基中的总营养物含量与培养液中含菌量直接相关。20 世纪 60～70 年代各厂所用营养物浓度为 3%～4%，发酵液中活芽孢量为 20 亿～30 亿/mL；20 世纪 80 年代营养物浓度提高到 7%～9%，发酵液中活芽孢量增至 50 亿～80 亿/mL。现在，营养物可提高到 10%以上，每毫升中活芽孢数可提高到 100 亿以上。我国菌剂产品一般约含活芽孢数 100 亿/g 或 mL。

（三）发酵条件及发酵后处理

接种和发酵过程应注意不能有杂菌和噬菌体感染。通气培养的适温约为 30℃，不能低于 28℃或高于 35℃。pH 约为 7。pH 在发酵时稍降，形成芽孢时稍升。在约 30%孢子囊释放杀虫晶体蛋白和芽孢时即可放罐。

液体深层发酵要达到较高的发酵水平，必须使用较高浓度的培养基和合适的培养条件。高浓度的培养基会使培养基黏度增加，不利于氧的传递，造成发酵供氧不足，通过加消泡剂的方式可以解决这一问题。

采用先进的后处理工艺是大幅度提高 *Bt* 产品效价的根本性措施。我国 20 世纪 50 年代一直延续到 80 年代采用的板框压滤技术只能生产出低效价的产品，而现代超滤浓缩、离心浓缩、陶瓷膜浓缩和喷雾干燥使 *Bt* 产品效价得到极大提升。

三、工业生产应重视的问题

在杀虫细菌生产过程中，噬菌体的侵染是影响产品的主要问题之一，往往使工业生产连续倒罐，有时甚至被迫停产。在培养皿中，细菌菌落受到噬菌体侵染后可引起缺损状的噬菌斑，大片细菌菌苔上的噬菌斑呈透明的圆形或针点状。液体培养中噬菌体的感染在细菌生长的对数期表现最为突出。先出现 pH 上升，温度升高，镜检有长形菌体，且有畸形菌体如中部膨大或局部出现缺刻等。2～3h 后菌数骤降，甚至全部自溶。

噬菌体的来源是 *Bt* 菌种基因组本身的原噬菌体或工厂生产环境。设置安装不合理，如空气过滤装置、管道、阀门、罐壁等有死角或渗漏等情况，常使灭菌不能彻底，从而使噬菌体能够潜伏。另外，生产环境卫生也是一个重要因素。通常采取下列措施来克服生产中的噬菌体问题。

1．纯化 *Bt* 菌种　为防止菌种带来噬菌体，可反复分离纯化。将老熟菌种在 80～85℃水浴中处理 15min，杀死菌液中的噬菌体（不能杀死芽孢内噬菌体），再平板分离，直至菌落无噬菌斑时，才能用作菌种。

2．选育抗噬菌体的 *Bt* 菌株　可从生产菌种中选出抗噬菌体的 *Bt* 个体，也可采用物理和化学诱变选育。此外，库斯塔克亚种对噬菌体易感性低，苏云金亚种和蜡螟亚种易感性较高。在缺乏适抗噬菌体的 *Bt* 菌株时，可准备几株不同的生产菌株轮换使用。

3．改进不合理设备　加强空气过滤装置、管道、阀门、罐壁等死角的灭菌及管理工作。

4．加强环境卫生管理　噬菌体须有寄主才能传播。防止细菌污染环境可减少噬菌体的危害，应定期对环境消毒，严格控制废弃菌体和倒罐废液，经无菌处理后才能放出。此外，应采用专人保管菌种库，严格无菌操作，并及时对发酵罐进行强碱和高温热水冲洗消毒等。

四、产品标准化

生产菌株时有变换，生产条件也常有差异。不同批号的 *Bt* 产品质量要保持稳定就必须实行产品标准化。国内已有国家标准可执行：原粉国标为 GB/T 19567.1—2004，可湿性粉国标为 GB/T 19567.3—2004，悬浮剂国标为 GB/T 19567.2—2004。一般采用小菜蛾和棉铃虫作为生物测定的标准虫，采用国家标准品进行效价测定以比较产品。

（一）提高产品质量和降低成本

当前 *Bt* 工业生产的发酵液毒力效价一般可以达到 5000IU/μL 左右，可湿性粉剂产品效价是 8000IU/mg、16 000IU/mg、32 000IU/mg，出口产品可高达 50 000IU/mg 以上。工厂可采用发酵培养基优化等多种手段进一步提高产品质量和降低成本。

Bt 对营养要求不太严格。除能在牛肉膏、蛋白胨培养基中生长良好外，*Bt* 在许多由农副产品组成的培养基中，甚至在一些以废水和废渣为主组成的培养基中也能生长良好。*Bt* 在全部是可溶性营养成分的培养基和含固量高达 15%的液体培养基中均能生长很好；对碳、氮含量及其比例的适应范围较广。因此，如何采用低成本、当地易得的工农业副产品和废弃物作为生产培养基原料发酵生产 *Bt* 杀虫剂是近来国内外的 *Bt* 研究热点之一。

（二）新杀虫靶标 *Bt* 产品和高效、安全、速效、持效新剂型的开发

在 20 世纪 90 年代，*Bt* 占全球生物农药市场 90%以上的份额。这一比例到 2012 年就降到了大约 55%。其主要原因有以下几方面。

1）转 *Bt* 基因植物和其他生物杀虫剂产品种类和产量增加。

2）缺乏对蚜虫类和粉虱类、蓟马、茶小绿叶蝉等刺吸式害虫有杀虫活性的 *Bt* 产品。

3）*Bt* 在大多数情况下存在于植物的地上部分，对侵害植物根部的玉米根虫及侵入植物组

织内部的玉米螟的防治效果不佳。

4）我国大多数 *Bt* 企业研发投入占销售收入的比例不到 1%，导致产业升级、高质量发展难。

上述诸多原因使得针对非多发性、难治害虫、地下害虫、线虫和外来入侵害虫等的 *Bt* 产品极少。目前 *Bt* 产品研发的趋势是向水基化、无尘化、控制释放、干悬浮剂、纳米制剂和超低容量液剂（飞防专用剂型）等高效安全剂型发展，开发节约型、环保型包装材料，加大 *Bt* 专用助剂的开发，严格控制含甲苯、二甲苯等有毒有害溶剂和助剂的使用等。与化学农药相比，速效性和持效性也将是 *Bt* 产品开发的重点。

思考题

1．试述苏云金杆菌的形态特征及其分类。
2．简述 ICP 蛋白的受体主要有哪些。
3．简述 Cry 蛋白对鳞翅目害虫的作用机制。
4．如何防止害虫对 *Bt* 产生抗药性？
5．谈谈目前我国 *Bt* 发酵的状况及研究进展。
6．*Bt* 制剂在实际应用中还存在哪些问题？如何解决？请谈谈看法。

主要参考文献

关雄．2006．苏云金芽孢杆菌研究回顾与展望［J］．中国农业科技导报，8（6）：5-11．

关雄，蔡峻．2014．我国苏云金杆菌研究 60 年［J］．微生物学通报，41（3）：459-465．

喻子牛，何进，王阶平，等．2017．苏云金芽孢杆菌分子生物学［M］．北京：科学出版社．

Chakrabarty S, Jin M H, Wu C, et al. 2020. *Bacillus thuringiensis* vegetative insecticidal protein family Vip3A and mode of action against pest Lepidoptera [J]. Pest Management Science, 76 (5): 1612-1617.

Chen G H, Shu C L, Li Y, et al. 2014. Identification method of *cry2* gene based on polymerase chain reaction-high throughput sequencing (PCR-HTS) [J]. Chinese Journal of Biological Control, 30: 610-617.

Deng C, Slamti L, Raymond B, et al. 2015. Division of labour and terminal differentiation in a novel *Bacillus thuringiensis* strain [J]. The ISME Journal, 9 (2): 286-296.

Letowski J, Bravo A, Brousseau R, et al. 2005. Assessment of cry1 gene contents of *Bacillus thuringiensis* strains by use of DNA microarrays [J]. Applied and Environmental Microbiology, 71 (9): 5391-5398.

Li J, Carroll J, Ellar D J. 1991. Crystal structure of insecticidal δ-endotoxin from *Bacillus thuringiensis* at 2.5 Å resolution [J]. Nature, 353: 815-821.

Núñez-Ramírez R, Huesa J, Bel Y, et al. 2020. Molecular architecture and activation of the insecticidal protein Vip3Aa from *Bacillus thuringiensis* [J]. Nature Communications, 11 (1): 3974.

Pardo-López L, Soberón M, Bravo A. 2013. *Bacillus thuringiensis* insecticidal three-domain cry toxins: mode of action, insect resistance and consequences for crop protection [J]. FEMS Microbiology Reviews, 37 (1): 3-22.

Shu C L, Zhang J T, Chen G H, et al. 2013. Use of a pooled clone method to isolate a novel *Bacillus thuringiensis* Cry2A toxin with activity against *Ostrinia furnacalis* [J]. Journal of Invertebrate Pathology, 114 (1): 31-33.

第七章
昆虫病原真菌

昆虫流行病的发生是影响其种群数量的重要因素之一。昆虫病原真菌作为害虫的一类自然天敌资源，用它研发的微生物杀虫剂——真菌杀虫剂是害虫生物防治的重要组成部分。本章在阐述昆虫病原真菌的主要类群及其致病机制的基础上，介绍了主要病原真菌的生产和在害虫防治上的应用技术等。

近代昆虫病理学和微生物防治方法的研究偏重细菌和病毒，而对昆虫病原真菌的研究相对缓慢。然而随着自然因素对害虫种群调节的影响的研究日渐深入，自然流行潜力显著且容易研制生物农药的昆虫病原真菌不管是在分子生物学的基础领域还是在生物农药发展的应用领域又重新引起重视。

第一节　特征和主要类群

一、昆虫病原真菌的一般特征

在昆虫的疾病中，由病原真菌侵染引起的真菌病约占60%。与昆虫有关的真菌个体比细菌大几倍到几十倍，菌丝直径多为 3～10μm。菌丝有分枝，有的无横隔（如接合菌），有的有横隔（如子囊菌、担子菌）。

多数真菌在生活史中有无性和有性两个世代，常互相交替，称为世代交替。它们在不同世代以不同的方式繁殖。总的来看，繁殖方式可分为无性繁殖和有性繁殖两类。无性繁殖形成无性孢子，包括游动孢子、孢囊孢子、分生孢子、厚垣孢子、节孢子和芽生孢子等类型。多数无横隔的真菌产生孢囊孢子。孢子囊成熟后破裂，释放出孢囊孢子。有的孢子囊内只有 1 个孢囊孢子，也可称为分生孢子，如各种虫霉。多数有横隔的真菌其无性繁殖是在分生孢子梗上形成各种各样的分生孢子。孢子脱离母株后发芽、生长、形成新个体。分生孢子能随气流、水流和动物携带而广泛传播，是病原真菌侵染昆虫并蔓延的主要形式。有性繁殖以细胞核的结合为特征，通过性细胞或体细胞的结合来完成。有性孢子包括卵孢子、接合孢子、子囊孢子、担孢子 4 类。它们对不良环境抗性较强，是真菌保存和延续自己、在合适环境扩大侵染的主要形式。

真菌的菌丝在寄主昆虫或培养基表面聚集成菌落，其质地常呈绒毛状或疏松棉絮状，在基质中生长的营养菌丝和在基质外形成的气生菌丝都可形成不同的色素。孢子也可具有不同的颜色。

某些昆虫病原真菌为专性寄生菌，须由活的寄主或其组织供其营养需要，还有一些种类也可以昆虫尸体或人工培养基为基质营腐生生活，称为兼性寄生菌。有一些种类只在昆虫生长不良或受伤的情况下侵入昆虫而致病，称为条件寄生菌。寄主昆虫死后，昆虫体表常出现形形色色的腐生菌，但它们对寄主昆虫多无致病性，或只在昆虫处于逆境而生长不良时才能侵染昆虫，它们没有生物防治潜力。

各类昆虫中都有病原真菌发生，但以鳞翅目（幼虫和蛹）、半翅目（蚜虫、蝉、介壳虫、蝽等）、鞘翅目（各种甲虫）、双翅目（蝇、蚊）、直翅目（蝗）及膜翅目（蜂、蚁）等的真菌病较为常见。

二、昆虫病原真菌的主要类群

据不完全统计，已知有750～1000种真菌能侵染昆虫而致病，它们分属于壶菌门、捕虫霉门、子囊菌门和担子菌门真菌中的100多个属。最常用于害虫防治的有子囊菌门的白僵菌、绿僵菌、棒束孢、蚧霉、被毛孢、座壳孢，它们都是粪壳菌纲肉座菌目中一些虫草菌的无性型。另外，针对捕虫霉门一些虫霉的研究持续了100余年，但始终无法解决分生孢子虽易发酵生产但抗逆性差、货架期短，以及休眠孢子货架期虽长但难以打破休眠状态而应用的问题，因此在生物防治中始终未得到广泛应用。21世纪以来，随着多基因测序法在真菌分类中的广泛应用，人们发现，100多年来在生物防治中广泛应用的种类多为粪壳菌纲肉座菌目中一些虫草菌的无性型，又由于“一菌一名”分类法规的颁布，过去被同时使用的无性型和有性型两个学名，只能遵循这一法规而使用其中一个，人们熟悉的一些种类的分类归属和学名都有了很大变化。

（一）白僵菌属（*Beauveria*）

在昆虫的僵病中，以白僵菌引起的白僵病最为常见，在整个昆虫真菌病中约占20%。

白僵菌属特征：①合轴式产孢，即在顶生的分生孢子下方不远处反复分枝产孢，形成“之”字形弯曲的产孢轴；②产孢轴上具小齿突；③菌落多为白色。

白僵菌属至少有8个种。已用于真菌杀虫剂和杀线虫剂开发的种类有球孢白僵菌（*B. bassiana*）和布氏白僵菌［*B. brongniartii*，旧称卵孢白僵菌（*B. tenella*）］。二者的区别在于，前者产孢细胞浓密簇生、轮生或单生，分生孢子绝大多数球形或近球形，（2～3）μm×（2～2.5）μm；其寄主范围极广，至少包括15个目的700余种昆虫及一些螨类，分布遍及全世界。后者产孢结构较纤细，产孢细胞很少成簇，分生孢子多为椭圆形，（2～3）μm×（1.5～2.5）μm。

白僵菌可在不同条件下通过不同类型的无性生殖产生分生孢子（conidium）、芽生孢子（blastospore）、节孢子（arthrospore）和内生孢子（endospore）等。在人工培养基上主要产生分生孢子，是白僵菌杀虫剂常用的活性成分。

白僵菌在自然界罕见出现不同交配型而实现有性生殖，发育成虫草的子座和有性的子囊孢子，因此野外的僵虫几乎都是只含有单交配型的无性型。然而，它们都具有核基因组和线粒体基因组两套遗传体系，两套基因组往往都是异质的，即所谓异核现象和异质现象。异核体内不同基因型的核虽能进一步融合进行准性生殖（parasexual reproduction），但产生二倍体的概率却极低。因此，在白僵菌的人工生产中，会因培养基及培养环境的变化而表现出不同的形态及杀虫效果。在培养中传代越多，性状分离得越严重；也就是说，白僵菌杀虫剂生产菌株在继代培养中会发生退化现象，影响产量及杀虫效果。控制培养温度、光照及培养基含水量等因素都能减少变异的发生，但最有效的措施还是控制传代的次数。

白僵菌的分生孢子在25℃、相对湿度90%以上、pH 4.4的情况下萌发率最高。菌丝在13～36℃均能生长，但生长适温为22～28℃，最适相对湿度98%以上、最适pH 5～6。在28～30℃、相对湿度70%～90%、pH 6的情况下，最适于分生孢子的产生。

白僵菌在培养基上可保持活力1～2年，在干燥条件下甚至可存活5年，在虫体上可维持6个月。然而，人工大量生产的菌剂在26℃下2个月之内大多数分生孢子都会失活。

（二）绿僵菌属（*Metarhizium*）

绿僵菌也是常见的昆虫病原真菌。在新的分类系统中，重要的莱氏野村菌（*Nomuraea rileyi*）[最早称绿色穗霉（*Spicaria prasina*），现称莱氏绿僵菌（*Metarhizium rileyi*）] 被组合进绿僵菌属，至此，绿僵菌属共包含60余种。研究历史较长者有金龟子绿僵菌（*Metarhizium anisopliae*）和黄色绿僵菌（*M. flavoviride*）两种。前者的寄主范围达数百种，尤其对鞘翅目昆虫有较显著的适应性，常见寄主有金龟甲、象甲、金针虫、鳞翅目幼虫、蝽象、蚜虫等。后者又名黄绿绿僵菌，被分为多个变种，其中包括黄绿绿僵菌小孢变种（*M. flavoviride* var. *minus*）和黄绿绿僵菌大孢变种（*M. flavoviride* var. *flavoviride*）。

已开发为真菌杀虫剂的有金龟子绿僵菌小孢变种（*M. anisopliae* var. *anisopliae*）和金龟子绿僵菌蝗变种（*M. anisopliae* var. *acridum*）。前者菌落多为暗绿色，分生孢子柱形，两端多为截形而不太圆，（5～8）μm×（3～4）μm，寄主范围广；后者菌落多为黄绿色，分生孢子宽拟卵形，两端圆，（6.5～11）μm×（4.5～5.5）μm，寄主主要为蝗虫。

金龟子绿僵菌菌落最初白色，产孢后渐变绿色；产孢细胞柱状单生、对生或轮生于孢子梗末端，着生离散或彼此靠拢呈栅栏状排列；分生孢子柱形至卵圆形，有时中部稍细，在产孢细胞上排列成链。充分产孢的菌落表面有时结壳，开裂。

莱氏绿僵菌常侵染各种夜蛾科昆虫，虫尸外呈草绿色。在人工培养基上生长较慢，多用萨氏麦芽糖琼脂培养基培养。其菌落最初淡绿色，渐变为黄绿或深绿色，背面无色或黄色，边缘多呈云纹状。分生孢子拟卵形，有时圆筒形，光滑，淡绿色，成堆时绿色，大小为（3.5～4.5）μm×（2～3.1）μm。其寄主多为夜蛾科昆虫，曾被开发为真菌杀虫剂。

绿僵菌在10～30℃都能生长，生长适温为24～26℃，适宜相对湿度为80%～90%，pH 4.7～10均可生长，最适pH为6.9～7.4。培养3d后开始形成分生孢子，7～8d大量产孢。培养后期温度降至20～23℃，能加速孢子形成。

（三）虫草属（*Cordyceps*）

虫草属于1941年由小林义雄根据有性型虫草而建，包括500多种。球孢白僵菌的有性型球孢虫草属于其中。2007年，建立在多基因系统发育基础上的新系统将1600多种虫草分为麦角菌科、虫草科和线虫草科3科，大量的昆虫病原真菌都被归入虫草的这3个科，而原来的虫草属（广义虫草属）成员则被分别归入不同的科，其他虫草科中仍含虫草属，包含有未被移往其他科属的种类，统称为狭义虫草属。

原来的棒束孢属（*Isaria*）被组合进虫草属，有悠久历史并已开发为真菌杀虫剂的重要成员粉棒束孢（*I. farinosa*）和玫烟色棒束孢（*I. fumosorosea*）分别成为虫草科的粉虫草（*Cordyceps farinosa*）和玫烟色虫草菌（*Cordyceps fumosorosea*）。

玫烟色虫草菌落产孢后呈肉红色，一些菌株易形成分枝的粉红色的孢梗束；瓶梗基部膨大为球形或拟椭圆形，颈部不如粉棒束孢细长，4～6个轮生于分生孢子梗上，但分生孢子梗稍粗、稍短；分生孢子无色透明或微淡红色，柱形至梭形，（3～4）μm×（1～2）μm。在培养基上菌落茸毛状，边缘一般较规则；初呈白色，以后淡粉红色，背面初白色，以后从中心向四周呈淡黄色。我国见于黏虫、苹小食心虫、家蝇、柞蚕饰腹寄生蝇等多种昆虫。

粉虫草菌落白色或略带浅黄色，不易产生孢梗束；瓶梗基部柱状或瓶状，向上变为细长管状，多轮生于长为60～150μm的孢子梗上；分生孢子小，无色透明，卵形或纺锤形，（2～2.5）μm×（1～2）μm。在感病昆虫上分生孢子梗聚合，形成分枝的孢梗束。虫尸有时发黄，故该菌也被称为黄僵菌，常侵染鳞翅目、鞘翅目、半翅目、膜翅目、双翅目等昆虫，所引起的疾病有时称为黄僵病。最适培养温度偏低，在野外多见于秋季。

此外，环链虫草（*C. cateniannulata*）[原环链棒束孢（*I. cateniannulata*）]、斜链虫草（*C. catenioblіqua*）[原斜链棒束孢（*I. catenioblіqua*）]及细脚虫草（*C. tenuipes*）[原细脚棒束孢（*I. tenuipes*）]和爪哇虫草（*C. javanica*）[原爪哇棒束孢（*I. javanica*）]等在我国森林和果树害虫中也很常见。

（四）紫孢霉属（*Purpureocillium*）

紫孢霉属是Luangsaard等（2011）以淡紫拟青霉（*Paecilomyces lilacinus*）为模式建立的新属，有6种，在多种昆虫和蜘蛛中引起不同色泽的僵病。菌落黄褐色至淡褐色，多中温性。分生孢子梗单生，多轮状或不规则分枝，每个分枝长出数个瓶梗；瓶梗基部圆筒状，颈部长圆筒状，偶弯曲，顶部有时加厚；瓶梗上产生离散的分生孢子长链；分生孢子单细胞，壁光滑；有些种具厚垣孢子。

淡紫紫孢霉[原淡紫拟青霉（*Paecilomyces lilacinus*）]已被开发用于防治害虫和根结线虫。菌落多为紫红色；分生孢子梗黄色或紫色，壁粗糙；瓶梗在分生孢子梗上单生，偶轮生；分生孢子无色透明，成团时紫色，光滑或略粗糙，（2.5～3）μm×（2～2.2）μm。

（五）座壳孢属（*Aschersonia*）

座壳孢属也称赤座霉属，是亚热带地区介壳虫和粉虱的常见病原菌。在虫尸上形成半球形、球形或垫状的肉质子座，色鲜艳，子座中埋生有开口的分生孢子器。分生孢子梗线状，分生孢子器外被黏液，无色，多纺锤形，内有数个液滴，似隔膜；侵染粉虱的种具侧丝。

该属约有50种。粉虱座壳孢（*A. aleyrodis*）、双生座壳孢（*A. duplex*）和扁座壳孢（*A. placenta*）曾被开发为真菌杀虫剂用于防治介壳虫。前二者子座均为黄色扁垫状，着生大量球形、囊状或不规则形的分生孢子器，在其中产生器分生孢子，简称器孢子。器分生孢子间有侧丝，粉虱座壳孢侧丝较长，50～150μm，而扁座壳孢仅为36～78μm；双生座壳孢子座直径2.5～8μm，分生孢子器球形或盂状，分生孢子牛角状或卷须状。常见在福建沙县柑橘园的多种粉虱种群中流行，高日霞等曾将带该菌子座的柑橘枝叶挂于柑橘树上促进其流行，对于控制粉虱的发生有较好的效果。

（六）被毛孢属（*Hirsutella*）

被毛孢属为线虫草科真菌的无性型之一。虫尸上多形成由菌丝平行排列聚集成的孢梗束，不分枝或以垂直角度分枝。分生孢子梗垂直产生于孢梗束侧面，不分枝，下部膨大，上部细长，膨大部常突然变尖形成细长颈部，分生孢子多聚生于其端部的黏液团内，单胞，无色，端部尖，纺锤形、肾形或柱状。

该属约100种。常见于介壳虫、叶蝉、飞虱及鳞翅目和鞘翅目等昆虫。可开发为杀虫剂或杀线虫剂的种类在培养基上均不产生孢梗束。汤普生被毛孢（*Hirsutella thompsonii*）是叶螨类的重要病原，其菌落生长较慢，灰绿色；产孢细胞直接形成于菌丝上，拟椭圆形，个别筒形，颈部多弯曲，可再育成2～6个小颈，（5～17.5）μm×（2.5～4）μm；分生孢子单生或2～3个连接成短链，无色或淡绿色，透明，初光滑，后出现明显的疵状物，球形，直径3～4μm。已用于开发杀螨剂。浙江黄岩曾大量生产该菌菌丝体防治柑橘锈螨。

（七）刺束梗孢属（*Akanthomyces*）

昆虫病原真菌的重要种类蜡蚧轮枝孢（*Verticillium lecanii*）在2001年被组合进新属蚧霉属，然后在2017年又被组合进古老的刺束梗孢属（*Akanthomyces*）。其分生孢子梗通常发自气生菌丝，多匍匐，与其下方菌丝区别不大；产孢细胞为离散的皮刺状瓶梗或隐瓶梗（aphanophialide），轮状着生或单生；分生孢子黏聚成头状或簇状的黏孢团，有时横卧在瓶梗端部，有时形成复瓦状的链；分生孢子短或长，椭圆形至圆筒形或镰刀形，不具网状厚垣孢子；菌落生长快，在马铃薯-琼脂糖培养基（PDA）上10d直径可达15～30mm；多为虫生或菌生。寄主有介壳虫、蚜虫、粉虱、天牛、小蠹虫和一些螨类。

该属有30种。蜡蚧刺束梗孢（*Akanthomyces lecanii*）[即蜡蚧霉（*L. lecanii*），旧称蜡蚧轮枝孢（*Verticillium lecanii*）] 已被开发为真菌杀虫剂，也可寄生其他一些真菌，因此对植物真菌病害的防治也有一定潜力。其菌落较紧实，淡黄白色，背面深黄色，在PDA上10d直径可达15～25mm；产孢细胞在分生孢子梗上单生，少数轮生，较短，大小变化大，（11～20）μm×（1.3～1.8）μm；分生孢子形状变化不大，短椭圆形至近圆筒形，（2.5～3.5）μm×（1～1.5）μm。

（八）虫霉

虫霉目（Entomophthorales）是捕虫霉门（Zoopagomycota）中的重要目，迄今世界上记录的有300余种，广布于全世界，能分别侵染双翅目、半翅目、鳞翅目、鞘翅目、直翅目、膜翅目、脉翅目、毛翅目、缨翅目等昆虫。多数虫霉能在合适的环境条件下迅速形成流行病，在短期内扑灭大面积、高密度的虫灾，从而成为昆虫种群自然调控的重要因子。

研究较多的有舞毒蛾噬虫霉（*Entomophaga maimaiga*）、灯蛾噬虫霉（*E. aulicae*）、蝇虫霉（*Entomophthora muscae*）、新蚜虫疠霉（*Pandora neoaphidis*）、飞虱虫疫霉（*Erynia delphacis*）、安徽虫疫霉（*E. anhuiensis*）、根虫瘟霉（*Zoophthora radicans*）和弗氏新接霉（*Neoeygites fresenii*）等。

自然界中蝗霉病和蚜霉病常见流行。蝗虫感病后到死亡前往往寻找高燥位置而爬至植株的上端，并以前足和中足紧抱植株，有“抱死瘟”之称，死亡之后菌丝突破虫尸表皮，产孢后弹射出分生孢子使疾病得以传播。鳞翅目幼虫感染后2～6d可看到活动不安，继而迟钝并停止取食，体色从绿色渐变为淡黄，死亡时可见虫体膨胀，但不僵硬，不会流出体液；12h后大量分生孢子梗突破体壁，形成致密的子实层，继而弹射出分生孢子。蚜虫感染后先为行动迟缓，体色变黄；死亡产生子实层后呈黄白色绒状；直至死后口器仍可插在植物组织内。有些种类也可由于腹部长出的假根而被固着于植株上。

虫霉的分生孢子梗无隔或有隔，不分枝或分枝，分生孢子梗或其分枝的端部形成一个分生孢子，成熟时弹射出去；分生孢子单核或多核，单囊壁或双囊壁，多为各种形态的倒卵形、倒拟卵形或球形，基部有钝圆的乳突。

虫霉通过虫体的表皮侵染，特别是通过体外各节间较薄的体壁和附肢。分生孢子萌发后长出芽管，有的在芽管端部还会形成膨大的附着胞帮助孢子附着在基质上，并产生凝乳蛋白酶分解寄主体壁；附着胞先端会产生侵入钉，穿透被蛋白酶分解的寄主表皮进入体腔。芽管侵入昆虫血腔后，即伸长形成菌丝并随即断裂为短的菌丝段[即虫菌体（hyphal body）] 吸收寄主营养，破坏寄主组织，虫菌体通过出芽方式迅速大量繁殖，直至充满体腔，发育为菌丝，使寄主的组织营养被菌丝消耗殆尽而死亡。

寄主昆虫死亡后，菌丝会迅速长出体壁。少数菌丝分化为假根（rhizoid）和假囊状体（pseudocystidium）；前者帮助虫尸附着在基质上，后者帮助菌丝穿透和随后的产孢。多数菌丝发育为分枝或不分枝的分生孢子梗（conidiophore）。在分生孢子梗或其分枝端部的产孢细胞会产生一个或多个芽体，芽体长大并从分生孢子梗中接受细胞质，以后形成一个分隔，将芽体与产孢细胞分开。当芽体发育的分生孢子成熟时，它和产孢细胞的内含物迅速吸收水分，从而产生膨胀压，使连接处断裂，将分生孢子弹射到虫体周围，距离可远达数厘米。分生孢子细胞壁有黏性，有助于黏附新的虫体寄主；当环境条件适宜时，又可开始新的侵染循环。如分生孢子未能落到易感寄主上，可在基质上萌发形成芽管，其端部可形成与原分生孢子形状相似或不相似的次生分生孢子（secondary conidium），与初生分生孢子（primary conidium）一样具有侵染力；而次生分生孢子也可以类似方式继续形成三生分生孢子（tertiary conidium），这样继续下去，直至分生孢子丧失活力或接触到适宜的寄主。此外，虫瘟霉和新接霉属也可形成杏仁形的次生分生孢子，长在由初生分生孢子发出的纤细的芽管上，叫作毛管孢子（capilliconidium）。毛管孢子顶端分泌黏液，遇寄主后可黏附到虫体上引起侵染。

在不良环境里，菌丝段或菌丝可通过细胞壁加厚发育为厚垣孢子（chlamydospore），或通过有性或无性方式形成厚壁的休眠孢子（resting spore）。厚垣孢子和休眠孢子都可以相当长期地保持休眠状态，以帮助虫霉度过不良时期。在某些种类中，休眠孢子可经无性方式在菌丝端部形成，称为假接合孢子（azygospore）；有的可经 2 个不同菌丝的接合而有性地产生，叫作接合孢子（zygospore）。二者都是球形，成熟后内含高度折光的脂肪球，萌发时长出类似分生孢子梗的芽管，弹射出芽分生孢子（blastic spore），作为新的侵染源。

20 世纪 80 年代，国外曾用块状耳霉和暗孢耳霉休眠孢子开发杀虫剂，这些孢子抗逆性极强，但发芽不同步、发芽率低的问题一直未能解决。有些虫草在培养基上生长很快，产孢容易，对昆虫的致死速度也很快，但分生孢子抗逆性差，寿命短，在生物防治中不具实用价值。例如，新蚜虫疠霉、粉蝶虫瘴霉、安徽虫瘟霉、根虫瘟霉和弗氏新接霉等，在 20 世纪 70～80 年代虽进行过大量的室内外研究，但终未能成为真菌杀虫剂。

第二节　致病机制

一、侵染过程

与必须被昆虫摄入消化道才能引起感染的昆虫病原细菌、病毒、原生动物和线虫不同，昆虫病原真菌主要是通过体壁侵入虫体。另外，也可以通过消化道、气管和伤口侵入，有时甚至可以侵染卵。因此真菌对于防治蚜虫、粉虱和介壳虫这类刺吸式口器的害虫具有无可比拟的潜力。

同植物病原真菌相似，昆虫病原真菌孢子通过寄主体壁进行主动入侵感染，这一过程涉及寄主识别、附着胞分化、体壁穿透、免疫拮抗及体内定殖等过程。多数昆虫病原真菌的致病过程一般包括 5 个阶段：①分生孢子附着；②孢子萌发；③穿透表皮；④菌丝在血腔中生长和致死寄主；⑤菌丝穿出表皮，在虫尸表面形成孢子散布出去侵染新的寄主。

二、真菌毒素的作用

有些被真菌侵染的虫体，在菌丝尚停留在血淋巴和表皮层、未布满整个虫体以前已经死亡。

环肽类的破坏素既能抑制昆虫寄主的细胞免疫，也能通过对酚氧化酶活性的抑制等功能抑制体液免疫。此外，参与拮抗寄主免疫的还有Bax抑制子（Bax inhibitor），它能抑制寄主免疫导致的细胞凋亡。这些都与真菌毒素的产生和作用有关。

昆虫病原真菌产生的毒素主要有绿僵菌素（destruxin）和白僵菌素（beauvericin）等已知结构的低分子量毒素和一些高分子量毒素。

绿僵菌素也称败坏素，从金龟子绿僵菌的培养滤液和菌丝中分离出的绿僵菌素有A、B、C、D、E、F六类（或称败坏素A～F）共20余种。白僵菌素（beauvericin）为含有3个单元的环状羧酸肽，每个单元都含有（L）-*N*-甲基苯丙氨酸和（D）-α-羟基异戊酸。此外，从球孢白僵菌和蜡蚧刺束梗孢的菌丝中分离出另一类环状羧酸肽的毒素白僵菌交酯（bassianolide），含有（L）-*N*-甲基亮氨酸和（D）-α-羟基异戊酸，有白僵菌交酯A、白僵菌交酯B、白僵菌交酯Ba、白僵菌交酯Ca、白僵菌交酯D、白僵菌交酯E、白僵菌交酯I等。

昆虫病原真菌有毒代谢产物的新种类不断被发现，这将有助于了解昆虫的代谢途径，以及寻找新的杀虫剂。然而，关于它们对哺乳动物和非目标无脊椎动物的毒性及对环境的影响却是人们首先考虑的问题。

此外，大多数昆虫病原真菌还可以内共生菌的方式定殖于植株体内，不但能抑制害虫种群，还可促进植株生长。

第三节 真菌制剂的生产及应用

一、发酵生产技术

（一）发酵方法和技术路线

真菌杀虫剂的活性成分主要是孢子和菌丝等活的菌体，尤其是各种孢子，包括分生孢子、芽生孢子和休眠孢子等，其中最为常见的是分生孢子。这些菌体通过微生物发酵来大量生产。

微生物发酵方法可分为两大类：液态发酵和固态发酵。液态发酵是以液相为连续相的生物反应过程，常用的是深层发酵，适合纯种培养和大规模工业化生产，产量和生产效率高，但耗费能源和水源，并产生大量发酵废水。固态发酵是以气相为连续相的生物反应过程，设备简单，投入少，培养基疏松通气，接近自然状态，节水节能，无废水问题，可清洁生产，但发酵水分活度低，发酵过程菌体生长、营养物质传输及代谢物的分泌均匀性差，难以达到纯种培养和大规模产业化生产的要求，产品质量不稳定，生产效率较低。在真菌杀虫剂实际生产中的技术路线多采用液态和固态发酵交替进行、逐级扩大的双相发酵（biphasic fermentation）。此外，莱氏绿僵菌利用微菌核诱导液体发酵技术，实施了微核中试发酵或中试生产，使得发酵周期缩短60%，生产成本降低50%，提高了真菌产品抗逆和耐贮能力。

双相发酵中种子扩大阶段由于受到高度的人为调控，故一般称为培养，而大量生产阶段才称为发酵。常用的三级扩大的双相发酵工艺流程如下。

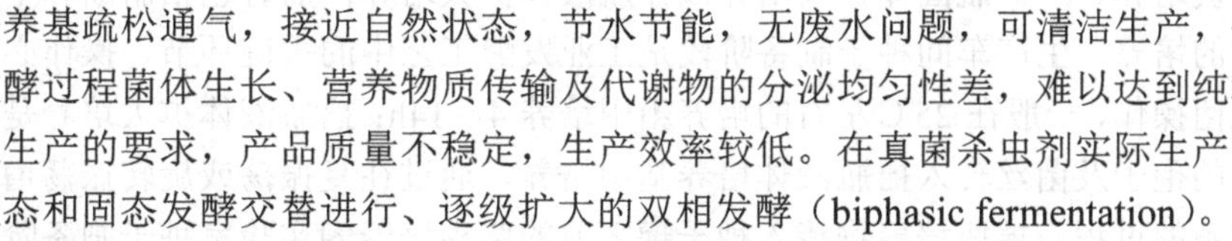

（二）菌种扩大培养

1．菌种的选择和管理　生产真菌杀虫剂所使用的菌种多数是从僵虫上或土壤中分离的，属野生型菌株。在选择菌种时，应尽量选择从目标害虫上分离的菌株，并经过毒力生物测定和培养特征测定，选择对目标害虫毒力强和培养性状好的菌株作为生产菌种。由于真菌在继代培养中极易因异核现象和异质现象而发生变异，因此在生产中必须尽量减少菌种传代次数。在菌种活化后，应一次性转接并妥善保存充足的菌种。

2．培养基的选择和配制　培养基是人工配制的供微生物细胞生长、繁殖、代谢和合成所需产物的营养物质和原料。不同的真菌甚至同一种真菌的不同培养时期对培养基的要求都不相同。培养基的组成、配比和 pH 是否合适对培养和发酵结果影响很大。

培养基有天然培养基和合成培养基。牛肉膏、蛋白胨、玉米浆、麦芽汁、马铃薯等天然材料常用来配制供种子培养用的天然培养基。用葡萄糖、麦芽糖、蔗糖、尿素及硝酸铵等化学成分完全清楚的材料配制的为合成培养基。合成培养基适用于种类鉴定和定量分析，如常用的 Zapek-Dox 培养基。用部分天然材料再补充少量盐类配制的半合成培养基适合很多真菌的正常生长，成本也不高，被广泛用于真菌的大规模生产。

常用的种子培养基有马铃薯-葡萄糖琼脂培养基（PDA）、沙氏葡萄糖-酵母浸出物琼脂培养基（SDAY）等。种子罐的液体培养基常使用麸皮、黄豆粉、豆粕等天然原料煮汁，有时还增添少量蚕蛹粉或鱼粉。固体发酵及发酵罐液体深层发酵用的天然或半合成培养基，应尽可能满足以下要求：①获得目标产物（孢子、菌丝或代谢产物）的最大收获量；②达到产物形成的最大速率；③原料便宜，质量稳定并可常年保证供应；④给生产过程（如通气、搅拌、过滤和萃取等）及环保带来的问题最少。

3．种子制备的工艺流程　菌种扩大培养的目的是要为固体发酵提供大量生长旺盛的真菌种子。这一程序从采用上述方法长期保存的处于休眠状态的生产菌种开始，将其接入试管斜面或培养皿平板使其复苏活化后，再经过摇瓶及种子罐的逐级扩大培养，从而获得一定数量的纯种。这些纯种培养物即所谓的种子。作为种子必须具备以下几个条件：①活力旺盛，接种到固体培养基上能迅速生长，缩短延迟期；②菌体总量适宜，以保证足够的接种量，在各级扩大中，接种量一般都在 5%～10%；③生理状态稳定；④无杂菌；⑤保持稳定的生产能力。

种子扩大培养的工艺流程包括实验室种子制备阶段和生产车间种子制备阶段。前者包括琼脂斜面或平板培养、广口瓶固体扩大培养或摇瓶液体扩大培养；后者包括斜面和平板菌种培养及斜面菌种的培养。生产车间种子制备阶段是工业发酵工艺中的关键环节，操作必须在无菌室严格进行无菌操作，一般在 25℃左右的培养箱中培养 4～14h；摇瓶液体扩大培养是将固体培养基上培养出的孢子及菌丝转入摇瓶液体培养基中培养，通过往复振荡或旋转振荡增加通气，使菌体大量增殖的过程。摇瓶培养物接入种子罐之前的菌种培养为实验室种子制备阶段。接入种子罐后的培养为生产车间种子制备阶段。发酵罐也称微生物发酵反应器或微生物细胞生物反应器，目前常用的发酵罐有通用型（搅拌式）发酵罐和空气提升环流式（气升式）发酵罐。种子罐的大小和需要逐级扩大培养的次数根据固体培养物的量而定。例如，2500kg 的固体培养基，按照 14% 的接种量计，需要 350L 液体种子，因此需要一套 5L—50L—500L 的三级种子罐系统。种子罐中培养的菌丝体开始移入下一级种子罐时所需的培养时间称为接种龄，通常以菌丝处于生命极其旺盛的对数生长期，且培养液中的菌体尚未达到最高峰时的培养时间作为接种龄为宜。接入接种液的体积与接种后培养液的体积之比或与接种后固体培养基的重量之比称为接种量，一般掌握在 10%～15%。种子培养过程中应定时从取样口取样检查发酵液中菌丝的生长情况。发酵过程中应注意观察，并将温度、pH 和溶氧等发酵参数控制在有利于菌丝生长的最佳范围。另外，还要通过在培养基中加入各种植物油及其他化学消泡剂（如聚二醇、十八醇等高级醇类，以及聚氧丙烯甘油等聚醚类）或通过罐内的机械消泡装置来控制发酵过程中产生的泡沫，以防止泡沫“顶罐”而造成培养液逸出和杂菌污染。

目前国内真菌生物农药工业生产的菌种扩大培养一般都采用这种实验室和生产车间二级种子培养流程。

（三）固态浅层发酵

固态浅层发酵是真菌杀虫剂大量生产的核心，发酵的目标是获得活的孢子。产孢量和活孢率（活孢子数占孢子总数的百分比）是衡量发酵成败的标准。

固态发酵常使用大米、小米、玉米、麦粒、麦片、玉米粉、麸皮、米糠、蚕蛹粉和鱼粉等农副产品配制天然培养基，它们营养丰富、制备容易、来源广泛、供应稳定、成本较低，而且表面积大，产孢较多，适合真菌的大规模发酵生产，但营养成分不够清楚，质量不一，稳定性差。也可在这些天然材料中再补充少量盐类配制成半合成培养基。固态发酵原料的细度须掌握适中，以利于通气。因此固体培养基中除麸皮、豆粕供给养分的营养料外，还需添加稻壳、碎玉米芯或花生壳等利于通气的填充料以增加基质间的空隙。固体基质的起始含水量为 30%～75%，大多在 60%左右。

我国常用于生产白僵菌的浅盘发酵是小规模生产常用的工艺。浅盘是采用木、竹或金属制成的表面积较大、底部通气的盘或匾。培养基充分灭菌、冷却、接种、拌匀后在浅盘上铺匀，厚度 3～5cm，表面可覆以无菌纸张、纱布或塑料薄膜。浅盘发酵物置多层搁架上，在适温、高湿但无强制通风的条件下发酵。与这项工艺相似的是巴西和非洲常用于绿僵菌生产的塑料袋固态发酵，采用生产蘑菇常用的可耐高压灭菌的塑料袋（也称“太空袋”，以聚丙烯较好），以大米为培养基。

工业级的固态发酵反应器承载吨级固体物料。中国科学院过程工程研究所研制的气相双动态固态发酵反应器，采用了罐体内小车承载浅盘的设计，通过无菌空气的冲压和卸压实现罐体内气相压力的脉冲变化，引起培养基的蓬松和收缩，从而代替机械搅拌来实现传质和传热。目前国内在机械化生产真菌杀虫剂时利用此大型设备进行前期的菌丝培养，培养期间微弱通风，实现封闭、控温、保湿、无菌。待菌丝充分长好，即将小车和浅盘取出，置搁架上继续进行开放式发酵，以促进菌丝产孢，实现大量生产。

固态发酵所用的基质多为固态的农副产品，即培养基，对它们的利用难以充分，产孢量也不会太高。为提高产孢量，可采用疏松、多孔的惰性或半惰性材料，如稻壳、工艺厂的下脚料软木屑、蛭石、珍珠岩等作为载体吸附对数期的发酵液，便可产生纯度较高的孢子。产孢结束后可提取高纯孢子用来制剂，载体可再度利用。稻壳载体也可粉碎混入剂型。

二、产品的后处理

（一）干燥

以活孢子作为产品的真菌发酵物必须尽快干燥，否则不仅孢子活力会迅速下降，而且迅速发生的杂菌污染甚至有可能使含孢量很高的产品成为废品。然而，为了保持真菌孢子的活力，对发酵物不能使用高温干燥；同时，真菌的孢子易随风飞散，干燥过程中也不能使用高速气流或者高速搅拌。因此，干燥工艺和干燥设备的选择一直是真菌农药生产的薄弱环节。少数生产单位甚至采用晒干的办法，但会使得活孢率大幅下降。

冷冻干燥能较好地保持孢子活力，但成本较高，不适用于大量生产。真空干燥避免了高温和气流问题，且要求的真空度不是很高，缺点是干燥速度较慢。各种气流干燥器或旋转快速干燥机（也称旋转闪蒸干燥机）可用于干燥的前期，使初始含水量很大的湿发酵物迅速失水，但必须控制发酵物温度为40～45℃，否则会杀伤孢子。后期可使用真空干燥设备，但也要控制温度为40～45℃。干燥较充分的发酵物的含水量应在8%以下才能用于制剂，否则将影响各种剂型中孢子的生活力和剂型的货架期。

（二）制剂

使用制剂的目的是将孢子或菌丝稀释和保护起来，并将各种剂型成分正确地组合起来，形成良好的理化性状。由于真菌农药的活性成分是活孢子，因此制剂首先要考虑的是尽量保持孢子的活力不受各种剂型成分的影响。尤其是在研制加有表面活性剂的悬乳剂和可湿性粉剂时，须对表面活性剂对孢子的影响做仔细考察，因为它们多数都会降低孢子的活力。其次要注意了解孢子的亲水性，虫霉及座壳孢的孢子是亲水的，而白僵菌和绿僵菌这类孢子却极其疏水，在水中会迅速漂浮起来，而且不易进入喷头，喷洒时不会均匀，因此需要加入不会杀伤孢子的表面活性剂。

迄今已推出的剂型多为粉剂（包括可乳化粉剂、可分散粉剂）、油悬浮剂、颗粒剂、微粒剂、微胶囊、纳米微胶囊等真菌农药新剂型。在林业上常将纯孢子粉进行直接超低量喷施，省去了制剂的工序，节省了储存的空间，但用量难以控制，易造成浪费，且缺乏助剂保护的孢子粉失活较快。

三、白僵菌的生产

在昆虫病原真菌中，以白僵菌（球孢白僵菌，下同）、绿僵菌和蜡蚧刺束梗孢等真菌的大量生产研究较多，生产方法有很多共同之处。下面以白僵菌为例，介绍真菌生产的发酵方法及其在害虫生物防治中的应用。

（一）双相发酵生产

自20世纪70年代初以来，苏联采用双相发酵技术生产球孢白僵菌，是将经深层培养的芽生孢子液倾入有麦麸、谷类等培养基的浅盘表面上，以促进菌丝迅速发育，并产生分生孢子。白僵菌的分生孢子制剂，其产品名称为Beauverin或Boverin，每克含活孢子量2×10^9个，惰性基质为高岭土。新西伯利亚用此法生产白僵菌的培养基含玉米浸膏2%，糖蜜4%～6%，KH_2PO_4 0.1%～0.2%，$MgSO_4$ 0.05%～0.1%，pH 5～6。无菌操作工业化深层通气发酵24～48h，倾入浅盘表层培养约120h，从表层菌膜收获分生孢子，产孢量为（1～1.5）$\times10^6/cm^2$。捷克几家农业协作机构的产品Boverol，年产量不高。波兰自1986年起尝试采用深层发酵生产，用于马铃薯甲虫和粉虱防治，年产量颇低。

我国各生产单位自20世纪80年代以来也普遍采用该技术大量生产。21世纪真菌杀虫剂进入产业化生产时代，双相发酵生产技术逐步适应工业化生产。使用该技术生产过程中须注意防止菌种退化、选择培养基、控制培养条件、防止污染等环节。

（二）液体深层发酵工业生产

液体深层发酵具有效率高、质量稳、纯培养的优点，可快速地为固体发酵提供充足的优质种子。

发酵 24h 可见少量芽生孢子，32h 大量出现。60～72h 抽样检验可见芽生孢子布满视野。芽生孢子有两种类型：长椭圆形［（5.2～11.7）μm×（2.6～3.9）μm］和梨形（5.2μm×2.6μm）。大部分以芽殖方式生成，后期也有少量以菌丝断裂方式形成。有时可见内生孢子（endospore），在营养条件严重不足或有杂菌存在时，能出现顶生或间生的厚垣孢子。芽生孢子分生孢子抗逆性差，不耐贮藏，极易丧失活力，在室温下如不加保护剂，活力一般不超过 1 个月。用硅、蔗糖、谷氨酸钠、石蜡油和聚氧乙烯油酸甘油酯的混合物作为芽生孢子的保护添加剂，菌剂 8 个月内未丧失发芽力和侵染力。

四、应用真菌制剂防治害虫的实践

我国从 1956 年以来，曾先后利用白僵菌大面积防治南方的甘薯象甲和北方的大豆食心虫，效果较好。其后又推广应用于松毛虫、玉米螟和水稻叶蝉的大面积防治，效果明显，防效一般可达 80%以上。福建省用白僵菌防治茶毛虫，浙江省用其防治水稻黑尾叶蝉、稻飞虱，安徽省用于防治三化螟、茶假眼小绿叶蝉、茶小黄卷叶蛾，内蒙古、新疆、福建等地试验防治小地老虎、三叶草夜蛾、甜菜象甲，湖南郴州用于防治油菜象甲、金龟甲、叶甲、蝗虫、天牛、舟蛾、油茶尺蠖、黄刺蛾、棉铃虫、黏虫、菜粉蝶，黑龙江省用于防治马铃薯二十八星瓢虫等，都有一定的效果。20 世纪 90 年代初以来，我国年生产 30t 以上的工厂至少有 64 个，年生产 3000～3500t 50 亿～100 亿孢子/g 的产品，防治松毛虫面积达 166 万～200 万 hm^2。

除白僵菌的应用以外，各地也开展了其他病原真菌在田间抑制害虫种群作用的调查和防治害虫的试验。

绿僵菌主要用于防治蔗蝇、金龟子等地下害虫，以及杨树等林木上的天牛、桃小食心虫、东亚飞蝗、吉丁虫等。2007 年，农业部以利用绿僵菌（金龟子绿僵菌蝗变种）和微孢子虫杀蝗作为主推技术，应用面积超过 13.3 万 hm^2。中国农业科学院生物防治研究所引进开发了绿僵菌草原生物灭蝗技术，用以防治草原蝗虫，已陆续在新疆、内蒙古、甘肃、青海等地示范推广。重庆重大生物技术发展有限公司的杀蝗绿僵菌油悬浮剂，对东亚飞蝗、黄脊竹蝗、棉蝗的 7d 室内致死率达 90%以上，9～13d 致死率达 80%～90%。已于 2005 年大量投产，在北方各地及南方部分地区推广。

对虫霉及其近缘类群着重资源调查、分离培养、引起自然流行的研究，主要用于某些蚜虫、叶蝉、飞虱等的防治。

浙江应用汤普森被毛孢防治柑橘锈壁虱。北京等地利用粉虱座壳孢防治温室白粉虱，福建等地则用于防治柑橘粉虱。在四川一些座壳孢和拟青霉分别是柑橘黄粉虱和梨小食心虫的重要病原。

世界各国在害虫防治中对病原真菌的利用范围也渐有扩大，其中有些措施取得了较好的效果。苏联曾多年应用白僵菌加正常用量的 1/5 DDT 防治马铃薯甲虫，每公顷用 6×10^9 孢子/g 的菌剂 2kg，近年改用单独大剂量菌剂，每公顷用量为 3.0×10^9 孢子/g 的菌剂 1～1.5kg。用 2.4×10^{10} 孢子/g 的白僵菌剂 1kg/hm^2 可防治苹果蠹蛾。在德国用白僵菌防治温室中的地下害虫豌豆象甲（*Sitona lineatus*），用 10^8 孢子/cm^3 的剂量处理土壤，2 年内仅有很少成虫羽化。巴西

20 世纪 80 年代以来推广使用金龟子绿僵菌防治甘蔗沫蝉，并开发出 Metapol、Metaquino、Metabiol、Metarril、Combio 和 BioMax 等产品。德国 Bayer 公司生产用海藻胶包埋的绿僵菌菌丝体的颗粒剂防治鳃金龟。英国用绿僵菌分生孢子油剂超低容量喷雾能在相对湿度 35%低湿下侵染蝗虫。美国对汤普森被毛孢和莱氏绿僵菌较为重视，用被毛孢防治柑橘锈壁虱时，菌剂的菌丝片段喷于叶上后 48h 可产生分生孢子。为了避免菌丝干死，提高效果，最好在傍晚使用。莱氏绿僵菌主要用于大豆上夜蛾科害虫的防治，沙氏麦芽糖琼脂培养基上可得每克含 1.239×10^{10} 分生孢子的菌剂。防治粉纹夜蛾用量为 2.5×10^{13} 孢子/hm^2，防治棉铃虫用量为 2.75×10^{13} 孢子/hm^2。

虫霉应用报道也渐多。在苏联拉脱维亚用暗孢耳霉和块状耳霉防治棉蚜、豆蚜、苹果蚜、桃蚜及棉红蜘蛛等，用新鲜或干燥制剂的悬浮液喷雾，效果可达 90%。前一种虫霉的干制剂可保持毒力 3 年以上。中国农业科学院生物防治研究所从澳大利亚、美国等地引进防治蚜虫和飞虱类的多种虫霉。

真菌杀虫剂自 20 世纪 60 年代即开始商品化，但多数是 80 年代以后注册的，国外先后有 171 种真菌杀虫剂产品问世，其中以球孢白僵菌（以下简称白僵菌）产品最多，达 58 种，占产品种类总数的 33.9%。球孢白僵菌的知名产品有 Mycotech 公司的 Mycotrol 和 BotaniGard 等（防治多种害虫）；布氏白僵菌有 Ago Biocontrol 公司的 Ago Biocontrol Beauveria（防治多种害虫）；金龟子绿僵菌有 Bayer 公司的 BioBlast 等（防治金龟子、白蚁等土栖害虫），巴西有 6 种产品注册用于防治甘蔗沫蝉等；金龟子绿僵菌蝗变种有 Biological Control Products 公司的 Green Muscle（防治蝗虫）；莱氏绿僵菌有 Ago Biocontrol 公司的 Ago Biocontrol Nomaraea（防治鳞翅目害虫）；玫烟色虫草有 Thermo Triology 公司的 PFR-97（防治白粉虱、蚜虫、蓟马等）；蜡蚧刺束梗孢有 Koppert 公司的 Mycotal（防治白粉虱）和 Uertalec（防治蚜虫）；大链壶菌（*Lagenidium giganteum*）有 AgraQuest 公司的 Laginex（防治蚊子）等。

我国真菌杀虫剂在 21 世纪进入持证生产和使用的产业化生产时代，到 2023 年 5 月，仅金龟子绿僵菌在国内就有 18 个登记产品，主要是江西天人集团、重庆重大生物技术发展有限公司和重庆聚立信生物工程有限公司的产品，分别以生产白僵菌和绿僵菌为主，已广泛用于滩涂蝗虫、地下害虫、果蔬害虫及农田害虫的绿色防控，每年防治总面积在 66 万 hm^2 左右。随着菌株遗传改良技术的日益进步，工业化生产技术的改进和升级，将有更多更安全、高效的真菌杀虫剂问世。

五、真菌制剂的应用方法

真菌制剂与其他微生物杀虫剂相比，具有类似某些化学杀虫剂的触杀性能，并具有防治范围广、残效长、扩散力强等特点。其缺点在于作用比较缓慢，侵染过程较长，受环境的制约性较强。为了克服这些缺陷，可利用基因工程方法对金龟子绿僵菌和白僵菌进行遗传改造，改造后的工程菌株毒力增强 9～22 倍。

为了使制剂具备良好的使用特性，还可在制剂中添加填充剂、湿润剂、紫外保护剂、增效剂、黏着剂、展着剂等添加剂，配制成各种剂型，这样不仅可以改进其物理性状，还可延长孢子的货架期。真菌制剂剂型多样化，有粉剂、可湿性粉剂、悬乳剂、油悬浮剂、颗粒剂、黏膏、胶囊剂、微胶囊剂等，它们可使用与同样剂型的化学农药相同的方法用各种药械进行喷粉、喷雾、涂刷茎干或处理土壤。另有专门用于防治天牛等蛀干害虫的无纺布菌条剂型，应用方法是将其悬挂在树干上。

对于未剂型化的固体产品，喷雾前可先将菌剂以温水（30℃左右）浸泡 2～3h，按每毫升

1 亿孢子的浓度使用，并可加入适当的辅助剂以增进铺展、黏着、悬浮等性能，进而提高效果。对油剂、乳化剂可用超低容量喷雾。例如，广东 1985 年研制的白僵菌乳化剂，以 1.5L/hm^2 乳化剂稀释液［(6～10) $\times 10^9$ 孢子/mL 的超低容量］防治马尾松毛虫，杀虫效率达 80.1%。

如防治地下害虫，以量需增大，一般可用（1～10）$\times 10^7$ 孢子/cm^3 的浓度作土壤处理，在表土 10cm 内使用菌剂。

用于喷粉的菌剂需加入惰性材料作为填充剂，稀释到每克含 1 亿孢子的浓度，一般用于难以进行喷雾操作的森林。在大田里喷粉效果往往比喷雾差。

白僵菌的颗粒剂用于防治玉米螟，吉林省用菌粉早春封玉米茬垛的方法防治越冬代玉米螟，用喷粉器喷菌粉，每立方米用药量约为 0.1kg。为延长真菌杀虫剂的菌丝或孢子在暴露环境中的存活时间和增加侵染效果，以可溶性淀粉、明胶、氯化钙等为囊壁材料，对菌丝或孢子进行微胶囊化包被以形成微胶囊剂。例如，白僵菌微胶囊剂贮藏 12 个月后对马尾松毛虫的杀虫效果达 66%以上，对玉米螟防治效果达 84%以上。

真菌制剂可以单独应用，也可与其他微生物杀虫剂或化学杀虫剂混合应用。如用低于致死量的某些化学杀虫剂与白僵菌等混用，可使害虫对病原更为易感，增强防治效果。按每升含 5×10^{10} 个苏云金杆菌孢子、5×10^{10} 个核多角体病毒多角形包含体和 1×10^{10} 个白僵菌孢子的比例制备微生物杀虫剂，林间应用防治双线盗毒蛾（*Porthesia scintillans*）幼虫效果达 92.32%，比单独使用相同浓度的 3 种微生物杀虫剂防治效果好。白僵菌与拟除虫菊酯类混用，食入后拟除虫菊酯的分解和钝化有利于生物制剂的增效。白僵菌与含外毒素的苏云金杆菌混用使马铃薯甲虫死亡率高达 99%。但与某些化学农药混用也可能出现相反情况，如可湿性硫、石灰硫磺等用于防治锈螨，对噬蝇霉、多毛菌有杀菌作用。用球孢虫霉防治苹果木虱，如同时施用杀菌剂则效果不良。

液体发酵产生的菌丝体经预干、保护剂处理、粉碎等研制成干菌丝，这是一种真菌杀虫剂剂型，对绿僵菌干菌丝粉的发酵条件及加工工艺进行研究，应用含菌量达 5×10^{10} 孢子/g 的干菌丝粉防治青杨天牛和桃小实心虫，施用量分别为 3.75kg/hm^2 和 22.5kg/hm^2，防治效果分别达到 73.5%～84.9%和 92%以上。

无纺布菌条是日本日东电工公司发明的一种真菌杀虫剂剂型，是利用无纺布为培养基的载体，使昆虫病原真菌在其上生长，害虫接触菌条上的孢子后会被侵染致病死亡，从而达到控制害虫的目的。日本用白僵菌无纺布菌条防治各种天牛，杀虫效果达到 90%以上。我国也开始广泛利用无纺布菌条防治各种天牛，并利用无纺布菌条和引诱剂、黄板结合对众多林业、果树和茶叶害虫进行防治，表现出了巨大的应用潜力。此外，菌剂以灌根方式施到土壤，以内共生菌的方式定殖于植株体内，不仅能抑制害虫种群，还可促进植株生长。

六、影响真菌制剂菌效的因素和防治效果评价

真菌制剂作用的发挥受多种因素的影响，包括菌剂本身因素、环境因素及使用技术等。菌剂本身因素有菌株的毒力（virulence）和侵染力，以及在生态系统中寄主昆虫的易感性，特别是受环境条件的制约性很大。目前趋向于高剂量使用以增强其效果。如能掌握环境影响的特点，将有助于防治效果的提高。

温度能影响孢子的萌发、菌丝的侵入及病程的发展。某些真菌病的生长发育适温一般在 20～30℃。用莱氏绿僵菌防治棉铃虫幼虫，15℃时病情发展很慢，12～28d 才有死亡；高于 15℃时，6～12d 就见死亡；以 20℃和 25℃时效果最好，死亡率分别达 80%和 71%。温度对寄主昆

虫发育的影响有时也能影响发病。

粉虫草（*Cordyceps farinosa*）适于在寄主越冬前侵染，白僵菌对蛴螬，以及玫烟色虫草（*Cordyceps fumosorosa*）（旧称“红僵菌”，现已组合进虫草属）对甜菜象甲也是适于在寄主休眠前侵染。

真菌孢子的存活力直接与侵染有关。白僵菌的分生孢子在4℃条件下保存，可维持88～128周，如在23℃条件下保存，则降为6～12周，38℃时只能维持4～7周。

相对湿度对真菌分生孢子的萌发和生殖菌丝的发育均极其重要，多数要求相对湿度为95%～100%。用真菌防治害虫失败常是因为湿度的不足，而在高湿的地区和季节，使用真菌制剂往往可获得良好效果。用莱氏绿僵菌防治粉纹夜蛾，在相对湿度80%时只有5%的死亡率，相对湿度90%时，死亡率为50%，如相对湿度增至100%，死亡率可达100%。用白僵菌防治波纹棘胫小蠹，郁闭林荫下的潮湿树皮中效果可达98%，而在敞开的干燥生境中的树皮中死亡率仅4%。虫霉在虫体上生长分生孢子和发射分生孢子与露水关系密切，晴天早晨露水持续15min～3h，在此期间虫霉进展很快，侵染蚜、蝗、蝉、蚊等多发生在此时。

真菌的分生孢子表皮很薄，得水和失水都很迅速，常因干旱而很快丧失活力。菌种不同，孢子寿命对相对湿度的要求也不同。白僵菌和粉虫草分生孢子在相对湿度0～34%时比在相对湿度75%时存活长；而虫霉的分生孢子在相对湿度低于75%时就不能存活。

降雨有助于孢子的扩散，也能把孢子从植物体和虫体上洗下。

风能降低相对湿度，不利于病原真菌的侵染。防风林能降低风速。在炎热气候中，荫蔽处气温降低，能形成适于真菌发育和侵染的条件。此外，风是真菌孢子传播的重要因素。

光线的强度、波长和光照时间长短对真菌病原均有影响。日光能提高气温和降低湿度，紫外线能杀死真菌孢子。白僵菌如经3h的直接日晒，孢子的活力即降低甚至丧失。因此以傍晚使用菌剂较适宜。某些短光波的辐射也能刺激白僵菌等的萌发、生长和孢子形成。黑暗对绿僵菌的发育有利，白僵菌在黑暗中形成的分生孢子比在白天形成的毒性高。某些虫霉的分生孢子在黑暗中较易萌发，但多种虫霉分生孢子的形成需要日光。

富含腐殖质的土壤，有利于病原真菌的侵染。甜菜象甲在酸性土壤中更易为绿僵菌侵染致死，而在碱性土壤中则易受玫烟色棒束孢侵染致死。从而可以根据需要，使用不同无机化合物而适当调节土壤的酸碱度，以利于害虫真菌病的发展。植株表面物质的pH可影响病原的侵染，植株组织的pH也能影响昆虫的易感性。

传统上，人们在筛选和评价候选种类或株系时，只是选择性地考察了真菌制剂的部分特性。例如，在寻找和筛选生防菌时只评价其杀虫的快慢、毒力的高低、培养的难易和产孢的多少。即使是基因工程，考虑的也主要是能否加快害虫死亡速度和提高死亡率。在应用中，人们只对像化学农药那样淹没式地施放微生物杀虫剂感兴趣，而忽视这种方式以外的其他应用方式，忽视了菌剂在生态系中长期宿存、自我维持、时空扩散的独特生态学和流行病学特点。所以，在评价真菌杀虫剂的防治效果时，必须考虑真菌杀虫剂的长期效应，这样才符合害虫综合治理的原则和方向。

思考题

1. 当代如何对真菌界进行分类？简述各界真菌中可用于各类真菌农药的主要种类。
2. 简述真菌杀虫剂的生产过程。
3. 为什么生产工艺离不开固态发酵？如何通过固态发酵大量生产真菌农药？
4. 昆虫病原真菌的作用方式与其他昆虫病原微生物有何不同？

主要参考文献

洪华珠．2010．生物农药［M］．武汉：华中师范大学出版社．

李增智，徐金柱，唐晓庆．2013．球孢白僵菌野生及转基因菌株的退化［J］．菌物学报，32（增刊）：45-56．

蒲蛰龙，李增智．1996．昆虫真菌学［M］．合肥：安徽科学技术出版社．

吴振张．2006．固态发酵技术与应用［M］．北京：化学工业出版社．

喻子牛．2000．微生物农药及其产业化［M］．北京：科学出版社．

周燚，王中康，喻子牛．2006．微生物农药研发与应用［M］．北京：化学工业出版社．

Aguila L C, Wang L D. 2022. Endophytically colonized *Citrus* limon seedlings by *Beauveria bassiana* hampered development, reproduction and progeny fitness of *Diaphorina citri* [J]. Journal of Applied Entomology, 146: 229-242.

Driver F, Milner R J, Trueman J H. 2000. A taxonomic revision of *Metarhizium* based on a phylogenetic analysis of rDNA sequence data [J]. Mycological Research, 104 (2): 134-150.

Faria M R, Wraight S P. 2007. Mycoinsecticides and Mycoacaricides: a comprehensive list with world wide coverage and international classification of formulation types [J]. Biological Control, 43: 237-256.

Gams W, Hodge K T, Samson R A, et al. 2005. Proposal to conserve the name *Isaria* (anamorphic fungi) with a conserved type [J]. Taxon, 52 (12): 537.

Hibbett D S, Binder M, Bischoff J F, et al. 2007. A higher-level phylogenetic classification of the fungi [J]. Mycological Research, 111: 509-547.

Hodge K T, Gams W, Samson R A, et al. 2005. Lectotypification and status of *Isaria* Pers [J]. Fr. Taxon, 52: 485-489.

Hokkanen H M T, Bigler F, Burgio G. et al. 2003. Ecological risk assessment framework for biological control agents [M].// Hokkanen H M T，Hajek A J. Environmental impacts of microbial insecticides: need and methods for risk assessment. Dordrecht: Kluwer Academic Publishers.

Kepler R M, Humber R A, Bischoff J F, et al. 2014. Clarification of generic and species boundaries for *Metarhizium* and related fungi through multigene phylogenetics [J]. Mycologia, 106 (4): 811-829.

Kepler R M, Luangsa-Ard J J, Hywel-Jones N L, et al. 2017. A phylogenetically-based nomenclature for Cordycipitaceae (Hypocreales) [J]. IMA Fungus, 8 (2): 335-353.

Lord J C. 2005. From Metchnikoff to Monsanto and beyond: the path of microbial control [J]. Journal of Invertebrate Pathology, 89: 19-29.

Luangsa-ard J, Houbraken J, van Doorn T, et al. 2011. *Purpureocillium*, a new genus for the medically important *Paecilomyces lilacinus* [J]. FEMS Microbiology Letters, 321 (2): 141-149.

Luangsa-ard J J, Hywel-Jones N L, Manoch L. et al. 2005. On the relationships of *Paecilomyces* sect. *Isarioideaspecies* [J]. Mycologia, 96: 773-780.

Mongkolsamrit S, Khonsanit A, Thanakitpipattana D, et al. 2020. Revisiting *Metarhizium* and the description of new species from Thailand [J]. Studies in Mycology, 95: 171-251.

Mongkolsamrit S, Noisripoom W, Thanakitpipattana D, et al. 2018. Disentangling cryptic species with isaria-like morphs in Cordycipitaceae [J]. Mycologia, 110 (1): 230-257.

Nilanonta C, Isaka M, Kittakoop P. et al. 2002. Precursor-directed biosynthesis of beauvericin analogs by the insect pathogenic fungus *Paecilomyces tenuipes* BCC 1614 [J]. Tetrahedron, 58: 355-360.

Sung G H, Hywel-Jones N L, Sung J, et al. 2007. Phylogenetic classification of *Cordyceps* and the clavicipitaceous fungi [J]. Studies in Mycology, 57: 5-59.

Sung G H, Spatafora J W, Zare R, et al. 2001. A revision of *Verticillium* sect. *Prostrata*. Ⅱ. Phylogenetic analyses of SSU and LSU nuclear rDNA sequences from anamorphsand teleomorphs of the Clavicipitaceae [J]. Nova Hedwigia, 72: 311-328.

Wang C S, St Leger R J. 2007. A scorpion neurotoxin increases the potency of a fungal insecticide [J]. Nature Biotechnology, 25: 1455-1456.

Zare R, Gams W. 2000. A revision of *Verticillium* section *Prostrata*. Ⅳ. The genera *Lecanicillium* and *Simplicillium* [J]. Nova Hedwigia, 73: 1-50.

第八章 昆虫病毒

利用昆虫病毒防治害虫，是害虫生物防治的一个重要手段。昆虫病毒与其他杀虫微生物相比，有优点也有缺点。本章简要介绍昆虫病毒的研究与发展历史，并重点介绍昆虫病毒的主要类群、有潜在应用前景的重要种类、病毒杀虫剂的生产及其在害虫防治上的应用等，使我们能掌握昆虫病毒的基本知识，认识昆虫病毒及其作为一种生物杀虫剂的基本特点，从而更科学合理地利用昆虫病毒，使其在害虫生物防治中发挥更大的作用。

昆虫病毒是引起昆虫致病和死亡的重要病原体。人类对昆虫病毒病的认识，是从家蚕和蜜蜂疾病开始的，这比真正发现病毒早得多。最早记载昆虫病毒病的是中国，在1149年陈旉所著的《农书》中，就记载有家蚕的“高节”病和“脚肿”病，就是现在蚕农所称的“脓病”或核多角体病毒病。而西方最早的研究报告，是1808年Nysten关于家蚕黄疸病的记录，但一直无法明确病原体的性质。直到1909～1913年，Wahl、von Prowazek和Escherich才通过各自独立的实验证明这些昆虫疾病是由一种“滤过性病毒”所致。迄今为止发现的昆虫病毒已达1690多种，涉及11个目的1100多种昆虫。

昆虫病毒专一性强，对人、畜、植物和环境无害，不伤害天敌，寄主昆虫一般不产生抗性，特别是在一定的自然条件下能起长期调节害虫种群数量的作用，因而日益受到人们的重视。早在20世纪40年代，就有利用昆虫病毒防治害虫的成功实例。欧洲云杉叶蜂（*Diprion hercyniae*）传入加拿大东部和美国东北部，曾猖獗一时，对云杉林木造成巨大威胁。当时一种核多角体病毒随着寄生蜂偶然从欧洲引入加拿大，随即迅速传播，并形成流行病，有效地控制了这种叶蜂的危害。到了20世纪50年代，昆虫病毒已作为一种微生物杀虫剂进行了大量的田间试验；70年代初，联合国粮食及农业组织（FAO）和世界卫生组织（WHO）就推荐将昆虫杆状病毒（baculovirus）用于农作物害虫防治。至今，已有20多个国家对30多种病毒杀虫剂进行了商品注册和应用。

病毒杀虫剂对寄主昆虫的高度专一性和缓慢的杀虫作用，常使其推广应用受到很大限制。近年来通过对毒株的筛选、生产和使用方法的研究，以及通过基因工程途径对一些昆虫杆状病毒进行改良，已取得许多重要进展。

第一节 概 述

一、昆虫病毒的基本特征

（一）昆虫病毒的一般构造

与其他病毒一样，昆虫病毒是一类没有细胞构造的生物体，其主要组成是核酸和蛋白质。病毒个体称为病毒粒子（virion）。病毒粒子的中心称为核心（core），成分为核酸。病毒的核酸是带有遗传密码的病毒基因组，其功能是携带遗传信息，决定病毒的遗传变异性和感染性，进行繁殖和复制。昆虫病毒的核酸类型既有DNA，也有RNA，DNA以双链居多，RNA以单链居多。病毒粒子的外层是衣壳（capsid），由许多规则排列的壳粒（capsomere）所组成，成分是蛋白质。病毒蛋白质的主要功能是保护核酸，并决定病毒的抗原性。此外，病毒粒子表面的蛋白质与病毒感染寄主的范围有关，对易感寄主细胞表面存在的相应受体具有特殊的亲和力，可协助病毒侵入寄主细胞。核心和衣壳合称为核衣壳（nucleocapsid）。有些昆虫病毒粒子是裸露的核衣壳，有些病毒粒子的外面还覆盖一层源于寄主膜结构的由蛋白质、多糖和脂质所构成的囊膜（envelope）。

不少昆虫病毒粒子被包埋在由蛋白质晶体构成的包含体（occluded body，OB）内，称为包含体病毒，病毒粒子没有被包含体包封的病毒类型称为非包含体病毒。包含体可以是多角体、颗粒、荚膜和小球状，位于昆虫血淋巴、脂肪组织、肠、真皮、肌肉、气管及其他组织细胞的细胞核或细胞质里。虽然病毒粒子必须用电子显微镜才能观察到，但包含体的大小以微米计，可以在光学显微镜下进行观察。具包含体的病毒对外界不良环境的抵抗力较强。

（二）昆虫病毒的侵染活动

病毒的生命活动很特殊，对细胞有绝对的依存性，它的存在形式有两种：细胞内形式和细胞外形式。

作为一种专性活细胞内的寄生物，病毒的生命活动表现在与寄主的关系中。病毒入侵寄主细胞大体包括吸附（attachment）和侵入（entry）等过程。首先病毒粒子通过囊膜或衣壳表面的蛋白质与寄主细胞的特定受体部位结合，随后通过内吞（endocytosis）或膜融合（membrane fusion）侵入寄主细胞，在细胞质或细胞核中释放出病毒核酸。病毒核酸进入寄主细胞后，利用寄主细胞内的物质合成（synthesis）病毒的核酸和蛋白质，装配（assembly）成子代病毒粒子并以一定的途径释放到细胞外。病毒借细胞内环境的条件以独特的生命活动体系进行增殖，这种增殖方式和细胞生物不同，也称为病毒复制（viral replication）。

在细胞外环境，病毒以病毒粒子的形式存在，不表现任何生命活动，没有代谢、生长和增殖，只保留在适宜条件下侵染寄主的潜在能力，但在不适宜的环境下会丧失这种侵染力。病毒对温度很敏感，在55～60℃时，几分钟内就变性，但在−70℃时可以保存几个月甚至数年。一些射线，如X射线、γ射线和紫外线照射能使病毒变性失活。此外，有囊膜的病毒容易被脂肪溶剂破坏，被病毒污染的器皿和空气可用甲醛、酚类等消毒剂来消毒。

在昆虫病毒中，杆状病毒、昆虫痘病毒（entomopox virus，EPV）及呼肠孤病毒中的质多角体病毒属（*Cypovirus*，CPV）病毒在侵染后期均能在感染细胞中形成大量包含体，这些包含体在腐烂的虫体内、植物叶片上或土壤中仍可保留其侵染力数月甚至数年。一旦被健康幼虫食入，包含体在中肠的碱性条件下溶解，并释放出病毒粒子，杆状病毒和昆虫痘病毒中的一种碱性蛋白酶能促进包含体的溶解。与其他病毒一样，昆虫病毒的感染具有明显的寄主专一性（host specificity），尽管某一种病毒的包含体能在很多昆虫肠道中溶解，但往往只感染特定寄主，并起始于中肠细胞。杆状病毒包含体经口服侵入后，幼虫体内产生大量具囊膜的病毒粒子并被包埋于包含体中，每头幼虫能产生（1～4）$\times 10^9$个包含体。杆状病毒包含体可为病毒提供稳定的环境以保护病毒免受热和紫外线的伤害，从而使它们始终保持稳定，这有利于病毒在幼虫与幼虫间的水平传播，以及昆虫代与代之间的垂直传播。昆虫痘病毒、质多角体病毒也与其类似。

多种鳞翅目昆虫及部分膜翅目、双翅目和鞘翅目昆虫能被病毒感染而致病，也有少数半翅目、脉翅目、直翅目、毛翅目、等翅目和螨类能感染病毒病。感染虫态多为幼虫和蛹，成虫可带病毒，但一般并不致死。

二、昆虫病毒的主要类群

早期主要是依据病毒有无包含体、包含体的形态、病毒的形态和结构、在寄主的何种组织内发育等将昆虫病毒分为以下 3 种类型。

1．多角体病毒 指被感染昆虫体内有多面体状包含体的病毒。其中，在感病昆虫的细胞核内形成包含体的称为核多角体病毒（nucleopolyhedrovirus，NPV）；在感病昆虫的细胞质内形成包含体的称为质多角体病毒（cypovirus，CPV）。

2．颗粒体病毒（granulosis virus，GV） 指被感染昆虫体内有颗粒状包含体的病毒。

3．非包含体病毒（non-occluded virus，NOV） 指被感染昆虫体内看不见任何可借助普通光学显微镜观察到的包含体的病毒。

随着病毒学日新月异的发展，病毒的分类也在不断变动、补充和完善。1971 年，第一届国际病毒命名委员会（ICNV[①]）发表了统一病毒命名和分类的方案。昆虫病毒的分类和命名，也是统一在这一方案之内的，原是脊椎动物病毒的重要类群如痘病毒、细小病毒、弹状病毒、呼肠孤病毒和肠道病毒各属也将相应的昆虫病毒各组类型分别包括在内。之后 ICTV 每隔几年就修订出新的分类体系。ICTV 第 8 次报告（2005）将所有昆虫病毒分为 12 个科和 1 个亚组，即杆状病毒科（*Baculoviridae*）、虹彩病毒科（*Iridoviridae*）、多分 DNA 病毒科（*Polydnaviridae*）、痘病毒科（*Poxviridae*）、囊泡病毒科（*Ascoviridae*）、细小病毒科（*Parvoviridae*）、双 RNA 病毒科（*Birnaviridae*）、呼肠孤病毒科（*Reoviridae*）、弹状病毒科（*Rhabdoviridae*）、野田村病毒科（*Nodaviridae*）、双顺反子病毒科（*Dicistroviridae*）和 T 四病毒科（*Tetraviridae*），以及慢性蜜蜂麻痹卫星病毒亚组（*chronic bee-paralysis satellite virus*）。各类群昆虫病毒及其主要特征见表 8-1。

表 8-1 各类群昆虫病毒及其主要特征

病毒种类	核酸	病毒粒子形态及大小	囊膜	包含体	寄主
杆状病毒科					
核多角体病毒属（*Nucleopolyhedrovirus*） 颗粒体病毒属（*Granulovirus*）	dsDNA	杆状 （40～60）nm×（200～400）nm	有	有或无 多角体颗粒体	鳞翅目、膜翅目、双翅目等
虹彩病毒科					
虹彩病毒属（*Iridovirus*） 绿虹彩病毒属（*Chloriridovirus*）	dsDNA	二十面体 125～300nm	无	无	鳞翅目、鞘翅目、双翅目、直翅目、半翅目、膜翅目

① ICNV 于 1973 年更名为国际病毒分类委员会（ICTV）

续表

病毒种类	核酸	病毒粒子形态及大小	囊膜	包含体	寄主
多分 DNA 病毒科 茧蜂病毒属 （*Bracovirus*） 姬蜂病毒属 （*Ichnovirus*）	dsDNA	纺锤状、杆状 85nm×330nm	有	无	寄生性膜翅目
痘病毒科 昆虫痘病毒亚科 （*Entomopoxvirinae*） α 昆虫痘病毒属 （*Alphaentomopoxvirus*） β 昆虫痘病毒属 （*Betaentomopoxvirus*） γ 昆虫痘病毒属 （*Gammaentomopoxvirus*）	dsDNA	砖状 （300～450）nm× （170～260）nm	有	有 椭圆形、纺锤形	鳞翅目、鞘翅目、双翅目、直翅目
囊泡病毒科 囊泡病毒属 （*Ascovirus*）	dsDNA	椭圆形、杆状 400nm×130nm	有	无	鳞翅目、寄生性膜翅目
细小病毒科 浓核症病毒亚科 （*Densovirinae*） 浓核症病毒属 （*Densovirus*） 艾特拉病毒属 （*Iteravirus*） 短浓核症病毒属 （*Brevidensovirus*） 烟色大蠊浓核症病毒属 （*Pefudensovirus*）	ssDNA	二十面体 18～26nm	无	无	鳞翅目、膜翅目、鞘翅目、双翅目
双 RNA 病毒科 昆虫双 RNA 病毒属 （*Entomobirnavirus*）	dsRNA	—	无	无	双翅目
呼肠孤病毒科 昆虫非包裹呼肠孤病毒属 （*Idnoreovirus*） 质多角体病毒属 （*Cypovirus*）	dsRNA	二十面体 60～80nm	无	有 多角体	鳞翅目、膜翅目、双翅目、鞘翅目、脉翅目
弹状病毒科 水泡性病毒属 （*Vesiculovirus*） 短暂时热病毒属 （*Ephemerovirus*）	ssRNA	弹状 （130～380）nm× （50～95）nm	有	无	双翅目

续表

病毒种类	核酸	病毒粒子形态及大小	囊膜	包含体	寄主
双顺反子病毒科					
蟋蟀麻痹病毒属（*Cripavirus*）	ssRNA	二十面体 20～30nm	无	无	直翅目等
野田村病毒科					
α 野田村病毒属（*Alphanodavirus*）	ssRNA	二十面体 29nm	无	无	双翅目
T 四病毒科					
βT 四病毒属（*Betatetravirus*） ωT 四病毒属（*Omegatetravirus*）	ssRNA	二十面体 35nm	无	无	鳞翅目
慢性蜜蜂麻痹卫星病毒亚组	ssRNA	二十面体 17nm	无	无	膜翅目

注：ds 代表双链，ss 代表单链

三、昆虫病毒的诊断鉴定

（一）一般的形态学和组织学方法

昆虫的病毒病通常可根据染病虫体的症状进行诊断。凡产生包含体的病毒类型，都可以用一般光学显微镜观察而明确病毒的存在，并可采用某些染色方法来鉴别是哪一类具包含体的病毒。

（二）生物鉴定方法

可用感染试验方法鉴别病毒的存在。如不产生包含体的病毒，通过同种昆虫经口服或穿刺接种，观察能否复制出相同类型的病征。如接种后能引起健康昆虫发生同样疾病，而又排除了其他类型病原微生物的可能，则可进一步采用其他方法鉴别病毒的类型。

（三）电子显微镜观察

光学显微镜的理论分辨率极限为 200nm，而电子显微镜用电子束代替光源，分辨率提高到 0.2nm，这对于研究病毒粒子的形态结构和超微病理学是必要的。常用的电子显微镜通常包括透射电子显微镜和扫描电子显微镜。透射电子显微镜可用于观察样品内部的精细结构，如病毒或病毒感染细胞的超微结构，使用时要求对样品做固定、脱水、包埋、超薄切片及染色等处理。扫描电子显微镜通常用于观察样品表面的形貌，使用时无须对样品进行包埋和超薄切片，但一般还需要对生物样品进行固定、脱水、干燥（临界点干燥或冷冻干燥）和导电处理等。现在的扫描电子显微镜利用背散射电子，也可以用于细胞、组织内部精细结构的观察，甚至还可以用于大体积样品的三维成像。在昆虫病毒研究中应用的电镜技术还有免疫电子显微镜技术、冰冻蚀刻技术、冷冻电镜单颗粒三维重构技术和冷冻电子断层扫描技术，可以根据研究的需要选择不同的技术。

（四）血清学方法

血清学方法由于灵敏度和特异性较高，在病毒的鉴定中较常应用，可用于确定各个分离株的亲缘关系，鉴别用一般方法难以区分的病毒，并可用于早期鉴定大田昆虫种群中病毒病的发生情况。例如，用粉纹夜蛾 NPV 的抗体来测试受病毒感染的幼虫脂肪体内的病毒蛋白质，在病毒粒子和多角体尚未形成之前即能测出。近年来，血清沉淀、琼脂免疫扩散试验、酶联免疫吸附测定（ELISA）及免疫荧光等血清学技术多已在昆虫病毒的研究中被采用。

（五）分子生物学方法

用于昆虫病毒检测的分子生物学方法主要有：核酸分子杂交技术，即利用放射性核素或生物素标记的探针进行 DNA 印迹（Southern blot）或 RNA 印迹（Northern blot），直接检测病毒核酸；聚合酶链反应（PCR）和反转录 PCR（RT-PCR），该技术能在体外将病毒核酸的特定区域扩增上百万倍，具有特异性强、灵敏度高、快速准确等优点，在病毒检测中得到广泛应用。在 PCR 技术基础上发展起来的实时荧光定量 PCR（q-PCR）技术能够利用标准曲线实现对模板的定量分析，可用于病毒的定量检测。此外，近年发展起来的基因组学及蛋白质组学也为昆虫病毒的鉴定提供了一个崭新的平台。

第二节　类　　群

已知昆虫病毒的种类有 1000 多种，其寄主包括鳞翅目、膜翅目、双翅目、鞘翅目、直翅目、半翅目、脉翅目、革翅目、毛翅目、蜉蝣目和蜻蜓目昆虫等，尤以鳞翅目昆虫为多，这可能与鳞翅目昆虫对病毒的易感性有关，加上鳞翅目中有很多经济重要的害虫，常为研究者所关注。昆虫病毒中的包含体病毒约占 90%以上，其中鳞翅目寄主约为 80%，双翅目 10%，膜翅目中广腰亚目 3.5%；而在非包含体病毒中，鳞翅目寄主占 33%，双翅目 23%，鞘翅目 18%，膜翅目 2.5%。其中，发现最早、研究历史最长、防治应用最广泛的是杆状病毒科中的核多角体病毒和颗粒体病毒，以及呼肠孤病毒科中的质多角体病毒，因此下文简要介绍这几类病毒。

一、核多角体病毒

杆状病毒科（Baculoviridae）是昆虫病毒中最大的一科，它的寄主主要为鳞翅目昆虫，也有少数膜翅目和双翅目昆虫，目前已从 600 余种昆虫体内分离出杆状病毒。杆状病毒的寄主专一性很强，多数只侵染一种或同属昆虫中的数种昆虫，少数核多角体病毒（NPV）如苜蓿银纹夜蛾（*Autographa californica*）核多角体病毒，寄主达 30 种以上。

杆状病毒除作为控制害虫的重要生物因子外，从 20 世纪 80 年代开始，随着分子生物学技术的迅猛发展，杆状病毒-昆虫细胞已被发展为一种高效表达外源基因的真核表达系统，通过以重组杆状病毒为载体，可在昆虫或昆虫培养细胞中表达各种珍贵农医用蛋白质。其中，因多角体蛋白（polyhedrin）具有超量表达水平，外源基因常被克隆至多角体蛋白位点进行表达。

杆状病毒的基因组为闭合环状双链 DNA，大小为 80～180kb，通过与碱性 DNA 结合蛋白 P6.9 结合，被压缩包装在杆状的衣壳中，核衣壳外被脂质囊膜。

杆状病毒的复制周期具有双向性，即在一个完整的复制周期中会产生两种类型的病毒粒子：包埋型病毒粒子（occlusion-derived virion，ODV）和芽生型病毒粒子（budded virion，BV）。

ODV 被包埋在包含体中，以保证病毒在昆虫体外稳定存在，其感染昆虫中肠细胞，引发对昆虫的初始感染，负责病毒在虫体之间的水平传播；BV 能感染多种类型的细胞，如气管、血细胞、脂肪体等，负责病毒在昆虫体内组织及细胞之间的传播，引发对昆虫的系统感染。

（一）核多角体病毒的一般形态特征和理化性状

核多角体病毒具有较大的包含体，称为多角体（polyhedron），或多角形包含体（polyhedral inclusion body，PIB），并因在被感染细胞的核内形成而得名。

核多角体的直径为 0.5～15μm，大多为 2～3μm，其大小因虫种而异，即使同种昆虫，甚至在同一寄主细胞内，多角体的形状和大小也有差别。核多角体的外观呈六角形、五角形、四角形或不规则形等，因虫种不同而异。例如，黏虫（*Mythimna separata*）的核多角体多为六角形和五角形，模毒蛾（*Lymantria monacha*）的为四角形，家蚕（*Bombyx mori*）的为十二面体，隐纹稻苞虫（*Pelopidas mathias*）的为不规则多面体（图 8-1）等。多角体有较强的折光性，其形态可在普通光学显微镜下观察到，易和细胞内常见的脂肪粒或其他颗粒区别，在相差显微镜下更清晰可辨。核多角体主要由多角体蛋白组成，核多角体超薄切片经电子显微镜高度放大观察，多角体蛋白晶格呈点粒和线型排列（图 8-1）。

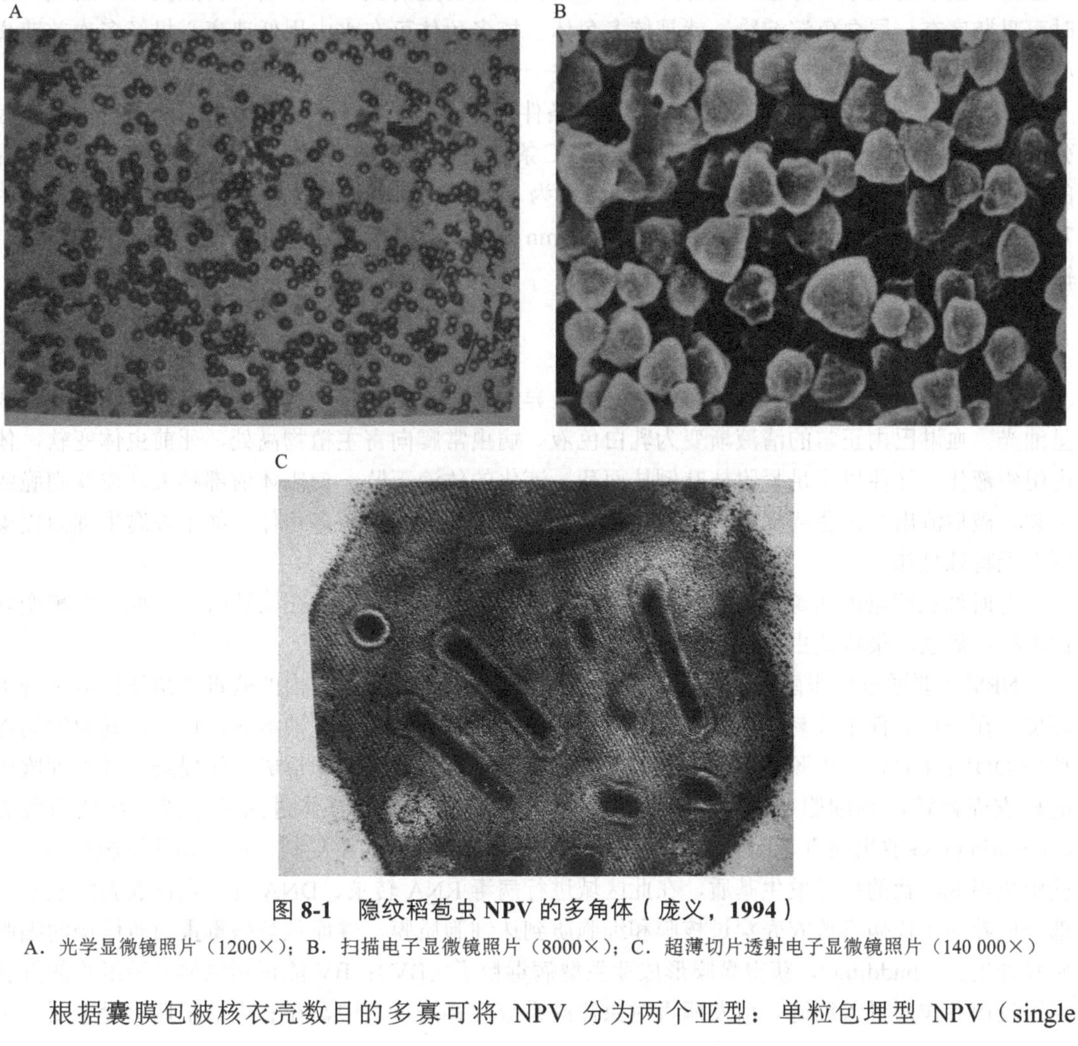

图 8-1　隐纹稻苞虫 NPV 的多角体（庞义，1994）

A. 光学显微镜照片（1200×）；B. 扫描电子显微镜照片（8000×）；C. 超薄切片透射电子显微镜照片（140 000×）

根据囊膜包被核衣壳数目的多寡可将 NPV 分为两个亚型：单粒包埋型 NPV（single

embedded NPV，SNPV）和多粒包埋型 NPV（multiple embedded NPV，MNPV）。SNPV 每一病毒粒子在囊膜中仅含有一个核衣壳；MNPV 每一病毒粒子在囊膜内有多个核衣壳而组成病毒束。获得囊膜的病毒粒子被随机地包埋在多角体蛋白晶格中，每个多角体内的病毒粒子少则数个，多则近百个。多角体表面由糖类和蛋白质所组成的多角体膜包裹。

核多角体对于不同的化学药剂具有相当高的抵抗力，不溶于水及多种有机溶剂，如乙醇、乙醚、三氯甲烷、苯、丙酮等，不能被细菌或细胞蛋白酶所分解破坏，但在 pH 为 2.0～2.9 时可被胃蛋白酶消化其蛋白质，并破坏病毒粒子。核多角体易溶于碳酸钠、氢氧化钠、硫酸和乙酸的水溶液中。但是，来源不同的核多角体对酸或碱处理的抗性是不同的。核多角体如被食入昆虫体内，则能在中肠碱性环境的作用下溶解并释放出病毒粒子。但如将核多角体注入血腔，并不引起感染，因核多角体并不溶于血淋巴中。活体外可用 Na_2CO_3 的稀溶液（0.008～0.05mol/L）溶解核多角体而获得游离的侵染性病毒粒子，但病毒粒子在稀碱中的时间过长将失活。

完整的核多角体不易被一般染料所着色，但经酸或碱处理后可被一些染料所强染。例如，涂片经 1%氢氧化钠处理 1min，核多角体则易为伊红水溶液染成鲜红色；涂片经 1mol/L 的盐酸处理后，核多角体也很容易被溴酚蓝染成深蓝色。

核多角体的相对密度大于水，如家蚕的核多角体相对密度为 1.268。将感染病毒死亡的虫尸悬浮于盛水的瓶中，静置一段时间，核多角体便从腐烂的虫尸中释出，自然沉降至瓶底，这时可见瓶底有一层白色沉淀物，就是核多角体。核多角体可在水中用低速离心机经多次差速离心进行初步分离，或经蔗糖密度梯度离心做进一步纯化。

NPV 由于外有包含体的保护，可在自然条件下存活多年仍不失效。该类型病毒对低温有较强的忍受力，如家蚕的 NPV 在－150～－135℃条件下反复冻融 5 次，其感染力不变。但对高温的抵抗力较差，如粉纹夜蛾 NPV 的失活条件为 82～88℃ 10min，棉铃虫 NPV 的失活条件为 75～80℃ 10min，黏虫的 NPV 在 100℃经 10min 失活。一般抗生素如青霉素、土霉素、金霉素、链霉素对感染病毒的昆虫并无治疗作用。

（二）核多角体病毒对昆虫的侵染

鳞翅目幼虫被 NPV 感染后，初期无明显异常变化，渐而行动迟缓食欲减退，体色变淡或呈油光。血淋巴由正常的清液渐变为乳白色液。病虫常爬向寄主植物高处，死前虫体变软，体内组织液化，往往以尾足紧附枝叶倒挂而死。液化的体液下坠，使躯体前部膨大，皮肤则脆弱易裂，破后流出乳白色或褐色的浓稠液体，内含大量新形成的核多角体，如未被腐生细菌侵染则并无特殊臭味。

有时幼虫感染的病毒量不足以使其在幼虫期致死，这些幼虫仅在末龄时出现血淋巴稍变乳白的感染病征，染病幼虫可在蛹期死亡。

NPV 主要通过口服感染，其侵染循环大致如下：因病致死虫体内的病毒多角体释放于寄主环境，在一定条件下被易感虫种食入，随后在虫体中肠碱性条件下被溶解，释放出其中的病毒粒子 ODV；ODV 与中肠柱状上皮细胞的微绒毛膜融合，侵入细胞形成初级侵染；进入细胞质的核衣壳被转运到细胞核表面，在微丝的推动下通过核孔复合体进入细胞核，在核内脱壳（uncoating）释放出病毒基因组，随后启动病毒基因表达和 DNA 复制，在此期间细胞核膨大，核中央形成网状的病毒发生基质，在此区域进行病毒 RNA 转录、DNA 复制及核衣壳的装配；部分成熟的子代病毒核衣壳穿过核膜和细胞质到达细胞质膜，继而从被病毒蛋白质修饰的细胞质膜处出芽（budding），获得囊膜形成芽生型病毒粒子（BV）；BV 能识别虫体多种组织的细胞并通过内吞作用进入细胞，引发病毒对虫体的系统性感染，其中，在感染的早期阶段主要产生

BV，在感染的晚期，BV的产生减少，完成装配的核衣壳滞留在细胞核内，在环带区从源于核膜的核内微囊泡获得囊膜形成ODV，并进一步被多角体蛋白包埋形成多角体。随着染病昆虫的死亡和组织细胞破裂，多角体释放于周围环境。

病毒在虫体各组织器官中的复制程度因病毒种类而异。例如，粉纹夜蛾幼虫感染MNPV时，多角体在中肠上皮的复制较多，而感染SNPV时则较少；斜纹夜蛾MNPV则可在感染幼虫的脂肪体、血细胞、气管和上皮组织中大量复制并形成多角体，每头末龄幼虫可产多角体多达（4～8）×10^9个；膜翅目昆虫的NPV只感染中肠细胞，多角体最终产量仅为鳞翅目幼虫的2%～5%。

从幼虫被感染后到出现症状的这段时间称为潜伏期，其长短受虫龄大小、感染病毒的剂量和温度等多种因素的影响。如接种量少则潜伏期长；幼虫龄期越高易感性一般就越弱，潜伏期也延长，但也有相反的情况；在一定温度范围内，温度越高潜伏期越短，如家蚕在正常室温下5～7d就出现病征，16～17℃时15d内不出现病征。

在自然条件下，昆虫病毒病的发生常有突然暴发的现象，暗示虫体内本有潜伏病毒（latent virus），一旦遇有一定的外因激发，如低温、过高的密度、高温、紫外线照射、潮湿的环境、有毒化学品的摄入、寄生物感染、饮食状况等，便能诱导发病。例如，在英国大部分甘蓝夜蛾（*Mamestra brassicae*）种群中存在甘蓝夜蛾NPV的低水平持续性感染（persistent infection），当对持续感染的昆虫饲喂亲缘关系较近的小眼夜蛾（*Panolis flammea*）NPV，或者亲缘关系较远的苜蓿银纹夜蛾NPV时，潜在的病毒可以被激活。而高密度饲养则可诱导田间采集并经实验室传代的伪苹果卷叶蛾（*Thaumatotibia leucotreta*）虫体内的潜伏病毒暴发。

杆状病毒虽然对寄主的专一性很强，但试验证明一种昆虫的杆状病毒能感染其他昆虫的事例也并不少见。例如，家蚕NPV能侵染柞蚕（*Antheraea pernyi*）等11种昆虫；苹果蠹蛾（*Cydia pomonella*）NPV能适应在大蜡螟（*Galleria mellonella*）上的多次传代；紫色卷蛾（*Choristoneura murinana*）NPV能侵染云杉色卷蛾（*Choristoneura fumiferana*）、苹果蠹蛾、李小食心虫（*Grapholitha funebrana*）、欧洲松梢小卷叶蛾（*Rhyacionia buoliana*）等，而且能在苹果蠹蛾细胞系IZOCp-0508中复制，且与活体复制的毒力相当；红棕灰夜蛾（*Sarcopolia illoba*）NPV能侵染银纹夜蛾、黄地老虎（*Agrotis segetum*）、黏虫等12种夜蛾科害虫。苜蓿银纹夜蛾NPV、芹菜夜蛾（*Anagrapha falcifera*）NPV和甘蓝夜蛾NPV则各有30种以上鳞翅目寄主。

一种昆虫也可合并感染两类不同的病毒，如黄地老虎、菜粉蝶、黏虫、粉纹夜蛾、云杉色卷蛾等可合并感染NPV和GV。一种昆虫合并感染的两种病毒间的相互作用是复杂的。有些有协同增效作用，如黏虫合并感染NPV和GV时，GV能增强NPV的感染；有些合并感染则有干扰作用，如云杉色卷蛾先感染的病毒妨碍后感染病毒的发展，两种NPV同时处理美洲黏虫仅有一种感染，NPV和CPV也有相互干扰的现象。

二、颗粒体病毒

颗粒体病毒病最早是由法国人Paillot于1926年在患病的大菜粉蝶（*Pieris brassicae*）中发现的，之后又在其他一些昆虫中发现这种病，直到19世纪40年代后期才确定其病原体是病毒。颗粒体病毒（GV）主要侵染鳞翅目昆虫，研究较多并已进入大田试验的GV有小菜蛾GV、大菜粉蝶GV、小菜粉蝶GV、苹果蠹蛾GV、茶小卷叶蛾GV、黄地老虎GV和美国白蛾GV等，其中有些已登记注册生产。

（一）颗粒体病毒的一般形态特征和理化性质

颗粒体病毒的包含体称颗粒体（granule）。这类包含体很小，具体大小因种类而异，通常直径为 0.16～0.3μm，长 0.3～0.5μm，大致在普通光学显微镜可辨范围之内。如在暗视野镜下观察，可以看到呈布朗运动的明亮细小颗粒。在电子显微镜下观察，颗粒体的形状有卵形、椭圆形、长卵形等（图 8-2）。每个包含体内有一个核衣壳。

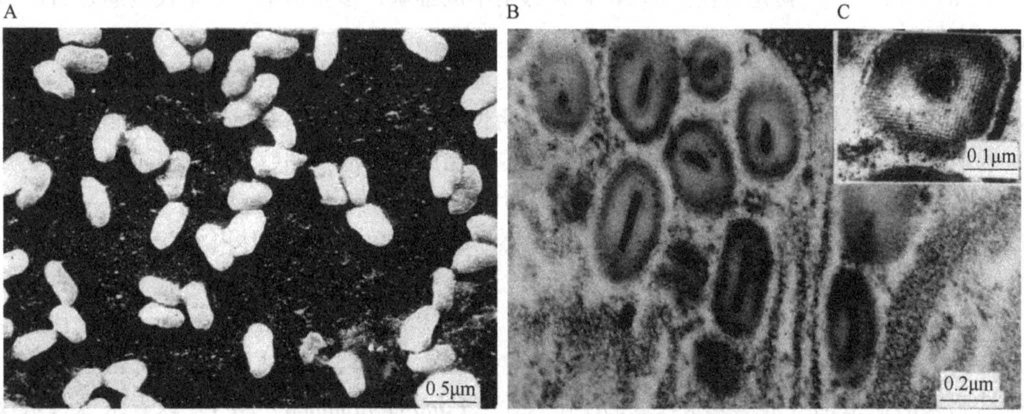

图 8-2 稻纵卷叶螟 GV 的包含体（颗粒体）（庞义，1994）

A．扫描电子显微镜摄；B．透射电子显微镜摄，示成熟的颗粒体和其中的病毒粒子；C．颗粒体横切面

GV 的超微结构大体与 NPV 相似（图 8-2）。超薄切片在电子显微镜下显示，构成 GV 的蛋白质和构成 NPV 的蛋白质一样，呈立方体系排列，形成晶格。晶格中包埋的病毒粒子平均宽 30～100nm，长 200～400nm。病毒粒子外有囊膜，包裹着杆状的核衣壳。

与核多角体的理化性质相近似，颗粒体不溶于水和一般的有机溶剂如乙醚、乙醇、丙酮、二甲苯等。但如遇适当浓度的酸或碱溶液，包含体能迅速溶解，并可使病毒粒子变性而失去侵染力。将 GV 用稀碱处理后可获得完整和具侵染性的病毒粒子，通常可用 0.03～0.05mol/L 的 Na_2CO_3 使其溶解，经高速离心可分出具有或已不具囊膜的病毒粒子。GV 未经酸处理则不能染色，可在室温下用 50%的乙酸处理组织切片 5min，然后再染色。这种对化学作用的抵抗性使 GV 保持一定的稳定性，可在室温下保存 5 年以上而不失侵染力。GV 对高温和低温有一定的抵抗力，但温度过高易使其失活，如黏虫的 GV 在 75℃经 10min 或 70℃经 40min 便失活。紫外线或其他辐射线能使 GV 失活。

颗粒体病毒包含体只含一种蛋白质，称颗粒体蛋白（granulin），其分子量为 27～30kDa。颗粒体的相对密度大于水的相对密度。

（二）颗粒体病毒对昆虫的侵染

昆虫感染 GV 后的病征和感染 NPV 的颇为相似。受感染的昆虫，初期无明显病征，随着病情发展即出现反应迟钝和停止取食现象，随后由于不同组织内颗粒体的大量累积，可以看到外表体色的明显变化：虫体腹面逐渐变为淡白或乳白或带黄色，体壁常现斑点和变色，脂肪体变为暗白色。之后血液渐变乳白，这是因为被感染的虫体内组织细胞被破坏而释放出大量颗粒体。因昆虫种类的不同，感病虫体可能膨大或收缩。由于其他细菌的次发感染或虫体中肠病毒的感染，病虫可出现泻痢病症。

有时病情发展迅速，大量组织被破坏，感病昆虫较早死去。已死幼虫体壁脆弱，破后流出大量颗粒体。有些虫体的感染只局限于脂肪组织，病幼虫可存活较长时间。在这种情况下，组织的液化不很严重，虫体虽软但不易破裂。病死虫体有时用腹足倒挂枝叶上，呈“∧”形。

罹病幼虫常于幼虫期死亡，有时也可存活至蛹期或成虫期。从染病到死亡所经时间因虫而异，一般4～5d，最长可至34d，如黏虫。幼虫龄期、侵染剂量、温度等因素也能影响这段时期的长短。

GV与NPV的增殖策略相似，但在组织偏好性、细胞病理学和组织病理学等方面存在差异。首先，颗粒体病毒通过口服进入易感虫体，在中肠中溶解释放出病毒粒子，游离的病毒粒子通过肠道柱状上皮细胞的微绒毛而侵入，病毒囊膜与微绒毛膜发生融合，释放核衣壳进入细胞质，囊膜脱在细胞外。经 2～6h，核衣壳靠近核膜，经核孔释放病毒基因组进入核内，衣壳脱在核外，这与NPV核衣壳先进入核内然后释放核酸不同。脱壳位置的不同是GV与NPV的根本区别。在感染的前期，与NPV相类似，在细胞核中进行核衣壳的装配，但与NPV不同的是，在感染的后期，核膜崩解，核质和细胞质融合在一起，核衣壳继续形成并最终在质膜出芽形成BV。除葡萄叶斑蛾（*Harrisina brillians*）GV以外，GV在中肠不形成包含体。新形成的病毒粒子BV释放于血淋巴中而导致对其他组织的继发感染。有些GV只侵染脂肪体，有些则除脂肪体外还能侵染真皮、气管上皮细胞等。在这些被感染的组织细胞中，核膨大，核膜崩解并导致核质和细胞质融合在一起，核衣壳在此融合区间装配并获得囊膜形成病毒粒子，随后被颗粒体蛋白包埋形成颗粒体。被感染的细胞最终破裂而将颗粒体释放到体腔。

GV的专一性较强，交叉感染的情况甚为少见，只有大菜粉蝶的GV与小菜粉蝶和暗脉菜粉蝶（*Pieris napi*）的GV可互相感染，但是否为同一种病毒尚未明确。一般认为GV是各类含DNA的包含体病毒中专一性最强的一类。在进行交叉感染试验时，应考虑到排除被感染寄主原来就存在第二种GV的可能性。

如前所述，鳞翅目幼虫可合并感染NPV和GV两种病毒，如黄地老虎、菜粉蝶、黏虫等可同时感染NPV和GV。黏虫的6龄幼虫如单感染NPV，死亡率3.4%；单感染GV，死亡率20%；如两种病毒合并感染，则死亡率高达80%，病死虫体为NPV感染病征，体内主要是核多角体，但也有些同时存在颗粒体。研究发现颗粒体蛋白质中的某些微量成分能起增效作用，如粉纹夜蛾GV的颗粒体中有一种病毒增强因子（viral enhancing factor，VEF，又称enhancin），其在颗粒体于虫体中肠溶解后能破坏围食膜的完整性，使半数致死量（LD_{50}）降低90%，这种增强因子与NPV同时食入能加速粉纹夜蛾初孵幼虫的死亡。

三、质多角体病毒

质多角体病毒（CPV）属于呼肠孤病毒科的一个属。CPV的发现比NPV和GV都迟。日本蚕病学家石森在 1934 年就观察到家蚕中肠上皮细胞质内存在多角体，并称其为“中肠型脓病”，但当时并未明确这是由一种新型病毒引起的疾病。直到1950年，英国病毒学家Smith等首次发现几种灯蛾幼虫患有一种新型多角体病，这种多角体的病毒粒子呈球形，而非杆状，完全不同于NPV。后来又发现这种球形多角体病毒增殖的部位只限于中肠上皮组织的细胞质内，而细胞核内无多角体形成，因此，便把这种病毒命名为质多角体病毒。

CPV的主要特征为：基因组由10个节段的线性双链RNA（dsRNA）构成，分子量为（1.93～2.2）$\times 10^6$；在pH 3时感染性稳定，80～85℃下10min失去感染力，抗乙醚，对紫外线照射相当稳定；病毒粒子球形，直径 50～65nm；对中肠上皮细胞有显著倾向性；许多病毒粒子为一个主要由多肽所构成、分子量为（2.5～3.0）$\times 10^3$的多角体所包埋，多角体不具有多角体外膜。

在不同的 CPV 之间，基因组 dsRNA 片段的长度分布差异很大，可通过使用 1%琼脂糖或 3% SDS-PAGE 电泳进行分析，这些长度差异成为对不同种类 CPV 进行识别和分类的基础。目前已知的 CPV 存在 20 个电泳型，各电泳型之间至少有 3 个 dsRNA 节段的电泳迁移率不同。

CPV 只感染节肢动物，寄主主要发现于鳞翅目、膜翅目和双翅目昆虫，尤以鳞翅目昆虫为多。CPV 是家蚕养殖业的一大害，但也是控制害虫的重要病原体之一。CPV 已用于害虫防治实践的有日本的赤松毛虫（*Dendrolimus spectabilis*）CPV、法国的松异舟蛾（*Thaumetopoea pityocampa*）CPV 和粉纹夜蛾 CPV，以及我国的马尾松毛虫（*Dendrolimus punctatus*）CPV 和文山松毛虫（*Dendrolimus punctatus wenshanensis*）CPV 等。与杆状病毒不同，CPV 属于有较大寄主域的呼肠孤病毒，如广泛用于生物杀虫剂须进行进一步安全试验研究。

（一）质多角体病毒的一般形态特征和理化性状

CPV 的包含体和 NPV 相似，也是多角体，但只在被感染细胞的细胞质内形成。质多角体呈六角形、四角形、球形、椭圆形等。CPV 的超微结构研究显示，构成多角体的蛋白质晶格与核多角体无多大差别。

质多角体的直径为 0.5～25μm，因病毒种类、感染时间长短、在细胞中形成的数量等而有很大差异。1 个多角体可包埋 100～10 000 个病毒粒子，碱解后可以在电子显微镜下观察其形态。

CPV 病毒粒子为二十面体的球状体，直径为 30～60nm。CPV 只有单层衣壳结构，衣壳表面有刺突（spike），衣壳直径为 57nm，加上刺突则直径为 71.5nm。衣壳内与刺突相对应的位置有蘑菇形转录酶复合物 TEC 结构。

质多角体不像核多角体那样稳定，二者对染色反应有很大差别，借此可以把它们区别开来。质多角体显示福尔根（Feulgen）负反应，而核多角体为正反应；质多角体易为吉姆萨染色，而核多角体不易着色；质多角体沸水浴加热处理 5s 后易为 1%溴酚蓝水溶液染成深蓝色，而核多角体无此反应。

质多角体不溶于水，但在水中经较长时间可被蚀刻而从表面失去病毒粒子。在碱液中的溶解度比核多角体的溶解度小，如以稀 Na_2CO_3 溶液或其他稀碱液处理，能失去表层病毒粒子，剩下不溶解的多角体呈多孔的海绵状。通过在 pH＞10.5 下用碳酸盐缓冲液处理可将病毒粒子从质多角体中释放出来。CPV 的病毒粒子在碱液中很快被破坏，因此从多角体中分离提纯时须加注意。质多角体也由蛋白质构成，多角体溶解后不像 NPV 那样留下膜，因此认为 CPV 没有核多角体那样的膜。质多角体的相对密度与核多角体接近。

（二）质多角体病毒对昆虫的侵染

CPV 对昆虫的致病力很强，低剂量的病毒即可使寄主受感染。但与 NPV 和 GV 不同的是，CPV 往往导致慢性病，受感染的幼虫死亡时间长，甚至可长达 40～50d，且死亡分布较平缓，没有突出的死亡高峰。

CPV 经易感昆虫口服，或将游离的病毒粒子注射入虫体血腔均可引起感染。经口服感染的病毒多角体在虫体肠道碱性消化液的作用下溶解而释放出病毒粒子，病毒粒子侵入中肠上皮细胞，在中肠上皮细胞的细胞质内增殖，少部分可扩散至前后肠细胞。最初在细胞质中出现病毒发生基质，病毒粒子在其中装配成熟，随后被包埋进多角体中形成包含体。有半数以上的病毒粒子不被包埋而呈游离状态，释放到细胞间隙，再次感染健康细胞。最后多角体经细胞裂解而释放到中肠腔内，可被呕出或随粪便排出体外。染病幼虫早期食欲不振、体躯变小，头、胸、腹比例异常，常出现拉稀现象，一般经 7～20d 死亡。

通常认为CPV只感染中肠上皮细胞，但也有少数异常的CPV能感染库蚊（*Culex tarsalis*）的皮下组织细胞和发育中的翅芽，也能感染羽摇蚊（*Chironomus plumosus*）的脂肪体细胞。

CPV对昆虫有交叉感染情况，一般认为其寄主专一化的程度较多数DNA病毒低，往往能跨科感染，从不同寄主所获分离毒株也有属于相同种的可能。

第三节 生产及应用

病毒与其他微生物不同，为专性寄生病原体，它的复制离不开活的寄主，只能在活细胞中增殖。目前国内外应用于害虫防治的昆虫病毒制剂主要是通过活虫体增殖和细胞培养法增殖。

一、在昆虫活体中大量增殖昆虫病毒

用寄主昆虫的活虫体来繁殖昆虫病毒是比较简便易行的方法，有下列3种途径。

（一）直接在自然种群中增殖病毒

在害虫发生密度大的地点，于适当虫期喷施病毒于被害植物上，待害虫发病收集死虫而获得大量病毒。此种方法对于那些未能在室内很好饲育的虫种尤为适用。如自然种群中发生病毒病流行，也可直接采回大量病死虫体收集病毒。

利用自然条件在自然界中建立大量饲育昆虫的实验场尤为适合。该方式较为经济，且直接在被取食植物上的昆虫体内生产的病毒制剂较其在室内活体或从细胞系所获病毒更为有效。但通过该方式获得的病死虫常常混杂其他微生物，有的未知种类可能对环境不安全，因此难以实现制剂的标准化和商品化。

（二）从野外采回大量活虫接种增殖病毒

采回的活虫可在局限的自然条件下或在室内饲育接种。如可通过将7龄赤松毛虫放在松枝上加罩笼饲育接种病毒来增殖CPV，或将天幕毛虫（*Malacosoma neustria*）的老龄幼虫置于室内接种病毒以繁殖NPV。但野外种群常有寄生物种和其他病原的自然感染，并有季节性限制。

（三）在室内人工连续饲育大量寄主昆虫接种增殖病毒

可采用自然饲料或人工饲料饲养寄主昆虫。各种类型的昆虫病毒包括NPV、CPV、GV和昆虫痘病毒等，通过人工饲料饲育昆虫而增殖均获得较好的成效。

美洲棉铃虫（*Helicoverpa zea*）NPV制剂实现商品化生产的有Elcar、Viron/H、Biotrol/VHZ等。其生产流程大致如下：在30℃条件下用人工饲料饲育幼虫5～6d→接种病毒（在塑料杯中单头幼虫饲养，饲料表面喷3.6×10^6 PIB）→26℃条件下继续饲育5～8d增殖病毒→收集死虫→研碎、过滤、离心→标准化→制成商品剂型。所饲棉铃虫约5%用于虫种的延续繁殖，95%用于生产病毒制剂。一个生产周期，病毒可增殖5000～10 000倍。

日本生产赤松毛虫CPV制剂，商品名为松开命（Matsukemin），其生产方法为：用1kg带叶松枝喷多角体病毒（1×10^6 PIB/mL）后放在50cm×90cm的塑料袋中，同时放入100头7龄幼虫，包扎好成排吊在林中；经15～20d后收集死虫，加水研碎，纱布过滤后离心；所获多角体低温保存，使用时制成液剂或粉剂。每条虫体可获得5亿个多角体。

我国自20世纪70年代以来开始进行棉铃虫NPV制剂VHA-273的生产研究，初期用自然饲料，之后改用人工饲料。从1982年起经3年多时间建成中国第一座病毒杀虫剂生产中间试验工厂，生产流程包括棉铃虫的羽化产卵、幼虫饲育、保留虫种、产品加工等。病毒平均产量达6亿PIB/头，产品加工用喷雾干燥法，产品性状及活性与美国Sandoz产品Elcar相近，产品中根据通常制剂要求不含沙门菌、志贺杆菌及霍乱弧菌。广州市中达生物工程有限公司与中山大学合作，于1996年开始大批量生产斜纹夜蛾NPV制剂，商品名为虫瘟一号，注册的病毒制剂原药含量为300亿PIB/g，可湿性粉剂含量为10亿PIB/g，也是通过大量人工饲养活体昆虫而生产的，每头五龄病死虫可获20亿～40亿多角体。近年来河南省济源白云实业有限公司与中国科学院动物研究所合作，在人工大规模饲养寄主昆虫的基础上，已建成目前我国规模最大、品种最多的昆虫病毒杀虫剂生产基地，研制生产的科云昆虫病毒杀虫剂包括棉铃虫NPV、甜菜夜蛾NPV、斜纹夜蛾NPV和小菜蛾GV。

病毒杀虫剂可制备成粉剂或液剂。例如，甘蓝夜蛾NPV可湿性粉剂的制备步骤为：湿重40g的纯净多角体中加入10mL水→继而加50mg活性炭吸附病毒→4000r/min离心30min→沉淀物真空干燥8～10h→获得病毒干粉→混入添加剂研磨均匀→过60目筛→可湿性粉剂。所用的粉剂添加剂为：吐温60.1%、硫酸铜0.5%、荧光素钠0.1%、甲基纤维素10%、轻质碳酸钙25%、十二烷基硫酸钠1%。液剂的制备步骤为：1×10^7 PIB/mL的提纯多角体中加入6%乳糖和44%甘油→磁力搅拌器搅拌成乳浊液→加入青霉素、链霉素各200单位/mL→分装→封口后置4℃冰箱保存。

一般情况下，经纯化的多角体病毒活性有所下降，且不耐保存，因此生产过程不要过于强调病毒纯化工序，同时应考虑制剂的性价比，并不是病毒含量越高就越好。

昆虫病毒的产量因虫种、病毒类型、幼虫龄期、饲育条件等而不同，接种浓度也很重要。一般以接种感染较老龄幼虫（如3～4龄）为宜，如浓度过高，幼虫死亡快产量低，浓度低则死亡慢，幼虫多能化蛹，产量也低。接种浓度一般为1×10^5～5×10^7 PIB/mL，以1×10^6 PIB/mL为最常用，要求100%感染，或以95%致死浓度（LC_{95}）的接种量来表示。针对重组杆状病毒杀虫速度快、病毒增殖产量低的问题，李充壁等通过在饲料中添加一种昆虫保幼激素类似物，可有效地提高病毒的产量。

早前用天然饲料饲育美洲棉铃虫，接种后5龄死虫所产美洲棉铃虫NPV约为6×10^9 PIB/虫，被定为1幼虫当量（larval equivalent，LE）。其后改用人工饲料，产量增到1.5×10^{10} PIB/虫。一般认为每头虫体生产的NPV应不少于2.3×10^9 PIB，GV则不应少于1×10^{10}～1×10^{11}颗粒体。田间防治害虫常用量为200～400LE/hm^2。

二、在细胞系中大量增殖昆虫病毒

利用离体培养的昆虫细胞系可以大量生产某些昆虫病毒，这些细胞必须是病毒的受纳细胞。建立的昆虫细胞系一般用单层培养，但目前有些国家已发展到采用几百升的细胞培养器培养。维持细胞的培养基一般需添加胎牛血清，而用于大量生产病毒的细胞则已经研究成功了无血清培养基。利用细胞系增殖病毒，优点是容易人工控制并得到相对纯的病毒，缺点是对昆虫的感染力不如活体昆虫增殖的病毒。此外，细胞培养条件要求严格，成本太高，大量增殖病毒用作杀虫剂还存在不少问题，目前尚未达到实用阶段。但细胞培养可用于外源蛋白的表达和病毒的传代保种，也可用于病毒滴度测定及病毒的复制和重组的研究。

三、昆虫病毒在害虫防治中的应用

利用昆虫病毒防治农林害虫，是害虫生物控制的重要手段之一。昆虫病毒在自然界寄主种群中存在，在一定条件下可暴发成流行病，但是这种流行病的发生往往是“马后炮”式，一般都是在寄主种群密度相当高时才出现，这时害虫可能已经对寄主植物造成巨大危害了。因此，有必要人为地引进和大量生产病毒，并在田间施放，从而达到短期或长期控制害虫种群的目的。

昆虫病毒较早应用于森林害虫膜翅目叶蜂类的防治，如欧洲云杉叶蜂和欧洲新松叶蜂（*Neodiprion sertifer*）等，在林区应用 NPV 可获得较为持久的防治效果。在鳞翅目森林害虫中，利用病毒进行有效防治的实例也不少。例如，防治舞毒蛾，用 10^9～10^{10} PIB/mL 的 NPV 液剂，折合每亩用液 1.5kg，可获得良好效果。利用 NPV 防治天幕毛虫和松茸毒蛾（*Dasychira axutha*）；利用 CPV 防治赤松毛虫等也有许多成功的报道。一般认为，森林的生态系统比较稳定，利用病毒防治害虫容易获得成功。

对于防治农作物上的害虫，目前已有 50 余种昆虫病毒进行过大田防治试验。其中研究较多、应用较广的是美洲棉铃虫 NPV，早年报道用该种病毒防治棉铃虫，每亩用感染病毒的老龄死虫 20～30 头兑水喷雾，在棉花生长期发生害虫时每隔 4～5d 喷 1 次，共喷 9 次，可有效控制棉铃虫，棉花产量比对照区显著增产。此外，应用 2～8 条病死不久的虫体的 GV 兑水 3.8kg 进行喷雾，6d 后可使 50%～80%的菜青虫致死；用 GV 防治苹果蠹蛾，于产卵孵化期使用可使幼虫死亡率达 90%以上，并发现下一代幼虫仍有 70%的感染率。

美国是最早将杆状病毒杀虫剂商品化的国家。1975 年，美国环境保护局（EPA）批准美洲棉铃虫 NPV 制剂作为商品注册登记并大面积使用，这是世界上第一个正式注册的病毒杀虫剂，商品名为 Elcar™。棉铃虫的 NPV 制剂对防治棉花、玉米、高粱、烟草、番茄等作物上的美洲棉铃虫和烟草夜蛾等害虫的效果通常相当于常用化学农药。

尔后，陆续有一些杆状病毒杀虫剂在美国和其他一些国家登记并用于防治农林害虫。在美国和加拿大已注册的商品化杆状病毒杀虫剂有多种，包括美洲棉铃虫 NPV（Elcar™，Gemstar、Viron/H、Biotrol/VHZ）、苜蓿银纹夜蛾 NPV（Gusano™）、甜菜夜蛾 NPV（SPODX™）、松黄叶蜂 NPV（VIROX）、黄杉毒蛾 NPV（TM BioControl-1，Virtuss™）、舞毒蛾 NPV（Gypcheck）、芹菜夜蛾 NPV（商品名待定）和苹果蠹蛾 GV（Cyd-X™）等。生产和销售量最大的是 Thermo Trilogy 公司，主要产品是美洲棉铃虫 NPV、甜菜夜蛾 NPV 和芹菜夜蛾 NPV。在西欧至少有 4 种杆状病毒的商品制剂，而在东欧有 11 种制剂，其中有 7 种已注册。

到目前为止，利用杆状病毒进行农作物害虫生物防治最为成功的例子在巴西，该国利用黎豆夜蛾（*Anticarsia gemmatalis*）NPV 制剂 Multigen 防治大豆害虫黎豆夜蛾，每公顷使用病毒制剂 20g（约含有相当于 50 头病死幼虫所产的多角体），从 20 世纪 80 年代起至 2005 年，应用面积已达 200 万 hm^2，是目前世界范围内利用一种昆虫病原体防治单一种农作物害虫面积最大的。据报道，巴西使用该病毒防治大豆害虫，每年可节省费用 1100 万美元，同时从使用该制剂起，化学农药的使用量减少了 1700 万 L，因而为巴西带来了巨大的经济、生态和社会效益。

我国利用病毒防治害虫的研究始于 20 世纪 70 年代，但发展很快。以森林害虫松毛虫的防治为例。1973 年，在广州发现马尾松毛虫 CPV，1974 年，在松林试验，将病死老龄幼虫兑水 50 倍喷雾，经 17d 松毛虫死亡率达 88%～99.1%，对照区仅为 22.2%；1975～1979 年，对在广州市郊和广东省斗门区等地严重发生松毛虫为害的松林进行较大面积的防治试验，防治效果在80%以上；1978 年在斗门区林地释放 CPV，此后多年来未见马尾松毛虫的暴发，表现出很好的持效作用。山东省利用 NPV 和 CPV 防治松毛虫，将死虫兑水 20～100 倍喷雾，也明显降低了虫口密度。

我国应用 NPV 防治蔬菜、棉花、豆类上的斜纹夜蛾也有很好的效果。从 1987 年开始，在湖北武汉、广东从化、湖南长沙、广西梧州等地应用斜纹夜蛾 NPV 杀虫剂防治豇豆、芋头、甘蓝、大白菜、花菜、花生、莲藕等不同作物上的斜纹夜蛾，单用 9×10^{11} PIB/hm^2、4.5×10^{11} PIB/hm^2 和 1.5×10^{11} PIB/hm^2 的浓度，其 7～9d 的平均防治效果分别为 89.4%、75%和 50%。

我国第一个商品化的病毒杀虫剂是中国科学院武汉病毒研究所于 1993 年正式登记的棉铃虫 NPV，该杀虫剂问世后，在十几个生产厂家进行生产，2012 年的总产量为 968t，应用面积达 60 万 hm^2，防治效果达 85%～92%，是世界上病毒杀虫剂应用的成功范例，创造了良好的生态效益和经济效益。截至 2020 年，我国已登记注册的昆虫病毒杀虫剂达 11 种，包括棉铃虫 NPV、甘蓝夜蛾 NPV、斜纹夜蛾 NPV、甜菜夜蛾 NPV、松毛虫 CPV、小菜蛾 GV、菜青虫 GV、苜蓿银纹夜蛾 NPV、黏虫 GV、稻纵卷叶螟 GV 和茶尺蠖 NPV 等。

需要指出的是，对利用昆虫病毒防治害虫效果的评价，不能像化学杀虫剂那样单看当代害虫的死亡率，而应该对其短期效果和长期效果做出正确的评估；利用病毒或病毒杀虫剂防治害虫的策略与方法，也应与应用化学杀虫剂有别。研究显示，昆虫病毒具有较高的经卵传播的潜力，常规方法施用病毒杀虫剂或释放带毒昆虫后，病原可在昆虫种群间自行传播，同时借助其他昆虫或寄生物和捕食者进行机械传播。加拿大的研究发现，寄生菜青虫的黄绒茧蜂能在寄主种群中传播 GV；丹麦用黄地老虎 GV 防治该虫在胡萝卜和马铃薯上为害，效果很好，GV 又能通过存活寄主从当年传代到次年，并且向周边扩散。美国的研究发现，在甘蓝幼苗移植时，以粉纹夜蛾 NPV 污染幼苗，能在整个生长季节维持较高病毒浓度并向周围传播，84d 后未处理区的植株上粉纹夜蛾幼虫死亡率竟高达 89%。利用病毒防治害虫，除短期的防治作用外，通过多次使用甚至有时一次使用之后，都有可能使病毒长期存在于农、林生态系统中，作为一类被引入的生态因子而起调节害虫种群密度的作用。此外，由于昆虫病毒一般不伤害天敌，病毒防治区内的生物多样性得以保护，天敌的种类和数量都会比化学防治区丰富和稳定，这有利于对害虫种群的控制。

在大田害虫防治策略中，任何一种单一的防治措施都有它的局限性，利用昆虫病毒防治害虫也不例外。由于病毒感染的潜伏期较长，一般从感染到致死需 7～14d 或更长时间；又由于病毒对寄主的专一性较强，杀虫谱较窄，对短期作物上的害虫，尤其在几种害虫同时发生时应用，则效果就往往不理想。因此，在害虫综合治理中，病毒防治应与其他杀虫微生物制剂、植物源杀虫剂、天敌昆虫、高效低毒化学杀虫剂及其他防治措施交叉协调应用，才能达到更有效地控制害虫的目的。

四、影响病毒防治害虫效果的环境因素

（一）温度

如前所述，在一定温度条件下经过一定时间可使病毒失活。但自然环境下这种温度实属罕见，因此，不少研究者认为，田间温度不是影响病毒毒力的主导因素。相反，凡能影响寄主昆虫生物学的因子均能或多或少地影响昆虫对病毒的易感性，甚至极端温度可视为昆虫病

毒病的激发因素之一。温度可影响发病潜伏期的长短，NPV 和 CPV 等的传播适温约为 25℃，如将温度从 15℃提高到 32℃，可使美洲棉铃虫 NPV 对该虫的半致死时间（LT_{50}）从 9d 减少到 2～3d，LT_{80} 从 29d 减少到 11d。美国天幕毛虫在其停育的末期，如显著降温，可使潜伏状态的感染转变为活动状态，但在幼虫孵化时或全部停育状态下，降温不能使易感性增加。研究较低温度下昆虫对病毒的易感性有助于解决温带气候地区利用病毒防治害虫的问题。挪威的研究发现，欧洲松叶蜂幼虫在同一发育阶段因 NPV 而引起的致死率不受温度影响。降低温度能延长昆虫各发育阶段的过程，可影响 LT_{50} 的长短，如温度由 24℃变为 12℃，幼虫期延长 1 倍，而 LT_{50} 可延长 4 倍，但降温也可延缓叶片受害的速度。由此认为在冷凉地带应用病毒防治害虫也是可能的。

（二）光照

日光特别是紫外线对病毒的致病力影响较大。室内试验条件下，距紫外线源 5cm，5min 内可使实夜蛾属（*Heliothis*）的 NPV 全部失活，2h 内可使粉纹夜蛾的 NPV 全部失效。在田间条件下，特别是用飞机喷洒病毒悬液的情况下，日光照射能影响制剂的效果。田间 GV 制剂在日光暴晒的甘蓝叶面经 12～19h 全部失效。干燥的、未经提纯的大菜粉蝶的 GV 悬浮液比潮湿的、纯化的制剂对光的反应较为稳定，2900～3300Å 的紫外线使其失效的作用很弱，有作用的波长以 2500～2800Å 为主。病毒制剂在不同的作物上因日光而失效的程度不一，如棉铃虫 NPV 在棉叶上表面活力保持仅约 2d，在玉米穗丝上 24h 后活力丧失一半，而番茄与大豆具较粗糙叶表，能使病毒持效时间较长。在制剂中加用紫外线保护剂或其他可延长滞留的辅剂有助于增效。

（三）pH 和土壤

病毒的活性与其所处环境的 pH 有关。NPV 在中性缓冲液中比较稳定，而偏酸或偏碱的环境都会使病毒逐渐降低活性。例如，实夜蛾属的 NPV 在 pH 为 2 或 12 的缓冲液中处理 30min～24h 活性大减，但在 pH 为 5、7 或 9 时不受影响。有包含体的病毒在土壤中有相当高的稳定性，如粉纹夜蛾的 NPV 在土壤内可保持活性达 5 年之久，不受雨水冲刷的影响，也不受正常 pH 和微生物分解作用的影响。因此，土壤可成为这类病毒的贮藏处，并可污染作物叶面，引起害虫种群内病毒病的流行。保持在土壤中的 GV 颗粒体对蔬菜区害虫病毒病的发生和流行能起显著的作用，在土壤耕作时，或是随着雨滴，或是凭借风力，将颗粒体带到菜叶的下表面，被害虫取食而致病。

五、安全性

到目前为止，用作生物防治的昆虫病毒，由于对寄主的专一性强，因此对人、畜、植物和环境是无害的。尤其是杆状病毒，寄主范围只限于无脊椎的昆虫，国内外均已做了大量的安全试验，证实其作为一种生物杀虫剂应用是安全的。但对于一些虽能使昆虫致病而未确定寄主范围的病毒，尤其是那些小 RNA 病毒，则需要特别慎重。近年来通过基因工程途径进行遗传改良的重组杆状病毒，包括基因组中含有外源基因的重组病毒，尽管在理论上是安全的，但在田间释放前，必须充分考虑和评估它对人类和环境的安全性，严格遵守国家有关法规，经过法定部门严格的安全评估和批准后才能在环境中释放。

六、昆虫病原病毒在害虫防治应用中存在的问题

在害虫防治实践中，任何单一的杀虫微生物其作用都是有限的，昆虫病毒只是害虫重要的病原性天敌之一。虽然昆虫病毒作为杀虫剂有它的优点和缺点，但作为持续控制害虫的一种生物因子，其作用是难以代替的。尽管大量自然存在的 NPV 已有不少用于田间防治害虫试验，但估计世界范围内杀虫剂总销量中生物制剂仅占约 1%，其中 NPV 仅占 0.2%。除病毒本身作用的局限性外，没有充分发挥其优势也是重要的原因。未来对昆虫病毒的利用，还需进行更深入的研究，需要解决的问题如下所述。

1）针对 *Bt* 和其他微生物制剂效果不佳的防治对象，如许多夜蛾科害虫和抗性害虫，筛选和研制更加高效的昆虫病毒制剂。

2）研究应用策略和方法，充分发挥病毒可以水平传播也可以垂直传播的特点和优势。例如，定期在田间（林间）释放病虫，让病毒保持一定水平的数量并自然传播，造就病毒病疫区，达到以预防为主，控制目标害虫暴发的目的。总之，不能像施用化学杀虫剂那样利用昆虫病毒。

3）结合田间施肥，添加病毒诱导物，以促使潜伏病毒的暴发流行。

4）建立昆虫—昆虫病毒系统模型，用以监测、监控病毒及病毒病的发生动态，并纳入农业措施的控害效应。通过模拟系统，定量和准确地评价疾病流行的主要因子，寻找各种农业措施与昆虫病毒协同调控害虫种群的技术，指导病毒制剂的应用，使其发挥尽可能大的作用。

思考题

1．昆虫病毒病与昆虫的其他疾病有何不同？

2．昆虫病毒在生物防治中的作用特点是什么？

3．昆虫病毒杀虫剂有哪些缺点？如何克服？

4．生产昆虫病毒有哪些主要方法？

5．如何科学、合理地应用昆虫病毒防治害虫？

主要参考文献

陈其津，庞义，梁东瑞．1998．昆虫病毒［M］//包建中，古德祥．中国生物防治．太原：山西科学技术出版社．

洪健，周雪平．2006．ICTV 第八次报告的最新病毒分类系统［J］．中国病毒学，21（1）：84-96．

吕鸿声．1982．昆虫病毒与昆虫病毒病［M］．北京：科学出版社．

庞义．1994．昆虫病毒病［M］//蒲蛰龙．昆虫病理学．广州：广东科技出版社．

庞义，胡志红，杨凯．2001．重组杆状病毒［M］//黄大昉．农业微生物基因工程．北京：科学出版社．

Arthurs S, Dara S K. 2019. Microbial biopesticides for invertebrate pests and their markets in the United States [J]. Journal of Invertebrate Pathology, 165: 13-21.

Corsaro B G, Gijzen M R, Wang P, et al. 1993. Baculovirus enhancing proteins as determinants of viral pathogenesis// Beckage N, Thompson S N, Federici B A.Parasites and Pathogens of Insects. New York: Academic Press.

Fauquet C M, Mayo M A, Maniloff J, et al. 2005. Virus Taxonomy. Ⅷth Report of the International Committee on Taxonomy of Viruses [M]. San Diego: Elsevier Academic Press.

Granados R R. 1980. Infectivity and mode of action of baculoviruses [J]. Biotechnology and Bioengineering, 22: 1377-1405.

Harish S, Murugan M, Kannan M, et al. 2021. Entomopathogenic viruses [M]//Omkar. Microbial Approaches for Insect Pest Management. Singapore: Springer.

Smith K M. 1967. Insect Virology [M]. New York & London: Academic Press.

Szewczyk B, Hoyos-Carvajal L, Paluszek M, et al. 2006. Baculoviruses--re-emerging biopesticides [J]. Biotechnology Advances, 24: 143-160.

Williams T, Bergoin M, van Oers M M. 2017. Diversity of large DNA viruses of invertebrates [J]. Journal of Invertebrate Pathology, 47: 4-22.

第九章

昆虫病原线虫

斯氏线虫和异小杆线虫是重要的昆虫病原线虫，它们分别与嗜线虫致病杆菌和发光杆菌互惠共生，并产生毒性因子致死昆虫。昆虫病原线虫具有寄主范围广泛、主动搜寻寄主、对人畜和环境安全、易于大量培养、使用方便等特点，已成为国际上新型的生物杀虫剂，广泛用于农林卫生等领域的害虫防治。本章在阐述昆虫病原线虫的生物学特性及其与共生细菌的关系、分类与资源概况等的基础上，重点介绍了主要病原线虫的产业化生产技术和防治害虫的应用情况。

斯氏线虫科（Steinernematidae）斯氏线虫属（*Steinernema*）和异小杆线虫科（Heterorhabditidae）异小杆线虫属（*Heterorhabditis*）是昆虫病原线虫（entomopathogenic nematode，EPN），作为新型的生物杀虫剂已广泛应用于多种害虫的生物防治，具有替代一些化学杀虫剂的潜力。昆虫病原线虫具有广泛的寄主范围，对寄主特别是土栖性及钻蛀性害虫具主动搜寻能力，对人畜、环境安全，在大多数工业化国家可以豁免注册使用，具有易于大量培养、使用方便、在环境中可循环利用、可与多种化学和生物杀虫剂混用等优点。全球有超过 60 个国家的 100 多个实验室在研究此类有益生物，昆虫病原线虫已在亚洲、欧洲及北美洲等进行商业化生产，在我国也已经商业化生产和销售，并应用于防治多种农林、草地、花卉及卫生害虫。

第一节　概　　述

昆虫病原线虫是具有生物防治价值的生物资源。斯氏线虫和异小杆线虫分别与肠杆菌科（Enterobacteriaceae）的致病杆菌属（*Xenorhabdus*）和发光杆菌属（*Photorhabdus*）细菌互惠共生，作为昆虫的“蛔虫”与其体内专化性携带的共生细菌一起致死昆虫寄主。

一、昆虫病原线虫的生物学特性

昆虫病原线虫的一生可分为卵、幼虫和成虫 3 个阶段。幼虫有 4 个龄期，经 4 次蜕皮后长成成虫（图 9-1）。当寄主体内线虫密度高和营养匮乏时，3 龄幼虫会在信息物质控制下形成感染期幼虫（infective juvenile，IJ）[或称耐受态幼虫（dauer juvenile，DJ）]，此虫态不取食，体外包裹着已经蜕去的 2 龄幼虫的表皮（也称外鞘），对外界不良环境的耐受能力强，肠腔内携带共生细菌，是昆虫病原线虫生活史中具有侵染能力并可自由生活于寄主体外的唯一虫态。

感染期幼虫随寄主食物或从昆虫的自然开口（如肛门、气孔）、节间膜进入寄主昆虫后，在昆虫血腔中释放共生细菌，共生细菌分泌毒素破坏昆虫的生理防御机能，使昆虫患败血症在 24～48h 内死亡，同时产生抑菌物质抑制其他杂菌的生长，产生胞外酶等分解昆虫尸体，为线虫的生长、发育、繁殖提供营养和理想的环境。感染期幼虫则脱去外鞘，恢复取食虫态，取食共生细菌和被分解的寄主组织，并经 4 龄幼虫发育至成虫。卵产在母体内并在母体内孵化，在感染期幼虫形成之前，幼虫取食母体组织，该过程称为噬母过程（endotokia matricida），母体组织的利用有利于将昆虫营养转化为感染期幼虫的生物量。

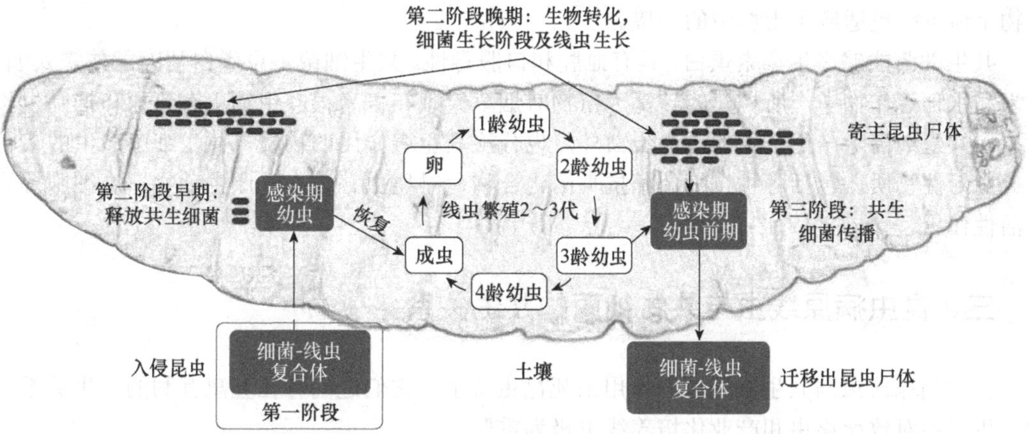

彩图

图 9-1　昆虫病原线虫-共生细菌在寄主昆虫体内的生活史（**Cortés-Martínez and Hernández，2020**）

斯氏线虫除 *Steinernema hermaphroditum* 外，全部世代均营两性生殖，即感染期幼虫侵入寄主后发育到成虫，成虫雌雄异体；异小杆线虫的感染期幼虫侵染寄主后发育的第 1 代成虫为雌雄同体的个体，即每个个体中均有雌性和雄性繁殖器官，而在随后的世代中可产生雌性、雄性和雌雄同体的个体。

二、共生细菌的生物学特性

共生细菌致病杆菌属（*Xenorhabdus*）和发光杆菌属（*Photorhabdus*）细菌隶属肠杆菌科（Enterobacteriaceae）。呈杆状，无芽孢，革兰氏阴性菌，均为兼性厌氧菌，硝酸还原酶阴性。嗜线虫致病杆菌属细菌过氧化氢酶反应阴性，发光杆菌属细菌过氧化氢酶反应阳性。共生细菌的最适生长温度多数为28℃，一些细菌可在37～40℃条件下生长。

型变（phase variation）是共生细菌重要的生物学特性。根据共生细菌在指示培养基上的菌落形态及吸收染料的能力，将其分为初生型（Ⅰ型）和次生型（Ⅱ型）。初生型菌体呈多态性，大小长短不一，大量菌体含空泡状内含物；而次生型菌体一般粗长，比较整齐，相互分离。初生型菌能吸收染料，分泌蛋白酶和脂酶，产生胞内晶体蛋白，产生抑菌物质，产生色素及荧光素（荧光素只对发光杆菌而言），次生型菌则不具备这些特征或仅有少数菌呈现个别特征。嗜线虫致病杆菌（*Xenorhabdus nematophilus*）F1 菌株的初生型菌具有鞭毛，在固体培养基上能够群游，而次生型菌则不具备鞭毛（图 9-2）。感染期幼虫携带的是初生型菌，初生型菌能够在昆虫寄主体内为线虫提供更好的繁殖条件，能够产生抗生素抑制其他微生物在昆虫尸体内的增殖以减少其他微生物对营养的竞争。线虫于初生型菌中培养时，其产量明显高于在

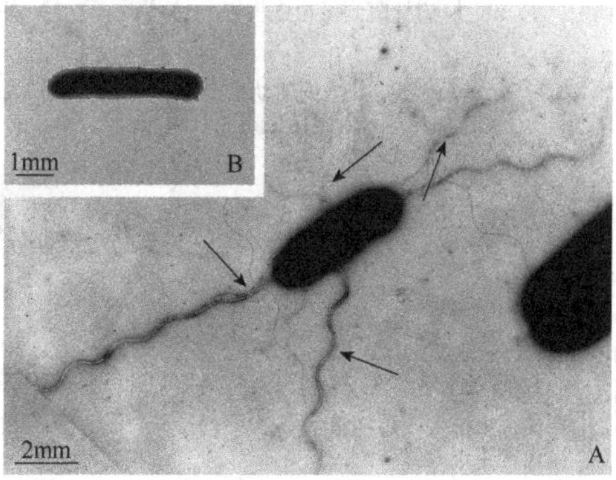

图 9-2　嗜线虫致病杆菌 **F1** 初生型菌与次生型菌在琼脂上群游的形态（**Givaudan et al.，1995**）

A．初生型菌（箭头所指部位为鞭毛）；

B．次生型菌（无鞭毛）

次生型菌中培养的。初生型菌在离体培养时易发生形态变异，转变为稳定的次生型。在饥饿状态下，次生型菌比初生型菌能更迅速地对营养进行吸收和转化，推测次生型菌作为自由生活的生物个体可能更适应于土壤中的环境。

共生细菌能够产生毒素蛋白，具有血腔和口服毒性。共生细菌杀虫蛋白基因已被转入烟草、玉米和水稻等作物中，所构建的转基因植物对烟草天蛾和玉米根叶甲幼虫有致死和抑制生长的效果。共生细菌除产生杀虫的毒素蛋白外，也分泌具驱避作用的物质。共生细菌产生的多种次级代谢活性物质，包括各种抗细菌和抗真菌化合物，对昆虫、线虫、原生动物、癌细胞等均具有活性作用。

三、昆虫病原线虫与共生细菌的共生关系

昆虫病原线虫与共生细菌共同作用杀死昆虫寄主，它们之间存在互惠互利的共生关系。这种共生关系对致死昆虫和产业化培养线虫极为重要。

昆虫病原线虫与共生细菌复合体在寄主昆虫体内的互作关系见图 9-3。共生复合体的生活史分为几个阶段：①线虫在寄主间传输共生细菌，保护共生细菌不受土壤环境的影响，并在抵御寄主防御系统时保护共生细菌；②感染期幼虫携带共生细菌侵染寄主昆虫后，将共生细菌释放到昆虫的血腔中；③共生细菌在昆虫血腔内繁殖产生毒素，在 24～48h 内致死寄主昆虫，产生次级代谢产物保护昆虫尸体免受土壤腐生菌和食腐动物的侵害；④线虫取食共生细菌转化的营养物质及共生细菌，在寄主体内发育繁殖；⑤在寄主体内繁殖 2～3 代后，由于营养耗尽，感染期幼虫形成，并与共生细菌重新组合成复合体；⑥昆虫病原线虫-共生细菌复合体离开寄主昆虫回到土壤中寻找新的寄主。

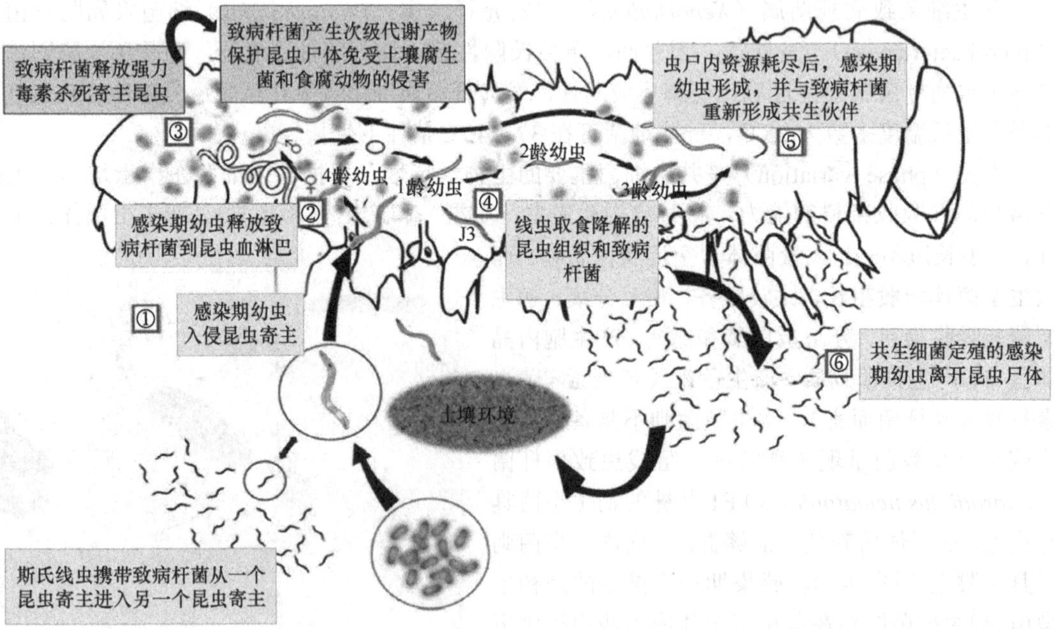

彩图

图 9-3　寄主昆虫体内昆虫病原线虫 *Steinernema* 与共生细菌 *Xenorhabdus* 的互作关系（Stock，2019）

昆虫病原线虫与共生细菌的共生具有专化性，共生细菌依靠线虫分泌毒性因子来协助抑

制昆虫的抗菌免疫系统，线虫则需要共生细菌来满足其营养需要和对昆虫的致病力。异小杆线虫需要专化性共生细菌致死寄主昆虫并支持其繁殖，而斯氏线虫对专化性共生细菌依赖性不同，但通常在专化性共生细菌的支持下繁殖最好。昆虫病原线虫与共生细菌的专化性是线虫大量培养、线虫应用和线虫-细菌共生机制研究的热点，对这类生物杀虫剂的产业化培养意义重大。

四、感染期幼虫的行为

昆虫病原线虫感染期幼虫前端具有一对用于探测寄主的化感器和适合寻找寄主的形态结构，善于主动寻找寄主。感染期幼虫寻找寄主包括相互配合的4个过程：扩散、寄主寻找、寄主识别和寄主侵染。

感染期幼虫的扩散能力决定其感染寄主的效果。不同种类和品系线虫的扩散行为和能力不同，即使同批线虫也存在个体差异。昆虫病原线虫在施用后以水平或垂直方式扩散，斯氏线虫的垂直扩散能力较强，比较适合寻找附近的昆虫寄主；而异小杆线虫的水平扩散能力较强，比较适合寻找远距离的昆虫寄主。昆虫病原线虫感染期幼虫寻找寄主的方式有潜伏型（ambush）、攻击型（cruise）及中间型（intermediate）。潜伏型线虫的代表是个头较小的小卷蛾斯氏线虫（*S. carpocapsae*）、蝼蛄斯氏线虫（*S. scapterisci*）和 *S. siamkayai*，其感染期幼虫扩散能力弱，有独特的跳跃和站立行为，适于感染活动能力强的寄主；攻击型线虫包括异小杆线虫及体型稍大的格氏线虫（*S. glaseri*）和长尾斯氏线虫（*S. longicaudum*）等斯氏线虫，其感染期幼虫对寄主的气味有强烈的反应，能积极扩散，无站立行为，善于寻找静止的寄主；中间型线虫的体型居中，只有短时间站立行为，可侵染活动能力强和相对静止的寄主。感染期幼虫靠化感器与昆虫的分泌物、表皮及肠道内容物接触进行寄主识别。昆虫病原线虫能够识别已被同种线虫感染的寄主，被寄主的分泌物所排斥，从而防止大量线虫聚集在同一寄主体内出现竞争，有利于线虫的生存。一旦感染期幼虫找到合适的寄主，便通过寄主昆虫的自然开口（如口腔、肛门、气门）或节间膜进入寄主体内，侵入寄主血腔，在寄主体内完成世代交替。

五、昆虫病原线虫的分类及资源概况

（一）分类方法

昆虫病原线虫的分类是基于形态学、分子生物学、系统进化关系分析和杂交的方法。用形态学方法可观察感染期幼虫和第1代、第2代成虫身体及各器官的形态特征，并测量其大小，获得相关数据与已命名种进行比较；分子生物学方法是基于核糖体 28S 亚基和转录间隔区[internal transcribed spacer（ITS），包括完整的ITS1、ITS2、5.8S rDNA 和 18S 及 28S 的部分序列]两个片段的 DNA 序列，与已命名种的相应序列进行比对，再通过进化树的构建分析各线虫种之间的进化关系。杂交则将线虫与邻近种进行杂交，如因为生殖隔离不能产生后代，则可确定为新种。

（二）资源概况

昆虫病原线虫广泛分布于世界各地，可以从湖泊河边、农业用地、森林、灌木丛、草场、湿地、滨海土壤甚至沙漠中分离得到。目前已鉴定并命名的斯氏线虫属有100种，异小杆线虫属有 24 种（表 9-1）。昆虫病原线虫能适应的土壤类型多种多样，包括砂壤土、沙地、粉砂壤土、黏土等；昆虫病原线虫能够耐受一定的 pH 变化，最适土壤 pH 在 6～8，有些线虫品种能够在 pH 小于 4 的土壤中存活；昆虫病原线虫适应的温度范围也比较广，已记录到嗜菌异小杆线虫可以在气温－30℃、土温－13℃下存活。我国幅员广阔，地理环境复杂，具有丰富的昆虫病原线虫资源，大多数昆虫病原线虫种类在我国进行的资源调查中可被发现。在我国首次分离鉴定并命名的斯氏线虫属有 17 种，异小杆线虫属有两种（表 9-1）。随着人类活动范围的不断拓展，以及对昆虫病原线虫资源系统性调查的深入，越来越多昆虫病原线虫种类被发现并鉴定，丰富的昆虫病原线虫资源是昆虫病原线虫防治害虫商业化应用的基础。

表 9-1　已知昆虫病原线虫的种类

异小杆线虫属（*Heterorhabditis*）			
H. amazonensis	*H. brevicaudis**	*H. hepialus*	*H. pakistanense*
H. argentinensis	*H. downesi*	*H. indica*	*H. safricana*
H. atacamensis	*H. floridensis*	*H. marelatus*	*H. sonorensis*
H. bacteriophora	*H. georgiana*	*H. megidis*	*H. taiwanensis*
H. baujardi	*H. gerrardi*	*H. mexicana*	*H. taysearae*
*H. beicherriana**	*H. hawaiiensis*	*H. noenieputensis*	*H. zealandica*
斯氏线虫属（*Steinernema*）			
S. abbasi	*S. colombiense*	*S. leizhouense**	*S. sandneri*
*S. aciari**	*S. costaricense*	*S. litorale*	*S. sangi*
S. affine	*S. cubanum*	*S. loci*	*S. sasonense*
S. africanum	*S. cumgarense*	*S. longicaudum**	*S. scapterisci*
*S. akhursti**	*S. diaprepesi*	*S. maqbooli*	*S. scarabaei*
S. anatoliense	*S. eapokense*	*S. masoodi*	*S. schliemanni*
S. anomali	*S. everestense*	*S. minutum*	*S. serratum*
S. apuliae	*S. fabii*	*S. monticolum*	*S. siamkayai*
S. arenarium	*S. feltiae*	*S. neocurtillae*	*S. sichuanense**
S. ashiuense	*S. glaseri*	*S. nepalense*	*S. silvaticum*
S. australe	*S. guangdongense**	*S. nguyeni*	*S. surkhetense*
S. backanense	*S. hebeiense**	*S. nyetense*	*S. tami*
*S. beddingi**	*S. hermaphroditum*	*S. oregonense*	*S. tbilisiensis*
S. bertusi	*S. huense*	*S. pakistanense*	*S. texanum*
S. bicornutum	*S. ichnusae*	*S. phyllophagae*	*S. thanhi*
S. boemarei	*S. innovationi*	*S. poinari*	*S. thermophilum*
S. borjomiensis	*S. intermedium*	*S. populi*	*S. tielingense**
S. brazilense	*S. jeffreyense*	*S. puertoricense*	*S. tophus*
S. cameroonense	*S. jollieti*	*S. pui**	*S. unicornum*
S. carpocapsae	*S. karii*	*S. puntauvense*	*S. vulcanicum*

续表

斯氏线虫属（*Steinernema*）			
*S. caudatum**	*S. khoisanae*	*S. ralatorei*	*S. websteri**
*S. ceratophorum**	*S. khuongi*	*S. rarum*	*S. weiseri*
*S. changbalens**	*S. kraussei*	*S. riobrave*	*S. xinbinense**
*S. cholashanense**	*S. kushidai*	*S. robustispiculum*	*S. xueshanense**
S. citrae	*S. lamjungense*	*S. sacchari*	*S. yirgalemense*

*表示为在我国首次分离并描述的昆虫病原线虫品种

第二节　商业化生产

国外于 20 世纪 30 年代开始培养和应用昆虫病原线虫。昆虫病原线虫早期的繁殖和培养主要依靠活体昆虫，这种方法繁殖成本高，不适宜大量生产，因此制约了昆虫病原线虫的规模应用。随着昆虫病原线虫离体培养技术的建立，大规模工厂化培养技术迅速发展，极大地活跃了昆虫病原线虫的应用研究。目前，美国、加拿大、德国、英国、瑞士、荷兰、中国、日本等国的 10 多家公司均有生产和销售昆虫病原线虫，已商品化的昆虫病原线虫种类包括嗜菌异小杆线虫（*H. bacteriophora*）、印度小杆线虫（*H. indica*）、小卷蛾斯氏线虫（*S. carpocapsae*）、夜蛾斯氏线虫（*S. feltiae*）、卡森斯氏线虫（*S. kraussei*）、格氏线虫（*S. glaseri*）和 *S.riobrave* 等。

一、昆虫病原线虫的培养方法

昆虫病原线虫的培养方法主要包括昆虫活体（*in vivo*）培养和人工饲料离体（*in vitro*）培养。昆虫病原线虫的人工饲料离体培养有固体培养和液体培养两种方法，现代化的离体培养是在单菌条件下进行的，需要靠昆虫病原线虫自身的共生细菌将培养基中的营养物质转化成昆虫病原线虫生长发育繁殖所需的成分。昆虫病原线虫的活体培养、固体培养和液体培养 3 种技术各有其优缺点和适用性。

（一）活体培养

活体培养是指以昆虫病原线虫感染敏感的活体昆虫寄主，并以感染后的昆虫作为培养基繁殖线虫的方法。大蜡螟（*Galleria mellonella*）对大部分昆虫病原线虫品种敏感，生产厂家较多，是目前最理想的昆虫病原线虫活体培养的昆虫寄主。黄粉虫（*Tenebrio molitor*）是可替代的昆虫寄主，有些昆虫病原线虫品种仅可用金龟子或者其他直翅目昆虫来培养。每条大蜡螟的产量可达（1～3.5）$\times 10^5$ IJ。

活体培养操作简单、方便，需要饲养昆虫，劳动成本高，稳定性较低，且产出量相对较低，不适用于工厂化规模，适宜于实验室小批量生产，以用于实验室内生物测定等实验，以及线虫种质资源的保存和维护。

（二）离体培养

昆虫病原线虫的工业化培养系统是通过无菌操作技术于人工培养基中加入单一共生细菌和无菌线虫完成的，即线虫的体外单菌培养（monoxenic culture）系统。根据培养基质可分为固体培养和液体培养。离体培养具有参数易控制、培养过程相对简单、易扩大生产、生产效率高等优点，显著地提高了线虫产量并降低生产成本。

1. 固体培养 最早用于昆虫病原线虫固体培养的是琼脂培养基，后来发明了将营养物质与海绵混配的三维培养基来进行昆虫病原线虫的大量培养。以海绵作为线虫培养的填充剂，使线虫的固体培养走向工厂化。目前通用的海绵培养基配方由我国科学家发明，主要包括豆粉、面粉、玉米油、酵母粉、蛋黄粉等营养成分及作为介质的海绵碎，培养的线虫从海绵培养基中清洗出来后，可以直接应用于田间试验或者配制成剂型后形成商品化的产品。每克固体培养基可生产的感染期幼虫因不同品种而有差异，数量级为 10^5～10^6。我国科学家建立的昆虫病原线虫固体培养技术已辐射转移至朝鲜、巴基斯坦、印度尼西亚、卢旺达、韩国等国家。

固体培养方法容易操作，适用于多种线虫，但需要大量人力、空间，且排放大量废物；液体培养克服了固体培养的不足，是目前工业化国家线虫产业化生产的主要方法。

2. 液体培养 昆虫病原线虫最早关于液体培养的报道是在锥形瓶中建立小卷蛾斯氏线虫的液体振荡培养，随后在发酵罐系统中培养小卷蛾斯氏线虫（*S. carpocapsae*）All 品系和嗜菌异小杆线虫（*H. bacteriophora*），1989 年报道了线虫单菌液体培养的过程。国内外不同学者对线虫液体培养系统的各项技术参数包括接种量、共生细菌培养时间、通气量及培养基组成等进行了详细的研究和优化，培养的线虫产量也得到大幅提高。用于昆虫病原线虫液体培养的培养基一般须含有碳源（葡萄糖或甘油）、多种动植物源蛋白、酵母粉及动植物源脂类。在 10L 发酵罐中培养异小杆线虫 *H. megidis* 可得到 4×10^5IJ/mL 的产量。目前，大型发酵罐已用于线虫的液体培养，液体培养体系中感染期幼虫的产量为（1～10）$\times10^5$IJ/mL。

液体培养的稳定性较好，易于实现过程控制，保证产品质量，培养时间相对较短，生产效率高，方便清洗，劳动力消耗低，但前期的资本投入高，对技术要求也较高，培养过程比较容易受污染的影响。

二、昆虫病原线虫的商业化生产技术

昆虫病原线虫的大面积田间应用要求线虫的生产走向商业化。目前固体培养与液体培养方法均用于线虫的商业化生产，两种技术在培养容器、培养基配比、培养过程、清洗过程和成本结构等方面不同，但培养过程的控制参数基本相同。一般来说，昆虫病原线虫的商业化生产过程包括共生细菌的分离制备、单菌培养系统的建立、线虫的大量培养、线虫的收获及质量检测和线虫的贮藏与剂型。

（一）共生细菌的分离制备

共生细菌的分离制备是线虫培养的第一步。共生细菌可从感染期幼虫肠腔中分离得到，也可从被线虫感染的昆虫尸体中分离纯化。所分离的共生细菌能够在常规细菌培养基中生长，为线虫的单菌培养提供基础。共生细菌种质可以保存于 15%甘油中，置于－80℃的超低温冰箱内长期保存。

共生细菌的菌株、菌型及质量影响线虫的产量。共生细菌的初生型菌能支持线虫的最优繁殖，但在体外培养时初生型菌易转为次生型菌，因此在线虫培养过程中必须控制共生细菌发生型变。昆虫病原线虫与共生细菌具有一定程度的营养专化性，即线虫一般从自身携带的共生细菌中获得最佳营养，但线虫在不同菌株中的生长率和产量不同。各菌株对不同培养基组分的转化能力不同，因此，有必要根据线虫品系和培养基组分选择最优的菌株用于线虫的繁殖。

（二）单菌培养系统的建立

建立昆虫病原线虫的单菌培养系统，需要在分离专化性共生细菌的基础上，获得无菌线虫。无菌线虫可以通过两种方法获得，第一种是用1%次氯酸钠消毒感染期幼虫，这种方法并不总能得到表面无菌的线虫，因为表面消毒有时不能杀死感染期幼虫体表的所有细菌，且容易被真菌污染。第二种方法是收集怀卵的斯氏线虫雌虫或者雌雄同体的异小杆线虫体内的卵，使用合适的消毒液表面消毒后于培养液中孵育，获得无菌的幼虫。

将消毒的感染期幼虫或者无菌幼虫接种到长好共生细菌的油脂培养基中，培养至线虫繁殖并产生下一代，建立单菌培养系统。培养在琼脂平板上的单菌线虫可直接用于线虫固体或液体的单菌大量培养。

（三）线虫的大量培养

昆虫病原线虫的大量培养是建立在单菌培养体系上的。固体大量培养所选择的培养容器不仅要求防污染还要具有通气的功能，因为细菌及线虫的生长需要氧气，同时其生长过程中产生的其他气体如CO_2、氨等需要排出。固体的培养容器包括锥形瓶和金属盒，液体培养容器主要是发酵罐。

不同品种昆虫病原线虫的大量培养对培养基、培养温度、接种量、培养时间的要求不同。培养基的选择应考虑不同线虫的营养需求、培养基来源的便利及成本。培养基成分中的脂质和蛋白质含量、水分、酵母粉、蛋黄、豆粉和盐等均会对感染期幼虫的产量产生影响。线虫的最佳培养温度依线虫种（品系）的不同而异，为19～28℃。共生细菌的初始接种量对线虫的最后产量没有明显影响，但线虫种群密度与培养基营养状态是影响感染期幼虫发育的主要因素，随着线虫密度的增加其增殖速率减慢。对某一培养基、一定时间内、同一产量范围，增殖倍数最大的接虫量将是经济有效的接虫量，应利用最小的接虫量发挥线虫最大的繁殖潜力，即确定线虫最大产量时线虫密度与营养浓度的平衡点。线虫体外培养时间与线虫种类、培养基组分、接虫量及培养温度有关，最佳的培养时间为培养基营养消耗殆尽时感染期幼虫产量最大，固体培养的周期一般为3～4周，液体培养的周期一般为2～3周。

（四）线虫的收获及质量检测

当线虫培养至最佳时间后，感染期幼虫的产量最高，其他虫态的线虫比例最小。这时应立即收获，否则感染期幼虫的死亡将导致产量下降。固体培养基中的感染期幼虫需要通过浸泡、沉淀、清洗等多次重复的步骤，将线虫从培养基的固体介质中分离出来，液体培养好的感染期幼虫可以通过发酵罐底部的排出阀进行收集、浓缩。

收获及清洗完毕后，需对线虫进行质量检测。生产应用时使用的是感染期幼虫，线虫制剂中如果含有大量其他龄期的线虫，会容易导致污染，影响感染期幼虫的活力。因此，大量培养出来的线虫应含高比例的感染期幼虫，通常感染期幼虫比例高于90%。

生物测定是检测线虫质量的有效手段。常用的供测昆虫为人工培养的大蜡螟幼虫，如果是对大蜡螟不敏感的昆虫病原线虫品种或品系如蝼蛄斯氏线虫（*S. scapterisci*），则使用该品种线虫的敏感寄主进行测定。生物测定时可以采用滤纸或细沙作为介质，按寄主数量加入一定比例的感染期幼虫，计算感染期幼虫对寄主的致死率。使用滤纸作为介质仅测定线虫穿透寄主的能力，使用细沙还可以测定线虫的活动能力（寻找寄主的能力），符合田间线虫感染寄主模式。

（五）线虫的贮藏与剂型

在昆虫病原线虫的商品化过程中，以适合的方法贮藏线虫，延长线虫有效货架时间，以便于长距离运输和在最佳时间进行田间应用，是昆虫病原线虫产业化生产的关键技术之一。昆虫病原线虫的贮藏方法很多，不同方法适应于不同的贮藏环境参数。实验室少量贮藏线虫时常采用低温浅水层法，商业大量贮藏时主要是通过一定的方式脱水使线虫进入低湿休眠（anhydrobiosis）状态，降低线虫代谢从而延长线虫贮藏时间，施用时再水化（rehydration）恢复线虫活力，包括利用海绵、活性炭或硅藻土等吸附物质进行保存，或在一定的温度下使线虫脱水进入干燥状态的保存方法。

昆虫病原线虫在贮藏过程中，针对不同的目标昆虫、应用的作物及环境，将清洗干净的感染期幼虫与一些添加剂混合，可配制成不同的剂型。添加剂包括吸附剂、吸湿剂、抗生素、抗氧化剂、黏合剂、载体物质、分散剂、湿润剂、防腐剂、助溶剂、表面活性剂、紫外线吸附剂等。依据昆虫病原线虫产品的特征可将其分为液剂、颗粒剂、水分散性颗粒剂、粉剂、胶囊、虫尸剂等。

三、昆虫病原线虫培养系统的优化管理

在昆虫病原线虫培养系统中，包括了共生细菌的制备，线虫的繁殖、收获、清洗、质量检测及保存。共生细菌的制备、线虫的繁殖是这一系统中最为关键的组分。而培养基成分、培养条件（培养温度、培养容器等）、接菌量、接虫量及培养时间是综合影响线虫产量的主要参数。因此，在线虫的产业化生产中，必须考虑不同参数之间的关系，以及它们与线虫产量、质量和培养成本的关系，将线虫的大量繁殖建立于最佳的效益之上。

线虫生产的目的是在一定时间内（培养周期）获得最大数量的感染期幼虫，这就需要确定线虫生产最高产量的最优方案，即确定影响线虫繁殖参数的最佳组合。但线虫培养又是一个动态的耗资过程，除固定资产投入、劳动力外，培养基组分（包括保藏费用）、接菌量、接线虫量及整个培养过程中培养条件的维持费（主要是温度的控制）都决定着线虫生产的成本。其中，这些费用因子间又存在着密切的联系，如培养时间的长短是与培养条件的维持费相关的。为降低线虫产品的成本，有必要选择获得最高利润的方案。利用边际方法分析确定最佳的培养条件，可得到线虫培养经济效益最高的方案。

第三节　应用和效果评价

昆虫病原线虫对害虫具有巨大的防治潜力，具有替代化学农药的应用前景，已广泛应用于多种害虫的生物防治，在害虫的生物防治中起重要作用，是害虫综合治理的主要手段之一。

一、影响昆虫病原线虫防治害虫效果的因素

昆虫病原线虫作为特定的生物类群生活于一定环境中，其存活、发育、繁殖及对寄主的侵染力都与各种环境因子有密切关系。在自然条件下，应用昆虫病原线虫防治害虫的效果除了受线虫和寄主自身性状的影响外，还会受环境中生物因素和非生物因素的影响（图 9-4）。

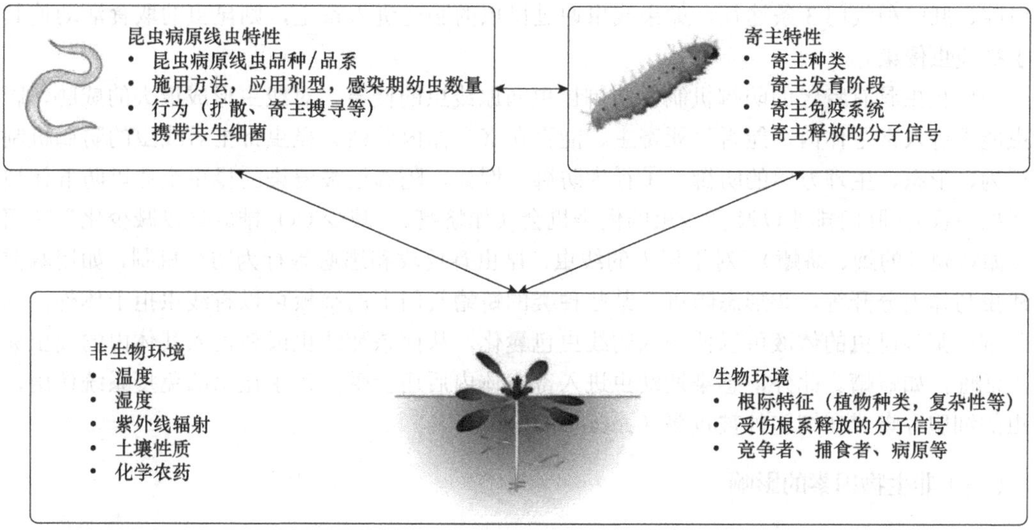

彩图

图 9-4 影响昆虫病原线虫存活和效果的因子（Labaude and Griffin，2018）

（一）昆虫病原线虫自身性状的影响

在昆虫病原线虫的应用中，选择最适宜的线虫种类或品系是获得成功防治的关键。不同种类或品系的昆虫病原线虫，其寄主范围、寻找寄主的方式、扩散能力、对寄主的侵染能力都有较大的差异，因此对相同的目标昆虫会产生不同的防治效果，同种或同品系对不同的害虫防效也不同。尽管线虫的寄生专一性不像昆虫病毒那样严格，但每种线虫的寄主范围仍然有限。一般说来，斯氏线虫属的小卷蛾斯氏线虫各品系杀虫谱较宽，但多表现为对鳞翅目幼虫毒力高；格氏斯氏线虫则对鞘翅目幼虫，尤其是蛴螬寄生致死力强；夜蛾斯氏线虫则对双翅目昆虫有较强的侵染力。

高质量的昆虫病原线虫产品是田间害虫防治成功的基础。生产方法、贮藏温度、贮藏时间、贮藏剂型、施用技术、应用剂量等均影响线虫在田间的存活力及侵染寄主的效果。感染期幼虫体内的携菌率也是线虫毒力的重要指标。因此，田间应用前，应对线虫产品进行质量控制，从种类鉴定、活虫总数、活虫与死虫的比率、与目标害虫的寻找行为是否匹配、对目标害虫的致病力、在目标害虫内的繁殖力、可储存能力、产品有无受到污染等方面进行检测。昆虫病原线虫可以使用喷雾器喷施，也可以随灌溉水灌施，但对一些钻蛀性害虫，应采用定向施用的方法来确保线虫与害虫的接触。田间应用时线虫剂量太低将难以取得良好的防治效果，而剂量过高会增加防治成本，应用时应考虑防治成本与防治效果的平衡问题，采用最适合的施用剂量以达到经济有效防治害虫的目的。

（二）寄主性状的影响

寄主种类是选择昆虫病原线虫种类的主要因素，与昆虫病原线虫的寄主范围直接相关，选用非天然寄生的昆虫病原线虫进行目标害虫的防治时，应对合适的昆虫病原线虫品种进行筛选。昆虫寄主的不同虫态和龄期对昆虫病原线虫的敏感性不同，有些昆虫的全部虫态对线虫均敏感，但各虫态的敏感度不同，有些昆虫只有幼虫或成虫对线虫敏感。线虫对不同虫态及龄期侵染力不同的原因除个体大小的差异外，与线虫进入寄主体内的不同途径也有关系。例如，线虫进入昆虫蛹体内只有通过气门一条途径，进入成虫可通过气门和肛门这两条，进入幼虫体内则可通过口腔、肛门和气门 3 条途径。如果线虫通过昆虫的肠道进入寄主，则昆虫的取食活动使其更易于被线虫侵染。

一些昆虫具有特定的防御机制以防御昆虫病原线虫的侵害，对线虫形成很大的威胁，影响线虫能否进入寄主体内、能否致死寄主、能否在寄主体内繁殖。昆虫寄主对线虫的防御机制包括行为、形态、生理方面的防御。①行为防御：例如，隔离已被侵染的昆虫个体以防群体被感染（如白蚁）；肛门排便以减少线虫的侵染机会（如蛴螬）；减少 CO_2 排放量以减少化学诱饵作用（如鳞翅目的蛹、蛴螬）。对于侵入的线虫，昆虫有反攻和逃避等行为防御机制，如用胸前足把线虫与体表分开等。②形态防御：某些种类的蛴螬气门上的筛板可以将线虫拒于体外。③生理防御：某些昆虫的体液可以使侵入的线虫包囊化，从而杀死线虫或使侵入其体内的线虫失去杀虫活性，如蛴螬。此外，感染期幼虫进入寄主体内后还会受到寄主昆虫的免疫系统作用，被昆虫的细胞吞噬或在细胞外被包裹（encapsulation）。

（三）非生物因素的影响

环境中的非生物因素如温湿度、紫外线、土壤质地及化学药剂等均可影响昆虫病原线虫对害虫的防治效果。温度会影响线虫的生长、发育、侵染、繁殖、活动和呼吸。昆虫病原线虫可在 0～40℃生活，但不同线虫的最适温度不同，耐低温的卡森斯氏线虫（*S. kraussei*）发育繁殖温度为 7～20℃，嗜高温线虫 *S. cubanum* 在 35℃仍能存活和侵染害虫。昆虫病原线虫在不适应的温度下活跃度下降，侵染能力降低。昆虫病原线虫不能忍受长时间的干燥，必须在一定的大气和土壤湿度下才能保持活动力，提高湿度可明显提高线虫防治害虫的效果。太阳辐射对昆虫病原线虫有很强的杀伤力，紫外线直接照射几分钟就能使线虫死亡。因此可以在线虫剂型中添加保湿剂和光保护剂，并在清晨或傍晚紫外线较弱、阴天或有小雨、雾或露的天气下施用线虫，增强线虫的抗干燥和抗辐射能力，以保证线虫对害虫的防控效果。

土壤的质地会影响线虫在土壤中的活动与分布。昆虫病原线虫防治害虫效果较佳的土壤环境为沙土或者砂壤土，在黏土里线虫的活动性和存活率都比在沙土或者砂壤土里低，黏土含量越高，对线虫运动的限制就越大。土壤孔径对线虫也有一定的影响，当土壤的颗粒间隙小于线虫体宽时，线虫的运动受阻，个体较大的线虫比个体小的线虫受到的限制大。线虫对土壤中 pH 的变化不大敏感，大多数农田土壤 pH 范围对线虫的感染力无显著影响。

化学杀虫剂品种对昆虫病原线虫的影响差异很大，昆虫病原线虫不同品种对化学杀虫剂的耐性也不同。氯化烃类、除虫菊酯类和昆虫生长调节剂等，对线虫比较安全；而有机磷类、氨基甲酸酯类等，可明显抑制线虫的发育和繁殖。目前常用的化学杀虫剂中，感染期幼虫除对杀线虫剂比较敏感外，对其他许多化学杀虫剂都具有较强的忍耐力。将低浓度的低毒化学杀虫剂与昆虫病原线虫共同应用于害虫的田间防控，是害虫综合治理的一个经济有效的策略。

（四）生物因素的影响

昆虫病原线虫的活力还受生物环境因素的影响。胡萝卜、葡萄、无花果、甘蔗等作物被害虫取食后，受伤的根系会释放挥发物或者混合物作为信号，吸引线虫聚合到受伤的根系附近寻找害虫寄主。植物根系不仅可以为线虫创造物理通道，使施用后的线虫更容易进入土壤中，还能与害虫取食后植物本身释放的挥发物共同作用来影响线虫的侵染行为。植株地面部分在免疫途径被激活的情况下，也能吸引土壤中的线虫聚集。

被昆虫病原线虫感染的虫尸会释放由共生细菌产生的腐食驱避因子（scavenger deterrent factor，SDF），这类物质能够驱避鸟类、鱼类、害虫的天敌及其他腐食生物，避免感染的虫尸被取食。

昆虫病原线虫的田间应用中会受到真菌、螨类及捕食性线虫等天敌的干扰，如寄生性真菌洛斯里被毛孢（*Hirsutella rhossiliensis*）和圆锥掘氏梅里霉（*Drechmeria coniospora*）、捕食性真菌椭圆单顶孢（*Monacrosporium ellipsosporum*）、巨螯螨属（*Macrochiles*）、真革螨（*Eugamasus* sp.）、缓步类的熊虫（*Macrobitotus* sp.）、单齿线虫（*Clarkus* sp.）及角咽线虫（*Actinolaimus* sp.）等。此外，当小卷蛾斯氏线虫寄生于被微孢子虫感染的鳞翅目昆虫上时，线虫也会被微孢子虫感染。

二、昆虫病原线虫在害虫防治中的应用

昆虫病原线虫除极少种类如蝼蛄斯氏线虫外，寄主范围广，能感染包括鞘翅目、双翅目、鳞翅目、异翅亚目、同翅目、膜翅目、等翅目、脉翅目、蜻蜓目和直翅目等在内的200多种昆虫及一些昆虫纲外的有害生物。虽然在实验室内进行筛选时会选用多种线虫及当地的土著线虫，但是一些商品化生产的广谱品种，如*H. bacteriophora*、*S. carpocapsae*、*S. feltiae*等，仍然是防治害虫的主要品种。昆虫病原线虫广泛应用于农、林、草地、卫生等领域害虫的防治，目前昆虫病原线虫防治害虫的主要应用见表9-2。

表 9-2　昆虫病原线虫防治的主要害虫

目标害虫	拉丁名	为害植物	线虫
		鞘翅目	
蛴螬	Scarabaeidae	草皮、观赏植物、花生	*Sgl*，*Sscar*，*Hba*，*Hze*
象鼻虫	*Sphenophorus* spp.	草皮	*Sca*，*Hba*
柑橘根象甲	*Pachnaeus* spp.	柑橘、观赏植物	*Sri*，*Hba*
蔗根非耳象	*Diaprepes abbreviatus*	柑橘、观赏植物	*Sri*，*Hba*
葡萄黑象甲	*Otiorhynchus sulcatus*	浆果、观赏植物	*Sca*，*Sgl*，*Hba*，*Hma*
草莓根象甲	*Otiorhynchus ovatus*	浆果	*Hme*
梅象甲	*Conotrachelus nenuphar*	果树	*Sri*
香蕉根颈象甲	*Cosmopolites sordidus*	香蕉	*Sca*，*Sfe*，*Sgl*
山核桃象甲	*Curculio caryae*	核桃	*Sca*
玉米根虫	*Diabrotica* spp.	蔬菜	*Sca*，*Hba*
甘薯象甲	*Cylas formicarius*	蔬菜	*Sca*，*Sfe*，*Hba*
甜菜象甲	*Temnorhinus mendicus*	甜菜	*Sca*，*Hba*
松象鼻虫	*Hylobius albietis*	林木	*Sca*，*Hdo*
跳甲	*Phyllotreta* sp.	十字花科蔬菜	*Sca*，*Hin*
		鳞翅目	
蔗扁蛾	*Opogona sachari*	观赏植物	*Sca*，*Hba*
钻蛀虫	*Synanthedon* spp.	果树、观赏植物	*Sca*，*Sfe*，*Hba*
鸢尾蠹夜蛾	*Macronoctua onusta*	鸢尾属植物	*Sca*，*Hba*
脐橙螟	*Amyelois transitella*	坚果、果树	*Sca*
梨小食心虫	*Grapholita molesta*	果树	*Sfe*

续表

目标害虫	拉丁名	为害植物	线虫
		鳞翅目	
苹果蠹蛾	*Cydia pomonella*	梨果	*Sca*
蔓越莓草螟	*Chrysoteuchia topiaria*	蔓越莓	*Sca*
葡萄蠹根透翅蛾	*Vitacea polistiformis*	葡萄	*Hze*
洋蓟羽蛾	*Platyptilia carduidactyla*	洋蓟	*Sca*
小地老虎	*Agrotis ipsilon*	草皮、蔬菜	*Sca*
夜蛾科	Noctuidae	蔬菜	*Sca*，*Sfe*，*Sri*
棉铃虫	*Helicoverpa zea*	蔬菜	*Sca*，*Sfe*，*Sri*
		双翅目	
大蚊科	Tipulidae	草皮	*Sca*
蕈蚊科	Sciaridae	蘑菇	*Sfe*，*Hba*
潜叶蛾	*Liriomyza* spp.	蔬菜、观赏植物	*Sca*，*Sfe*
岸蝇	*Scatella* spp.	观赏植物	*Sca*，*Sfe*
韭菜迟眼蕈蚊	*Bradysia odoriphaga*	韭菜	*Sfe*，*Hin*
		直翅目	
蝼蛄	*Scapteriscus* spp.	草皮	*Sca*，*Sri*，*Sscap*
		膜翅目	
麦茎蜂	*Cephus cinctus*	小麦、大麦	*Sfe*

注：*Hba*=*Heterorhabditis bacteriophora*，*Hin*=*H. indica*，*Hma*=*H. marelatus*，*Hme*=*H. megidis*，*Hze*=*H. zealandica*，*Sca*=*Steinernema carpocapsae*，*Sfe*=*S. feltiae*，*Sgl*=*S. glaseri*，*Sri*=*S. riobrave*，*Sscap*=*S. scapterisci*，*Sscar*=*S. scarabaei*

此外，通过室内测定也发现，昆虫病原线虫对埃及伊蚊、羽摇蚊、橘小实蝇、昆士兰实蝇、樱桃实蝇、樱桃果蝇、家蝇、厩螫蝇、薄荷跳甲、长蝽类、金针虫、葡萄绵粉蚧、白粉虱、小菜蛾、薄荷根蛀虫、猫栉首蚤、德国小蠊、白蚁等都有一定的致病力，但要将昆虫病原线虫直接应用于这些害虫的生物防治，还有待进一步的研究。

三、以昆虫病原线虫为主的害虫综合防控实例

将昆虫病原线虫作为主要的生物防控因子，与其他防控因子相结合，可取代完全使用化学杀虫剂的防控方法，实现对目标害虫的安全防治。以下是我国应用昆虫病原线虫防治蛴螬、韭菜迟眼蕈蚊（韭蛆）的成功例子。

（一）花生地蛴螬的防治

蛴螬是昆虫纲鞘翅目（Coleoptera）金龟子科（Scarabaeidae）幼虫的总称，为土栖性害虫中分布最广、危害最严重的一大类群，以3龄幼虫的危害最严重，取食农作物如花生、小麦、大豆、玉米、马铃薯、甘薯等的有机质及根冠，为害植物地下根茎，影响植物的正常生长，导致植物枯萎死亡。蛴螬是昆虫病原线虫首次应用于害虫防治的目标害虫，也是昆虫病原线虫应用研究最为广泛的地下害虫，已有多个商业化的昆虫病原线虫品种应用于蛴螬的防治，线虫施

用浓度≤2.5×10^9IJ/hm^2。

在我国，Guo等研究了应用昆虫病原线虫防治花生地华北大黑鳃金龟（*Holotrichia oblita*）和暗黑鳃金龟（*Holotrichia parallela*）的实用技术。在蛴螬2龄幼虫为害的花生地，将商品化的长尾斯氏线虫（*S. longicaudum*）（施用浓度 1.5×10^9IJ/hm^2）或嗜菌异小杆线虫（*H. bacteriophora*）（施用浓度 7.5×10^8IJ/hm^2）精准施用于花生植株根部表面的土壤，施用后可使蛴螬减退率达88%以上，显著提高了花生的产量。将嗜菌异小杆线虫（施用浓度7.5×10^8IJ/hm^2）与推荐使用浓度的吡虫啉共同应用于花生地防控华北大黑鳃金龟，施用70d后仍可以在花生地中收集到线虫，混合施用线虫-吡虫啉后，花生荚果受损率显著下降，花生产量比使用化学农药毒死蜱的地块增长近20%。从使用成本、花生产量和净利润看，混合使用线虫-吡虫啉防控花生蛴螬的地块，每公顷的净利润比使用化学农药毒死蜱高5000元。

（二）韭菜地韭蛆的防治

韭蛆是韭菜迟眼蕈蚊幼虫的简称，是影响韭菜生产的主要害虫。韭蛆在我国北方年发生4～6代，以春秋季造成的危害最严重，可使韭菜产量损失达60%以上。韭蛆潜伏入韭菜茎和根内，蛀食假茎和鳞茎，农户需要靠大量地使用化学杀虫剂来维持韭菜产量，导致土壤和韭菜中农药残留严重，也使韭蛆对有机磷等杀虫剂产生抗性。我国科学家对昆虫病原线虫防治韭蛆龄期、线虫最佳剂量及田间防治效果进行了研究，筛选的已商业化生产的夜蛾斯氏线虫（*S. feltiae*）和印度小杆线虫（*H. indica*）对韭蛆防控效果较好，田间施用时能持续有效地控制韭蛆的种群密度，效果比使用化学农药辛硫磷更好。基于昆虫病原线虫与化学药剂的相容性，筛选了噻虫嗪及低浓度的吡虫啉与线虫共同施用，对韭蛆的防控有增效效果。Yan等建立了将昆虫病原线虫与减量的吡虫啉混用防治韭蛆的田间应用技术，于无公害韭菜生产基地防控韭蛆，1年仅需施用2～3次线虫（每次 3×10^9IJ/hm^2）-吡虫啉混合制剂（推荐使用浓度的10倍稀释液），便能有效地对韭蛆实现全年的防控，防控效果与多次施用毒死蜱或辛硫磷的效果相当。从利润上看，虽然应用昆虫病原线虫的防治成本是化学杀虫剂使用成本的2.0～3.6倍，但由于无公害韭菜的高价值，应用昆虫病原线虫防治韭蛆的韭菜地，利润是普通韭菜的1.7～2.4倍。将昆虫病原线虫与低浓度的吡虫啉共同应用于韭蛆的防治，是有成本效益且对环境友好的防控方法，能有效地减少高毒性化学杀虫剂的使用量。

思考题

1. 昆虫病原线虫作为生物农药有哪些优点？
2. 昆虫病原线虫哪一种虫态对昆虫具有侵染能力？该虫态有何特征？
3. 昆虫病原线虫的感染期幼虫有哪些行为？
4. 昆虫病原线虫的培养方法有哪些？
5. 影响昆虫病原线虫防治害虫效果的因素有哪些？

主要参考文献

冯世鹏，韩日畴．2005．昆虫病原线虫的贮存和剂型研究进展［J］．植物保护，31（5）：20-25．
韩日畴，李秋剑，曹莉，等．2002．生物杀虫剂昆虫病原嗜菌异小杆线虫的生物反应器培养［J］．中国生物防治，18：16-19.
丘雪红，韩日畴．2007．昆虫病原线虫资源概况和分类技术进展［J］．昆虫学报，50（3）：286-296.
颜珣，郭文秀，赵国玉，等．2014．昆虫病原线虫防治地下害虫的研究进展［J］．环境昆虫学报，36（6）：1018-1024.
颜珣，韩日畴．2010．昆虫病原线虫的脱水休眠［J］．中国生物防治，36（1）：90-95.
颜珣，韩日畴．2016．生物杀虫剂-昆虫病原线虫的培养技术［J］．环境昆虫学报，38（5）：1044-1051.
Booysen E, Dicks L. 2020. Does the future of antibiotics lie in secondary metabolites produced by *Xenorhabdus* spp. ? A review [J]. Probiotics Antimicro, 12 (4): 1310-1320.
Campell J, Lewis E, Stock S, et al. 2003. Evolution of host search strategies in entomopathogenic nematodes [J]. Journal of Nematology, 335 (2): 142-145.
Ciche T A, Darby C, Ehlers R U, et al. 2006. Dangerous liaisons: the symbiosis of entomopathogenic nematodes and bacteria [J]. Biological Control, 38: 22-46.
Clarke D J. 2008. *Photorhabdus*: a model for the analysis of pathogenicity and mutualism [J]. Cell Microbiology, 10: 2159-2167.
Cortés-Martínez C, Hernández N C. 2020. Production of entomopathogenic nematodes in submerged monoxenic culture: a review [J]. Biotechnology And Bioengineering, 117 (12): 3968-3985.
Dreyer J, Malan A P, Dicks L M T. 2018. Bacteria of the genus *Xenorhabdus*, a novel source of bioactive compounds [J]. Frontiers In Microbiology, 9: 3177.
Ffrench-Constant H, Dowling A, Waterfield N R. 2006. Insecticidal toxins from *Photorhabdus* bacteria and their potential use in agriculture [J]. Toxicon, 49: 436-451.
Georgis R, Koppenhofer A M, Lacey L A, et al. 2006. Successes and failures in the use of parasitic nematodes for pest control [J]. Biological Control, 38: 103-123.
Givaudan A, Baghdiguian S, Lanois A, et al. 1995. Swarming and swimming changes conconmitant with phase variation in *Xenorhabdus nematophilus* [J]. Applied and Environmental Microbiology, 61 (4): 1408-1413.
Goodrich-Blair H, Clarke D J. 2007. Mutualism and pathogenesis in *Xenorhabdus* and *Photorhabdus*: two roads to the same destination [J]. Molelucar Microbiology, 64: 260-268.
Grewal P S, Ehlers R U, Shapiro-Ilan D I. Nematodes as Biocontrol Agents [M]. UK: CABI Publishing.
Grewal P S, Lewis E E, Gaugler R. 1997. Response of infective stage parasites (Nematoda: Steinernematidae) to volatile cues from infected hosts [J]. Journal of Chemical Ecology, 23: 503-515.
Guo W, Yan X, Zhao G, et al. 2013. Efficacy of entomopathogenic *Steinernema* and *Heterorhabditis* nematodes against white grubs (Coleoptera: Scarabaeidae) in peanut fields [J]. Journal of Economic Entomology, 106 (3): 1112-1117.
Guo W, Yan X, Zhao G, et al. 2015. Efficacy of entomopathogenic *Steinernema* and *Heterorhabditis* nematodes against *Holotrichia oblita* [J]. Journal of Pest Science, 88: 359-368.
Guo W, Yan X, Zhao G, et al. 2017. Increased efficacy of entomopathogenic nematode-insecticide combinations against *Holotrichia oblita* (Coleoptera: Scarabaeidae) [J]. Journal of Economic Entomology, 110 (1): 41-51.
Han R, Ehlers R U. 2000. Pathogenicity, development, and reproduction of *Heterorhabditis bacteriophora* and *Steinernema carpocapsae* under axenic *in vivo* conditions [J]. Journal of Invertebrate Pathology, 75: 55-58.

Han R, Ehlers R U. 2001. Effect of *Photorhabdus luminescens* phase variants on the *in vivo* and *in vitro* development and reproduction of the entomopathogenic nematodes *Heterorhabditis bacteriophora* and *Steinernema carpocapsae* [J]. FEMS Microbiology Ecology, 35: 239-247.

Johnigk S A, Ehlers R U. 1999. *Endotokia matricida* in hermaphrodites of *Heterorhabditis* spp. and the effect of the food supply [J]. Nematology, 1: 717-726.

Kaya H K, Aguillera M M, Alumai A, et al. 2006. Status of entomopathogenic nematodes and their symbiotic bacteria from selected countries or regions of the world [J]. Biological Control, 38: 134-155.

Kunkel B A, Shapiro-IIan D I, Campbell J F, et al. 2006. Effect of *Steinernema glaseri* infected host exudates on movement of conspecific infective juveniles [J]. Journal of Invertebrate Pathology, 93: 42-49.

Labaude S, Griffin C T. 2018. Transmission success of entomopathogenic nematodes used in pest control [J]. Insects, 9: 72.

Lacey L A, Grzywacz D, Shapiro-Ilan D I, et al. 2005. Insect pathogens as biological control agent: back to the future [J]. Journal of Invertebrate Pathology, 132: 1-41.

Lewis E E, Campbell J F, Griffin C, et al. 2006. Behavioral ecology of entomopathogenic nematodes [J]. Biological Control, 38: 66-79.

Ma J, Chen S, Moens M, et al. 2013. Efficacy of entomopathogenic nematodes (Rhabditida: Steinernematidae and Heterorhabditidae) against the chive gnat, *Bradysia odoriphaga* [J]. Journal of Pest Science, 86: 551- 561.

Peters A, Han R, Yan X, et al. 2017. Production of entomopathogenic nematodes[M]//Lacey LA. Microbial Control of Insect and Mite Pests: From Theory to Practice. Amsterdam: Elsevier.

Qiu X, Han R, Yan X, et al. 2009. Identification and characterization of a novel gene involved in the trans-specific nematicidal activity of *Photorhabdus luminescens* LN2 [J]. Applied and Environmental Microbiology, 75 (12): 4221-4223.

Shapiro-Ilan D I, Han R, Qiu X. 2014. Production of entomopathogenic nematodes[M]//Morales-Ramos J A, Guadalupe Rojas M, Shapiro-Ilan D I. Mass Production of Beneficial Organisms: Invertebrates and Entomopathogens. New York: Academic Press.

Smigielski A J, Akhust R J, Boemare N E. 1994. Phase variation in *Xenorhabdus nematophilus* and *Photorhabdus luminescens*: difference in respiratory activity and membrane energization [J]. Applied And Environmental Microbiology, 60 (1): 120-125.

Stock S. 2019. Partners in crime: symbiont-assisted resource acquisition in *Steinernema* entomopathogenic nematodes. Curr. Opin [J]. Insect Science, 32: 22-27.

Wu H, Gong Q, Fan K, et al. 2017. Synergistic effect of entomopathogenic nematodes and thiamethoxam in controlling *Bradysia odoriphage* Yang and Zhang (Diptera: Sciaridae) [J]. Biological Control, 111: 53-60.

Yan X, Chen G, Chen Y, et al. 2021. Virulence of *Steinernema ceratophorum* against different pest insects and their potential for *in vivo* and *in vitro* culture [J]. Journal of Nematology, 53: 1-12.

Yan X, Lin Y, Huang Z, et al. 2018. Characterization of biological and biocontrol traits of entomopathogenic nematodes promising for control of striped flea beetle (*Phyllotreta striolata*) [J]. Nematology, 20 (6): 503-518.

Yan X, Zhao G Y, Han R C. 2019. Integrated management of chive gnats (*Bradysia odoriphaga* Yang & Zhang) in chives using entomopathogenic nematodes and low-toxicity insecticides [J]. Insects, 10: 161.

第十章

昆虫原生动物

原生动物是一大类单细胞真核生物，很多都是昆虫的寄生物。作为病原的原生动物主要是经口传播或者经卵传播，一般引起昆虫的慢性病，在昆虫的体内耗尽寄主的营养和能量，破坏组织，导致寄主死亡。原生动物亚界中的变形虫、簇虫和微孢子虫对昆虫有较强的致病力，具有开发为生物防治产品的潜力。到目前为止，只有蝗虫微孢子虫被开发为生物防治产品。蝗虫微孢子虫是蝗虫等直翅目昆虫的病原，已知可以侵染144种直翅目昆虫（主要是蝗虫，包括飞蝗、沙漠蝗、黄脊竹蝗等）。蝗虫微孢子虫主要寄生在昆虫的脂肪体细胞内，进行裂殖生殖。蝗虫微孢子虫的孢子是生物防治产品的活性成分，需要利用蝗虫的活体进行繁殖。蝗虫微孢子虫具有一次应用可以多年流行的特点，因此成为蝗虫种群数量的长期控制因素。蝗虫微孢子虫已在草原、农田、林地等生态系统中应用以防治蝗虫，成为蝗虫综合治理中的重要组成部分。

第一节　概　　述

原生动物是一大类单细胞能运动的真核生物，其中很多都与昆虫存在共生或寄生关系。原生动物在寄主昆虫体内的侵染期略短于寄主昆虫的正常生命周期，导致被侵染的昆虫常常死于成熟之前。寄生的原生动物主要通过耗尽寄主昆虫的营养和能量，并破坏寄主组织，最终导致寄主死亡。此外，原生动物产生的毒素也是可能的致死原因。除个别种类外，绝大多数原生动物只能通过活体寄生繁殖，无法离体培养。原生动物的寄主专化性并不十分严格，个别种类的寄主范围广泛，因此具有开发成杀虫微生物的重要潜力。

早在20世纪初，已有很多原生动物被描述并建议用于防治害虫，但直到20世纪50年代初才开始将原生动物作为杀虫微生物进行研究。20世纪60年代中期，美国采用微孢子虫（*Nosema gasti*）防治棉铃象甲（*Anthonomus grandis*）。20世纪80年代美国成功开发出利用蝗虫微孢子虫（*N. locustae*）防治草原蝗虫的技术，并成功登记注册为第一例原生动物杀虫剂。原生动物一般引起昆虫的慢性病，因此原生动物杀虫剂多作为长期控制因素加以利用。原生动物多是经口传播或者经过卵表或卵内垂直传播，也有极少种类是通过污染寄生昆虫产卵器，在寄生过程中机械性传播。原生动物除了直接导致寄主昆虫死亡，还可以引起寄主产生亚致死状态病症，如行动迟钝、生长发育异常、食量减少、成虫产卵量下降、寿命缩短等，严重影响寄主的正常生长发育。

目前，国际原生动物学家协会进化分类学委员会将原生动物划分到原生生物界。原生动物亚界包括7个门，即肉鞭门（Sarcomastigophora）、盘卷门（Labyrinthomorpha）、顶复门（Apicomplexa）、微孢子虫门（Microspora）、囊孢子门（Ascetospora）、粘体门（Myxozoa）和纤毛门（Ciliophora）。昆虫寄生性原生动物主要分布在肉鞭门、顶复门、微孢子虫门、纤毛门和囊孢子门5个门中，其中囊孢子门和纤毛门中具有昆虫寄生性的种类很少，在开发成为杀虫微生物方面潜力不大。

肉鞭门主要包括鞭毛虫和变形虫两个类群，一般带有鞭毛或者伪足（有时二者皆有），单核，一般不形成孢子。鞭毛虫一般有 1 个或多个鞭毛，无性繁殖行纵二分裂。寄生昆虫的鞭毛虫分布在鞭毛虫纲，多属于动原目，鞭毛虫细长，具有 1 个游离的或附着在体上的鞭毛，主要侵染消化道。变形虫常为单核，无性生殖，核内有丝分裂，有线粒体，常无鞭毛。寄生昆虫的变形虫种类包括蜜蜂马氏管变形虫（*Malpighamoeba mellificae*）和蝗虫软变形虫（*Malamoeba locustae*）。蝗虫软变形虫的寄主谱广泛，因此毒力较强，具有开发成为杀虫微生物的潜力。

顶复门（也称为真孢子虫门）所有种类均为营寄生类型，而且大部分为细胞内寄生，有复杂的生活史。这个类群的原生动物其顶端具有复杂的结构，如极环（polar ring）、类锥体（conoid）、棒状体（rhoptry）、微丝（microneme）和表膜下微管（subpellicular microtubule）。多个发育时期具有孢子形态。含有线粒体，一般缺少鞭毛或纤毛。主要通过裂殖生殖，也可两性生殖。该门中的孢子纲（Sporozoea）含簇虫亚纲、球虫亚纲和焦虫亚纲，而寄生昆虫的种类大多存在于簇虫亚纲中，分为原簇虫目、真簇虫目和新簇虫目。已知约 1400 种簇虫中，90%是真簇虫。多数真簇虫是昆虫肠道内的无害共生物，但囊簇虫属（*Ascogregarina*）的某些种类是蚊类的重要寄生物，如库蚊囊簇虫（*A. culicis*）。有些新簇虫的致病力相当强，有作为微生物杀虫剂的潜力，其中新簇虫（*Mattesia grandis*）和斑皮蠹裂簇虫（*M. trogodermae*）对鞘翅目昆虫致病力强，有时感病率可达 80%。有报道用新簇虫和微孢子虫（*Glugea gasti*）的混合饵剂防治棉铃象甲（*A. grandis*）。新簇虫饵剂用于防治仓储害虫黑斑皮蠹（*Trogoderma glabrum*）；斑皮蠹裂簇虫也被用于多种仓储害虫的防治试验中。

微孢子虫门原生动物的特点是具有单细胞的孢子，孢子内含有 1～2 个核的孢原质，含有极管，不含线粒体，具有细胞核和内膜系统，在减数分裂和有丝分裂时能形成纺锤体，营细胞内寄生。已记录的有 800 种以上，多数为昆虫寄生物。目前认为可作为微生物杀虫剂的原生动物有 12 种（表 10-1）。玉米螟微孢子虫（*Nosema pyrausta*）是美国调节玉米螟种群数量的重要因素，可以通过垂直和水平传播在玉米螟种群中流行，感病率为 47%～85%，可有效控制玉米螟为害。微孢子虫（*N. heliothidis*）在美洲棉铃虫（*Heliothis zea*）自然种群中广泛流行。通过灯诱捕获的蛾类中，*N. heliothidis* 的感病率从流行季早期的 30%发展到流行季后期的 84.9%。目前只在美洲棉铃虫和烟芽夜蛾（*Heliothis virescens*）中发现这种微孢子虫。

表 10-1　部分有开发潜力的昆虫病原原生动物种类及其传播和侵染特征（改自 Brooks，1988）

原生动物种类	主要寄主	侵染时期	传播方式	侵染部位
Ascogregarina culicis	蚊科	卵囊-子孢子	经口	中肠、马氏管
Malameba locustae	蝗科	囊泡-营养体	经口	中肠、胃盲囊、马氏管
新簇虫	棉铃象甲		经口	脂肪体
斑皮蠹裂簇虫	斑皮蠹属	孢子-子孢子	经口	脂肪体
Nosema algerae	蚊科		经口	多种组织
N. fumiferanae	云杉色卷蛾		经口、经卵	中肠、系统性
N. gasti	棉铃象甲		经口、经卵	系统性疾病
蝗虫微孢子虫	蝗科	孢子-孢质	经口、经卵	脂肪体
N. pyrausta	欧洲玉米螟		经口、经卵	马氏管、生殖器、丝腺体
具褶微孢子虫	鳞翅目		经口	中肠

续表

原生动物种类	主要寄主	侵染时期	传播方式	侵染部位
讷卡变形孢虫	鳞翅目	孢子-孢质	经口	脂肪体
库蚊微孢子虫	蚊科		经口	马氏管、脂肪体等

微孢子虫（*Nosema fumiferanae*）是云杉色卷蛾（*Choristoneura fumiferana*）的重要病原微生物。该病原从母体传给子代幼虫，因发病严重导致幼虫在发育早期死亡而无法羽化为成虫。有些年份该微孢子虫病的感染率可达到 80%以上，对当地云杉色卷蛾的种群数量有显著的调控作用。苏联的研究表明，微孢子虫（*N. carpocapsae*）寄生苹果蠹蛾（*Cydia pomonella*）的感病率为 1.5%～89.3%，最高的感病率出现在越冬的 5 龄幼虫期，此时幼虫死亡率可达 58.9%。将微孢子虫（*N. fumiferanae*）以每株树 1.8×10^{11} 个孢子的施用量用于防治云杉色卷蛾 4～5 龄期幼虫，处理后 11～25d，感病率增加了 2.5 倍，且两年后处理区的叶蛾感病率仍比对照区高。在美国混用新簇虫（*Mattesia grandis*）和微孢子虫（*Glugea gasti*）防治棉铃象甲（*Anthonomus grandis*）后的感病率可达 50%～70%。用玉米螟微孢子虫处理有玉米螟（*Ostrinia nubilalis*）的植物后，可以显著降低幼虫的数量，而且每株蛀孔显著减少，处理区中的幼虫感病率为 62.1%，显著高于非处理区的感病率（1.5%）。至少有 35 种鳞翅目昆虫对微孢子虫讷卡变形孢虫（*Vairimorpha necatrix*）敏感，包括一点黏虫（*Pseudaletia unipuncta*）、美洲棉铃虫（*Heliothis zea*）、烟芽夜蛾（*H. virescens*）、苜蓿银纹夜蛾（*Autographa californica*）、粉纹夜蛾（*Trichoplusia ni*）、草地贪夜蛾（*Spodoptera frugiperda*）、甜菜夜蛾（*S. exigua*）、黄条黏虫（*S. ornithogalli*）、苜蓿绿夜蛾（*Plathypena scabra*）、大豆尺夜蛾（*Pseudoplusia includens*）和美国白蛾（*Hyphantria cunea*）等。用该病原防治粉纹夜蛾、烟芽夜蛾、美洲棉铃虫获得了一定效果，用 3.2×10^{13} 孢子/hm^2 喷施到大豆或者高粱田中，可以使 96%的美洲棉铃虫和苜蓿绿夜蛾感病。

图 10-1 蝗虫微孢子虫外部形态扫描

尽管在自然界中微孢子虫是昆虫常见的病原，但是目前作为生物农药而开发利用的种类还十分有限，已经商品化应用的只有蝗虫微孢子虫（*N. locustae*）（同物异名有 *Antonospora locustae*、*Paranosema locustae*）。因此，本章重点介绍蝗虫微孢子虫的生物学特性及其应用（图 10-1）。

第二节　蝗虫微孢子虫生物学

蝗虫微孢子虫首先由英国科学家 Canning 于 1953 年描述并命名为 *Nosema locustae*。其自然发生情况比较普遍，在很多实验室的蝗虫饲养种群（包括飞蝗和土蝗）中都有发生，在田间蝗虫的发生地区调查也发现该病原，包括美国的蒙塔纳州、明尼苏达州、北达科他州、俄勒冈州、怀俄明州、科罗拉多州、亚利桑那州等。加拿大和苏联同样有关于其田间流行的报道，但田间自然流行规模较小。Henry 在 1963～1967 年对美国爱达荷州的蝗虫微孢子虫病自然流行情况进行连续 5 年的调查，数据显示，最高侵染率为 8.7%，一般在 3%左右。

截至 2020 年，已报道有 144 种直翅目昆虫（主要是蝗虫）感染蝗虫微孢子虫。现有实验证据表明，我国至少有 16 种优势种蝗虫能够感染蝗虫微孢子虫，这为应用蝗虫微孢子虫防治蝗虫提供了基础。蝗虫微孢子虫主要是经口传播，蝗虫取食被其污染的食物后，蝗虫微孢子虫的孢子在蝗虫消化道内萌发并暴发性地突出极丝，穿过寄主肠壁细胞并到达靶组织，开始在靶细胞内繁殖。蝗虫微孢子虫主要侵染脂肪体，还可侵染围心组织、神经组织和生殖器官等。

蝗虫微孢子虫的生活史主要分为 3 个阶段（图 10-2）：裂殖体（meront）时期，早期的裂殖体是单核圆形，2.5μm×3.5μm，经过细胞减数分裂形成 4 核体，再分裂形成单核细胞，上述过程可反复多次，直到寄主细胞中为大量单核细胞充满为止；产孢体（sporont）时期，裂殖生殖之后形成的单核细胞形成了卵圆形产孢体；孢母细胞和孢子（sporoblast and spore）时期，核进一步分裂形成双核孢母细胞，孢母细胞的细胞壁变厚之后形成成熟的孢子。孢子一般呈卵圆形，双核，大小为（4～6.5）μm×（2.5～3.5）μm，较大的可达 7μm×3.53μm。孢子中含有极丝，极丝可以通过强碱或机械挤压释放出来，长度为 75～156μm。极丝在细胞内约形成 18 个螺旋着生在锚状盘上。蝗虫微孢子虫在 30℃左右的条件下，完成 1 个世代需要 13～15d。

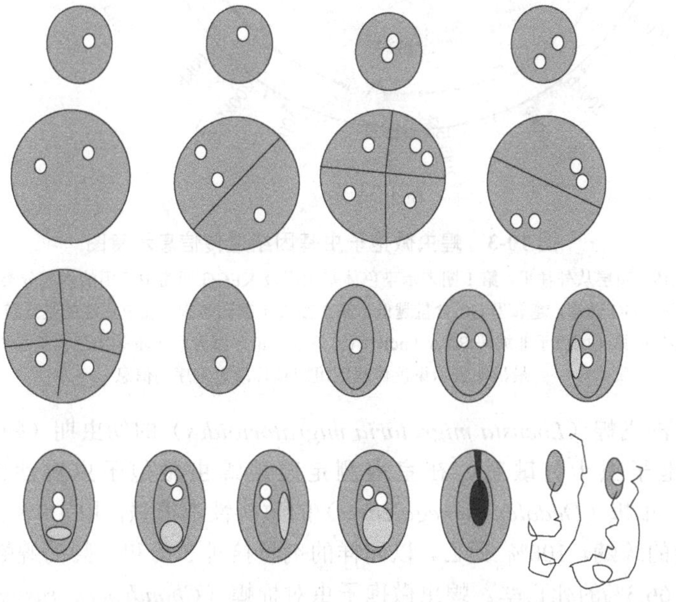

彩图

图 10-2 蝗虫微孢子虫的生活史（改自 Canning，1953）

第 1 行从左到右是单核期裂殖体正在核分裂；第 2 行从左到右是正在核分裂的裂殖体、双核裂殖体、裂殖体的不规则分裂和四核裂殖体；第 3 行从左到右分别为四核裂殖体、产孢体、未成熟的孢子、含有双核的孢子和含有液泡和双核的孢子；第 4 行从左到右前两个为含有液泡和双核的孢子，第 3 个和第 4 个为成熟孢子，第 5 个为硝酸处理的孢子显示极性被膜，最后两个为极管外翻（侵入寄主的初始过程）的孢子

尽管蝗虫微孢子虫在直翅目昆虫中寄主谱很广，但至今研究证明蝗虫微孢子虫对非直翅目昆虫，如鳞翅目、膜翅目昆虫均缺乏侵染性。有研究表明，蝗虫微孢子虫无法侵染蜜蜂（*Apis mellifera*）、小地老虎、玉米螟、家蚕、美洲蜚蠊（*Periplaneta americana*）和蜘蛛（*Butalus occidentalis*）。此外，已有大量研究证明蝗虫微孢子虫对脊椎动物十分安全。蝗虫微孢子虫对兔、豚鼠、虹鳟鱼、绿头鸭、环颈雉、大鼠、小鼠没有皮肤刺激、皮肤毒性、急性呼吸性毒性、致病性、亚急性经口及急性经口毒性和急性致病性。

近期通过全基因组测序，已获得了蝗虫微孢子虫的精细基因组图谱。蝗虫微孢子虫由 17 条染色体组成，染色体的大小为 88.763～388.82kb，17 条染色体的总大小为 3.172Mb，预测得到较为精准的基因数目为 1857 个（图 10-3）。

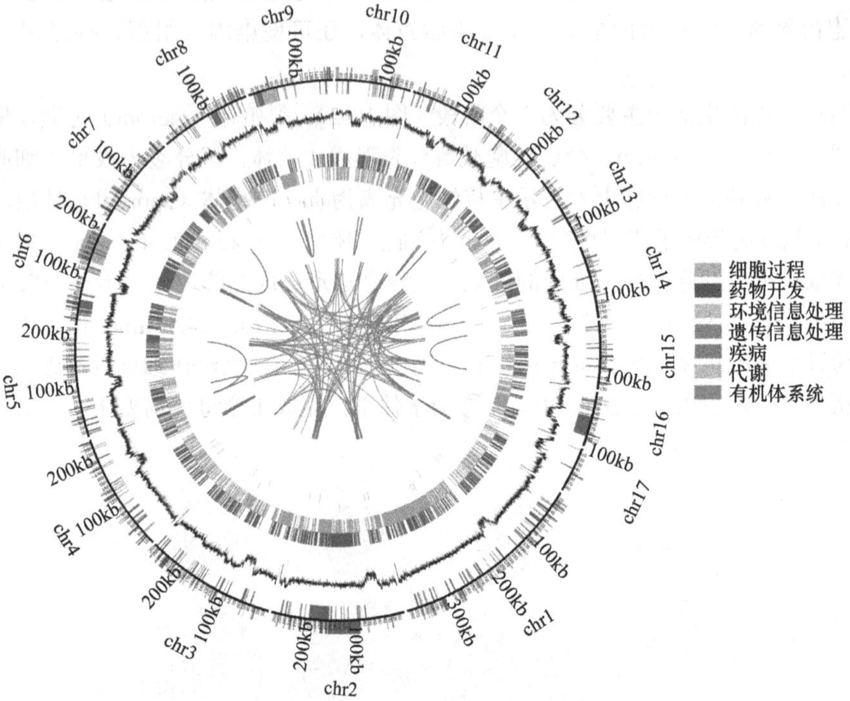

彩图

图 10-3　蝗虫微孢子虫基因组遗传信息示意图

基因组共有 17 条染色体；圈层从外往里，第 1 圈表示染色体基因组及 KEGG 通路中基因的六大分类信息，不同颜色代表不同的通路分类；第 2 圈表示 GC 含量，越靠里 GC 含量越低；第 3 圈表示编码基因（红色标注的是正链上的编码基因，绿色标注的是负链上的编码基因）；第 4 圈表示非编码 RNA（ncRNA）信息；第 5 圈表示各单条染色体基因组内长片段重复序列信息；最里圈表示染色体基因组间长片段重复序列信息

研究发现非洲飞蝗（*Locusta migratoria migratorioides*）的幼虫期（蝗蝻）与刚羽化的成虫均对蝗虫微孢子虫十分敏感。在室内测定发现蝗虫微孢子虫对沙漠蝗（*Schistocerca gregaria*）和塞小车蝗（*Oedaleus senegalensis*）的致病性都很强，用 1.0×10^7 孢子/mL 的浓度接种 1 龄和 2 龄的蝗蝻，100% 死亡，以同样的剂量接种 3 龄和 4 龄的蝗蝻，90%死亡，接种 5 龄蝗蝻，只有 66.3%的死亡率。蝗虫微孢子虫对棉蝗（*Chondracris rosea*）的致病力很强，对 1～3 龄蝗蝻致死中浓度约为 3.88×10^5 孢子/mL，4～5 龄的约为 3.98×10^6 孢子/mL。研究表明，蝗虫微孢子虫对黄脊竹蝗（*Ceracris kiangsu*）也有很强的致病力。分别用 1×10^4 孢子/mL、1×10^5 孢子/mL、1×10^6 孢子/mL、1×10^7 孢子/mL 和 1×10^8 孢子/mL 浓度的蝗虫微孢子虫接种黄脊竹蝗 1～2 龄蝗蝻导致的死亡率分别为 16.6%、32.9%、29.2%、34.0%和 83.7%。

患病蝗虫成虫的飞翔能力下降。羽化后 5～15d 的患病和健康飞蝗成虫分别用飞行磨吊飞测试 18h，结果表明健虫平均飞行的距离为 14 279m，而病虫只有 864m；健虫最大飞行距离为 72 538m，病虫为 1544m；此外，病虫最大持续飞行时间只有 0.1h，健虫为 6.7h；平均飞行速度病虫为 0.51m/s，健虫为 1.23m/s。这种飞行能力显著下降的原因可能是微孢子虫侵染蝗虫后导致飞蝗体内的糖、脂肪和甘油三酯等能量物质供应不足。患有微孢子虫病的蝗虫卵巢中的卵黄原蛋白含量为4.927mg/mL，显著低于健虫卵巢中的73.367mg/mL。这可能是导致感染蝗虫微孢子虫的雌虫产卵量下降的重要原因。

蝗虫患病过程也是微孢子虫在病虫体内数量增殖的过程，当微孢子虫数量达到相当程度时，死亡虫体成为该病进一步传播和流行的病源。蝗虫微孢子虫通过蝗虫之间的相互残杀，或者取食自然环境中病虫释放的微孢子虫所污染的食物，进行水平传播。蝗虫微孢子虫病也可以通过卵垂直传播给下一代。用蝗虫微孢子虫接种4龄沙漠蝗蝗蛹，患病成虫产生的后代也有很高的感病率，而且该病可以传播多代。

第三节　蝗虫微孢子虫的生产

蝗虫微孢子虫的生产仍然使用活蝗虫进行繁殖。美国用双带黑蝗繁殖蝗虫微孢子虫，单产量为 9.1×10^9 孢子/头蝗虫。我国用东亚飞蝗作为活体繁殖寄主，单产量为（2～3）$\times10^{10}$ 孢子/头蝗虫。光照、温度、饲养密度、接种剂量和时间等条件可以影响蝗虫微孢子虫的产量。

生产蝗虫微孢子虫的基本过程是将蝗虫饲养至一定龄期，然后将蝗虫微孢子虫的孢子悬浮液稀释到一定浓度后接种，将接种后的蝗虫饲养至30d左右，收获虫尸或活虫，之后用粉碎机粉碎，用120目筛过滤、离心、去掉上清液，调整浓度后包装，在－10℃以下保存。蝗虫微孢子虫可以加工成含有蝗虫微孢子虫孢子的饵剂、水剂、水悬浮剂等（图10-4）。目前已有多种商品化的产品用于蝗虫防治。

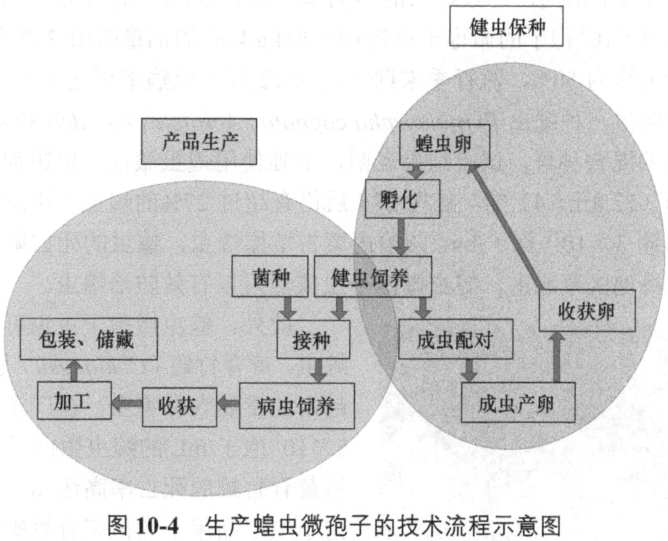

图10-4　生产蝗虫微孢子的技术流程示意图

蝗虫微孢子虫产品中，饵剂的载体是麦麸，将蝗虫微孢子虫孢子稀释到一定浓度后均匀地喷施在麦麸上，阴干后用飞机或地面喷粉机喷施。水剂可以常量或低量喷施，水悬浮剂可以采用低量或超低量地面喷雾实施。

第四节　应用蝗虫微孢子虫防治害虫的效果及其影响因素

蝗虫—蝗虫微孢子虫病—环境条件（包括生物和非生物因素）三者互作影响蝗虫微孢子虫病的流行程度和蝗虫防治效果。不同蝗虫种类表现出对蝗虫微孢子虫敏感性的差异；就同一种蝗虫而言，低虫龄蝗蝻对蝗虫微孢子虫更敏感，而高虫龄蝗蝻和成虫则敏感性稍差。蝗虫微孢子虫应用剂量是影响防治效果的最关键因素之一。一般来讲，应用剂量高则见效速度快，蝗虫死亡率高，相反则慢，死亡率低。但是如果应用剂量高则防治成本就会相应增加，另外，如果考虑把蝗虫微孢子虫作为长期控制因素引入蝗虫种群中，可用较低剂量以保持一定比例的感病活蝗虫，使蝗虫微孢子虫能够在不同代次传播，促发长期流行。在环境因素中，降水会冲洗掉喷施在叶片上的孢子，或者将撒于地面饵剂上的孢子冲掉，减少蝗虫取食的孢子量，影响防治效果；阴雨天时，蝗虫往往活动力差，其取食活动减少，摄入的蝗虫微孢子虫的孢子量减少，也会影响防治效果。在蝗虫适宜生存的温度（20～35℃）几乎不影响体外暴露的蝗虫微孢子虫的孢子活性，但是蝗虫体内蝗虫微孢子虫的繁殖速度会因温度升高而加快，导致蝗虫快速死亡。干旱天气对蝗虫微孢子虫的防治效果没有不利影响。

昆虫病原原生动物由于一般引起昆虫的慢性病，因此在防治害虫时多作为长期控制手段而纳入害虫综合治理体系中，即将蝗虫微孢子虫引入害虫所在的生态系统中，引起原生动物的流行病，将蝗虫微孢子虫作为害虫种群的长期控制因素，以实现蝗害的可持续治理。

蝗虫微孢子虫可用于农田生态系统中的蝗虫防治。在海南稻田附近，在东亚飞蝗蝗蝻处于1～3 龄期时施用剂量为 5.0×10^{10} 孢子/hm^2、9.9×10^{10} 孢子/hm^2 和 1.5×10^{11} 孢子/hm^2 蝗虫微孢子虫，处理 25d 后发现，经过蝗虫微孢子虫处理的 3 个区域的蝗虫虫口密度平均下降 70.2%、74.0%和 78.9%，而对照区的虫口密度却增长了 58.1%。

蝗虫微孢子虫可以有效防治草原蝗虫。在美国蒙大拿州，以含 1.4×10^{10} 孢子的饵剂 1.12kg/hm^2 的使用量施于田间，导致蝗虫的感病率一般在 30%，最高可达 50%。在加拿大，以含有 2.5×10^9 或者 5×10^9 孢子的微孢子虫饵剂 1.68kg/km^2 的剂量防治 3 龄草原蝗虫，4～5 周后，蝗虫的感病率大约为 50%，流行季末期（大约 12 周）感病率可达 95%～100%。在非洲，应用蝗虫微孢子虫防治三种蝗虫 *Pyrgomorpha cognata*、*Acrotylus blondeli* 和塞小车蝗（*Oedeleus senegalensis*）组成的混合种群，试验结果表明，单独使用蝗虫微孢子虫饵剂加糖，处理 3 周之后蝗虫的死亡率为（52.8±8.4）%，处理 28d 后仍有超过 27%的蝗虫感染蝗虫微孢子虫病。在我国连续两年用剂量 3×10^{10} 孢子/hm^2 防治内蒙古草原蝗虫，蝗虫的死亡率可达 60%～80%。在高原地区，如青海地区草原上，蝗虫微孢子虫依然可以有效防治蝗虫。

彩图

图 10-5　应用蝗虫微孢子虫后大量黄脊竹蝗死亡（2018 年，老挝丰沙里省）

此外，蝗虫微孢子虫也可以用于防治林地的蝗虫。黄脊竹蝗（*C. kiangsu*）是我国南方和老挝、越南的重要农林害虫。在广东竹林中喷施浓度为 5×10^7 孢子/mL 的蝗虫微孢子虫孢子悬浮液，15d 后黄脊竹蝗的死亡率高达 85.1%。我国的蝗虫微孢子虫产品用于老挝黄脊竹蝗灾害的治理中，取得了良好的效果。2018 年，在老挝丰沙里省的竹林，黄脊竹蝗 3～4 龄蝗蝻密度超过 100 头/m^2，用 2×10^7 孢子/mL 蝗虫微孢子虫水悬浮剂常量喷雾，防治后 17d 的校正死亡率近 90%（图 10-5）。

一次应用可以多年流行是蝗虫微孢子虫防治蝗虫的重要特点。1991 年和 1992 年在内蒙古草原连续两年使用剂量为 7.5×10^9 孢子/（1.5kg 饵剂·hm^2）的蝗虫微孢子虫，防治由亚洲小车蝗（*Oedaleus asiaticus*）、宽须蚁蝗（*Myrmeleotettix palpalis*）、红翅皱膝蝗（*Angaracris rhodopa*）、鼓翅皱膝蝗（*A. barabensis*）和毛足棒角蝗（*Dasyhippus barbipes*）组成的草原蝗虫混合种群，在处理后第 2 年，蝗虫混合种群的感染率为 19.8%。在 1998 年，用相同的剂量处理的一个区域，6 年后有 23%的蝗虫感染蝗虫微孢子虫病。在阿根廷，1990 年，用蝗虫微孢子虫处理草场，11 年之后调查发现在 3 种蝗虫 *Dichroplus elongatus*、*D. mac- ulipennis* 和 *Scotussa lemniscata* 的感染率分别是 2.9%、3.5%和 3.6%。同样在阿根廷，20 世纪 70 年代末～90 年代中期用蝗虫微孢子虫处理的草场，在 2020 年调查时发现蝗虫的最高感染率可达 50%。

思考题

1. 有利用潜力防治害虫的原生动物有哪几类？
2. 简述微孢子虫的主要生物学特点。
3. 以蝗虫微孢子虫为例简述微孢子虫的生活史。
4. 简述影响利用蝗虫微孢子虫防治蝗虫效果的关键因素。
5. 简述蝗虫微孢子虫孢子的生产技术流程。
6. 为什么在防治蝗虫中蝗虫微孢子虫一次应用可以多年有效？
7. 设计一个以应用蝗虫微孢子虫为主的蝗虫防治技术方案。

主要参考文献

陈瑞屏，刘清浪，黄焕华. 2002. 三种昆虫病原微生物防治黄脊竹蝗试验［J］. 昆虫天敌，24（3）：123-127.

丁晓宇，张龙. 2009. 蝗虫微孢子虫与绿僵菌协调使用对东亚飞蝗的毒力测定［J］. 北京农学院学报，24（1）：9-14.

巩爱岐，刘晓健，蒋湘，等. 2003. 蝗虫微孢子虫疾病在青海草原蝗虫种群中的传播［J］. 中国生物防治，19（3）：118-121.

刘清浪，陈瑞屏. 1996. 应用蝗虫微孢子虫防治棉蝗的初步研究［J］. 广东林业科技，（1）：30-36.

王丽英，严毓骅，董雁军，等. 1987. 蝗虫微孢子虫对东亚飞蝗及蒙、新草原蝗虫的感染试验［J］. 北京农业大学学报，（4）：459-462.

张龙. 1999. 蝗虫微孢子虫及其在蝗害治理中的作用［J］. 生物学通报，34（2）：11-12.

张龙，严毓骅. 2008. 以生物防治为主的蝗灾可持续治理新对策及其配套技术体系［J］. 中国农业大学学报，13（3）：1-6.

张龙，严毓骅，李光博，等. 1995. 蝗虫微孢子虫病对东亚飞蝗飞翔能力的影响［J］. 草地学报，（4）：324-327.

张龙，周海鹰. 1995. 蝗虫微孢子虫对雌性东亚飞蝗生殖器官侵染的初步观察［J］. 中国生物防治，（2）：93-94.

Brooks W M. 1988. *Entomogenous protozoa*[M]//Ignoffo C M. CRC Handbook of Natural Pesticides. Microbial Insecticides, Part A: Entomogenous Protozoa and Fungi. Boca Raton：CRC Press.

Canning E U. 1953. A new microsporidian, *Nosema locustae* n. sp. from the fat body of the African migratory locust , *Locusta migratoria migratorioides* (R. & F.) [J]. Parasitology, 43 (3/4): 287-290.

Canning E U. 1962a. The life cycle of *Nosema locustae* Canning in *Locusta migratoria migratorioides* (R. & F.) and its infectivity to other hosts [J]. Journal of Invertebrate Pathology, 4: 237-247.

Canning E U. 1962b. The pathogenicity of *Nosema locustae* Canning [J]. Journal of Insect Pathology, 4: 248-256.

Chen L X, Gao X K, Li R, et al. 2020. Complete genome of a unicellular parasite (*Antonospora locustae*) and transcriptional interactions with its host locust [J]. Microbial Genomics, 6 (9): mgen000421.

Henry J E. 1971. Experimental application of *Nosema locustae* for control of grasshoppers [J]. Journal of Invertebrate Pathology, 18 (3): 389-394.

Henry J E. 1972. Epizootiology of infections by *Nosema locustae* Canning (Microsporidia: Nosematidae) in grasshoppers [J]. Acrida, 1: 111.

Henry J E, Oma E A. 1981. Pest control by *Nosema locustae*, a pathogen of grasshoppers and crickets [M]// Burges H D. Microbial Control of pests and plant Diseases 1970-1980. New York: Academic Press.

Henry J E, Tiahrt K, Oma E A. 1973. Importance of timing, spore concentrations, and levels of spore carrier in applications of *Nosema locustae* (Microsporida: Nosematidae) for control of grasshoppers [J]. Journal of Invertebrate Pathology, 21 (3): 263-272.

Lange C E, Azzaro F G. 2008. New case of long-term persistence of *Paranosema locustae* (Microsporidia) in melanopline grasshoppers (Orthoptera: Acrididae: Melanoplinae) of Argentina [J]. Journal of Invertebrate Pathology, 99 (3): 357-359.

Lange C E, Mariottini Y, Plischuk S, et al. 2020. Naturalized, newly-associated microsporidium continues causing epizootics and expanding its host range [J]. Protistology, 14 (1): 32-37.

Lv M Y, Mohamed A A, Zhang L W, et al. 2016. A family of CSαβ defensins and defensin-like peptides from the migratory locust, *Locusta migratoria*, and their expression dynamics during mycosis and nosemosis [J]. PLoS One, 11 (8): e0161585.

Menapace D M, Sackett R R, Wilson W T. 1978. Adult honey bees are not susceptible to infection by *Nosema locustae* [J]. Journal of Economic Entomology, 71 (2): 304.

Raina S K, Das S, Rai M M, et al. 1995. Transovarial transmission of *Nosema locustae* (Microsporida: Nosematidae) in the migratory locust locusta migratoria migratorioides [J]. Parasitology Research, 81 (1): 38-44.

Siriphon H, Zhang L. 2018. An effective biological control method of yellow-spined bamboo locust (*Ceracris kiangsu*) has been developed in Lao PDR and Vietnam [J]. Metaleptea, 38 (3): 15-16.

Tounou A K, Kooyman C, Douro-Kpindou O K, et al. 2008. Interaction between *Paranosema locustae* and *Metarhizium anisopliae* var. *acridum*, two pathogens of the desert locust, *Schistocerca gregaria* under laboratory conditions [J]. Journal of Invertebrate Pathology, 97 (3): 203-210.

Tounou A K, Kooyman C, Douro-Kpindou O K, et al. 2011. Laboratory assessment of the potential of *Paranosema locustae*to control immature stages of *Schistocerca gregaria* and *Oedaleus senegalensis* and vertical transmission of the pathogen in host populations [J]. Biocontrol Science and Technology, 21 (5): 605-617.

Zhang L, Lecoq M. 2021. *Nosema locustae* (Protozoa, Microsporidia), a biological agent for locust and grasshopper control [J]. Agronomy, 11 (4): 711.

Zhang L, Lecoq M, Latchininsky A, et al. 2019. Locust and grasshopper management [J]. Annual Review of Entomology, 64 (1): 15-34.

第十一章

抗生素在害虫防治上的应用

抗生素是微生物在生长代谢过程中产生的一种次级代谢产物，它具有在低浓度下能选择性抑制或影响其他生物机能的作用。抗生素被广泛用于人类疾病治疗，也用于农业生产上病虫害的防治，用于农业生产的抗生素被称为农用抗生素，农用抗生素中用于害虫防治的称为杀虫抗生素。本章主要介绍杀虫抗生素的研发历史和重要的杀虫抗生素产品，并就杀虫抗生素发展进行展望。

第一节　抗生素的定义

1929 年，英国科学家亚历山大·弗莱明（Alexander Fleming）培养金黄色葡萄球菌的培养皿中污染了 1 株霉菌，霉菌菌落周围的金黄色葡萄球菌不能生长。该菌的培养液也能抑制许多细菌生长，即使稀释 1000 倍仍然有效。弗莱明依照产生菌 *Penicillium* 的名字把其中的活性成分命名为青霉素（penicillin），但没有给出抗生素的定义。

美国科学家 Waksman 是继弗莱明后另一位对抗生素研究做出杰出贡献的科学家，他是链霉素（streptomycin）的发现者，他根据自己的研究工作，提出了一整套较为系统地从微生物中寻找抗生素的方法，这为以后有目的地从微生物中筛选抗生素奠定了基础。1943 年，他首先给出抗生素（antibiotic）的定义：微生物在其代谢过程中产生的，可在低浓度下抑制其他微生物生长及活动，甚至杀死其他微生物的化学物质。

从 20 世纪 40 年代抗生素被用于临床，至 20 世纪 50 年代中期，由于只有青霉素、链霉素、四环素等少数品种在临床使用，而且它们都是抗（细）菌的，因此有学者建议将其改称为“抗菌素”。但以后又发现了具有抗肿瘤、抗虫活性的这类物质，因此认为按其原意译为“抗生素”更合适。研究微生物的学者认为抗生素的定义是：在低浓度下能选择性抑制或影响其他生物机能的微生物次级代谢产物。

对这个定义的解释有几个重点：①活性物质最初是在微生物中发现的，也就是说某种微生物可以合成这种活性物质；②这种活性物质是一种次级代谢产物；③这种活性物质在低浓度下产生作用，一般为 10～50ppm[①]；④这种活性物质对作用对象有选择性抑制作用；⑤在这种活性物质基础上改造的，也就是我们称为半合成的，以及最初在微生物中发现但现在用化学合成的也包括在内。

不同的学者在不同的学术研究领域上，对抗生素提出了不同的定义，主要的有两个。一是认为来自植物和动物的，具有同样生理活性的这类物质也应当属于抗生素，如来自植物的黄连素、蒜素，来自动物的鱼素。二是化学合成的抗感染药物也应当列为抗生素，如磺胺类抗感染药物、喹诺酮类抗感染药物。但在本节内容中，我们仅以微生物产生的次级代谢产物为例，不

① $1ppm=1\times10^{-6}$

包括植物、动物来源的和化学合成的类似物质。

抗生素除用于人类疾病治疗外，也有一些被用于农业生产，它们被称为农用抗生素。农用抗生素中用于害虫防治的称为杀虫抗生素，它们可区分为两大类：一类用于动物生产，防治动物疾病或用于饲料添加剂，如莫能菌素、越毒素、潮霉素等；另一类用于植物生产，防治植物虫害，也就是在本节中介绍的杀虫抗生素。

第二节　杀虫抗生素的研发历史

有关杀虫抗生素的研究，在20世纪50年代初就有报道，1950年，Kido等报道过抗霉素A的杀虫、杀螨作用，20世纪60年代报道的杀虫抗生素有杀蝶素等。20世纪70年代初，日本筛选出杀螨素，并于20世纪70年代末正式投产。20世纪70年代末至80年代，发现的杀虫抗生素有尼可霉素、密尔比菌素和阿维菌素等，其中阿维菌素的研制和开发取得了巨大的成功。

20世纪90年代末，又有一种新型的杀虫抗生素——多杀菌素被成功开发，它是一种新颖的大环内酯类杀虫剂，对害虫高效，对哺乳动物低毒，兼具生物农药的安全性和化学合成农药的速效性特点。它可生物降解，具有优越的低残留性能，对环境友好，对捕食性昆虫具有选择性，因而获得美国"总统绿色化学品挑战奖"。至今，多杀菌素产品标签上标明可应用于250多种作物，已经在60多个国家进行了注册登记，在全世界范围内为广大种植者所接受。2005年多杀菌素被美国FDA批准可用于储粮。

我国有关杀虫抗生素的研究起步较晚，在1970年前几乎没有关于杀虫抗生素的研究报道。最早报道的杀虫抗生素是杀蚜素，由浙江农业科学院研制，相继问世的还有浏阳霉素，由上海农药所研制；随后报道的还有上海市农业科学院植物保护研究所研制的韶关霉素，江西农业大学研制的南昌霉素和梅岭霉素等。

第三节　重要的杀虫抗生素

一、抗霉素A

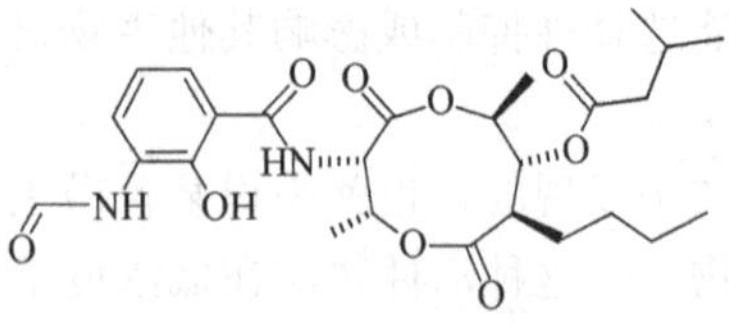

图11-1　抗霉素 A_3 结构图

抗霉素A（antimycin A）最初是作为一种抗真菌抗生素被分离出来的，可由多种链霉菌产生。抗霉素A有6种组分：A_1～A_6（图11-1），它们均为白色结晶，在酸性条件下稳定，对光和热不太稳定。

抗霉素A除对真菌有抑制作用外，对家蝇、红蜘蛛等也有良好的杀虫效果，用50～100ppm的抗霉素A防治蚜虫，死亡率可达85%～98%，用10ppm的抗霉素A处理红蜘蛛，24h内可全部杀死。

抗霉素A对哺乳动物和鱼类的毒性很高，小鼠皮下注射的 LD_{50} 为25mg/kg，对金鱼的 LC_{50} 为0.01ppm。

抗霉素A的作用机制是干扰电子传递系统，阻碍还原型辅酶Q-细胞色素c还原酶作用部位。

二、杀蝶素

杀蝶素（piericidin）是 1962 年 Saburo Tamura 从一株链霉菌（*Streptomyces mobaraensis*）的菌丝体中分离得到的，对家蚕有很强的接触毒性。

最初认为它的活性物质有两种，分别称为杀蝶素 A 和杀蝶素 B，后来发现杀蝶素是自然界中分布很广泛的一类杀虫抗生素，多种链霉菌可以产生这种结构相似的化合物，已报道其同系物有 16 种之多（图 11-2）。

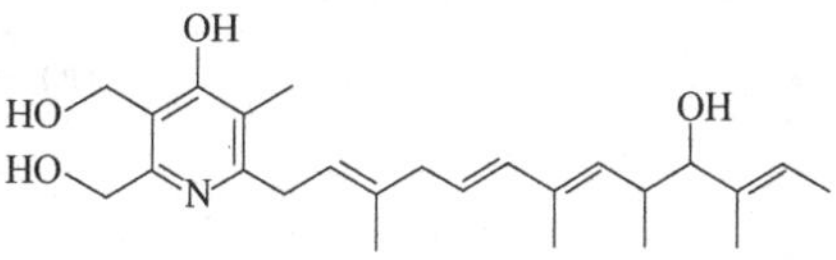

图 11-2 杀蝶素 A_1 结构图

杀蝶素的杀虫机制也是干扰电子传递，作用点在辅酶 Q 上，因为它的结构与辅酶 Q 很相似，所以可阻碍辅酶 Q 还原酶的还原。

杀蝶素对家蚕、家蝇、粉蝶、叶螨和蚜虫的作用都很强，10ppm 的杀蝶素可使棉红蜘蛛在 24h 内 100%死亡，40ppm 时对桃蚜的杀死率可达 92.2%。

杀蝶素的缺点是对脊椎动物的毒性太大，杀蝶素 A 和杀蝶素 B 对小鼠的口服急性毒性 LD_{50} 分别是 3.3mg/kg 和 5.5mg/kg，对金鱼的 LC_{50} 为 0.056ppm。

三、杀螨素

杀螨素（tetranactin）是 20 世纪 70 年代从一株金色链霉素菌中分离得到的，螨类对它十分敏感。杀螨素存在于菌体中，它的纯品为微黄色梭形结晶，结构是大环四内酯类化合物（图 11-3）。

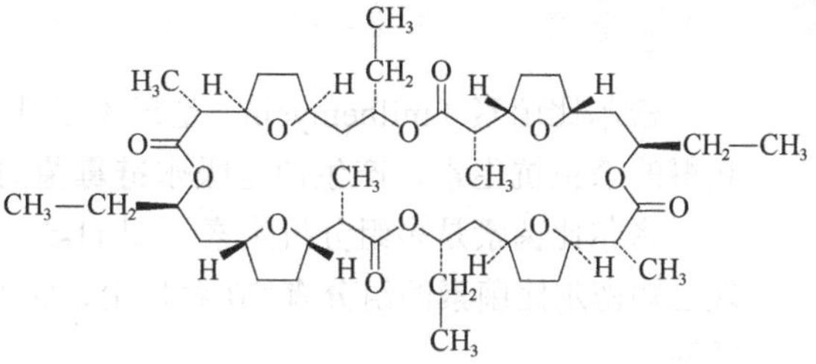

图 11-3 杀螨素结构图

与杀螨素相似的大环四内酯类化合物还有 monactin、dinactin、trinactin 和 nonactin，但 nonactin 无杀螨活性，有抗细菌和原虫活性。

杀螨素对光、热、酸、碱都很稳定，日光照射 10d，或 60℃保持 15d，pH 2～13 均不失活，易溶于醇、丙酮、乙酸乙酯等有机溶剂中，几乎不溶于水。

杀螨素的杀螨活性很高，棉红叶螨的 LC_{50} 为 4.8ppm，三点叶螨为 9.4ppm，苹果红蜘蛛为 2.2ppm。杀螨素对脊椎动物的毒性很低，小鼠口服 LD_{50} 为 1500mg/kg，对植物的毒性也很低，喷洒浓度为 1000ppm 时对幼年苹果、柑橘和茶树都不会发生药害。

杀螨素作用于动物细胞的细胞膜，使细胞膜受到损伤造成细胞内物质的泄漏，导致螨类死亡。

四、尼可霉素

尼可霉素（nikkomycin）也译为日光霉素、华光霉素，是由拜耳公司开发的一种杀虫抗生素，产生菌是链霉菌（*S. tendas*）。

尼可霉素是一种两性水溶性核苷类抗生素（图 11-4），有几种不同的组分。研究最多的是 X 组分和 Z 组分，它们均具有抗真菌和杀昆虫、螨虫活性。尼可霉素对哺乳动物和植物无害或毒性极低，在自然界中容易分解，是一种较理想的农用杀虫剂。

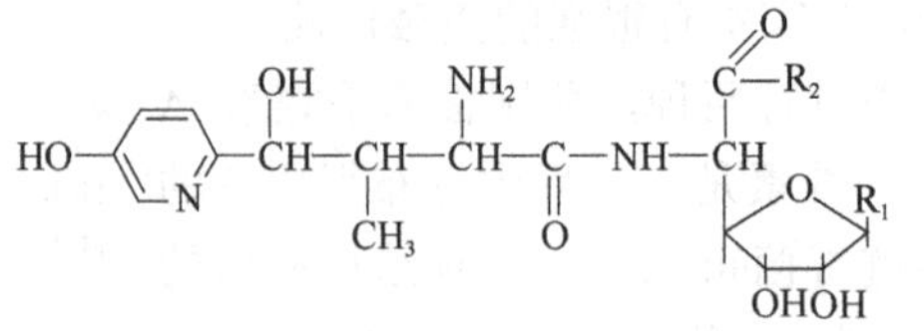

尼可霉素组分	R_1	R_2
X	A	OH
Z	B	OH
I	A	Glu
J	B	Glu

R_1：

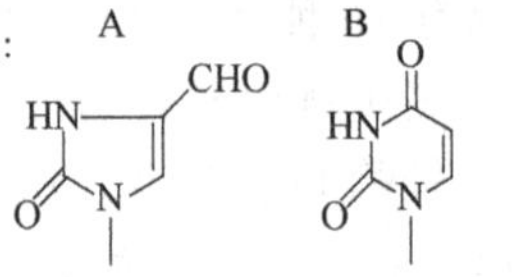

图 11-4　尼可霉素结构图

尼可霉素的作用机制是其分子结构与细胞壁中几丁质合成的前体 *N*-乙酰葡萄糖胺相似，它可以通过对细胞内几丁质合成酶的竞争性抑制作用，干扰细胞壁几丁质合成，从而抑制螨类和真菌生长，而对螨类天敌无影响。

农业生产上尼可霉素适用于苹果、柑橘、山楂叶螨，以及蔬菜、茄子、菜豆、黄瓜二点叶螨的防治，使用浓度为 20～60ppm，均匀喷雾，防效 80%以上，还可以用于防治西瓜枯萎病、韭菜灰霉病、番茄早疫病、棉苗立枯病等。

五、密尔比菌素

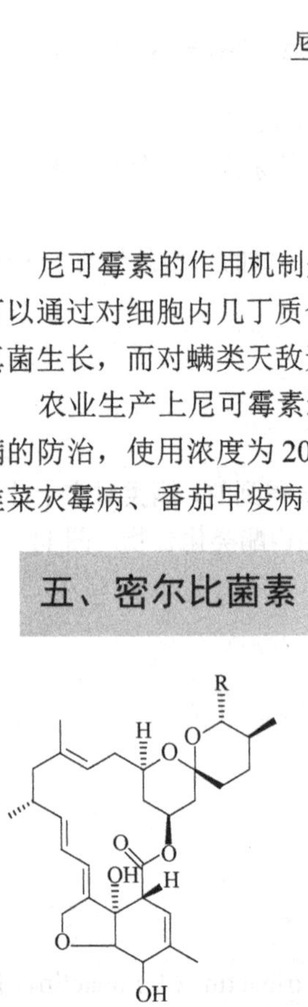

图 11-5　密尔比菌素结构图

密尔比菌素（milbemycin）是日本三共株式会社于 1974 年筛选获得的杀虫抗生素，产生菌是吸水链霉菌的一个新亚种。

密尔比菌素是多组分抗生素（图 11-5），最初报道有 13 种组分，现已知密尔比菌素的组分有 20 种以上，它们对螨类和蚜虫等有杀虫活性。

用 0.16ppm 密尔比菌素α_1、密尔比菌素α_3、密尔比菌素α_9和密尔比菌素α_{10}喷洒药液，对豆螨的致死率除密尔比菌素α_1为 98.2%以外，其余均为 100%。

六、杀蚜素

杀蚜素是浙江省农业科学院微生物研究所于 1972 年从浙江天目山竹林土壤中分离得到的一株链霉菌产生的杀虫抗生素，产生菌与浅灰链霉菌相似，但某些培养特征和生理特性又显著不同，认为是浅灰链霉菌的一个变种。

杀蚜素是我国首次报道的一种杀虫抗生素，曾广泛用于防治棉蚜、棉红蜘蛛、苹果红蜘蛛等，在有效杀蚜浓度范围内对食虫瓢虫、草蛉、食虫蜘蛛等天敌较为安全。

杀蚜素的化学结构与杀蝶素十分相似，与杀蝶素 A 基本相同，应属于杀蝶素的同系物之一。

七、韶关霉素

韶关霉素（shaoguanmycin）是上海市农业科学院植物保护研究所于 1979 年从广东韶关地区土壤中分离得到的一株链霉菌所产生的，对螨和蚜虫等有较好的杀虫作用。根据对产生菌的生物学特征鉴定，认为其是浅黄链霉菌的一个新变种。

通过对紫外线、红外线、核磁共振氢谱的分析，证明韶关霉素 A、韶关霉素 B 与杀蝶素 A_3 和杀蝶素 A_1 相同，并确证韶关霉素 A 与杀蝶素 A_3 具有相同的平面结构。

八、浏阳霉素

浏阳霉素（liuyangmycin）是上海市农药研究所开发的杀虫抗生素，产生菌为一株分离自湖南浏阳地区土壤的链霉菌，是灰色链霉菌的一个变种，定名为灰色链霉菌浏阳变种（*S. grisenius* var. *liuyangensis*）。

浏阳霉素属大环四内酯类化合物，有 5 个组分，各组分的杀螨活性基本一致，其理化性质和生物活性与杀螨素相同。纯品为无色棱状晶体，易溶于丙酮、氯仿、乙酸乙酯等有机溶剂，难溶于水。常温下稳定，阳光下暴晒 2d 分解 50%，7d 分解 100%。

浏阳霉素是一种低毒、低残留的广谱杀螨剂，可防治叶螨科、跗线螨科和瘿螨科的多种害螨，不产生抗性，可用于防治棉花、茄子、番茄、豆类、瓜类、苹果、桃树、桑树、山楂、花卉上的各种螨类，以及茶瘿螨、梨瘿螨、柑橘锈螨、枸杞锈螨等，对环境污染轻微，对天敌昆虫安全，并且对抗性螨类仍然有效。

九、南昌霉素和梅岭霉素

南昌霉素（nanchangmycin）和梅岭霉素（meilingmycin）是江西农业大学筛选出的杀虫抗生素，产生菌是一株分离自江西农大校园内油菜根际的链霉菌，该菌株孢子表面有龟甲状饰纹，与吸水链霉菌比较相似，但在形态、培养特征和所产生的抗生素生物学活性方面均不同，因此认为是一个新种，命名为南昌链霉菌（*S. nanchangensis*）。

南昌链霉菌的发酵液中含有多个活性组分，A 组分和 B 组分已获得纯品结晶，并进行了结构鉴定。A 组分结晶证实为一聚醚类抗生素，被命名为南昌霉素。对鸡球虫病有很好的防疗效果，效果与莫能菌素相当。

南昌链霉菌发酵液中 B 组分的杀虫活性高于南昌霉素，结构鉴定的结果表明，它是一种十六元大环内酯类化合物，母核与阿维菌素相同，但有一个侧链不同，B 组分被命名为梅岭霉素（图 11-6）。

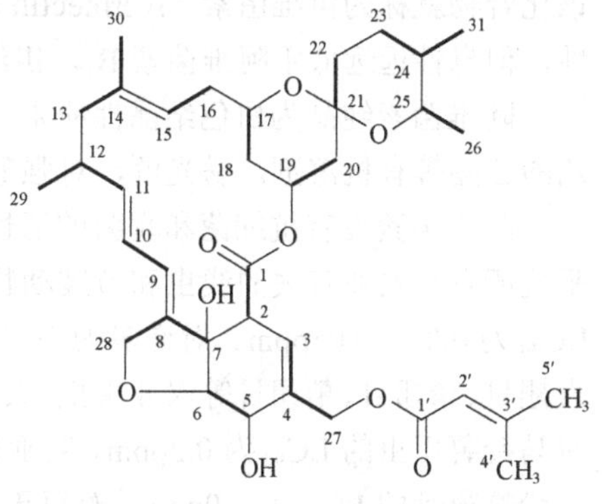

图 11-6　梅岭霉素结构图

梅岭霉素杀虫范围广泛，对螨类的毒性很高。有报道称，梅岭霉素对二斑叶螨、柑橘全爪螨、苹果红蜘蛛、棉红蜘蛛等的杀虫效果高于阿维菌素和多杀菌素。除螨类外，梅岭霉素对小菜蛾、棉花蚜虫和萝卜蚜虫也有良好的杀虫效果，但菜青虫对梅岭霉素不敏感。

十、阿维菌素

阿维菌素（avermectin）是由阿维链霉菌（*S. avermitilis*）产生的一组结构相似的十六元环大环内酯类抗生素（图 11-7）。

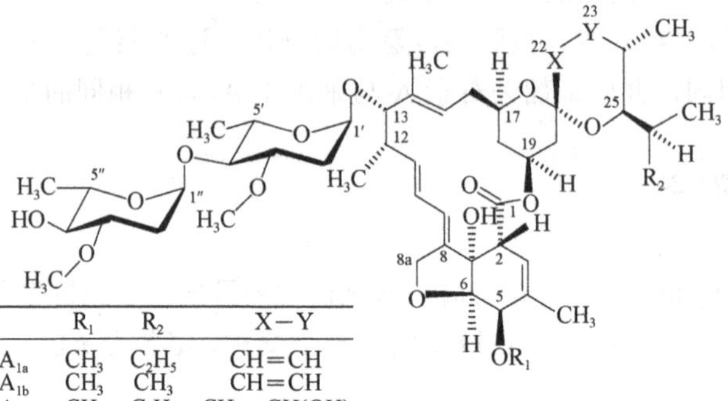

		R_1	R_2	X−Y
阿维菌素	A_{1a}	CH_3	C_2H_5	CH=CH
	A_{1b}	CH_3	CH_3	CH=CH
	A_{2a}	CH_3	C_2H_5	CH_2−CH(OH)
	A_{2b}	CH_3	CH_3	CH_2−CH(OH)
	B_{1a}	H	C_2H_5	CH=CH
	B_{1b}	H	CH_3	CH=CH
	B_{2a}	H	C_2H_5	CH_2−CH(OH)
	B_{2b}	H	CH_3	CH_2−CH(OH)
伊维菌素	B_{1a}	H	C_2H_5	CH_2−CH_2
	B_{1b}	H	CH_3	CH_2−CH_2

图 11-7　阿维菌素结构图

1975 年，日本北里研究所（Kitasato Institute）从日本静冈县伊东市河奈地区的一个土壤样品中分离得到一株链霉菌，研究初期就发现该菌的发酵液有很高的驱肠道寄生虫活性，即使浓缩 8 倍也没有发现毒性。后来这株菌被送到美国默克公司（Merck）做进一步的研究，分类鉴定结果表明，它与以往链霉菌属的所有种均不同，被认为是一个新种，命名为阿维链霉菌。1976 年，默克公司的科学家从该菌的发酵液中分离出这种有驱虫活性的物质，经结构鉴定为一组结构相似的十六元环大环内酯类抗生素，含有 8 个组分：A_{1a}/A_{1b}、A_{2a}/A_{2b}、B_{1a}/B_{1b} 和 B_{2a}/B_{2b}，其中 A_{1a}、A_{2a}、B_{1a} 和 B_{2a} 为 4 个大量组分，含量在 80%以上，A_{1b}、A_{2b}、B_{1b} 和 B_{2b} 为 4 个小量组分，含量在 20%以下（图 11-7）。

阿维菌素的 8 个组分都有杀虫活性，但杀虫效果最好的是 B_{1a}/B_{1b} 组分，因此该组分被开发为专用的农业杀虫剂，称为 abamectin。如果将 B_{1a}/B_{1b} 组分在 C22=C23 位上的双键加氢还原，该化合物就称为伊维菌素（ivermectin），与阿维菌素 B_1 相比，伊维菌素有着和其一致的杀虫活性，但毒性远远低于阿维菌素 B_1，伊维菌素专用于兽药注射剂。

阿维菌素纯品为白色结晶性粉末，无臭、无味，几乎不溶于水，易溶于甲醇、乙醇、丙酮、乙酸乙酯等有机溶剂。易光解，对强酸、强碱敏感。

阿维菌素没有抗细菌和真菌的活性，但有极强的杀体内外寄生虫活性。在农业生产上，几乎抗所有与农业有关的线虫和节肢动物。对螨类的杀虫活性很高，是常用杀螨剂的 50～200 倍，LC_{90} 为 0.02～0.03ppm。对许多为害农作物的昆虫也有杀虫活性，能有效防治双翅目、半翅目、直翅目、鳞翅目、鞘翅目等农业害虫。大田试验证实，阿维菌素 B_1 对烟草天蛾的 LC_{90} 为 0.02ppm，对马铃薯甲虫的 LC_{90} 为 0.2ppm，对亚热带黏虫的 LC_{90} 为 6.0ppm，对棉铃虫的 LC_{90} 为 1.5ppm，对粉蚊夜蛾的 LC_{90} 为 1.0ppm，对豆无网长管蚜的 LC_{90} 为 0.4ppm。特别是对常用农药具有抗药性的害螨和害虫具有优良的防效。

阿维菌素的作用机制独特，它们既不抑制蛋白质的合成，也不是离子载体，它们是无脊椎动物抑制神经传导物质γ-氨基丁酸（GABA）的激活剂，使寄生虫处于麻痹状态，终至死亡。而哺乳动物的外周神经传导介质为乙酰胆碱，以GABA作传导介质的神经仅存在于中枢神经系统。在正常使用的剂量下，哺乳动物的血脑屏障作用，致其在中枢神经系统分布的浓度很低，不足以引起GABA的释放。所以，阿维菌素对哺乳动物的毒性较小，选择性极高。

阿维菌素可适用的植物十分广泛，如棉花、大田作物、果树、茶、蔬菜、药用植物和园林花草等。由于阿维菌素在植物和土壤表面可在日光下迅速分解，半衰期为6.5～10h，叶面残留量极低，因此对害虫的天敌和有益昆虫影响较小，对人、畜和生态环境有较高的安全性。但阿维菌素对鱼类和蜜蜂的毒性较大，使用时应特别注意。

近年来对阿维菌素衍生物的研究也非常活跃，其中甲氨基阿维菌素苯甲酸盐（简称甲维盐）是一个成功的典例。甲维盐是以阿维菌素B_1为母体合成的一种新型高效半合成抗生素杀虫剂，具有超高效、低毒、无残留、无公害等生物农药的特点。与阿维菌素相比，其杀虫活性提高至几十至几百倍，对鳞翅目昆虫的幼虫和许多其他害虫及螨类的活性极高，既有胃毒作用又有触杀作用，在非常低的剂量下具有很好的效果，在防治害虫的过程中对益虫几乎没有伤害，此外还扩大了杀虫谱，降低了对人畜的毒性。

十一、多杀菌素

多杀菌素（spinosad），又名刺糖菌素，是由糖多孢菌属放线菌刺糖多孢菌（*Saccharopolyspora spinosa*）经有氧发酵后产生的胞内次级代谢产物。

1982年，美国礼来公司（Eli Lilly and Company，后被陶氏化学公司合并组成陶氏益农公司，Dow AgroSciences）一位在加勒比海岸度假的化学家从一个废弃的甘蔗制甜酒厂附近采集了一些土壤样品，从土壤样品中分离得到一株放线菌，该菌的发酵液具有杀蚊和杀夜蛾作用。1988该菌被鉴定为放线菌中的一个新种，定名为刺糖多孢菌。在刺糖多孢菌发酵液中被分离到的具有杀虫活性的物质有20多种，其中最有效的是spinosyn A和spinosyn D（图11-8）。于是这两个组分被选择出来用以开发生物杀虫剂，约85% spinosyns A和约15% spinosyns D 的混合物称为多杀菌素（spinosad）。从结构上看，多杀菌素属于大环内酯类化合物，其母核是由一个5,6,5-顺-反-顺三环和一个十二元的内酯环黏合而成的21碳四元环，此外一个氨基糖（β-D-福乐糖胺）和一个中性糖（α-L-2,3,4-三氧甲基鼠李糖）分别通过糖苷键连接到其母核上。

组分	R_1
spinosyn A	H
spinosyn D	CH_3

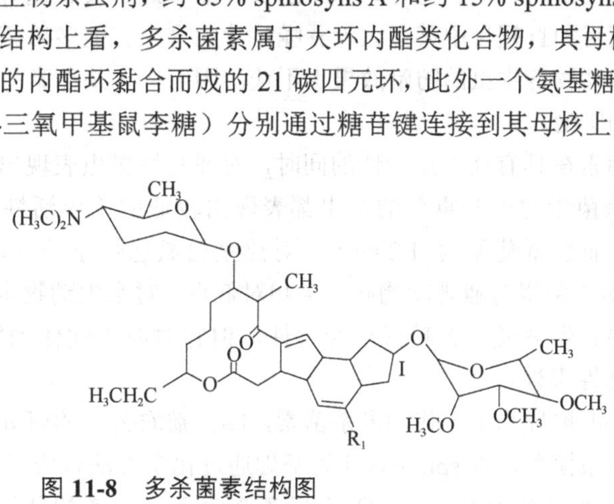

图11-8　多杀菌素结构图

1997年多杀菌素在美国环保局注册登记，用于防治棉花和蔬菜害虫的商品名分别是催杀（Tracer，48%悬浮剂）和菜喜（Success，2.5%悬浮剂），至2003年多杀菌素在64个国家、250多种作物上进行了注册登记。2005年美国环保署批准多杀菌素可用作储粮防护剂，2008年欧盟批准多杀菌素可用于有机作物，2011 年，美国食品药品监督管理局批准多杀菌素类产品可以用于人的头虱感染治疗。

多杀菌素为浅灰白色的固体结晶，有一种类似于轻微陈腐泥土的气味，可溶于有机溶剂，在极性有机溶剂中的溶解度高于非极性溶剂，在水中的溶解度很低。在自然环境中，多杀菌素能经多种方式降解，光降解和微生物降解是其主要降解方式，最终彻底矿化。在土壤中多杀菌素的半衰期为 9～10d，叶面光降解的半衰期为 1～1.6d，水中光降解的半衰期小于 1d。

在已知的各类杀虫剂中，多杀菌素的作用机制非常独特和新颖，大量试验证明它对昆虫存在快速触杀和摄食毒性。其摄食毒性对昆虫击倒力强，在作物上有很强的渗透性。它的作用机制是通过刺激昆虫的神经系统，与中枢神经系统的乙酰胆碱受体作用，使其持续激活而引起乙酰胆碱延长释放，最终导致非功能性的肌肉收缩、衰竭，并伴随颤抖和麻痹。与此同时，多杀菌素还作用于 γ-氨基丁酸（GABA）受体，间接抑制 GABA 受体的活化从而提高神经系统的兴奋性，这有可能进一步加强其杀虫活性。用烟芽夜蛾所做的试验表明，与拟除虫菊酯类杀虫剂不同的是，多杀菌素类杀虫剂可缓慢穿透幼虫的体表进入体内，一旦进入虫体后不被代谢。迄今为止，尚未发现某类产品能以相同的作用方式影响昆虫的神经系统，而且尚无有关多杀菌素交叉抗性的报道。

在田间试验中，多杀菌素能使接触到的害虫迅速停止进食，引起颤抖、麻痹，而非立即死亡。一般来说，被接触到的害虫还能在植株上存活 2d 以上，所以在统计田间药效之前至少需要等待 2～3d。一些试验证明，多杀菌素喷施在叶面上以后，在叶片组织中存在着一些薄层转移运动，因此，对于植株而言，并非完全内吸收的。添加适合的表面活性剂有助于加强薄层转移运动，提高对潜入叶面害虫的防治效果。

由于多杀菌素兼具生物农药的安全性和化学合成农药的速效性特点，且可生物降解，具有优越的低残留性能，对捕食性昆虫具有选择性，因此在 1999 年、2008 年和 2010 年 3 次获得美国“总统绿色化学品挑战奖”。

从 20 世纪 80 年代起，在全球范围内开展了多项关于多杀菌素的实验。多杀菌素属于广谱杀虫剂，大量田间试验证明其能有效地控制鳞翅目（菜青虫、小菜蛾、棉铃虫、斜纹夜蛾、甜菜夜蛾、烟芽夜蛾、斜纹夜蛾、苹果卷叶蛾、桃潜叶蛾、菜螟、黏虫等）、缨翅目（棕榈蓟马、温室蓟马、花蓟马、稻蓟马等）和双翅目（潜叶蝇、蚊、蝇等）类害虫，另外它还可以防治鞘翅目、膜翅目和直翅目中某些大量吞噬叶片的害虫。但多杀菌素在防治刺吸式昆虫、螨类上表现不好，对动物寄生虫的防治效果也不佳。因而，多杀菌素主要用于葫芦科、坚果类及豆荚类植物害虫的防治。

多杀菌素在具有高杀虫活性的同时，对捕食性昆虫表现出较低的毒性。与传统的氯氰菊酯相比，多杀菌素对一些重要的益虫都表现出较低的杀虫活性，例如，对意大利蜂蜜 LC_{50} 为 11.5mg/L，而氯氰菊酯为 1.2mg/L；对温室粉虱恩蚜小蜂 LC_{50} 为 29.1mg/L，而氯氰菊酯为 1.9mg/L。多杀菌素对哺乳动物和鸟类相对低毒，对水生动物也只表现出轻微或中等毒性。多杀菌素无致癌、致突变、致畸或神经毒性，但它对海生软体动物有较高的急性毒性，对鱼类则有轻微的急性毒性。

spinosad 被称为第一代的多杀菌素，陶氏益农公司的研究人员通过建立多杀菌素衍生物的定量构效关系模型，以 spinosyn J 为基础通过化学方法合成了 3′-*O*-乙基-5,6 二氢多杀菌素，以 spinosyn L 为基础合成了 3′-*O*-乙基多杀菌素。二者的共同特点是其三氧甲基鼠李糖上的 3′-*O*-CH_3 被修饰为 3′-*O*-C_2H_5，因此也称为乙基多杀菌素（spinetoram）（图 11-9 和图 11-10）。与第一代多杀菌素（spinosad）相比较，spinetoram 在杀虫活性、杀虫谱和稳定性方面更具优势，对 spinosad 不能防治的苹果蠹蛾等果树害虫有特效。

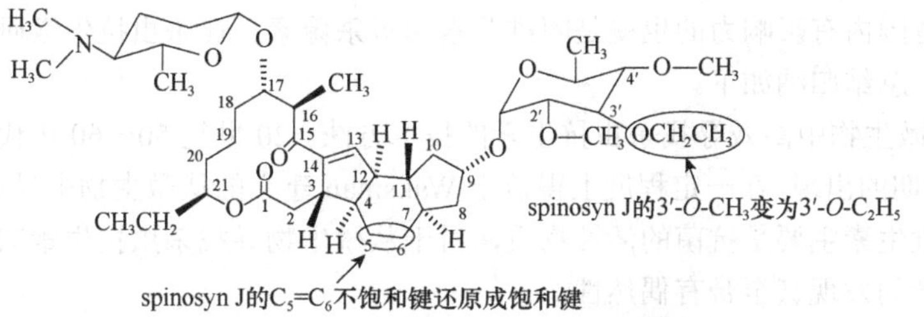

图 11-9　3′-*O*-乙基-5,6 二氢多杀菌素结构图

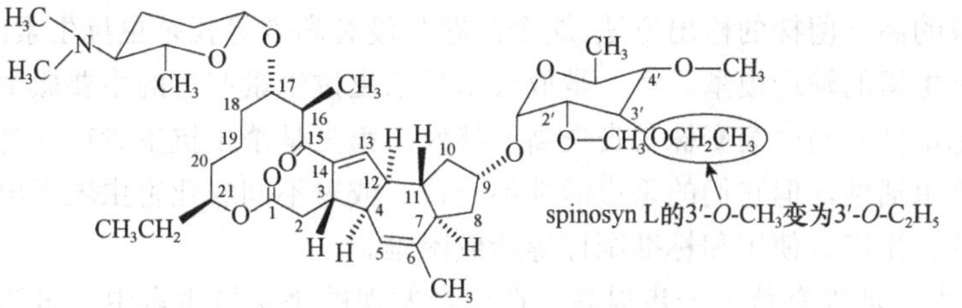

图 11-10　3′-*O*-乙基多杀菌素结构图

丁烯基多杀菌素是另一个与 spinosad 结构相似的杀虫抗生素，其产生菌也是放线菌，由陶氏益农公司的研究人员从美国印第安纳州的土壤中分离得到。与 spinosad 的区别仅在于 C21 位上所连基团不同，丁烯基取代了乙基（图 11-11）。丁烯基多杀菌素的杀虫活性和杀虫谱与多杀菌素相似，但对非靶标生物的毒性更低。

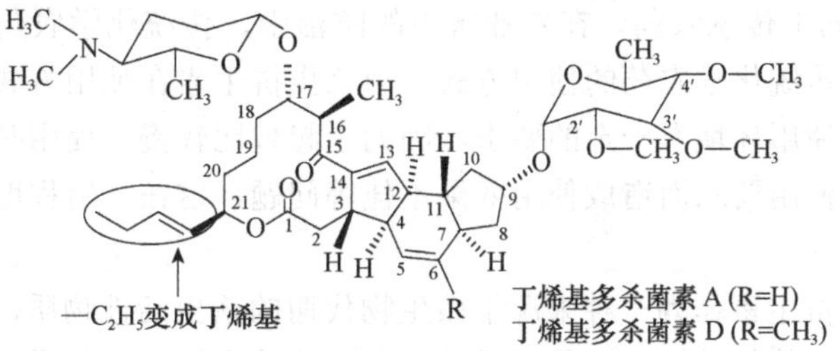

图 11-11　丁烯基多杀菌素结构图

第四节　杀虫抗生素研发展望

作为一种生物源的杀虫活性物质，杀虫抗生素有其特有的优点，如杀虫活性高、对害虫和天敌有选择性、对人畜相对安全、生产设备具有通用性等。由于杀虫抗生素是微生物在其生长过程中合成的次级代谢产物，在自然环境中，它会在各种因子的作用下被分解，一般不会在环境中蓄积，对生态环境的影响较小，被认为是一种生态友好型的杀虫活性物质。但杀虫抗生素也存在许多本身固有的缺点，如防治起效缓慢，易受到环境因素的影响，不易被已经习惯使用化学农药的农业生产者所接受等。

虽说以低毒、新型生物源农药取代目前大量使用的化学农药已越来越受到重视，并成为研究开发的热点，尤其是阿维菌素和多杀菌素的研发成功，极大鼓舞着科研人员的热情。但我们必须认识到，相对于化学农药，杀虫抗生素的种类只是“星空中闪亮的几颗小星星”。杀虫抗生素的研发已经历半个多世纪，有报道的杀虫抗生素也就几十种，被工业化生产和应用的仅约十种，而在世界范围内有影响力的也就是阿维菌素和多杀菌素。在杀虫抗生素研发过程中，还存在不少的困难，总结归纳如下。

1）缺乏从微生物中高效寻找杀虫抗生素的技术方法。20 世纪 50～60 年代是抗生素发展的黄金时期，该时期的出现，在一定程度上得益于 Waksman 建立的从微生物中寻找抗生素的方法。但当时寻找的抗生素主要是抗菌的活性物质，对于从微生物寻找杀虫抗生素缺乏高效的方法，一些杀虫抗生素的发现甚至带有偶然性。

2）高产菌株的选育困难。从自然界直接分离到的菌株很难直接用于生产，需经多次的诱变育种，提高发酵单位，才能达到生产的要求。杀虫抗生素高产菌株的选育，面临 3 个困难。第一是没有高效的高产菌株的检出方法。这个问题与没有高效寻找杀虫抗生素的技术方法相似，缺乏高效杀虫抗生素的筛选模型。第二是放线菌是杀虫抗生素产生的主要微生物类群，但放线菌存在遗传不稳定性，高产突变株易丧失高产特性。第三是杀虫抗生素往往是多组分的。虽然这些组分都有杀虫活性，但它们的杀虫活性不一致，或对不同农业害虫表现出不同的活性，这对产品的稳定性、生产、使用和标准制订等造成困难。

3）毒性较大、活性有待进一步提高。在已经发现的杀虫抗生素中，虽然有一些表现出不俗的杀虫活性，但在应用中发现它的毒性仍然较大，存在潜在的危险。部分杀虫抗生素的活性也有待进一步提高，如杀蝶素。

4）生产过程控制难，生产成本高。杀虫抗生素以微生物发酵产生，然后经提取等后处理过程获得。在微生物的发酵生产过程中，温度、pH、溶氧量、营养物、染菌等都会对发酵过程产生影响，甚至造成整个发酵失败。相对于化学农药，其生产成本仍然偏高。因此一个杀虫抗生素产品要能够推向市场，必须闯过成本这一关。

5）使用方法不同于传统农药。在农业害虫的防治中，传统化学农药占主要地位，广大农业生产者已经习惯了传统化学农药的使用方式。但杀虫抗生素在使用方式上与传统化学农药存在差异，例如，它对使用环境有一定的要求，因为它起效比较慢，使用时间上需要提前等。农业生产者不了解它的使用要求而造成使用效果不佳等问题，这在一定程度上也影响了杀虫抗生素的推广应用。

综上所述，杀虫抗生素作为一种来源于微生物代谢的杀虫活性物质，在一些方面展现出其他杀虫活性物质所没有的优越性。但是，目前所发现的杀虫抗生素数量太少，能在农业生产中应用的则更少。因此，加强杀虫抗生素的研究投入十分必要，解决其在研发过程中的关键技术障碍，是杀虫抗生素能否推向市场的关键。相信随着科学技术的发展，杀虫抗生素必将在未来的农业生产中发挥重要作用。

思考题

1. 什么是抗生素？什么是杀虫抗生素？
2. 目前在市场上应用的杀虫抗生素主要有哪些？它们主要针对哪些农业害虫？
3. 杀虫抗生素筛选存在什么技术难点？如何解决？

主要参考文献

陈传盈，方祺霞，林开江，等. 1980. 杀蚜素的研究Ⅰ. 杀蚜素产生菌的分离鉴定［J］. 微生物学报，20（2）：113-115.

高勇生，欧阳谅．1993．杀虫抗生素：南昌霉素 A 的研究（简报）[J]．江西农业大学学报，（S4）：16-19．
胡瑞茂．1986．一族新的广谱趋虫抗生素：除虫菌素（avermectin）及其衍生物双氢除虫菌素 [J]．应用微生物，5：1-8．
刘俊士，张孝国，魏春妹，等．1983．韶关霉素的研究：Ⅲ．A 和 B 组分的分离、生理活性及理化性质 [J]．中国抗生素杂志，（6）：358-363．
欧阳谅．1993．杀虫素是抗生素学有光辉前景的新领域 [J]．江西农业大学学报，（S4）：73-82．
欧阳谅，涂国全，高勇生，等．1993．南昌链霉菌新种及其产生的两种杀虫抗生素 [J]．江西农业大学学报，（S4）：148-153．
谭洪升，车茜，李德海，等．2015．抗霉素类化合物的研究进展 [J]．中国抗生素杂志，40（12）：892-900．
谢立贵．1993．抗生素杀螨剂浏阳霉素开发研究 [J]．农药，（1）：2-4．
Albers-Schoneberg G, Arison B H, Chabala J C, et al. 1981. Avermectins structure determination [J]. Journal of the American Chemical Society, 103 (14): 4216-4221.
Burg R W, Miller B M, Baker E E, et al. 1979. Avermectins, new family of potent anthelmintic agents: producing organism and fermentation [J]. Antimicrobial Agents and Chemotherapy, 15 (3): 361-367.
Campbell W C. 1989. Ivermectin and Abamectin [M]. New York: Springer New York.
Mertz F P, Yao R C. 1990. *Saccharopolyspora spinosa* sp. nov. isolated from soil collected in a sugar mill rum still [J]. International Journal of Systematic Bacteriology, 40 (1): 34-39.
Millar N S, Denholm I. 2007. Nicotinic acetylcholine receptors: targets for commercially important insecticides [J]. Invertebrate Neuroscience, 7 (1): 53-66.
Miller T W, Chalet L, Cole D J, et al. 1979. Avermectins, new family of potent anthelmintic agents: isolation and chromatographic properties [J]. Antimicrobial Agents and Chemotherapy, 15 (3): 368-371.
Salgado V L. 1998. Studies on the mode of action of spinosad: insect symptoms and physiological correlates [J]. Pesticide Biochemistry and Physiology, 60 (2): 91-102.
Sparks T C, Crouse G D, Dripps J E, et al. 2008. Neural network-based QSAR and insecticide discovery: spinetoram [J]. Journal of Computer-Aided Molecular Design, 22 (6/7): 393-401.
Takiguchi Y O, Mishima H, Okuda M, et al. 1980. Milbemycins, a new family of macrolide antibiotics: fermentation, isolation and physico-chemical properties [J]. The Journal of Antibiotics, 33 (10): 1120-1127.
Thompson G D, Dutton R, Sparks T C. 2000. Spinosad-a case study: an example from a natural products discovery programme [J]. Pest Management Science, 56 (8): 696-702.

后　记

赵修复教授关注生物防治的历史及其学术思想

早在 1938 年，赵修复教授在燕京大学修读胡经甫教授的“普通昆虫学”课程时，不仅对胡教授十分敬仰，而且也被他的课程深深吸引。胡教授发现赵修复教授对昆虫学特别感兴趣后，就让他到附近的私人果园去调查果树害虫，同时鼓励他边学习、边调查，学习、调查两不误。其他同学都是四年级才开始做毕业论文的实验，胡教授却要求他三年级就开始，因此他边上课、边调查果树害虫。在一次调查时，他发现一只像蛆一样的幼虫从鳞翅目幼虫体内爬出来，并对此感到十分惊奇，马上去请教胡教授，胡教授耐心告诉他这是寄生蜂的幼虫，是益虫，它寄生在鳞翅目幼虫体内吸取其营养，完成发育后爬出来结茧、化蛹，而寄主幼虫已被它寄生杀死了。同时，胡教授还告诉他寄生蜂能寄生、杀死许多害虫，在农业生产中十分重要，希望他日后能研究寄生蜂。从此便激发了他研究寄生蜂的兴趣。

可是当时寄生蜂的研究资料匮乏，尤其国内可掌握的资料更少。胡教授就将一本尼登（1930）出版的《中国蜻蜓手册》（*A Manual of the Dragonflies of China*）送给他，并告诉他采集蜻蜓标本后，试用《中国蜻蜓手册》来比对、鉴别种类，当掌握了蜻蜓鉴别、分类的知识后，也就会做寄生蜂的分类了。以此引导他先从蜻蜓入手，然后转到寄生蜂研究上。

1939 年，赵修复从燕京大学毕业后到济南齐鲁大学生物系当助教。次年恰遇济南黏虫大暴发，他借机采集了大量的黏虫幼虫边饲养、边观察其生活史，以便了解它们的生物学习性。在饲养过程中还获得许多寄生蜂和寄生蝇，并写成一篇论文。第二年利用一个星期春假的机会，他带着论文初稿回到燕京大学找胡教授，胡教授看到后十分高兴，每天特地抽出一节课的时间专门帮他修改论文，直到改完。胡教授就是这样手把手地扶持他成长。

1942 年，赵修复回闽完婚后，前往抗战时期迁到邵武的协和大学生物系任教，跟随马骏超先生研究昆虫。尽管当时的条件极其艰苦，他却坚持以虫为乐。特别是在当时邵武鼠疫流行、死亡人数众多的情况下，为了调查当地传播鼠疫的媒介跳蚤种类，他冒着随时被感染的危险，仅将妻子的衬衫袖子剪下来制成一双套袜套在脚上，以防跳蚤钻进裤管内咬人，潜心调查当地的跳蚤种类；完成了《闽江流域跳蚤之研究》等 3 篇短文，发表了 3 个跳蚤新种。当他获悉有许多外国人曾深入武夷山挂墩采集大量生物标本带到国外发表使得挂墩被誉为“模式标本产地”而闻名世界之后，在他心中留下了“建立武夷山自然保护区，更好地研究开发其丰富生物资源”的愿望，这一愿望在他的不懈努力下，终于在 1979 年由国家批准成立武夷山自然保护区后实现。

赵修复教授除对我国春蜓分类研究取得重大成就外，还牢记胡经甫教授的教诲，始终不忘对寄生蜂和害虫生物防治的研究，在寄生蜂与害虫生物防治等基础理论研究的同时，注意将理论与生产应用紧密结合。在一开始研究我国寄生蜂的时候，他就注意到我国寄生蜂的基础知识十分贫乏，为了能在国内普及寄生蜂的基础知识，1961 年，他率先在福建农学院植物保护学系成立了天敌研究室。1962 年，开始对福州柑橘褐圆蚧及其金黄蚜小蜂的寄生消长动态进行研究，获知如何正确看待寄生蜂的寄生率和正确评价其效能。1968 年的夏天，他被勒令到学校农场劳动改造，割早稻时，他看到有些姬蜂围着割下的稻草堆飞来飞去，好生奇怪，就利用中午回家吃饭的时间，把妻子的一只尼龙袜剪下制成一个小捕虫网，偷藏在衣服口袋里，下午特地提早出工，当他看到那种姬蜂还在围着稻草堆转，高兴极了，随即用小捕虫网捕了几头，用纸包起藏在身上。之后，在他饲养稻纵卷叶螟的过程中，从它们的蛹内羽化出这种姬蜂后，他才知道这种姬蜂就是寄生稻纵卷叶螟的蛹，嗣后经他深入研究将它命名为趋稻厚唇姬蜂。

1969 年，他一家下放到闽北泰宁，凭借他丰富的寄生蜂知识，加上能经常深入田间调查、观察害虫与天敌的发生情况，因而指导害虫防治工作得心应手。例如，根据 6 月份单季稻上飞虱的产卵痕，预测稻飞虱若虫盛发高峰期并采取滴油拂落法防治，在有效控制稻飞虱发生危害的同时，还因没有用化学农药、保护了稻田天敌，使得 7 月份二代稻纵卷叶螟的卵和低龄幼虫大多能被赤眼蜂和扁股小蜂等天敌寄生，从而取得意想不到、一举两得的好效果！1972 年 2 月，赵修复教授调回福州，那年夏天农业厅在农干校举办天敌培训班，有一天他带领受训学员到仓山的一块晚稻秧田调查天敌，当时晚秧田周围的早稻已经收割完毕，但还没完成移栽。他在晚秧田里发现许多鳞翅目害虫的卵（尤以稻螟蛉卵最多，也有稻纵卷叶螟和稻苞虫等的卵），数量虽多，但它们的卵壳基本变成黑褐色（即已被赤眼蜂寄生）了，秧苗上也基本看不到其他害虫取食的为害状。用田间实际情况传授天敌知识，使受训学员感受深、记得牢。

有一年的 7 月下旬，在一个县试验农场的早稻田里，赵修复教授看到那里的稻纵卷叶螟发生危害特别严重，经向该场的技术员了解获知，他们以为“先灭了母鸡就没小鸡”，因此在卷叶螟盛发期鼓励积极喷药防治，结果该场稻田的卷叶螟反而严重成灾，与周围农民的田块形成鲜明对照。还有一次，赵教授走到一块刚插秧不久的晚稻田，看到每丛稻苗都有一些被卷叶螟幼虫为害的卷叶，他顺手采了 40 个卷叶，剥开一看，有 13 个螟蛉绒茧蜂的白茧、3 头卷叶螟幼虫体外有扁股小蜂寄生，只有 3 头活的卷叶螟幼虫。据此推算，大多数卷叶螟幼虫在幼龄阶段已被寄生杀死，能够继续成长、为害的幼虫已所剩无多，不足以造成危害。假如此时还对此田喷药防治，岂不就是“好心办坏事”了？

为了配合天敌调查的需要、普及天敌基础知识，赵修复教授先后发表了一批有关天敌基础的知识文章，例如，《福建省稻纵卷叶螟天敌调查》（1975）、《怎样正确调查蛾类蛹的天敌》（1977）、《水稻螟虫幼虫寄生蜂调查的一些体会》（1978）、《水稻田里两种悬茧姬蜂的区别》（1982）等；编译有关寄生蜂基础知识的书有：《中国姬蜂分类纲要》（1976）、《寄生蜂末龄幼虫分类》（1981）、《膜翅目导论及分科检索表》（1981）、《寄生蜂分类纲要》（1987）、《北美洲茧蜂科分属鉴定手册》（1988）等。

1979 年，他应邀参加农业部组织的害虫生物防治访美代表团，该代表团是按中美两国对等条件组成的。所谓“对等”，包含 3 个主要条件，即双方代表团的人数相等、访问时间相同和所需经费各自承担。在一次项目合作协商会上，赵修复教授对此“对等”合作提出不同看法，认为这种做法看似“对等”，其实并不“平等”。因为美方专家都是很有学问的学者，到中国一个月可做许多事；我方专家都是初学者，到美国一个月学不到多少东西。因此，他希望美国方面要多承担培训我国寄生蜂分类人才的任务，可是这一建议被拒绝。该次会谈让赵教授深深体会到，我国当时的科学落后，使我们难于“对等”地与外人讨论“合作”，寄生蜂分类就是明显一例。由此激发他更加努力地培养人才，更快地发展我国的寄生蜂研究和生物防治。

1979 年受农业部的委托，赵教授领衔编写了全国高等农林院校的《害虫生物防治》教材，并接手举办农林高校“害虫生物防治”的教师培训班。由此开始，全国农林院校普遍开设了“害虫生物防治”课程，多数省（自治区、直辖市）都开展了农林害虫天敌资源调查、编写了稻、薯、麦、茶和棉花等作物的害虫与天敌图册等，有力促进了我国农林害虫生物防治的快速发展。

赵修复教授丰富的实践经验与其渊博的理论相结合，使他对自然界生物种群之间的对立统一关系有了更深的认识。他根据害虫与天敌之间相互依存、相互制约的内在联系，提出了正确理解害虫的发生规律，建立以保护利用天敌为基础的害虫生物防治，同时也是害虫综合治理新观点。他面对我国基础科学落后的局面，把压力变成动力，努力培养我国寄生蜂区系分类和害虫生物防治研究方面的人才，为我国的寄生蜂区系分类和害虫生物防治研究做出了重要贡献。

林乃铨

2024 年 4 月